Les Noblesses normandes

Collection « Histoire »

Dirigée par Frédéric Chauvaud, Florian Mazel et Jacqueline Sainclivier

Dernières parutions

Capucine Boidin,
Guerre et métissage au Paraguay, 2001-1767, 2011, 318 p.

Sophie Victorien,
Jeunesses malheureuses, jeunesses dangereuses. L'éducation spécialisée en Seine-Maritime depuis 1945, 2011, 318 p.

Michel Chalopin,
L'enseignement mutuel en Bretagne. Quand les écoliers bretons faisaient la classe, 2011, 264 p.

Patrice Poujade,
Le voisin et le migrant. Hommes et circulations dans les Pyrénées modernes (XVIe-XIXe siècle), 2011, 372 p.

Jérôme Cambon,
Les trompettes de la République. Harmonies et fanfares en Anjou sous la Troisième République, 2011, 340 p.

Gérald Gobbi,
Le comte de Falloux, 1811-1886. Entre Église et Monarchie, 2011, 370 p.

Thierry Rentet,
*Anne de Montmorency, Grand maître de François Ier*, 2011, 434 p.

Philippe Darriulat,
La muse du peuple. Chansons politiques et sociales en France, 1815-1871, 2011, 382 p.

Guy Saupin (dir.),
Histoire sociale du politique. Les villes de l'Ouest atlantique français à l'époque moderne (XVIe-XVIIIe siècle), 2011, 262 p.

Corinne Bonnet, Véronique Krings et Catherine Valenti (dir.),
Connaître l'Antiquité. Individus, réseaux, stratégies du XVIIIe au XXIe siècle, 2011, 274 p.

Madeleine Dupouy,
Les Lamaignère. Une famille de négociants à Bayonne, Nantes, Le Havre, aux Isles (1650-1850), 2011, 216 p.

Myriam Cottias, Laura Downs et Christiane Klapisch-Zuber (dir.)
avec la collaboration de Gérard Jorland,
Le corps, la famille et l'État. Hommage à André Burguière, 2010, 346 p.

Marie-Madeleine de Cevins (dir.),
L'Europe centrale au seuil de la modernité. Mutations sociales, religieuses et culturelles. Autriche, Bohême, Hongrie et Pologne, fin du XIVe-milieu du XVIe siècle, 2010, 234 p.

Jean-Pierre Allinne et Mathieu Soula (dir.),
Les récidivistes. Représentations et traitements de la récidive, XIXe-XXIe siècle, 2010, 288 p.

Edina Bozoky (dir.),
Saints d'Aquitaine. Missionnaires et pèlerins du haut Moyen Âge, 2010, 236 p.

Yves Krumenacker (dir.) avec la collaboration d'Olivier Christin,
Entre calvinistes et catholiques. Les relations religieuses entre la France et les Pays-Bas du Nord (XVIe-XVIIIe siècle), 2010, 424 p.

Sous la direction de
Ariane Boltanski et Alain Hugon

Les Noblesses normandes

(XVIe-XIXe siècle)

Actes du colloque international de
Cerisy-la-Salle
10-14 septembre 2008

Collection « Histoire »

PRESSES UNIVERSITAIRES DE RENNES

UHB Rennes 2 – Campus de La Harpe
2, rue du doyen Denis-Leroy
35044 Rennes Cedex

www.pur-editions.fr

ISBN 978-2-7535-1314-3
ISSN 1255-2364
Dépôt légal : 1er semestre 2011

Introduction

Alain Hugon

Une image est à l'origine du projet de rassembler des contributions d'historiens autour du thème « des noblesses normandes » de la fin du Moyen Âge au XIXe siècle : il s'agit de la carte des densités nobiliaires en France[1]. Un examen, même un peu rapide, laisse voir clairement le très fort degré d'implantation du second ordre dans l'ouest de la France avec des maxima dans la partie occidentale de la Normandie. Il y avait à cet endroit la plus importante densité nobiliaire du royaume de France sous l'Ancien Régime. On y comptait deux fois plus de foyers nobles qu'en Bretagne, dix fois plus qu'en Limousin. Durant ces trois cents années, des lendemains de la guerre de Cent Ans à la veille de la Révolution, certainement aucune autre province n'a supporté des densités nobiliaires telles que celles qu'avait connues la Normandie. Certes, la complexité des calculs et le caractère lacunaire des sources imposent des réserves et exigent des précautions que les différents textes de ce livre précisent en détail. Leurs auteurs offrent aux lecteurs la possibilité de se figurer la place que la noblesse occupait dans la société normande pendant ces siècles.

Paradoxalement, nous ne disposons pas, à ce jour, d'étude historique sur la noblesse en Normandie, sur son importance, sur son rôle et sur ses activités, tant du point de vue culturel, religieux, qu'économique ou politique, alors que, pour la plupart des provinces françaises, il existe de nombreux travaux approfondis. Or, ces recherches permettent de battre en brèche les stéréotypes les plus répandus qui sont diffusés sur l'opulence du monde nobiliaire[2], sur ses patrimoines[3], sur ses comportements et ses mentalités[4] en tant que groupe privilégié au sein des

1. Michel Nassiet, « Le problème des effectifs de la noblesse dans la France du XVIIIe siècle », *Bulletin de l'Association des historiens modernistes des universités*, n° 18, 1995, p. 97-121, ici p. 107.
2. Michel Nassiet, *Noblesse et pauvreté. La petite noblesse en Bretagne. XVe-XVIIIe siècles*, Rennes, Société d'histoire et d'archéologie de Bretagne, 1993 ; Jean Meyer, *La noblesse bretonne au XVIIIe siècle*, Paris, Éditions de l'EHESS, 1985 [1re éd. 1966]. Pour plus de détails sur les études de la noblesse selon les provinces, voir le chapitre écrit par Laurent Bourquin ci-après.
3. Michel Figeac, *Destins de la noblesse bordelaise (1770-1830)*, Bordeaux, Fédération historique du Sud-Ouest, 1996, 2 vol.
4. Arlette Jouanna, *L'idée de race en France au XVIe siècle et au début du XVIIe siècle*, Montpellier, Université de Montpellier-III, 1981 ; Ellery Schalk, *L'épée et le sang. Une histoire du concept de noblesse (vers 1500-vers 1650)*, Seyssel, Champ Vallon, 1996 (éd. américaine 1986).

sociétés provinciales. Jusqu'à nos jours, nulle entreprise n'avait donc été engagée pour analyser spécifiquement le cas normand et bien peu avaient souligné le poids social de la noblesse, en dehors de quelques monographies locales et de biographies familiales[5]. Or, les pages qui suivent souhaitent donner un reflet – au moins partiel – des travaux engagés sur la place et les valeurs des élites nobiliaires dans la province et surtout sur leur diffusion dans les divers échelons de la société normande. Ces travaux éclairent d'un jour nouveau les activités et les conduites de cet ordre, puisque la recherche historique normande s'était tenue à l'écart des mutations amorcées à propos de la noblesse, avec une exception cependant pour la période révolutionnaire, relativement bien couverte par les historiens rouennais. Divers éléments participent à ce qu'on peut qualifier de « paradoxe normand », c'est-à-dire le faible nombre des études consacrées à la noblesse, qui contraste fortement avec le poids patent du second ordre dans la société provinciale.

Les conditions d'élaboration du savoir historique au cours du XIXe siècle et les spécificités intellectuelles de la province contribuent à expliquer cette singularité. En effet, depuis la Renaissance, le savoir historique s'était constitué progressivement en technique de plus en plus précise, voire en science, grâce à la critique des sources et en particulier des textes, ceci d'une façon d'abord embryonnaire, puis en atteignant une plus grande maturité avec les travaux d'exégèse, dans l'esprit de ceux de Dom Mabillon (1632-1707) et de Richard Simon (1638-1712). La province s'était acquis des historiens de renom, dès le XVIe siècle, parmi lesquels on peut citer Pierre Daniel Huet (1630-1721) et François Mezeray (1610-1683), ce dernier ayant accédé à la fonction d'historiographe du roi. Ainsi que l'a démontré François Guillet[6], l'intérêt de la Normandie pour son identité provinciale ne débute réellement qu'au cours du XVIIIe siècle[7] et va augmentant à mesure que son identité se dilue de plus en plus manifestement dans l'espace administratif et économique de la monarchie, comme l'illustrent la disparition des états provinciaux dès Louis XIV, puis l'intégration progressive de l'économie provinciale dans la sphère économique de la capitale parisienne. Dès lors, la recherche d'un passé normand fort – capable d'emporter, voire de soulever les adhésions identitaires – se constitue progressivement en un objet d'études. Les académies, les cercles érudits et les sociétés d'émulation, dont la Normandie s'était précocement pourvue, en particulier à Caen puis à Rouen et à Cherbourg, proposèrent au cours de leurs séances des sujets de concours et de discussions portant sur l'histoire de la province.

Ordonnant la suppression de l'ensemble des institutions et des particularités provinciales (parlements, cours souveraines, coutumes, etc.), la rupture révolutionnaire accentua encore ce processus de quête d'un passé et de recherche d'une

5. Il faut noter l'exception que représente le travail d'Amaury Du Rosel, *La noblesse de la région de Vire (1598-1789) : étude sociologique et démographique*, université Rennes 2, 2002, thèse dactylographiée, sous la dir. de R. Dupuy.

6. Francois Guillet, *Naissance de la Normandie : genèse et épanouissement d'une image régionale en France, 1750-1850*, Caen, Annales de Normandie, 2000.

7. Parmi ces historiens, on peut citer Louis Le Vavasseur de Masseville, *Histoire sommaire de Normandie. Suivi de l'État géographique de la province de Normandie*, Rouen, P. Ferrand, 1698-1722, 8 vol.

identité provinciale[8]. Les élites intellectuelles cherchèrent à recomposer les images disparues des « pays » que le territoire national venait d'absorber. Bien entendu, dans la démarche historienne, toute volonté de représenter une identité enracinée dans le passé impose une reconstruction, voire la constitution d'une généalogie fictive, et donc une transformation de l'histoire. Par conséquent, les diversités, tant économiques (les Normandie maritime, herbagère et industrielle) que sociales (ouvrière, rurale et urbaine) furent gommées : les milieux intellectuels continuèrent de vouloir unifier la province à partir d'un passé considéré comme prestigieux. Au XIXe siècle, et dans le prolongement des activités des cercles et des académies des Lumières, des sociétés savantes se constituèrent, ce dès la Restauration[9], se donnant pour objectif principal d'étudier la Normandie au temps de sa « grandeur », c'est-à-dire pendant la conquête viking et l'apogée des ducs de Normandie. Cela explique le dynamisme des études historiques qui se portèrent sur la période médiévale, de la constitution du duché au Xe siècle jusqu'à son déclin, marqué par la rupture de l'anneau ducal brisé par un agent royal en 1469, cela tout en insistant sur la conquête française de 1204. Une des contreparties à ce dynamisme des études médiévales réside dans la faiblesse des recherches qui ont été effectuées pour la période suivante. L'influence de la Renaissance, la diffusion de la Réforme, l'emprise du pouvoir des Bourbons – dont les règnes sont englobés sous l'expression traditionnelle de « monarchie absolue » – et la place des nobles dans ces phénomènes[10] restent très peu étudiées en comparaison de l'époque médiévale : les terriers seigneuriaux sont moins bien connus que les chartes normandes des ducs. Pourtant, durant les trois derniers siècles de l'Ancien Régime, le second ordre se trouvait au centre des relations interpersonnelles dans la société normande et contribuait comme médiateur aux relations des sujets de la province avec les souverains entourés de leur cour, parisienne ou versaillaise. Numériquement importante, en comparaison des autres régions, la noblesse se trouva aussi fortement impliquée dans les principaux événements qui marquèrent la région (guerres de Religion, Fronde), tandis qu'elle participait étroitement aux institutions qui structuraient la province : parlement, cours souveraines, gouverneurs, etc.

Cette lacune des réflexions sur la noblesse normande apparaît d'autant plus étonnante que de nombreux érudits issus de la province contribuèrent au nouvel éclat intellectuel de l'histoire au cours du XIXe siècle et qu'un nombre non négligeable d'entre eux étaient issus de cette même noblesse d'Ancien Régime[11]. La

8. Guy VERRON, « Le goût de l'histoire et le développement des recherches érudites en Normandie au début du XIXe siècle », *Mélanges Gabriel Désert*, Caen, Annales de Normandie, cahier n° 24, 1992, p. 33-42.

9. Jean-Pierre CHALINE, *Sociabilité et érudition. Les sociétés savantes en France, XIXe-XXe siècles*, Paris, CTHS, 1995, p. 50-51, p. 53-54. Ces pages soulignent le succès des sociétés savantes dans les départements normands.

10. Robert DESCIMON, Fanny COSANDEY, *L'absolutisme en France. Histoire et historiographie*, Paris, Le Seuil, 2002.

11. Jean-Pierre Chaline le souligne à propos de la société d'histoire de la Normandie : cf. Jean-Pierre CHALINE, « La société de l'histoire de Normandie », *Mélanges Gabriel Désert, op. cit.*, p. 65-76 et en particulier p. 70-71. Voir ci-dessous les remarques d'Étienne Paisnel sur la participation des nobles normands aux sociétés savantes durant le XIXe siècle.

formation de sociétés savantes, comme la *Société des antiquaires de Normandie* en 1824, la *Société française d'archéologie* en 1834[12] et, plus tard, la *Société historique et archéologique de l'Orne* (1882), résulte donc fréquemment, mais pas toujours, de l'initiative de ces érudits d'origine noble. Leurs œuvres s'appuyèrent sur des travaux importants, parmi lesquels on peut mentionner le volumineux *Cours d'antiquités monumentales* d'Arcisse de Caumont, les *Études sur la condition de la classe agricole et l'état de l'agriculture en Normandie au Moyen Âge* de Léopold Delisle (1851) ou *Louis de Frotté et les insurrections normandes, 1793-1832* (1889) de Pierre François Léon Duchesne de La Sicotière (1812-1895). Généralement, ces travaux confirment la place centrale occupée par le monde médiéval dans la recherche historique et la constitution de savoirs érudits en Normandie, avec sa dimension religieuse, alors que les analyses sur les siècles qui suivent le Moyen Âge demeurent peu abondantes. Sans retracer l'historique de cette prééminence des enquêtes d'histoire médiévale sur celles concernant l'époque moderne (XVIe-XVIIIe), il est nécessaire d'insister sur la fonction de repoussoir que la Révolution française a pu jouer auprès d'une grande partie de ces élites intellectuelles et sociales de la province, surtout pendant la première moitié du XIXe siècle. Doit-on invoquer ici le poids du souvenir de la Contre-Révolution associée aussi aux phénomènes de l'émigration de nombreux nobles et cela alors que la rupture révolutionnaire et le rejet du second ordre formèrent des éléments essentiels à la construction de l'image historiographique de la noblesse d'Ancien Régime pendant les XIXe et XXe siècles ? Comme le jeune Arcisse de Caumont (1801-1873)[13], Léopold Delisle (1836-1910) avait eu pour mentor Charles Duhérissier de Gerville (1769-1853). Pendant la Révolution, ce dernier avait émigré à Londres et, après la révolution de Juillet (1830), il s'était retranché dans un strict légitimisme, refusant la légion d'honneur.

De plus, la réaction à l'égard de l'iconoclasme révolutionnaire encouragea l'expression de courants intellectuels qui préférèrent valoriser la monarchie médiévale plutôt que la couronne des Bourbons et mettre en exergue ce qu'on peut appeler « le mirage viking » de la formation du duché[14] plutôt que la monarchie absolue. Cette dernière n'incarnait que trop les crises économiques, politiques

12. Voir la présentation de cette société faite en 2010 par sa vice-présidente Éliane Vergnole sur le site internet le 1er juin 2010 sous le titre : « La Société Française d'Archéologie, de sa fondation en 1834 à nos jours » (http://www.sal.org.uk/newsandevents/antiquariesineurope/Ants%20in%20Europe%20-% 20La%20SF% 20de%20A.doc).

13. Les lettres d'Arcisse de Caumont à Gerville entre 1824 et 1835 ont été transcrites par Bernard HUCHET, *Arcisse de Caumont (1801-1873)*, thèse dactylographiée de l'École nationale des chartes, 1984, 3 vol., t. 2, p. 11-187. L'auteur souligne que la noblesse d'Arcisse de Caumont est très récente, datant du 16 décembre 1815, même si on a pu l'apparenter aux Caumont. Il épousa une fille d'anciens émigrés qui, à leur retour, réussirent à reconstituer leur patrimoine. Sur les rapports entre Arcisse et de Gerville, voir Michel GUIBERT, « Arcisse de Caumont et Charles de Gerville », Vincent JUHEL (éd.), *Arcisse de Caumont (1801-1873), érudit normand et fondateur de l'archéologie française*, Caen, Mémoires de la Société des antiquaires normands, 2004, p. 67-79.

14. Sur l'assimilation des Vikings au monde franc, voir les travaux récents d'Élisabeth RIDEL, *Les Vikings et les mots : l'apport de l'ancien scandinave à la langue française*, Paris, Errance, 2009, et Pierre BAUDUIN, *Le monde franc et les Vikings : VIIIe-Xe siècle*, Paris, Albin Michel, 2009.

et religieuses d'un Ancien Régime englouti, qu'il s'agisse des guerres civiles qui dévastèrent la province lors des guerres de Religion, des combats contre l'hérésie protestante, de la Fronde, des épidémies de peste, de la révolte des Nu-pieds et de sa répression (1639) ou de la soi-disant mise au pas de la noblesse traditionnelle au bénéfice de la Cour. Face à ce déficit d'images de la « monarchie absolue » et, plus encore, de la période révolutionnaire qui ne pouvait que révulser les enfants des nobles du XVIIIe siècle, la sauvegarde du patrimoine le plus prestigieux, celui du duché, prenait logiquement le pas sur toutes les autres traces. L'histoire savante du XVIIIe siècle se voyait à son tour écrasée par le poids des monuments, des vestiges, des ruines et des reliques, d'autant que, au même moment, la prise de conscience de la valeur patrimoniale de l'archéologie apparaissait sous la monarchie de Juillet : elle allait déboucher sur les notions d'inventaires et de monuments historiques. Bien entendu, monastères, églises, résidences nobiliaires, châteaux et hôtels particuliers entraient dans ces catégories.

Il n'est donc pas étonnant que nombre d'historiens normands du XIXe siècle aient été formés à l'École nationale des chartes et que leur démarche ait consisté d'abord à rechercher la sauvegarde et la conservation des œuvres du passé. Ce fut le cas de Léopold Delisle qui entra à l'École après avoir appris son existence par Gerville à Valognes[15], de Jules Lair (1836-1907) qui suivit un *cursus* similaire et qui produisit un nombre conséquent d'études sur le Moyen Âge et sur l'époque moderne ou encore d'Amable Floquet (1797-1881) qui publia plusieurs importants travaux sur l'Ancien Régime. Ce dernier s'intéressa à la noblesse normande par le biais, entre autres, de son édition du *Diaire ou Journal du chancelier Séguier en Normandie près la sédition des nu-pieds (1639-1640) et documents relatifs à ce voyage et à la sédition* (1842) et par son *Histoire du parlement de Rouen* en sept volumes (1840-43). Charles-Marie de Robillard de Beaurepaire (1828-1908) emprunta des voies de formation semblables, entrant à l'École nationale des chartes[16] ; son cas est assez remarquable, car il écrivit un grand nombre de notices et plusieurs recherches notables sur l'Ancien Régime. Il se peut que la crise politique de laquelle naquit la IIIe République ait favorisé un regain d'intérêt pour les siècles immédiatement antérieurs à la Révolution. Les études de Charles de Robillard sur Nicolas Fouquet comme sur les états provinciaux à l'époque d'Henri III en témoignent. Robillard de Beaurepaire se fit aussi préfacier, présentant *La Normandie sous la Monarchie absolue* d'Arsène Legrelle (1834-1899). Ce dernier travail confirme la permanence d'un légitimisme très vivace en Normandie, nostalgique du temps ancien, des prééminences ancestrales et en particulier de celles de la noblesse et du clergé[17]. Dans la lignée de la répression de la Commune de Paris par les Versaillais, vivifiée par des positions ultra-

15. Françoise VIEILLARD, Gilles DÉSIRÉ DU GOSSET (dir.), *Léopold Delisle*, actes du colloque de Cerisy-la-Salle, 8-10 octobre 2004, Saint-Lô, Archives départementales de la Manche, 2007, p. 33.
16. Léopold DELISLE, « Charles de Robillard de Beaurepaire », *Bibliothèque de l'École des chartes*, 1909, p. 209-246.
17. Arsène LEGRELLE, *La Normandie sous la monarchie absolue (Louis XIII, Louis XIV, Louis XV, Louis XVI)*, Rouen, A. Lestingant, 1903.

catholiques antidreyfusardes, cette étude de Legrelle offre une lecture singulière de la « monarchie absolue » et de la place sociale réservée à la noblesse ; Legrelle souhaite y incarner le parti de l'ordre contre la « Canaille », suivant l'expression qu'il utilise pour qualifier les séditieux de 1639 à Avranches. Il critique vivement la création de la chambre de l'édit, cette « juridiction anormale[18] » qui avait été octroyée aux protestants à la suite de l'édit de Nantes (1598). Cela n'empêche pas Legrelle d'être défavorable aux prétentions des conseillers au parlement de Rouen, qu'il accuse d'être des privilégiés, puisqu'ils tentent de restreindre à leur seul profit la puissance publique des rois par leurs attaques contre l'absolutisme monarchique : ces conseillers seraient donc à l'origine des crises que connut la monarchie des Lumières à la fin du XVIIIe siècle. Legrelle défend une vision nationaliste, catholique, monarchique et autoritaire de l'histoire, suivant une tradition qui perdura en France et en Normandie jusqu'aux années 1940.

D'autres sensibilités sont exprimées à la fin du XIXe siècle avec le même objectif de recherche d'une identité normande et sans désavouer la noblesse d'Ancien Régime. L'exemple du travail de Jacques Alfred Galland illustre les efforts protestants pour renouer les fils entre cette confession et son passé normand, avec une insistance pour souligner l'adhésion de divers groupes sociaux, et bien sûr de la noblesse, à l'idéal réformé[19].

Plus généralement, avec la volonté de reconstitution méticuleuse de l'histoire, souvent sous forme d'histoire-bataille, le positivisme historique a sauvegardé et parfois encouragé la découverte de très nombreux documents, sources essentielles pour l'histoire de la Normandie sur lesquelles les travaux actuels sur la noblesse s'appuient[20]. Un des épisodes les plus connus de cette période pour l'histoire de la noblesse en Normandie est celui de la découverte du *Journal du sieur de Gouberville* par l'abbé Tollemer en 1867, dont Eugène Robillard de Beaurepaire publia le cahier pour les années de 1553 à 1562[21]. La lecture de ce document écrit par un gentilhomme campagnard du Cotentin offre une image particulière très riche de la petite noblesse, bien différente en de nombreux points des représentations stéréotypées que l'on rencontre communément à propos de la noblesse, sur son caractère belliqueux et son arrogance. En outre, la publication de ce manuscrit offre d'innombrables indications d'ordre économique et sociologique sur le mode de vie de cette gentilhommerie du Cotentin et sur les milieux sociaux qui

18. A. Legrelle, *op. cit.*, respectivement p. 62 et p. 135.
19. Jacques-Alfred Galland, *Essai sur l'histoire du protestantisme à Caen et en Basse-Normandie de l'édit de Nantes à la Révolution*, Paris, Grassart, 1898 [réédition 1991].
20. Léopold Delisle affirmait : « Je n'ai voulu que réunir des faits. Je les ai vérifiés et présentés de mon mieux. D'autres en tireront le parti qu'ils voudront » : G. Perrot, « Notice sur la vie et les travaux de Léopold-Victor Delisle », *Bibliothèque de l'École des chartes*, t. 71, 1912, p. 70.
21. *Le Journal du sire de Gouberville publié sur la copie du manuscrit original faite par M. l'abbé Tollemer*, Eugène Robillard de Beaurepaire (éd.), Caen, H. Delesques, 1892-1893, 2 vol. : vol. XXXI des *Mémoires de la Société des antiquaires de Normandie*, Eugène Robillard de Beaurepaire (1827-1899) était le frère de Charles de Robillard de Beaurepaire et occupait le poste de substitut au procureur général de la cour d'appel de Caen.

l'entourent[22]. À la fin du XIXe siècle, après son frère, Charles de Robillard éditait les *Cahiers des états de Normandie*, tenus entre 1562 et 1655[23], ce qui autorisait l'étude des prises de position des représentants de la province, de leurs inquiétudes et de leurs propositions. Quelques décennies plus tard, Henri Prentout reprenait ce dossier, afin de mieux retracer l'historique de ces états provinciaux et d'en décrire le fonctionnement, car bien souvent on attribue la relégation de la province à l'état d'une simple zone de dépendance envers le pouvoir monarchique à la non-convocation des états provinciaux après 1655[24], alors que les historiens ont tendance actuellement à réévaluer la place des autonomies provinciales face à l'État royal. La disparition de cette institution, qui caractérisait ce qu'on appelait des « pays d'états », diminuait les possibilités de médiation nobiliaire entre les sujets, le souverain et ses agents; la noblesse voyait donc ses marges de manœuvres s'amenuiser au sein de la société provinciale.

À cet égard, au début du XXe siècle, les publications d'Henri Prentout suggèrent de nombreuses pistes de recherches grâce à la sensibilité de cet historien pour les questions fiscales et économiques qu'il observait par le biais des états provinciaux. Cet intérêt appartient à son époque : déjà, le puissant travail qu'Edmond Esmonin avait consacré à la taille en Normandie sous Louis XIV peut apparaître fondateur et sa pertinence n'a guère perdu de sa valeur au cours des décennies suivantes en ce qui concerne la fiscalité royale. Dans cette étude, Esmonin utilise des données chiffrées, il précise à l'aide de tableaux le poids de l'impôt auquel la Normandie est assujettie avec la taille et il explique les procédures par lesquelles les privilégiés étaient exempts dans une province si durement taxée[25] (ce qu'illustre dans ce volume la contribution d'Antoine Follain). Avant l'histoire préconisée par l'école des *Annales,* formée autour Marc Bloch et de Lucien Febvre, alors que l'histoire économique apparaissait, Esmonin effectuait une recherche en avance sur les orientations à venir de la discipline historique[26]. Dans le même temps, le poids de sociétés savantes dans la production historique se trouvait peu à peu contrebalancé par l'arrivée de nouveaux acteurs venus de l'instruction publique ainsi que par l'extension du monde universitaire.

Parmi ces éléments originaux constitutifs des savoirs historiques en Normandie, l'histoire du droit occupe aussi une place importante[27]. La coutume de Normandie en vigueur jusqu'à la Révolution imprime une marque originale aux recherches juridiques et historiques, en particulier à partir des années 1930, afin de tenter de

22. Madeleine Foisil, *Un Sire de Gouberville*, Paris, Aubier-Montaigne, 1983.
23. Charles Robillard de Beaurepaire (éd.), *Cahiers des états de Normandie sous le règne de Louis XIII et Louis XIV*, Rouen 1878, 3 vol.; *Id.*, *Cahiers des états de Normandie sous le règne d'Henri IV*, Rouen, 1880, 2 vol.; *Id.*, *Cahiers des états de Normandie sous le règne d'Henri III*, Rouen, 1887, 2 vol.; *Id.*, *Cahiers des états de Normandie sous le règne de Charles IX*, Rouen, 1891, 1 vol.
24. Henri Prentout, *Les états provinciaux de Normandie*, t. 1, *Historique*, Caen, Lanier, 1925, t. 2, *Organisation et compétence*, Caen, Lanier, 1926, t. 3, *Preuves*, Caen, Lanier, 1927.
25. Edmond Esmonin, *La taille en Normandie au temps de Colbert, (1661-1683),* Paris, Hachette, 1913.
26. E. Boivin, *Autour de la glacerie de Tourlaville, un peu du passé industriel normand*, Cherbourg, E. Morel, 1929. L'éditeur précise sous le nom de l'auteur son statut : « instituteur ».
27. La présence dans ce volume de la contribution de Sophie Poirey le souligne.

mesurer l'impact des règles coutumières sur l'organisation sociale de la Province, d'autant que de nos jours, les îles anglo-normandes continuent d'utiliser ce droit normand. Les études de Jean Yver[28], puis plus tard, celles de Jacqueline Musset[29], dégagent les spécificités sociales et juridiques liées à la coutume de Normandie; elles en soulignent les applications séculaires qui imprégnèrent les mœurs. En dépit de règles matrimoniales et successorales distinctes, la noblesse normande fut aussi touchée par ces pratiques, comme le souligne plus loin Sophie Poirey. Au milieu des années 1950, Paul Logié, suivant une démarche de juriste, réalisa la seule étude d'ensemble sur la contestation frondeuse dans cette province stratégique et agitée[30].

Après l'économie et le droit, les enquêtes historiques ont élargi leurs champs d'investigation à d'autres domaines de recherches, en particulier à l'histoire sociale, ce dont témoigne la reprise du dossier consacré au parlement de Rouen, dossier auquel Amable Floquet avait déjà consacré de volumineuses études. Avec les travaux d'Henri de Frondeville (1884-1971) sur les présidents et les conseillers parlementaires, au XVIe siècle et dans la première moitié du XVIIe siècle, l'histoire sociale s'intéresse à cette fraction de la noblesse des robins, qui fait irruption à l'époque moderne dans la vie provinciale. Plus précisément, la robe parlementaire devient un objet de recension systématique de la part de cet historien, lui-même d'origine noble[31]. Les publications d'ordre prosopographique réalisées par le comte d'Arundel de Condé rejoignent des intérêts du même ordre et offrent un matériel important pour les travaux d'histoire sociale de la noblesse[32]. Ainsi, à l'intersection de l'histoire sociale et du travail de mémoire, la recherche historique tente de circonscrire et d'expliquer les fonctions et la place de l'ordre nobiliaire dans la société d'Ancien Régime; pour cela, elle embrasse des domaines de spécialité de plus en plus nombreux.

Après la Seconde Guerre mondiale, avec la création, dans les années 1960, de l'université de Rouen, puis de celle du Havre en 1984, le terrain historiographique s'est considérablement enrichi et diversifié. D'abord, il s'est enrichi d'un vivier d'historiens dynamiques, en Normandie orientale, dont un certain nombre a prolongé les réflexions sur l'Ancien Régime par des études relativement nombreu-

28. Jean YVER, « Les caractères originaux de la Coutume de Normandie », *Mémoires de l'Académie nationale de sciences arts et belles-lettres de Caen,* n° s. 12 (1952), p. 307-356; *Id.*, « La rédaction de la coutume de Normandie en 1583 : son esprit », *Annales de Normandie,* mars 1986, p. 3-36.

29. Jacqueline MUSSET, *Le régime des biens entre époux en droit normand du XVIe siècle à la Révolution,* Caen, Presses universitaires de Caen, 1997.

30. Paul LOGIÉ, *La Fronde en Normandie,* Amiens, 1951, 3 volumes.

31. Henri de FRONDEVILLE, *Les présidents du parlement de Normandie (1499-1790),* 1953; *Id.*, *Les conseillers du parlement de Normandie au XVIe siècle (1499-1594),* 1960; *Id.*, *Les conseillers du parlement de Normandie sous Henri IV et Louis XIII,* 1964; *Id.*, *Les conseillers du parlement de Normandie de 1641 à 1715,* 1970; Voir aussi Henri de FRONDEVILLE, *Notice biographique sur le Président de Frondeville : 1757-1816,* s. l., s. n., 1926.

32. ARUNDEL DE CONDÉ, *Dictionnaire des anoblis normands 1600-1790,* Rouen, 1975; *Id.*, *Anoblissements, maintenues et réhabilitations en Normandie, 1598-1790,* Paris, Sedopols, 1981; *Id.*, *Les anoblis par charges en Haute-Normandie de 1670 à 1790. Parlement, chancellerie, cour des aides, chambre des comptes, bureau des finances, conseil supérieur,* Patrice Du Puy éditeur, s. l, 2006.

ses sur la Révolution française. Les travaux de Guy Lemarchand[33] et ceux entrepris maintenant sous la direction de Michel Biard[34] et de Pascal Dupuy soulignent cette vitalité des études rouennaises, alors qu'en Normandie occidentale, derrière l'empreinte laissée par Pierre Chaunu, les universitaires caennais se sont intéressés à la démographie historique, aux institutions normandes et, plus particulièrement, à celle de l'intendance royale dans les généralités d'Alençon et de Caen, généralités qui avaient à leur tête un agent du roi, souvent d'origine noble[35]. Les analyses quantitatives et leurs traductions cartographiques ont enrichi les réflexions des chercheurs[36].

Outre ces élargissements thématiques et chronologiques successifs, l'histoire de la noblesse a le plus souvent profité d'un puissant apport étranger, principalement venu du monde anglo-saxon, qui offre de nouvelles perspectives de recherches. Ces étroites relations entre la Normandie et l'Angleterre et, plus généralement, avec le monde anglo-saxon, ne sont pas nouvelles; déjà au XVIIIe siècle, la Société des antiquaires de Londres – créée en 1707 – rayonnait en Normandie grâce à la diffusion de son bulletin, *Archeologia*, édité à partir de 1770[37]. Au cours de la seconde moitié du XXe siècle, les travaux des historiens britanniques et américains ont contribué à puissamment renouveler l'historiographie de l'époque moderne. Ainsi, entièrement consacré au second ordre dans la circonscription de l'Élection de Bayeux, le travail de James Wood analyse sur plus d'un siècle et demi les familles nobles du Bessin grâce à cinq enquêtes de noblesse[38]. Les processus d'anoblissement, de mobilité sociale, les constitutions de patrimoines (et parfois leur faiblesse), comme le dynamisme de ces familles y sont étudiés de façon détaillée. Une démarche similaire en histoire sociale avait été adoptée, en 1984, par Jonathan Dewald, dont les recherches sur les parlementaires rouennais au XVIe siècle examinent les origines, les alliances et les patrimoines de ces robins qui s'assimilèrent progressivement à la noblesse[39]. Assez logiquement, l'historiographie anglo-saxonne s'est penchée de près sur les questions religieuses qui touchèrent la Normandie d'Ancien Régime : le poids du XVIe siècle dans ces études est

33. Guy LEMARCHAND, *La fin du féodalisme dans le pays de Caux. Conjoncture économique et démographique et structure sociale dans une région de grande culture, de la crise du XVIIe siècle, à la stabilisation de la Révolution. 1640-1795*, Paris, CTHS, 1989.
34. Voir « La révolution en Normandie. Nouvelles approches », *Annales de Normandie*, janvier-juin 2009, n° 1.
35. Pierre GOUHIER, *L'intendance de Caen (1636-1789) : étude de géographie historique*, Caen, thèse, 1966; *Id.*, *L'intendance de Caen en 1700*, Paris, CTHS, 1998; Gérard HURPIN, *L'intendance de Rouen en 1698*, Paris, CTHS, 1984; Jacqueline MUSSET, *L'intendance de Caen : structure et administration sous l'intendant Esmangart (1775-1783)*, Condé-sur-Noireau, Corlet, 1985.
36. La publication d'un atlas a été réalisée grâce aux nouvelles techniques de l'histoire des années 1960-1970 : Pierre GOUHIER, Jean-Marie VALLEZ et Anne VALLEZ, *Atlas historique de Normandie*, 1, *Cartes des communautés d'habitants : Généralités de Rouen, Caen et Alençon 1636-1789, 2, Institutions, économie, comportements*, Caen, CRHQ, 1967 et 1972.
37. Bernard HUCHET, *op. cit.*, t. 1, p. 12-15.
38. James B. WOOD, *The Nobility of The Élection of Bayeux (1463-1666), Continuity through Change*, Princeton, Princeton University Press, 1980.
39. Jonathan DEWALD, *The Formation of a Provincial Nobility. The Magistrates of the Parlement de Rouen*, Princeton, Princeton University Press, 1980.

important. Les livres et les articles de Philip Benedict sur les guerres de Religion à Rouen[40], de Maryélise Suffern Lamet sur la société caennaise et ces guerres[41], ou encore de David Nicholls – qui embrasse l'ensemble du protestantisme dans la province[42] – en sont des illustrations. Ce renouvellement anglo-saxon de l'histoire de la Normandie – et donc de l'histoire de sa noblesse – est essentiel pour mener actuellement des recherches[43]. La thèse de doctorat de Stuart Carroll sur les Guise[44], leurs relations de clientèle et de parenté en Normandie au cours des guerres de Religion prolonge et développe une application des notions de réseaux à l'espace normand, cela après un important article de Madeleine Foisil sur ces questions et alors que plusieurs historiens les ont employés depuis pour l'étude d'autres noblesses d'Ancien Régime[45]. D'autres historiens anglo-saxons pourraient encore être cités[46], mais il ne s'agit pas tant de réaliser un inventaire que d'insister sur la richesse des apports de ces historiens au domaine qui nous intéresse : la noblesse. Les travaux actuels que nous présentons leur sont en grande partie redevables et, puisque ce volume souhaite rendre compte des renouvellements récents des problématiques historiques, il semblait nécessaire de les mentionner.

Ce panorama de la production historique ayant trait à la noblesse normande explique qu'il a été préférable d'utiliser le pluriel « des noblesses » plutôt que de croire en une homogénéité illusoire de ce groupe social sous l'Ancien Régime ; l'expression « les noblesses normandes » permet, en effet, de recouvrir une variété de situations que ne laisse pas supposer l'usage du singulier : quel point commun entre la plèbe nobiliaire du bailliage de Vire et l'aristocratie parlementaire rouennaise du siècle des Lumières ? Quel rapport entre un capitaine corsaire d'un navire de Granville et un pasteur protestant d'origine noble vivant dans la plaine de Caen ? Cette hétérogénéité de la noblesse se révèle dans les pages qui suivent par les pratiques sociales, les activités économiques et les mentalités des groupes qui la composent et que seuls unissent les privilèges dont ils jouissent.

40. Philip Benedict, *Rouen during the Wars of Religion*, Cambridge, Cambridge University Press, 1981.
41. Maryélise Suffern Lamet, *Reformation war and society in Caen*, Ann Arbor, University of Massachussets Press, 1978.
42. David Nicholls, *The Origins of protestantism in Normandy : a social study*, Boston, Birmingham University, 1977.
43. Il est nécessaire de mentionner le travail comparatiste très novateur qu'a effectué François-Joseph Ruggiu, *Les élites et les villes moyennes en France et en Angleterre (XVIIe-XVIIIe siècles)*, Paris, L'Harmattan, 1997. Il confronte les élites de quatre villes moyennes aux XVIIe et XVIIIe siècles : deux en France, Alençon et Abbeville, et deux en Angleterre, Canterbury et Chester.
44. Cf. Stuart Carroll, *Noble Power during the French Wars of Religion. The Guise Affinity and the Catholic Cause in Normandy*, Cambridge, Cambridge University Press, 1998.
45. Madeleine Foisil, « Parentèles et fidélités autour du duc de Longueville, gouverneur de Normandie pendant la Fronde », Yves Durand (dir.), *Clientèles et fidélités en Europe à l'époque moderne. Hommage à Roland Mousnier*, Paris, PUF, 1981, p. 153-168.
46. On pense à David Joseph Lansky *Paternal rule and provincial revolt in seventeenth-century France : the social basis of the Fronde in Rouen*, Dissertation, Berkeley, University of California, 1982 ; en histoire culturelle, aux travaux de David Stephan Lux, *Royal patronage and seventeenth century science : l'académie de physique de Caen, 1662-1672*, Ann Arbor, University of Michigan, 1983, et de Katherin Stern-Brennan, *Culture and dependancies : the society of the Men of letters of Caen, from 1652 to 1715*, Baltimore, John Hopkins University Press, 1981.

Ce volume rassemble des contributions d'historiens d'horizons divers. Certains sont reconnus par les institutions universitaires et savantes et comptent déjà plusieurs travaux publiés sur le thème de la noblesse, en Normandie ou, plus largement, dans l'espace de la monarchie française d'Ancien Régime. Les études de Jean-Marie Constant sur la noblesse en Beauce, de Laurent Bourquin sur celle de Champagne, de Michel Nassiet sur la Bretagne et sur l'anthropologie de la noblesse font autorité ; leurs champs géographiques entourent le domaine normand, eux-mêmes provenant souvent d'universités voisines, comme celle d'Angers, du Mans, de Rennes et de Paris. L'apport anglo-saxon est illustré ici par la présence de Jonathan Dewald de l'université de Buffalo (États-Unis) dont l'analyse de la formation de la noblesse parlementaire rouennaise, publiée voici trente ans fait date[47], alors que John Dickinson, originaire du Québec, confirme les liens étroits entretenus entre la Normandie et l'ancienne « Nouvelle France ». Un grand nombre de textes proviennent logiquement d'historiens travaillant en Normandie, pour la plupart en relation avec les universités de Caen, de Rouen et du Havre. Un des éléments positifs de ces journées de Cerisy fut également de permettre des échanges entre les générations d'historiens, sans élever de barrière entre chercheurs confirmés et jeunes chercheurs. Ainsi, certains des auteurs de textes présents dans ce volume n'ont achevé que récemment leurs recherches et, parfois, soutenu un doctorat dont la publication ne saurait tarder[48] : il est apparu nécessaire de rendre public les premiers résultats de leurs travaux quand ils divulguent des éléments d'histoire importants et que les lecteurs ne tarderont pas à disposer de leurs conclusions. D'autres auteurs se trouvent au milieu, voire au début, de leurs investigations durant lesquelles ils ont croisé le complexe monde nobiliaire normand de l'Ancien Régime, ce qui explique qu'ils éclairent ici le sujet de leur point de vue. Quant à l'auteur de ces lignes, c'est à cause des interrogations nées d'un enseignement de licence à l'université de Caen qui portait sur l'histoire de la Normandie du XVIe siècle au XVIIIe siècle qu'il se trouve à l'origine de la réunion de ces contributions d'historiens[49], cela en étroite collaboration avec Ariane Boltanski, chercheur en histoire, spécialiste de l'aristocratie au XVIe siècle, et maître de conférences à l'université Rennes 2[50].

47. J. DEWALD, *op. cit.*

48. Luc DAIREAUX, *« Réduire les huguenots ». Protestants et pouvoirs en Normandie au XVIIe siècle*, Paris, Honoré Champion, « Vie des huguenots, n° 57 », 2010 ; Michel AUMONT, *Une culture du risque maritime : aventures et destins des corsaires granvillais (1688-1815)*, Caen, 2010 [à paraître] ; Étienne LAMBERT, *Nobles du bocage, nobles de la plaine. Étude sociale de la noblesse des élections de Vire, Domfront, Argentan et Falaise au XVIIIe siècle*, Caen, 2010 [à paraître] ; Xavier PAGAZANI, *Demeures campagnardes de la petite et moyenne noblesse de haute Normandie (1450-1600)*, thèse dactylographiée sous la direction de C. Mignot, Paris IV-Sorbonne, 2009.

49. Voir aussi Alain HUGON, « Existe-t-il une Fronde normande ? », Catherine BOUGY, Sophie POIREY (dir.), *Images de la contestation du pouvoir dans le monde normand (Xe-XVIIIe s)*, Caen, Presses universitaires de Caen, 2007, p. 233-246.

50. Ariane BOLTANSKI, *Les ducs de Nevers et l'État royal. Genèse d'un compromis (ca. 1550-ca. 1600)*, Genève, Droz, 2006.

Les vingt-deux chapitres de ce volume constituent le résumé de trois journées de riches débats, qui se déroulèrent du 11 au 14 septembre 2008 au centre culturel international de Cerisy-la-Salle, dans la Manche. Le cadre lui-même n'est pas indifférent au sujet du colloque, puisque le château de Cerisy – qui avait appartenu à la famille protestante noble des Richer aux XVIe et XVIIe siècles – a abrité les conférences et les discussions qui se sont déroulées lors de ces trois journées sur les noblesses normandes. L'accueil du colloque par l'équipe de Cerisy que dirige Édith Heurgon, avec Jacques Peyrou, Philippe Kister et Catherine de Gandillac, a offert d'excellentes conditions de travail et permit des échanges fructueux au cours de cette rencontre. Faute de place, les débats qui ont eu lieu n'ont pu être retranscrits dans cet ouvrage. Cinq thèmes avaient regroupé les interventions des historiens sur les noblesses normandes correspondant aux cinq parties de l'ouvrage. Une première partie est ainsi consacrée à un « état des recherches » et à un « tableau du fait nobiliaire en Normandie », avec les interventions de Laurent Bourquin sur l'historiographie nationale de la noblesse, de Michel Nassiet sur les comparaisons possibles avec le cas breton, de Jean Marie Constant sur les structures nobiliaires, de Sophie Poirey sur les spécificités du droit coutumier normand et de John Dickinson sur l'usage noble de la justice en Normandie. La seconde partie porte sur « noblesses engagées, noblesses protestantes et noblesses dissidentes », car, plus que dans n'importe quelle autre province septentrionale de la monarchie, la division religieuse avait touché les milieux nobles, ce qu'exposent tour à tour, Nicolas Le Roux pour le parti royal, Isabelle Le Touzé à propos de la confrontation militaire entre les protestants conduits par Montgomery et les royaux, Luc Daireaux et Didier Boisson pour le monde de la noblesse protestante. Soulignant l'extrême diversité de la noblesse, la troisième partie, intitulée « mobilités nobiliaires et frontières sociales en Normandie », regroupe les communications d'Antoine Follain sur la coexistence des nobles avec les taillables au sein des communautés d'habitants, d'Olivier Tréhet sur le métier des armes des nobles normands, de Michel Aumont sur les corsaires granvillais et leurs espoirs – déçus – d'anoblissement et d'Olivier Chaline sur la noblesse parlementaire rouennaise. Derrière l'élite sociale, la question posée est celle de « la culture de la noblesse et la noblesse de la culture », fournissant le thème à une quatrième partie qui tente d'examiner les relations socio-culturelles des nobles avec le reste de la société, par l'usage des liens de parrainage, étudié par Étienne Lambert, par l'adoption des modes de prénomination, présentée par Jean-Pierre Lethuillier, par les pratiques urbanistiques de la noblesse dans la ville épiscopale de Bayeux analysées par Christiane Huet et par un investissement différencié dans les loges maçonniques, exposé par Éric Saunier. La cinquième partie soulève la question, longtemps considérée comme centrale, de la puissance sociale de la noblesse et de son évolution pluriséculaire, avec l'étude de Jonathan Dewald sur quelques mutations essentielles touchant les nobles normands à partir des années 1660, puis les observations de Bernard Bodinier sur les changements dans les patrimoines nobiliaires dans l'Eure à la fin de l'Ancien Régime, avec l'examen de la noblesse rouennaise face à la crise des états généraux par Laurent Lemarchand et enfin par la tentative de reconstitution des cadres nobiliaires au XIXe siècle présentée par Étienne Paisnel. Enfin, les conclusions proposées par Ariane Boltanski synthétisent les questions soulevées par ce colloque et les pistes de recherches actuelles.

Un tel rassemblement d'historiens et une telle réunion de travaux dans cet ouvrage n'auraient pas été possibles sans le soutien constant des nombreuses institutions que nous voudrions remercier. Parmi celles-ci, les laboratoires universitaires ont fourni un appui constant et nous remercions le CRHQ (Centre de recherches et d'histoire quantitative – UMR CNRS 6583), le CERHIO (Centre de recherches historiques de l'Ouest – UMR CNRS 6258) le CIRTAI de l'université du Havre, le GHRIS de l'université de Rouen et l'OUEN (Office universitaire d'études normandes). L'université de Caen Basse-Normandie a souligné à plusieurs reprises son intérêt en marquant un appui fort à cette manifestation, facilitant grandement son organisation. Les collectivités locales ont participé à ce projet par l'assistance qu'elles nous ont donnée : nous leur sommes redevables, en particulier envers le conseil régional de Basse-Normandie, le conseil général de la Manche, la Drac, les archives départementales de la Manche (qui ont accepté d'héberger une des sessions du colloque), la communauté de communes de Cerisy-la-Salle et, bien sûr, le Centre culturel international de Cerisy, sans l'appui duquel ces séances n'auraient pu avoir lieu.

Première partie

État des recherches : le fait nobiliaire en Normandie

La noblesse française à l'époque moderne : une historiographie

Laurent BOURQUIN

> « La bibliographie de la noblesse est à la fois immense et, hormis quelques rares titres, de portée médiocre. Immense, parce qu'il n'est guère d'ouvrages d'histoire économique, sociale ou politique qui n'ait, peu ou prou, abordé quelque aspect de la question nobiliaire. De médiocre portée, parce que très peu d'entre eux ont envisagé la noblesse "de l'intérieur", ou ont centré leur étude sur le deuxième ordre. [...] Que l'on quitte le domaine des synthèses, un foisonnement d'études de détail, un océan de recherches submergent l'audacieux. Le meilleur voisine avec le pire. »

Ces quelques lignes ont été écrites par Jean Meyer en 1966, en tête de la bibliographie de sa thèse, *La noblesse bretonne au XVIII*e *siècle*[1]. Quatre décennies plus tard, le panorama historiographique est radicalement différent. Désormais, la noblesse est devenue un objet d'histoire à part entière, bien visible dans la recherche universitaire, et qui donne lieu à des questionnements et à des méthodes spécifiques. Comment expliquer cette évolution, au terme de laquelle la noblesse a pu acquérir un véritable statut historiographique ? Trois phases peuvent être dégagées : tout d'abord un long XIXe siècle, où les auteurs ont voulu à la fois dépeindre un passé révolu et répondre aux questions que soulevait la cohabitation entre ancienne et nouvelle noblesse à leur époque ; ensuite un premier XXe siècle, au cours duquel on a commencé à appréhender le second ordre comme un groupe doté d'une identité propre ; enfin, depuis le milieu des années 1960, un vaste effort a été mené pour, d'une part, évaluer le rôle de la noblesse dans la société d'Ancien Régime et, d'autre part, en mesurer les spécificités.

L'historien du XIXe siècle au service de la mémoire noble

Aux lendemains de la Révolution et de l'Empire, de nombreux travaux prennent la noblesse comme objet d'étude, car le contexte y est très favorable. La

1. Jean MEYER, *La noblesse bretonne au XVIII*e *siècle*, Paris, Éditions de l'EHESS, 1985 [1966], vol. 1, p. XXI.

noblesse héréditaire, qui a été abolie en 1790[2], vient, en effet, d'être rétablie par la Charte promulguée en 1814. Son article 71 stipule ainsi que « la noblesse ancienne reprend ses titres; la nouvelle conserve les siens. Le roi fait des nobles à volonté, mais il ne leur accorde que des rangs et des honneurs, sans aucune exemption des charges et des devoirs de la société ». Cette restauration de la noblesse d'Ancien Régime, dont la portée et les limites ont été fort bien étudiées ailleurs[3], explique l'essor des publications la concernant au début du XIXe siècle. Elle nécessite, en effet, de faire connaître les hiérarchies et les codes du groupe au public cultivé, voire aux nobles eux-mêmes, dont la mémoire familiale a pu être interrompue pendant une génération. En outre, en rétablissant la noblesse ancienne sans pour autant lui rendre ses privilèges (notamment fiscaux), la Charte pose à la noblesse de graves questions identitaires : quels sont ses contours? À quoi peut-elle servir? Doit-on et comment peut-on la différencier de la noblesse récente[4]?

C'est pour répondre à ces besoins que des ouvrages proposent, dès les années 1810-1820, une taxinomie qui explique aux Français ce qu'était le second ordre. Le plus emblématique est sans doute celui d'Antoine-Louis de Laigue, intitulé *Les Familles françaises considérées sous le rapport de leurs prérogatives honorifiques héréditaires*, publié par l'Imprimerie Royale en 1815[5]. Tour à tour, il aborde l'origine de la noblesse, les différents modes d'anoblissement, la noblesse de cloche, la pairie, les majorats, les ordres militaires etc. Ce type de littérature s'inscrit dans une tradition fort ancienne, où se sont illustrés, par exemple, Gilles-André de La Roque[6] (1598-1686/7), ou Jean Le Laboureur (1633-1675)[7], qui dressaient une savante typologie des familles selon leur ancienneté et leurs charges. Le cousinage est tel que l'on pourrait même considérer que de Laigue n'est pas historien : son travail s'apparente aux traités juridiques de l'Ancien Régime, à ceci près qu'il s'intéresse à un objet du passé. Ce genre de production domine toute la première moitié du XIXe siècle, jusqu'au Second Empire : encore en 1857, Alphonse Chassant publie *Les nobles et les vilains du temps passé ou recherches critiques sur la noblesse et les usurpations nobiliaires*[8].

2. C'est le 23 juin 1790 que Louis XVI signe le décret selon lequel « la noblesse héréditaire est pour toujours abolie. Les titres de prince, duc, comte, marquis, vicomte, vidame, baron, chevalier, messire, écuyer, noble et tous autres semblables ne seront pris par qui que ce soit, ni donnés à qui que ce soit ».
3. Notamment par Michel FIGEAC, *Destins de la noblesse bordelaise (1770-1830)*, Bordeaux, Fédération historique du Sud-Ouest, 1996, 2 vol., et Claude-Isabelle BRELOT, *La noblesse réinventée. Nobles de Franche-Comté de 1814 à 1870*, Paris, Les Belles Lettres, 1992, 2 vol.
4. Lors des Cent-Jours, Napoléon Ier est tout à fait conscient qu'il s'agit d'un enjeu important : dès mars 1815, il abolit « la noblesse féodale et les titres féodaux ». Il ne reconnaît « d'autres titres que ceux de l'Empire, dûment vérifiés au conseil du sceau ». Il se réserve le droit « de conférer des titres impériaux aux représentants des anciennes familles ».
5. Antoine-Louis de LAIGUE, *Les Familles françaises considérées sous le rapport de leurs prérogatives honorifiques héréditaires, ou Recherches historiques sur l'origine de la noblesse, les divers moyens dont elle pouvait être acquise en France, l'institution des majorats, et l'établissement des ordres de chevalerie...*, Paris, Imprimerie Royale, 1815.
6. Gilles-André de LA ROQUE, *Histoire des maisons nobles de Normandie* (1654), *Traité singulier du blason* (1673 et 1681), *Traité de la noblesse* (1678), *Traité de l'origine des noms* (1681).
7. Jean LE LABOUREUR, *Discours de l'origine des armoiries* (1684).
8. Alphonse CHASSANT, *Les nobles et les vilains du temps passé ou recherches critiques sur la noblesse et les usurpations nobiliaires*, Paris, A. Aubry, 1857.

> « Nous avons [...] pensé – écrit-il – qu'il y aurait quelque profit pour la société présente à lui faire l'histoire, quelque abrégée qu'elle fût, des usurpations nobiliaires d'autrefois, lui en montrer tous les ressorts. [...] Car à cette heure, il est utile de savoir quelles sont les conditions légales et morales de la noblesse exigées autant par la société que par l'État. Un titre, une décoration quelconque, doivent représenter une vertu, un talent, un service, un labeur hors ligne. Il faut aujourd'hui une noblesse réelle et non factice, féconde et non oisive, une noblesse qui ne s'appuie pas sur des parchemins ou sur le luxe, mais qui repose sur des vertus exemplaires, sur des services rendus à la société. »

L'objectif de ce livre est donc de distinguer la « vraie » et la « fausse » noblesse. Les cas d'usurpation qu'il raconte – et qui sont en fait les premiers jalons d'une histoire de l'anoblissement – ont valeur d'avertissement pour les nobles de son époque. L'année suivante, en 1858, est d'ailleurs votée une loi punissant d'amende tous ceux qui s'attribueraient sans droit une distinction honorifique, notamment un titre de noblesse.

À partir des années 1860, commencent à être publiés des recueils d'individus et de familles. Dans un océan de références, citons par exemple le monumental catalogue des nobles ayant pris part aux assemblées de la noblesse pour l'élection des députés aux états généraux de 1789[9], l'armorial du Poitou[10], le nobiliaire de Ponthieu et de Vimeu[11], les résultats de la recherche de noblesse menée par l'administration de Colbert en Anjou[12], ou bien les preuves de noblesse des pages auvergnats[13]. Les méthodes de l'histoire positiviste, qui s'imposent à cette époque et aboutissent à l'édition de nombreuses sources, rejoignent ainsi les préoccupations mémorielles et généalogiques des élites, qui y retrouvent leurs origines, leur gloire passée et leur filiation. Ces ouvrages, que nous utilisons encore de nos jours pour compléter nos bases de données, sont souvent conformes aux exigences de la science historique qui est en train de naître. Mais ils répondent finalement aux mêmes besoins que les traités juridiques : inscrire dans quelques forts volumes les éléments d'une geste familiale, afin qu'elle ne soit pas oubliée à jamais. Car avec l'avènement de la IIIe République, la noblesse d'Ancien Régime achève de se diluer dans la société française, sciemment ignorée par les députés, qui refusent fort logiquement de légiférer à son propos.

C'est enfin à cette époque que se multiplient les monographies. Beaucoup sont l'œuvre d'érudits locaux – curés, enseignants, médecins – qui rédigent des

9. Par exemple le *Catalogue des gentilshommes d'Alsace, Corse, Comtat-Venaissin qui ont pris part ou envoyé leur procuration aux assemblées de la noblesse, pour l'élection des députés aux états généraux de 1789*, pub. par Louis de La Roque et Édouard de Barthélemy, Paris, E. Dentu, 1865.
10. *Armorial du Poitou et état des nobles réservés dans toutes les élections de la généralité [...]*, pub. par Alexandre Gouget, Niort, L. Clouzot, 1866.
11. *Nobiliaire de Ponthieu et de Vimeu*, pub. par René de Belleval, Amiens, Lemer Aîné, 1861-1864.
12. *Catalogue des gentilshommes d'Anjou lors de la recherche de la noblesse de 1666*, pub. par Paul de Farcy, Vannes, E. Lafolye, 1890.
13. *Preuves de noblesse de pages auvergnats admis dans les écuries du roi, 1667-1792*, pub. par le docteur de Ribier, Clermont-Ferrand, Mémoires de l'Académie des sciences, belles-lettres et arts de Clermont-Ferrand, 1909.

notes généalogiques, racontent l'histoire d'une seigneurie, retracent les vicissitudes d'un château, et trouvent leur public grâce à la floraison contemporaine des sociétés savantes en province. Tous les historiens actuels ont exploré les tables analytiques et les gros volumes reliés de ces revues austères, dans lesquels on peut glaner quelques renseignements intéressants, mais où la localisation précise des sources laisse souvent à désirer. Dans le dernier quart du XIXe siècle, sont réalisés des travaux plus ambitieux, essentiellement biographiques, qui s'intéressent en fait à l'histoire de l'État, mais l'abordent par le biais de personnages illustres ou de puissantes familles[14] : Guise, Montmorency, Saint-André, Épernon… Au début du XXe siècle, rares sont encore les historiens qui appréhendent la noblesse comme un groupe à part entière. L'essentiel de la production se présente comme une juxtaposition de cas familiaux ou individuels. Dans un environnement scientifique où l'histoire n'est pas encore problématisée, dans un contexte politique où l'on mène prioritairement une archéologie du sentiment national, les spécificités nobiliaires sont totalement gommées, de même que le rôle du second ordre dans la société d'Ancien Régime.

Un rendez-vous manqué avec les *Annales* (de 1929 à 1966)

Comme dans tous les autres champs de notre discipline, les *Annales* font bouger les lignes historiographiques, dans la mesure où elles considèrent enfin la noblesse comme un groupe, certes hétérogène, mais unifié par des caractères communs. Toutefois, comme nous allons le voir, leur influence est tardive et limitée. C'est en 1936 que la revue propose une grande enquête, intitulée « Les noblesses[15] ». L'objectif est de susciter l'ouverture de nouveaux chantiers, en partant – comme souvent dans les *Annales* – des réalités contemporaines. Le ton est novateur, à commencer par ce pluriel, qui affiche la diversité du groupe et les difficultés de l'entreprise. Dans un texte signé « Les directeurs », Marc Bloch et Lucien Febvre renoncent à une définition de la noblesse : « Nous ne pensons pas, écrivent-ils, qu'il soit utile de formuler, au début de l'enquête, une définition de la noblesse, fût-elle résolument provisoire. Car ce serait peut-être nous condamner d'avance à laisser échapper bien des parcelles d'une mouvante réalité. » Ils se contentent de mettre en avant trois éléments, qui leur semblent « liés à l'idée de noblesse : l'hérédité ; le prestige ; et quelque chose de commun et de caractéristique dans le genre de vie des individus[16] ». Soucieux de construire, comme pour d'autres thématiques, une « histoire-problème », ils énoncent quelques grandes questions, qu'ils ont choisies parce qu'elles leur semblent à la fois fondamentales et, pour

14. Par exemple Joseph de CROZE, *Les Guises, les Valois et Philippe II*, Paris, Amyot, 1866 ; Henri FORNERON, *Les ducs de Guise et leur époque*, Paris, Plon, 1877 ; Charles DUFAYARD, *Le connétable de Lesdiguières*, Paris, Hachette, 1892.

15. Marc BLOCH et Lucien FEBVRE, « Enquêtes. Les noblesses », *Annales HES*, t. VIII, 1936, p. 238-255 et p. 366-378.

16. Marc BLOCH et Lucien FEBVRE, « Reconnaissance générale du terrain », *Annales HES*, t. VIII, 1936, p. 238-239.

l'heure, sans réponse : le statut (le privilège et le droit nobiliaire), le nombre (le pourcentage de nobles dans la population totale), le renouvellement du groupe, sa typologie (l'épée et la robe, les riches et les pauvres), les alliances, les revenus (« De quoi vit la noblesse ? De quoi a-t-elle vécu ? Ou, plus précisément, sur quel genre de fortune repose ou reposait sa puissance ? ») et enfin sa culture au sens large (« Que pense-t-on dans la noblesse ou les noblesses ? De soi, des autres, du pays et de l'État ? Pense-t-on, sent-on tout à fait comme ailleurs ? »).

Sans surprise, on relève ici l'importance des aspects économiques et sociaux, qui dominent aussi les problématiques que les *Annales* consacrent, par exemple, à la paysannerie et au monde urbain. Mais ce questionnaire, à la fois neuf pour son temps et très systémique – au sens où il est le reflet d'une pensée historique cohérente et autonome par rapport à son objet – doit être complété par la lecture d'un texte magnifique que Marc Bloch publie dans la livraison suivante[17]. En effet, il y pressent l'articulation essentielle entre noblesse et liberté. Il juge indispensable de s'intéresser au droit nobiliaire, et en particulier à la question de l'hérédité. Il insiste beaucoup sur la question du renouvellement du groupe, d'autant que le fameux ouvrage de Jean-Richard Bloch sur l'anoblissement à l'époque de François Ier vient de paraître deux ans plus tôt[18]. Enfin, il pointe les diversités régionales en matière de fortunes, et souhaite que l'on étudie le problème du maintien des patrimoines par-delà la Révolution. De par sa fermeté, ce texte a valeur de manifeste. Il entend introduire durablement la noblesse dans les préoccupations des historiens de son temps, et se veut le point de départ de toute une série d'études innovantes, pas forcément centrées sur le second ordre, mais capables de le prendre en compte dans une analyse sociale plus large ou légèrement décalée.

Et pourtant, force est de constater que l'apport des *Annales* est à la fois limité et tardif. Limité, parce qu'elles se concentrent, comme ailleurs, presque exclusivement sur des thématiques socio-économiques : l'intégration des anoblis, les stratégies matrimoniales, les fortunes, les partages successoraux. C'est déjà beaucoup, et cela correspond bien aux problématiques d'ensemble des *Annales* première manière. Mais, ce faisant, sont occultées toutes les interrogations de nature politique, en particulier le rapport des nobles au pouvoir et leur rôle dans la construction de l'État royal. En outre, et même si l'enquête comprend un volet culturel, celui-ci reste flou et confiné à ce que l'on n'appelle pas encore « l'histoire des mentalités » : rien n'est envisagé sur l'éducation, les lectures, la sociabilité, la sensibilité religieuse.

S'il est limité dans son périmètre intellectuel, l'intérêt des *Annales* pour la noblesse est également tardif. Rappelons tout d'abord que sept ans se sont écoulés entre la fondation de la revue et le lancement de l'enquête de 1936. Pourtant, en 1911, Lucien Febvre a consacré deux chapitres au sujet dans sa thèse, le VII (« La

17. Marc BLOCH, « Sur le passé de la noblesse française : quelques jalons de recherches », *Annales HES*, t. VIII, 1936, p. 366-378.
18. Jean-Richard BLOCH, *L'anoblissement en France au temps de François Ier. Essai d'une définition de la condition juridique et sociale de la noblesse au début du XVIe siècle*, Paris, PUF, 1934, réimp. Genève, Mégariotis, 1978.

noblesse et les seigneuries ») et le XI (« La vie noble »)[19] ; mais on le sait, les élites ne sont pas au cœur de ses préoccupations, ni de celles de Marc Bloch, lorsqu'ils créent tous deux les *Annales*, en 1929. En outre, Febvre a conclu de son étude du système seigneurial franc-comtois que dès le XVIe siècle, la noblesse était entrée dans un inexorable déclin, annonciateur de la victoire bourgeoise de 1789...

Jusqu'à ce que les *Annales* se décident enfin à intégrer pleinement les questions nobiliaires dans leur réflexion, les avancées décisives ont, en fait, eu lieu ailleurs, et se sont déroulées sous l'impulsion d'historiens étrangers à cette école. Dès 1903, Pierre de Vaissière a publié *Gentilshommes campagnards de l'ancienne France*. Le livre peut sembler *a priori* suspect de complaisance à l'égard de son sujet : l'auteur, archiviste-paléographe, est issu d'une famille de petite noblesse et prétend exhumer un « âge d'or trop oublié », de la fin du XVe à la fin du XVIe siècle, au cours duquel le second ordre a vécu « en très intime contact avec le peuple, et par ses intérêts, et par son genre de vie et par ses mœurs, une noblesse, en un mot, parfaitement conforme à l'idéal que l'on se fait d'une aristocratie digne de ce nom[20] ». Mais si l'on fait abstraction de sa nostalgie bucolique, l'ouvrage de Vaissière est, en fait, très novateur pour son temps, puisqu'il est le premier à parler de la petite noblesse rurale, et qu'il travaille sur des documents notariés. En 1913, Edmond Esmonin s'intéresse lui aussi à cette population dans son livre consacré à la taille en Normandie[21]. Apparemment, il reste dans la logique taxinomique du XIXe siècle, dans la mesure où il aborde la noblesse par le biais de l'exemption. Mais, ce faisant, il est conduit à en explorer les marges, cette gentilhommerie rurale modeste, voire pauvre, si abondante dans la province, toujours menacée d'être remise à la taille. En 1920, Henri Carré effectue une autre avancée en abordant la question de la noblesse face à l'opinion publique au XVIIIe siècle[22]. Si son objectif reste classique – il s'agit toujours d'expliquer la genèse de la Révolution – Carré utilise la presse et la littérature pour construire une histoire des représentations politiques avant la lettre. Deux ans plus tard, en 1922, Lucien Romier fait paraître *Le royaume de Catherine de Médicis*[23], dans lequel il énonce des thématiques elles aussi très neuves : la nature des liens de fidélité, le clientélisme royal, le rapport des nobles au profit, la question de la prodigalité... Adepte d'un style romanesque[24], peu soucieux de travailler sur un corpus bien défini, Romier est toutefois le premier à avoir véritablement envisagé le rapport de la noblesse au politique

19. Lucien FEBVRE, *Philippe II et la Franche-Comté. La crise de 1567, ses origines et ses conséquences. Étude d'histoire politique, religieuse et sociale*, Paris, Champion, 1911.
20. Pierre de VAISSIÈRE, *Gentilshommes campagnards de l'ancienne France*, Paris, Perrin, 1903, réimp. Étrépilly, Presses du Village, 1986, introduction, p. 2.
21. Edmond ESMONIN, *La taille en Normandie au temps de Colbert (1661-1683)*, Paris, Hachette, 1913, réimp. Genève, Mégariotis, 1978.
22. Henri CARRÉ, *La noblesse de France et l'opinion publique au XVIIIe siècle*, Paris, Champion, 1920.
23. Lucien ROMIER, *Le royaume de Catherine de Médicis. La France à la veille des guerres de Religion*, Paris, Perrin, 1922, 2 vol.
24. Par exemple « La noblesse provinciale offrait [...] dans son ensemble le spectacle d'une vie saine, alliant le goût de l'indépendance à des mœurs patriarcales, à une robuste cordialité. Elle se plaisait aux joyeux devis et prenait part, comme autrefois, aux fêtes villageoises. La Renaissance et les guerres d'Italie n'avaient point secoué l'ignorance des gentilshommes campagnards, mais elles avaient excité leur imagination, élargi l'hori-

et au religieux. Enfin, un an après la parution du manifeste de Lucien Febvre et Marc Bloch dans les *Annales*, Henri Drouot publie, en 1937, *Mayenne et la Bourgogne (1587-1596)*[25]. Ce professeur au lycée de Dijon, qui a préparé sa thèse sous la direction d'Henri Hauser et de Joseph Calmette, étudie les relations entre une noblesse provinciale, les Grands et la couronne. Même si son livre prend en compte tous les acteurs de la Ligue, Henri Drouot place délibérément les gentilshommes au cœur de son argumentation : non seulement Mayenne, mais aussi les nobles bourguignons qui s'engagèrent dans les conflits de leur temps.

On le voit, les *Annales* n'ont pas construit – ou n'ont fait qu'esquisser – un discours historique capable de penser la noblesse. En tout cas, elles l'ont fait très tard, alors que la plupart des grandes problématiques avaient déjà été énoncées ailleurs[26]. Fort logiquement, la grande majorité des chercheurs ayant exploré le continent noble depuis quatre décennies se sont donc positionnés en marge de ce courant.

Histoire totale, histoire plurielle (de 1966 à nos jours)

La publication de la thèse de Jean Meyer sur la noblesse bretonne, en 1966, représente une étape historiographique importante. C'est, en effet, la première fois que l'on prend en compte une noblesse provinciale dans sa globalité : l'auteur s'essaye à une « histoire totale » du second ordre, délibérément marquée par une grande diversité des approches. Il travaille sur des thèmes aussi différents les uns des autres que le rôle politique des petits nobles aux états de Bretagne, les bibliothèques et les lectures, l'habitat (rural et urbain), l'alimentation, les mobilités, les transferts culturels etc. Cet ouvrage est symptomatique de l'intérêt que suscite désormais la noblesse chez les historiens. À la même époque et tout au long des années 1970, elle fait partie des grands axes de recherche de l'équipe qu'anime Roland Mousnier à la Sorbonne. Les universités provinciales s'y consacrent également, et les chercheurs étrangers sont de plus en plus nombreux à publier ouvrages et articles sur ce thème. Le 2 juin 1975, ce renouvellement est salué par Emmanuel Le Roy Ladurie dans un article paru à la une du journal *Le Monde*,

zon des châteaux, introduit dans le ménage domestique des raffinements et une sorte d'aménité matérielle qui donnait un agrément nouveau aux relations locales », *op. cit.*, t. I, p. 163-164.

25. Henri Drouot, *Mayenne et la Bourgogne (1587-1596). Contribution à l'histoire des provinces françaises pendant la Ligue*, Paris, Picard, 1937, 2 vol.

26. Toujours est-il que dans les années 1930, tous ces travaux ont définitivement relégué les ouvrages taxinomiques du XIXe siècle au rayon des antiquités. En 1932, le vicomte de Marsay, auteur d'un *Essai sur l'origine et la valeur des prétentions nobiliaires* bien dans l'esprit du siècle passé, reconnaît de manière désabusée, dès l'introduction, le caractère archaïque de son sujet : « Ce livre – écrit-il – sans ambition littéraire, ne traite que de questions surannées. Son but a été de fixer, pendant qu'il en était temps encore, des notions jadis courantes et aujourd'hui presque complètement tombées en oubli. L'auteur n'y prétend qu'à la sincérité. Contrairement à un axiome trop répandu, il a pensé que la vérité était toujours bonne à dire. Du moins s'est-il efforcé de le faire sans blesser personne. » Vicomte Jacques-Marie-Joseph de Marsay, *De l'âge des privilèges au temps des vanités. Essai sur l'origine et la valeur des prétentions nobiliaires*, Paris, Champion, 1932, introduction, p. VII.

à l'occasion de la sortie du livre de Guy Chaussinand-Nogaret, *La noblesse au XVIIIe siècle*[27].

C'est sans doute au cours des années 1970 et 1980 que la noblesse acquiert le statut historiographique que nous lui connaissons de nos jours : à la fois un objet d'étude que l'on appréhende en lui-même, pour lequel on dispose de sources spécifiques auxquelles on applique des méthodes propres ; mais aussi un objet que l'on contextualise et que l'on articule à des phénomènes de longue durée : la construction de l'État, le renouvellement des élites, les conflits religieux, l'histoire agraire, les linéaments de la révolution industrielle, etc. L'anoblissement et l'intégration des anoblis sont étudiés par Jean-François Solnon, Jean-Marie Constant, James Wood ou Monique Cubells[28]. Les représentations du groupe, en particulier son imaginaire guerrier et racial, sont traitées par André Dvyver, Arlette Jouanna ou Ellery Schalk[29]. Ses comportements, ses centres d'intérêt, ses loisirs sont pris en compte notamment par Jean Nicolas[30]. Le rapport au pouvoir, essentiellement vu sous son angle contestataire, est analysé par Jean-Marie Constant, Arlette Jouanna ou Manfred Orlea[31]. Les liens de fidélité et de clientèle font l'objet d'une attention particulière, tout d'abord de la part de Roland Mousnier et de Jean-Pierre Labatut[32], puis sous la plume de chercheurs anglo-saxons, comme Sharon Kettering et Kristen B. Neuschel[33]. Les spécificités sociales de la noblesse de robe sont mises en évidence – à la suite des travaux pionniers de François Bluche – par Maurice Gresset à Besançon, Jonathan Dewald à Rouen ou Monique Cubells à Aix-en-Provence[34]. L'ancrage régional reste donc de

27. Guy CHAUSSINAND-NOGARET, *La noblesse au XVIIIe siècle. De la féodalité aux Lumières*, Paris, Hachette, 1975.

28. Jean-François SOLNON, *215 bourgeois gentilshommes au XVIIIe siècle. Les secrétaires du roi à Besançon*, Paris, Les Belles Lettres, 1980 ; Jean-Marie CONSTANT, *Nobles et paysans en Beauce aux XVIe et XVIIe siècles*, Lille, Atelier reproduction des thèses, université de Lille III, 1981 ; James B. WOOD, *The Nobility of The Élection of Bayeux (1463-1666), Continuity through Change*, Princeton, Princeton University Press, 1980 ; Monique CUBELLS, « À propos des usurpations de noblesse en Provence », *Provence historique*, 1970, p. 224-301.

29. André DEVYVER, *Le sang épuré : les préjugés de race chez les gentilshommes français de l'Ancien Régime, 1560-1720*, Bruxelles, Éditions de l'Université, 1973 ; Arlette JOUANNA, *L'Idée de race en France au XVIe siècle et au début du XVIIe siècle*, Montpellier, université de Montpellier III, 1981 ; Ellery SCHALK, *L'épée et le sang. Une histoire du concept de noblesse (vers 1500-vers 1650)*, Seyssel, Champ Vallon, 1996 (éd. américaine 1986).

30. Jean NICOLAS, *La Savoie au XVIIIe siècle. Noblesse et bourgeoisie*, Paris, Maloine, 1978.

31. Jean-Marie CONSTANT, *Les Conjurateurs. Le premier libéralisme politique sous Richelieu*, Paris, Hachette, 1987 ; Arlette JOUANNA, *Le devoir de révolte. La noblesse française et la gestation de l'État moderne, 1559-1661*, Paris, Fayard, 1989 ; Manfred ORLEA, *La noblesse aux états généraux de 1576 et de 1588*, Paris, Publications de la Sorbonne, 1980.

32. Jean-Pierre LABATUT, *Les ducs et pairs de France au XVIIe siècle : étude sociale*, Paris, Publications de la Sorbonne, 1972 ; Roland MOUSNIER, « Les fidélités et les clientèles en France aux XVIe, XVIIe et XVIIIe siècles », *Histoire sociale/Social History*, t. XV, n° 29, 1982, p. 35-46. Voir aussi le volume que ses élèves ont consacré à ce thème : Yves DURAND (dir.), *Clientèles et fidélités en Europe à l'époque moderne. Hommage à Roland Mousnier*, Paris, PUF, 1981.

33. Sharon KETTERING, *Patrons, Brokers and Clients in Seventeenth-century France*, Oxford, Oxford University Press, 1986 ; Kristen B. NEUSCHEL, *Word of honor. Interpreting Noble Culture in Sixteenth-century France*, Ithaca-London, Cornell University Press, 1989.

34. François BLUCHE, *Les magistrats du parlement de Paris au XVIIIe siècle*, Paris, Economica, 1986 [1960] ; Maurice GRESSET, *Le monde judiciaire à Besançon de la conquête de Louis XIV à la Révolution française (1674-1789)*, Paris, Imprimerie nationale, 1978, 2 vol. ; Jonathan DEWALD, *The Formation of a Provincial*

mise dans beaucoup de travaux, surtout lorsqu'ils intègrent dans leurs problématiques la question du système seigneurial, comme ceux de Jean Gallet ou Pierre Charbonnier[35].

Ces décennies sont donc décisives, non seulement parce qu'elles permettent de comprendre les structures sociales du groupe – sa démographie, ses jeux d'alliances, ses revenus, sa culture, ses goûts, etc. – mais aussi parce que la noblesse est considérée comme une clef permettant d'ouvrir d'autres portes : le mécénat de la Renaissance, la diffusion du protestantisme, les prises d'armes pendant les guerres de Religion, l'essor des collèges, les succès de la Contre-Réforme, les transformations urbanistiques du XVIIIe siècle, les progrès agricoles, la naissance de l'industrie... Ces avancées se produisent aussi grâce à une diversification des sources. Les actes notariés sont, bien sûr, très utilisés par les historiens du social, mais pas seulement. Les dossiers du Cabinet des Titres de la BNF sont explorés et critiqués, de même que les registres du Fonds Français, en particulier pour leurs correspondances. Les imprimés, qui fournissent factums, libelles, traités théoriques, sont également dépouillés. Jusqu'à la fin des années 1980, les recherches sur la noblesse permettent ainsi de répondre aux grandes problématiques qui avaient été formulées dans le premier tiers du XXe siècle, en s'appuyant sur des corpus beaucoup plus cohérents qu'à cette époque.

Depuis une vingtaine d'années, les chercheurs ont exploré de nouvelles pistes en faisant appel aux méthodes des autres sciences humaines – à l'instar, d'ailleurs, de la recherche historique d'une façon générale. Les outils des anthropologues, des linguistes, des sociologues, des politistes, des juristes ont été adoptés et adaptés pour répondre à d'autres questionnements. La noblesse pauvre a été étudiée par Michel Nassiet, qui a mis en évidence les mécanismes de sa paupérisation et ses stratégies de survie[36]. À l'autre extrémité de l'échelle sociale, la gestion des grands patrimoines aristocratiques a fait l'objet des travaux de Jean Duma et de Michel Figeac[37], ce dernier étant conduit, par la suite, à explorer logiquement les modes de vie et la culture matérielle du groupe[38]. La question du lignage noble – sa construction, son ascension, sa perpétuation, sa mémoire – a été abordée selon différentes modalités : une perspective démographique et anthropologique (Jean-Marie Constant, Michel Nassiet), socioculturelle (François-Joseph Ruggiu, Élie Haddad, Caroline Le Mao, Natacha Coquery), sociopolitique (Katia Béguin,

---

Nobility : the Magistrates of the Parlement of Rouen, 1499-1610, Princeton, Princeton University Press, 1980 ; Monique Cubells, *La Provence des Lumières. Les parlementaires d'Aix au XVIIIe siècle*, Paris, Maloine, 1984.

35. Jean Gallet, *La seigneurie bretonne (1450-1680). L'exemple du Vannetais*, Paris, Publications de la Sorbonne, 1983 ; Pierre Charbonnier, *Une autre France. La seigneurie rurale en Basse-Auvergne du XIVe au XVIe siècle*, Clermont-Ferrand, Institut d'études du Massif central, 1980, 2 vol.

36. Michel Nassiet, *Noblesse et pauvreté. La petite noblesse en Bretagne. XVe-XVIIIe siècles*, Rennes, Société d'histoire et d'archéologie de Bretagne, 1993.

37. Jean Duma, *Les Bourbon-Penthièvre (1678-1793). Une nébuleuse aristocratique au XVIIIe siècle*, Paris, Publications de la Sorbonne, 1995 ; Michel Figeac, *Destins de la noblesse bordelaise (1770-1830)*, Bordeaux, Fédération historique du Sud-Ouest, 1996, 2 vol.

38. Michel Figeac, *La douceur des Lumières. Douceur et art de vivre en Guyenne au XVIIIe siècle*, Bordeaux, Éditions Mollat, 2001.

Jean-François Solnon), attentive aux carrières (Hervé Drévillon) et aux imaginaires (Olivier Chaline)[39]. Sur le plan politique, nous avons pris l'habitude de ne plus seulement penser la noblesse comme un groupe rebelle, mais aussi comme un partenaire du souverain, y compris pendant les périodes de troubles. C'est l'idée centrale des travaux de John Russell Major, qui a démontré que l'aristocratie avait été l'un des principaux interlocuteurs du roi de France au cours du XVIe siècle[40]. Le concept de noblesse seconde, que Jean-Marie Constant a énoncé et que j'ai testé en Champagne et en Anjou, a permis de préciser l'efficacité et les limites de cette coopération avec la Couronne[41]. Les recherches de Nicolas Le Roux sur l'économie de la faveur à la cour des derniers Valois, et ceux d'Ariane Boltanski sur le duc de Nevers, ont réussi à évaluer ce que la couronne attendait des Grands, la portée réelle de leur puissance, mais aussi la concurrence qu'ils devaient subir de la part des gentilshommes provinciaux les plus ambitieux[42].

La plupart de ces travaux viennent s'intégrer dans une histoire plus large, celle des élites à l'époque moderne. Après avoir, en effet, précisé les fondements de l'identité nobiliaire, ils cherchent désormais à comprendre la nature des relations que les nobles entretenaient avec les couches supérieures du tiers état. Ils sont attentifs aux phénomènes de circulation, aux canaux et aux relais qui permettaient aux gentilshommes d'exercer une influence dans une institution ou dans un espace, au sein du pouvoir royal, de l'Église, de la ville ou d'une communauté villageoise. Le second ordre n'apparaît plus comme une caste arc-boutée sur la défense de ses prérogatives, mais comme un groupe actif, certes pluriel, mais soucieux d'agir sur les grands enjeux de son temps. Comme l'ensemble des élites d'Ancien Régime, les nobles sont désormais perçus comme des médiateurs, des

39. Jean-Marie CONSTANT, « Une voie nouvelle pour connaître le nombre des nobles aux XVIe et XVIIe siècles : les notions de "densité et d'espace" nobiliaires », *La France d'Ancien Régime. Études réunies en l'honneur de Pierre Goubert*, Toulouse, Privat, 1984, p. 149-156; Michel NASSIET, « Le problème des effectifs de la noblesse dans la France du XVIIIe siècle », dans *Traditions et innovations dans la société française du XVIIIe siècle* (Colloque de l'Association des historiens modernistes des Universités), Paris, Presses de la Sorbonne, 1995, p. 97-121, et *Parenté, noblesse et États dynastiques. XVe-XVIe siècles*, Paris, Éditions de l'EHESS, 2000; François-Joseph RUGGIU, *Les élites et les villes moyennes en France et en Angleterre, XVIIe-XVIIIe siècles*, Paris, L'Harmattan, 1997; Katia BÉGUIN, *Les princes de Condé. Rebelles, courtisans et mécènes dans la France du Grand Siècle*, Seyssel, Champ Vallon, 1999; Jean-François SOLNON, *Les Ormesson au plaisir de l'État*, Paris, Fayard, 1992; Hervé DRÉVILLON, *L'impôt du sang. Le métier des armes sous Louis XIV*, Paris, Tallandier, 2006; Olivier CHALINE, *Godart de Belbeuf. Le parlement, le roi et les Normands*, Luneray, Éditions Bertout, 1996. Natacha COQUERY, *L'hôtel aristocratique. Le marché du luxe à Paris au XVIIIe siècle*, Paris, Publications de la Sorbonne, 1998. Élie HADDAD, *Fondation et ruine d'une « maison ». Histoire sociale des comtes de Belin (1582-1706)*, Limoges, PULIM, 2009. Caroline LE MAO, *Les fortunes de Thémis. Vie des magistrats de Bordeaux au Grand Siècle*, Bordeaux, FHSO, 2006.

40. John RUSSELL MAJOR, *From Renaissance Monarchy to Absolute Monarchy : French Kings, Nobles and Estates*, Baltimore-Londres, The Johns Hopkins University Press, 1994.

41. Laurent BOURQUIN, *Noblesse seconde et pouvoir en Champagne aux XVIe et XVIIe siècles*, Paris, Publications de la Sorbonne, 1994, et *Les nobles, la ville et le roi. L'autorité nobiliaire en Anjou pendant les guerres de Religion (1560-1598)*, Paris, Belin, 2001.

42. Nicolas LE ROUX, *La faveur du roi. Mignons et courtisans au temps des derniers Valois (vers 1547-vers 1589)*, Seyssel, Champ Vallon, 2000; Ariane BOLTANSKI, *Les ducs de Nevers et l'État royal : genèse d'un compromis (v. 1550-v. 1600)*, Genève, Droz, 2006.

passeurs, dont le mode de vie, les idées politiques ou la culture ont exercé une profonde influence sur leur environnement social.

Que retenir de cette (trop) rapide présentation historiographique ? Ou plutôt, quel sens peut-on lui donner ? En premier lieu, il apparaît clairement que l'histoire de la noblesse, comme tous les autres champs de notre discipline, est fille de son temps. Les recherches n'ont véritablement pris leur essor, au début du XXe siècle, qu'à partir du moment où l'on a cessé de vouloir avant tout dresser une typologie juridique du groupe, ou expliquer à tout prix les causes de la Révolution. En second lieu, les grandes problématiques des *Annales* n'ont pas connu l'impact qu'elles ont pu avoir ailleurs : même s'ils intégraient dans leur questionnement une indéniable dimension culturelle, Lucien Febvre et Marc Bloch étaient avant tout préoccupés par des thématiques socioéconomiques qui ne permettaient pas de dégager les spécificités du groupe. En troisième lieu, l'historiographie de la noblesse s'est construite, depuis les années 1960, en étudiant les comportements socioculturels des gentilshommes, leurs modes de vie, leur rapport au politique, leurs aspirations individuelles, leur crédit dans leur province – les chercheurs n'hésitant pas à adopter une démarche biographique lorsqu'ils la jugeaient nécessaire. Tout naturellement, les enquêtes rejoignent maintenant, dans certaines de leurs questions et de leurs méthodes, les préoccupations des autres sciences humaines et sociales, ce qui permet d'ouvrir de nouveaux chantiers dont les études qui suivent portent la marque.

Les structures sociales des noblesses normande et bretonne à l'époque moderne

Michel NASSIET

Normandie et Bretagne, voisines, mais à peine limitrophes, et bien différentes : par les origines des migrations qui les ont peuplées, par la diversité de leur destin à partir du XIIIe siècle, l'une dans le domaine royal, l'autre en dehors, et qui de ce fait ont subi au XVe siècle des guerres diversement douloureuses. Les noblesses qui s'y sont formées étaient plurielles et diverses, et cependant présentent des structures sociales partiellement convergentes. Ce sont ces structures sociales qu'il s'agit ici de comparer et je m'en tiendrai donc à un point de vue strictement synchronique, sans aborder les questions d'évolutions ni la baisse des effectifs[1] qui est de mieux en mieux attestée.

Pour une comparaison aussi systématique que possible, il faut identifier les variables qui contribuaient à déterminer les caractéristiques de ces populations. La démarche scientifique idéale serait que ce fussent des variables indépendantes, mais ce n'est guère possible car les phénomènes que nous pouvons observer étaient interdépendants. Dans la présente analyse, les densités de population auront une importance centrale. La densité de population est toujours une variable fondamentale, parce qu'elle a des conséquences sur la vie de relations[2] et parce que le peuplement, la répartition géographique de la population, est un fait structural en ce qu'il présente une grande inertie et reste relativement stable dans la longue durée. D'un point de vue méthodologique, les variations des densités seront utilisées ici comme une clef d'analyse.

Nous chercherons à expliquer les variations du peuplement nobiliaire avec, d'abord, la situation géographique (situation littorale, qui permet des activités spécifiques, maritimes, par rapport à l'intérieur plus ou moins enclavé) et avec le droit successoral, qui conditionne la *reproduction* de la population. Il faudrait envisager aussi les structures foncières et seigneuriales (propriétés ecclésiastiques, etc.). Une densité nobiliaire élevée implique nécessairement une forte propor-

1. On en trouvera cependant une mesure en annexe avec, à partir des cotes de capitation, les taux annuels de variation par élections ou diocèses. Au XVIIIe siècle, les noblesses de toutes les circonscriptions présentent une baisse, sauf deux évêchés bretons.
2. Pierre CHAUNU, *La civilisation de l'Europe classique*, Paris, Arthaud, 1984, chap. V.

tion de noblesse petite ou pauvre[3], qui, du fait de sa proximité avec les élites du tiers état, pose la question du rapport à la fiscalité directe. Par ailleurs, la profession de la noblesse étant le service des armes, les modalités concrètes de celui-ci sont *essentielles* à cette catégorie sociale. L'urbanisation est fondamentale dans la vie de relation : nous proposerons quelques éléments de mesure de son niveau au XVIIIe siècle et en décrirons brièvement quelques modalités. Enfin se pose la question de la relation au pouvoir royal et de l'insertion des noblesses provinciales dans les institutions royales.

Des noblesses relativement nombreuses

Pour étudier le peuplement nobiliaire, et comme l'a montré Jean-Marie Constant[4], la meilleure méthode consiste à calculer des densités par km². Les meilleures sources pour étudier la population nobiliaire[5] sont les rôles de capitation du XVIIIe siècle, qui indiquent des ménages. L'intérêt de compter des ménages plutôt que des lignages, c'est que l'on évite ainsi une inconnue, le nombre de ménages par lignage. Les généralités pour lesquelles il existe des rôles de capitation couvrent de 55 à 60 % de la France, et notamment l'ensemble de la Normandie et de la Bretagne, tant pour le début du siècle que pour la fin de l'Ancien Régime[6].

Certes les rôles de capitation n'étaient pas absolument complets et j'ai pu vérifier, pour la Bretagne[7], en comparant les rôles avec d'autres sources comme les registres paroissiaux, qu'un nombre non négligeable de nobles pauvres étaient omis dans les rôles dès 1710. Cependant ces omissions n'étaient pas nombreuses au point d'empêcher de fonder une approximation ; pour l'élection de Vire, Amaury Du Rosel a reconstitué tous les foyers nobles aux XVIIe et XVIIIe siècles d'après les sources les plus diverses[8] ; la comparaison avec les chiffres fournis par la capitation montre que le rôle de 1789 est un peu incomplet, mais que l'ordre de grandeur de ces données est tout à fait convenable. Précisons enfin que les nobles qui étaient officiers de justice étaient capités avec les officiers et il reste à évaluer

3. Annie MOLINIE-BERTRAND, « Les "hidalgos" dans le royaume de Castille à la fin du XVIe siècle », *Revue d'histoire économique et sociale*, vol. 52, n° 1, 1974, p. 51-82.
4. Jean-Marie CONSTANT, « Une voie nouvelle pour connaître le nombre des nobles aux XVIe et XVIIe siècles : les notions de "densité et d'espace" nobiliaires », *La France d'Ancien Régime. Études réunies en l'honneur de Pierre Goubert*, Paris-Toulouse, Société de démographie historique-Privat, 1984.
5. Pour une synthèse récente, Michel NASSIET, « Les effectifs de la noblesse en France sous l'Ancien Régime », Michel FIGEAC et Jaroslaw DUMANOWSKI (dir.) *Noblesse française et noblesse polonaise. Mémoire, identité, culture, XVIe-XXe siècles*, actes du colloque de Torun, Pessac, Maison des Sciences de l'Homme d'Aquitaine, 2006, p. 19-43. Pour une critique des sources, Michel NASSIET, « Le problème des effectifs de la noblesse dans la France du XVIIIe siècle », *Association des historiens modernistes des universités, Bulletin*, n° 18, 1995, p. 97-121.
6. AD Loire-Atlantique, B 3484 ; AD Ille-et-Vilaine, C 4257-4274. AN, P 5269, P 5765. AD Seine-Maritime, C 311. Musée de Caen, coll. Mancel, ms. 275. Jacques DUPÂQUIER, *Statistiques démographiques du Bassin parisien, 1636-1720*, Paris, Gauthier-Villars, 1977.
7. Michel NASSIET, *Noblesse et pauvreté. La petite noblesse en Bretagne, XVe-XVIIIe siècles*, Rennes, Société d'histoire et d'archéologie de Bretagne, 1993, p. 210 et p. 384 *sq.*
8. Amaury DU ROSEL, *La noblesse de la région de Vire, 1598-1789. Étude sociologique et démographique*, thèse, université de Rennes 2, 2002, p. 50 et p. 39-44.

le nombre des officiers qui étaient nobles dans chaque juridiction. On retiendra donc que tous nos chiffres pour le XVIIIe siècle n'incluent pas les officiers et sont donc des approximations par défaut.

	Vers 1700	**vers 1785**
France	0,41	0,26
Bretagne	0,46	0,42
Normandie	0,89	0,55
Alençon	0,88	0,59
Caen	1,60	0,75

Tableau 1. – *Densités de population (en nombre de nobles par km²).*

Il s'avère ainsi que, sans l'être comme celles de Castille et de Pologne, et de loin, les noblesses de Normandie et de Bretagne étaient en France les plus nombreuses, et dans cet ordre. À l'échelle de la France, il y avait une certaine corrélation entre le peuplement nobiliaire et l'ensemble de la population. Il est intéressant de sortir du cadre des deux provinces et d'observer le peuplement à l'échelle du nord de la France, en étant attentif à des phénomènes de continuité d'une province à l'autre.

Une grande région de densités maximales était constituée par tout le littoral de la Manche, depuis le Boulonnais au nord jusqu'au Léon. La densité y était supérieure à 0,7 en 1700 et 0,32 vers 1780. Les densités les plus élevées se trouvaient dans l'élection de Rouen et en Basse-Normandie (plus de 1,4 et de 0,7 aux mêmes dates). En Bretagne, seule la côte nord avait des densités élevées, et seul l'évêché de Saint-Brieuc avait une noblesse aussi nombreuse que celle de la Basse-Normandie.

Une seconde région de densités moins élevées (plus de 0,17 vers 1780) est constituée par le littoral atlantique, depuis Quimper jusqu'au Bordelais. C'est donc une curieuse dissymétrie entre la Manche et l'Atlantique qu'offre la situation littorale.

Enfin une troisième tendance consiste en un phénomène de continentalisation, avec des densités moindres dans l'intérieur, à l'échelle de la France comme à l'échelle provinciale. Ainsi la densité de la généralité étudiée par Jean-Marie Constant, Alençon, était moindre que celle de Caen où elle était maximale.

Le niveau élevé des densités avait des conséquences multiples. Les hautes densités de peuplement nobiliaire correspondent étroitement à la fréquence élevée des manoirs. Une forte densité nobiliaire avait surtout des conséquences sur la vie de relation, tant sur les relations entre nobles que sur celles entre nobles et roturiers. En Bretagne, chaque paroisse comptait plusieurs seigneuries et un nombre plus élevé encore de gentilshommes ; ceux-ci se rencontraient fréquemment et souvent de façon conflictuelle, notamment parce qu'ils entraient en compétition pour les prééminences honorifiques dans l'église paroissiale. Quant aux paysans, ils considéraient les nobles comme membres à part entière de la communauté, comme le montre le plus célèbre des textes revendicatifs de la révolte des Bonnets rouges en 1675.

Cette nette supériorité des densités nobiliaires bretonnes et normandes dans l'espace français existait dès la fin du XVe siècle ; on la retrouve dans les rôles du ban et arrière-ban tant bretons que normands[9] ; c'était donc une caractéristique de longue durée. En Bretagne, c'est pendant trois siècles, entre 1426 et 1710, que l'on peut observer la reproduction sensiblement à l'identique de la répartition géographique de la noblesse[10]. Une certaine densité de petits nobles dans l'évêché de Saint-Brieuc semble même apparaître déjà dans le rôle de l'ost de 1294. L'un des problèmes majeurs est donc d'expliquer ces densités élevées.

Périls et atouts : la situation littorale

Une première explication de ce peuplement doit donc être recherchée en partie dans un passé lointain. L'opposition entre les fortes densités des littoraux de la Manche, d'une part, et les densités moindres du littoral atlantique, de l'autre, me suggère que les noblesses littorales septentrionales descendaient de populations de *limitanei*, expression que j'emprunte au Bas-Empire romain, c'est-à-dire de colons que jadis les grands seigneurs locaux auraient installés sur de petits fiefs littoraux pour assurer la défense de la côte.

En outre, la densité du peuplement sur le littoral et sa progressive diminution vers l'intérieur des terres étaient directement déterminées par les atouts économiques qu'offrait cette situation. La mer favorisait l'exportation des grains et offrait des possibilités d'activités spécifiques, le commerce, la pêche, les carrières de marin. Les noblesses littorales s'y sont adonnées très tôt, mais inégalement selon les provinces.

À Saint-Malo et Morlaix, dès la fin du XVe siècle, de petits feudataires[11] avaient une activité de négoce maritime[12] et savaient s'associer comme « parczonniers » dans la propriété d'un navire. Le problème est qu'il est difficile de préciser si ces négociants teneurs de fiefs étaient des nobles ou des roturiers en voie d'ascension sociale. Mais François Du Quelennec, issu d'une famille de moyenne noblesse,

9. Michel Nassiet, « La noblesse en France au XVIe siècle d'après l'arrière-ban », *Revue d'histoire moderne et contemporaine*, t. 46, n° 1, janvier-mars 1999, p. 86-116.

10. Jean Kerhervé, *L'État breton aux XIVe et XVe siècles, les ducs, l'argent et les hommes*, Paris, Maloine, 1987, carte n° 28. Jean Meyer, *La noblesse bretonne au XVIIIe siècle*, Paris, SEDES, 1966. M. Nassiet, *Noblesse et pauvreté [...], op. cit.*, cartes p. 240-241.

11. Michel Nassiet, « Dictionnaire des feudataires de l'évêché de Tréguier », *Société d'Émulation des Côtes-d'Armor*, 1999, p. 3-76.

12. A. Dupuy, « Les Coatanlem », *Bulletin de la Société académique de Brest*, t. 5, 1877-1878 ; R. F. Le Men, « Coëtanlem », *Bulletin de la Société archéologique du Finistère*, t. 8, 1880-1881. Henri Touchard, *Le commerce maritime breton à la fin du Moyen Âge*, Paris, Les Belles Lettres, 1967, p. 360 et 326.

avait un navire de 200 tonneaux avec lequel il ne dédaignait pas de faire du commerce en Angleterre en 1492, ni de s'adonner à la piraterie[13] en 1486.

L'investissement des nobles dans les activités maritimes était sans doute facilité par le fait qu'au début du XVIe siècle, ces dernières n'étaient pas concentrées dans les villes. Sur le littoral, et un littoral rural, des nobles d'épée aussi possédaient des nefs, comme, en 1503, le sire du Guémadeuc[14], un riche seigneur banneret de l'évêché de Saint-Brieuc. Vers 1516 près de Lannion, le seigneur de Coëtredrez faisait même construire, sur sa seigneurie, un « grant navire » de 1 200 tonneaux[15], une caraque !

Au nord du Cotentin de même, des cousins de Gouberville[16] étaient armateurs et pratiquaient sans doute la pêche à la morue. Gouberville trouve sa cousine de Fermanville « sur le bort de la mer, dedens son navire *qu'elle faisoit faire* » (15 avril 1549), sans doute pour surveiller le chantier. Le mot « navire » désigne, comme la nef, un bâtiment d'un certain tonnage susceptible d'être renforcé de châteaux à la poupe et à la proue[17] et celui-ci devait être destiné à la pêche à la morue, car Fermanville plus tard (25 août 1553) en donne à son cousin, qui lui-même avait et vendit un mât (28 août 1551).

Ces activités maritimes avaient des prolongements guerriers. Le premier était la course, pratiquée par de petits nobles[18] dès le XVIe siècle en Bretagne et en Normandie. Le filleul de Gouberville, Raffoville, a connu un grand succès comme corsaire, puisqu'en février 1557 il a fait des prises estimées à 200 000 ducats, sans doute sur un galion espagnol, ce qui lui permettait d'ailleurs d'exercer une véritable domination sur le pays.

Le second prolongement militaire était le service militaire du ban et arrière-ban qu'en temps de guerre, des nobles du littoral breton effectuaient sur des navires, comme pendant la guerre contre Charles VIII, puis en 1513 lorsque des centaines de nobles[19] de l'évêché de Léon périrent à bord de la fameuse caraque *La Cordelière*. Ainsi l'emploi dans l'armée régulière n'était-il pas la seule façon d'assumer la profession de la noblesse, le service des armes.

Plus tard, avec la croissance des navires, en Bretagne les activités maritimes se sont concentrées dans de grands ports et maints nobles bretons ont pratiqué la course à Saint-Malo, où quelques-uns se sont enrichis, particulièrement le père de Chateaubriand. En revanche la noblesse bas-normande s'est détournée de ces

13. H. TOUCHARD, *op. cit.*, p. 323 note 14 et p. 340 note 287.
14. D'après les lettres royales instituant le convoi, publiées par Arthur de LA BORDERIE, « Hervé de Porzmoguer », *Bulletin de la Société archéologique du Finistère*, t. 12, 1885, p. 117-128 (p. 124).
15. D'après le suppliant d'une lettre de rémission (AD Loire-Atlantique, B 23, f° 162 r°). En 1531, François Du Coin sieur de Kerengar possède un navire à Camaret (*ibid.*, B 33, f° 148).
16. Gilles de GOUBERVILLE, *Le journal du sire de Gouberville*, 4 vol., Bricqueboscq, les Éditions des Champs, 1993. Madeleine FOISIL, *Le sire de Gouberville*, Paris, Aubier, 1981.
17. H. TOUCHARD, *op. cit.*, p. 317.
18. En août 1522, Olivier de Trevegat et Richard de Louenan avaient, dans la rivière d'Auray, « une barque equippee pour debvoir aller en guerre contre noz ennemys » (AD Loire-Atlantique, B 27, lettres de rémission à Pierre de Kerguiguin, gentilhomme de trente ans qui avait accepté de monter à bord).
19. François-Marie LUZEL, « Documents inédits. Extrait d'un cahier appartenant à Hamon Du Louet », *Bulletin de la Société archéologique du Finistère*, t. 21, 1894, p. 426-457 (p. 428).

activités, à cause notamment sans doute de l'absence de ports entre Granville et Honfleur.

Des droits successoraux diversement inégalitaires

Le droit successoral conditionne la reproduction de la population. Or les droits successoraux normand et breton étaient d'esprits différents parce que ces coutumes étaient nées au Moyen Âge en de grands fiefs et des populations d'origines différentes.

En Bretagne, comme en d'autres provinces de l'Ouest, existait un droit de partage noble, c'est-à-dire un droit spécifique aux nobles, qui constituait donc une distinction personnelle. C'est pourquoi, lors de la réformation de la noblesse en 1668, la pratique du partage noble par les familles a pu être le principal critère de preuve de leur noblesse[20].

En Normandie en revanche, « tout ce qui était dit du partage valait sans distinction de nobles ou de roturiers[21] ». La seule distinction y concernait les terres, partables ou impartables. La distinction privilégiée était donc en Bretagne de nature personnelle et en Normandie de nature réelle.

En Bretagne, où il ne s'appliquait qu'aux biens nobles, le partage noble inégalitaire était un droit d'aînesse forte, car l'aîné, fils ou fille, emportait, outre « le château ou principal manoir », les deux tiers des biens nobles, et même leur totalité en succession collatérale. Les cadets se partageaient le tiers restant. Avant 1580, leur part leur était attribuée, soit seulement à titre d'usufruit, comme en Maine et Anjou, soit, quand ils étaient dits « juveigneurs d'aîné[22] », en pouvant la transmettre à leurs héritiers. En 1580, la réformation de la coutume de Bretagne a généralisé pour les cadets le droit de tenir leur lot « à héritage », c'est-à-dire de le transmettre, ce qui était de nature à leur permettre de fonder un foyer. Comme d'autres au XVIe siècle, cette réformation a donc un peu limité l'inégalitarisme du partage noble.

En Normandie, le droit successoral était égalitaire entre les fils. La part de ceux-ci n'était pas diminuée par les filles qui étaient exclues de l'héritage et n'avaient droit qu'à une dot quand elles étaient mariées. L'égalitarisme entre frères n'était modéré que par l'indivisibilité des fiefs. Le seul avantage de l'aîné était le préciput, le droit de choisir son lot le premier, et donc le fief principal.

Le pays de Caux, enfin, constitue un intéressant cas particulier. La coutume de Caux prescrivait, entre frères, un droit d'aînesse forte : l'aîné héritant des deux tiers, les cadets se partageaient le dernier tiers, pour, jusqu'en 1583, ne tenir leur lot qu'en usufruit. Lors de la réforme en 1583, comme en Bretagne en 1580, la

20. J. MEYER, *op. cit.*, p. 108.
21. Jean Yver, cité par Laurent BOURQUIN, « Partage noble et droit d'aînesse dans les coutumes du royaume de France à l'époque moderne », *L'identité nobiliaire. Dix siècles de métamorphoses (IXe-XIXe siècles)*, université du Maine (LHAMANS), Le Mans, Impr. Brunet, 1997, p. 136-165 (p. 141, 146). Pour les textes des coutumes, BOURDOT DE RICHEBOURG, *Nouveau Coutumier général*, t. 4, Paris, 1724.
22. M. NASSIET, *Noblesse et pauvreté [...]*, *op. cit.*, p. 61.

part usufruitière des cadets a été transformée en héritage, susceptible d'être transmise. En pays de Caux donc, le droit successoral était peu favorable aux cadets, qui n'étaient guère encouragés à avoir des enfants puisqu'ils n'auraient pas de fiefs à leur léguer.

Or le peuplement nobiliaire y était moins dense qu'au sud de la Seine. Pour observer l'effet du seul droit successoral, indépendamment des autres facteurs, le gradient de décroissance vers l'intérieur des terres et l'attraction rouennaise, calculons les densités dans les seules élections littorales. En 1785, celles du pays de Caux avaient une densité moyenne de 0,383 (dont celle de Caudebec, de 0,191), celles de Basse-Normandie de 0,729, soit presque le double. Le droit successoral de Caux pourrait donc bien avoir été la cause de la faible densité de la population noble de ce pays.

Il serait intéressant de reposer ce problème dès le XVIe siècle en étudiant les variations de densités et la structure des revenus dans les rôles du ban et arrière-ban, puisque l'on dispose entre autres de rôles de Caux[23].

Noblesses et exercice des offices

Une conséquence du niveau relativement élevé des densités nobiliaires, c'est qu'elles impliquent une proportion importante de noblesse petite ou pauvre, comme c'était le cas aussi en Castille. De ce fait, les relations avec les paysans étaient fréquentes et familières. En Bretagne, comme en Normandie, existait une plèbe nobiliaire dont les membres échangeaient des femmes avec les paysans aisés.

C'est une erreur, en effet, d'associer à la noblesse l'idée de grande richesse et le second ordre était extraordinairement hétérogène du point de vue des fortunes foncières. Alors que les plus grandes familles ducales avaient un revenu de l'ordre de 100 000 livres, le revenu moyen des terres nobles[24] était de 80 livres dans le bailliage de Caen en 1552, de 112 livres dans celui d'Évreux en 1562. C'est l'une des raisons pour lesquelles je situe Gouberville au bas de la moyenne noblesse, lequel avait environ 180 livres de revenus avec ses deux terres nobles, dont une seigneurie ayant juridiction. Dès 1469, bien des nobles normands étaient seigneurs seulement « d'une porcion de fief », un tiers ou un quart, dans la châtellenie de Gisors, un quart ou un huitième, dans la vicomté d'Évreux, où ils n'avaient ni « court ne usage[25] ». En 1640 de même, dans le bailliage de Cotentin,

23. Sont conservés, pour 1567, les rôles des taxes du bailliage de Caen et des vicomtés de Coutances et Valognes (BNF, ms. fr. 21 540), et le rôle des taxes de Caux (BNF, ms. fr. 24 118). Pour 1568, le rôle de Caen (BNF, ms. fr. 24 115). Pour 1587, des rôles de Caux, Arques et Neuchâtel (BNF, ms. fr. 5355). Sur cette notion de rôles des taxes depuis 1556, M. NASSIET, « La noblesse en France au XVIe siècle d'après l'arrière-ban », *op. cit.*, p. 102.

24. *Ibid.*, M. NASSIET, p. 108. Émile TRAVERS, *Rôle du ban et de l'arrière-ban du bailliage de Caen en 1552*, Rouen-Paris, 1901. P. F. LEBEURIER., *Rôle des taxes de l'arrière-ban du bailliage d'Évreux en 1562*, Paris-Évreux-Rouen, 1861.

25. Théodose BONNIN, *Monstres générales de la noblesse du bailliage d'Évreux en MCCCCLXIX*, Paris-Rouen, 1853. E. A. de LA ROQUE, *Traité du ban et arrière-ban, de son origine et de ses convocations anciennes et nouvelles […]*, Rouen, 1676.

Olivier Tréhet trouve 55 % de feudataires « peu riches », « hommes de peu », « hommes de rien » (!) ; ces qualificatifs rejoignent la quantification faite dans l'élection de Bayeux où, en 1667, 36 % des teneurs de fiefs disposaient de moins de 500 livres.

En Bretagne, l'importance de la petite noblesse est particulièrement illustrée par le fait que, lorsque le pouvoir royal a entrepris de réorganiser le ban et arrière-ban, il y a défini, en 1557, le service militaire d'une façon spécifique à cette province[26], en y stipulant une forme de service « d'hommes de pied », alors que, de façon générale et pour une raison de dignité, la noblesse française préférait servir à cheval, fût-ce en formant une cavalerie légère. Cette réforme est d'autant plus significative qu'elle fit suite à une concertation avec une assemblée de la noblesse. Peu après effectivement, en 1569, nombre de feudataires du Porhoët[27] se présentèrent comme arquebusiers à pied.

Normands et Bretons[28] exploitaient eux-mêmes leur terre. En Bretagne, des hommes de la noblesse moyenne ou petite exerçaient des offices de justice ou même de finances. Avant Charles IX, les offices supérieurs, royaux ou seigneuriaux, étaient à peu près monopolisés par la moyenne noblesse, les petits nobles étant souvent notaires. Aussi, dès la création du parlement de Bretagne en 1554, la majorité des conseillers bretons étaient-ils des nobles[29]. La formation de la noblesse parlementaire de Normandie n'est pas si différente, dont Jonathan Dewald[30] montre que les nouveaux reçus sortaient de la noblesse rurale.

Noblesse pauvre, dérogeance et fiscalité directe

Quant à la noblesse pauvre, la plèbe nobiliaire, on pourrait la définir comme la catégorie qui n'avait les moyens d'exercer aucune forme de service militaire, ni d'arborer aucun signe symbolique de supériorité. Mais la pertinence d'une telle définition est relativisée par la grande diversité des formes de service militaire. Après la création de la milice en 1688, les nobles pauvres ont pu y trouver d'humbles commandements. Au XVIe siècle, l'arrière-ban fournissait encore une opportunité de porter les armes même à ceux qui ne tenaient aucune terre noble, en faisant le service pour un feudataire inapte à servir lui-même. Ainsi l'homme de confiance de Gouberville, Cantepie, partit le 5 juin 1554 pour Coutances où

26. Dom Hyacinthe Morice, *Mémoires pour servir de preuves à l'Histoire ecclésiastique et civile de Bretagne*, Paris, 1742, t. 3, 1187.
27. Gérard Sevegrand, « Le ban et l'arrière-ban du Porhoët au temps des guerres de religion », *Bulletin et Mémoires de la Société archéologique du département d'Ille-et-Vilaine*, t. 99, 1996.
28. Comme Jean de Launay, seigneur du Val, près de Dinan, qui, à la fin août 1531, était en la cour de sa maison et surveillait le déchargement des gerbes de froment lorsqu'il tua un ennemi venu l'attaquer (AD Loire-Atlantique, B 35).
29. Michel Nassiet, « Noblesse et offices de justice en Bretagne au XVIe siècle », *Bulletin de la Société d'Histoire moderne et contemporaine*, n° 3-4, p. 9-16. Michel Nassiet, Gérard Sèvegrand, « Les montres de l'archidiaconé de Dinan en 1534-1535 », *Bulletin et Mémoires de la Société archéologique d'Ille-et-Vilaine*, t. 105, p. 43-57.
30. Jonathan Dewald, *The Formation of a Provincial Nobility. The Magistrates of the Parlement of Rouen (1499-1610)*, Princeton, Princeton University Press, 1980.

« la monstre du ban » était convoquée le lendemain et où il cherchait à « fère le service pour quelque ung » ; et il dut trouver, car Gouberville ne le vit revenir « de la guerre » que le 31 août. Ce Cantepie est bien représentatif de la très petite noblesse du littoral de la Manche et des types d'activités qu'elle embrassait. Encore célibataire, il tenta sa chance sur un bateau corsaire ; marié à une bâtarde, sœur de son maître, il était assez aisé pour posséder un « harnais », un attelage de bœufs, et exploitait sans doute sa terre lui-même.

On connaît comme une spécificité bretonne le droit d'exercer des activités dérogeantes sans perdre la noblesse, droit qu'on appelait la « noblesse dormante ». Ce droit avait été explicité par une constitution[31] du duc Pierre en 1451, puis repris dans la *coutume* (art. 561). Pendant l'exercice d'une activité dérogeante, ces nobles devaient payer l'impôt direct, le fouage. Maints nobles bretons notaires étaient aussi greffiers ou même sergents[32], activités qui impliquaient de faire de modestes débuts comme apprentis ou commis[33]. D'autres se faisaient marchands et fréquentaient, parfois avec leur épouse, les marchés et les tavernes[34]. Beaucoup étaient taverniers, activité qui nécessitait encore un capital[35] non négligeable. D'autres prenaient des fermes de revenus à lever : de dîmes[36], de seigneurie ou d'un devoir seigneurial[37]. Tous avaient des relations très proches avec les roturiers dont ils partageaient la sociabilité.

En Normandie au XVIIe siècle, Antoine Follain observe une banalisation de l'état de dérogeance. Or ici non plus ce dernier ne faisait perdre la noblesse. En droit, non seulement un noble, qui pouvait montrer que c'était par erreur qu'il

31. H. Morice, *op. cit.*, t. 2, 1590. M. Nassiet, *Noblesse et pauvreté [...]*, *op. cit.*, p. 82 et p. 434. J. Meyer, *op. cit.*, p. 135.
32. Comme ces deux suppliants ayant commis un homicide et obtenu des lettres de rémission ; en 1518, Olivier Flouric, « jeune gentilhomme », est « tabellion et sergent » de la cour de Moncontour (AD Loire-Atlantique B 24, f° 299) ; Christophe Kerpenflec a été notaire de la cour de Saint-Renan, « et par aucun temps greffier d'icelle [...] et de plusieurs cours inférieures [...] hantant la pratique » (*ibid.*, B 35, 29 octobre 1533).
33. En 1532, Jehan de Places, « gentilhomme » âgé de vingt-cinq ans, est commis de l'alloué de Montfort (*ibid.*, B 34 f° 115 v°). Vers 1533, Guillaume Mallenffent avait seize ou dix-sept ans quand il fut « envoyé a pension » à Rennes pour apprendre la « praticque » auprès d'un procureur (*ibid.*, B 36).
34. En 1538 à Locminé, Bernard de Coëtlagat, « gentilhomme » ayant femme et enfants, fait « traficque de marchandie, et ne sont ses biens suffizans pour autrement les povoir nourrir » ; il est mêlé à l'homicide d'un homme qui a agressé sa femme (*ibid.*, B 38 f° 107 r°).
35. Michel Nassiet, « Les activités d'un petit noble au début du XVIe siècle d'après son inventaire après décès », *Annales de Bretagne et des pays de l'Ouest*, t. 100, 1993, p. 165-178. En 1521, Marc de Lourme tient « taverne et hostelerie » à Pipriac (AD Loire-Atlantique, B 26, rémission à Jacques Georges). Vers 1524 au port du Guildo, Maury de La Rivière vend du « vin en taverne en une maison » appartenant à son beau-père (*ibid.*, B 29, rémission à lui). En 1523, Roland Harcouët, seigneur de Saint-Onen, et sa femme vendent du vin au bourg de Plenée dans la maison du seigneur de la Ville-Pierre et élèvent des vaches (*ibid.*, B 29, rémission à Jean Sauvaget). En 1532, Charles Ramart vend du vin au bourg de Romillé (*ibid.*, B 34 f°116 r°). Azenore Penandreff, demoiselle, tient taverne « en une petite maison » après avoir été abandonnée par son mari vers 1505 (*ibid.*, B 23 f°193 v°).
36. En 1526, Gilles Sauvaiget, en Saint-Lourmel, se rend à Plancouët « en espoir d'affermer un troict de disme » appartenant à un seigneur (*ibid.*, B 30, 21 juillet 1526).
37. Gilles Le Coainte, sieur de Quillien, afferma en 1528 la recette du droit de guet du château de La Chèze, dont la contestation par des tenanciers provoqua mort d'homme (*ibid.*, B 32, 2 novembre 1530). Julien de La Saudraye sieur de Kerloes, écuyer, après avoir été homme d'armes dans une compagnie d'ordonnance, était en 1571 fermier général de la seigneurie de la Roche-Moyan (*ibid.*, B 44, 21 février 1573).

était inscrit sur le rôle de taille, s'en faisait rayer avec une sentence de l'élection[38], mais, surtout, s'il avait exercé une activité dérogeante à laquelle il mettait un terme, il lui suffisait de prendre des lettres de « réhabilitation[39] », de rappel, d'une façon que d'ailleurs on connaît mal. Ainsi les nobles normands avaient-ils finalement les mêmes avantages que ceux qu'assurait le droit breton de noblesse dormante, au prix sans doute d'une plus grande tracasserie administrative pour obtenir les lettres de réhabilitation. Pour ceux qui n'avaient pas un patrimoine suffisant, ces possibilités d'exercer des activités économiques les ont fortement aidés à se reproduire et réintégrer la noblesse, ce qui a contribué aux niveaux élevés de ses effectifs.

L'existence de cette noblesse pauvre dans la longue durée impulsait deux sortes de flux entre la noblesse et les élites rurales roturières. D'une part, les nobles dérogeants perdaient leur privilège et s'intégraient à la roture pour plus ou moins longtemps. De l'autre, l'existence même des nobles dérogeants facilitait les tentatives des roturiers aisés à se faire passer pour nobles, puisqu'ils pouvaient présenter leurs activités passées pour une dérogeance provisoire. En Bretagne, c'est dès la fin du XVe et au début du XVIe siècle que les communautés d'habitants se plaignaient de ce que nombre de « partables » aisés s'exemptaient du paiement du fouage en se disant nobles. Le fouage, l'impôt direct ducal, avait, en effet, atteint son poids maximal à la fin de la période ducale à cause de l'effort de guerre face à la menace royale. C'est notamment ce désordre fiscal qui conduisit le pouvoir ducal à ordonner des « réformations » en 1478 et 1513. Antoine Follain observe des tentatives analogues de s'exempter de l'impôt direct au XVIIe siècle en Normandie, dont on sait combien l'imposition y était lourde. Selon la conjoncture, le poids de la fiscalité directe et le privilège nobiliaire ont ainsi pu être des causes d'un flux d'anoblissement par agrégation dans les deux provinces. Ces deux flux alimentaient une marche sociale intermédiaire entre le deuxième et le troisième ordre, surtout avant la recherche de noblesse de Colbert.

Un emploi très minoritaire dans l'armée royale

C'est dans toutes les provinces que les nobles étaient trop nombreux pour être tous employés dans l'armée royale. La solde des compagnies d'ordonnance était un poids considérable pour les finances royales et il aurait été absolument impossible d'y employer tous les nobles. Cela ne signifie pas que les autres n'assumaient pas ce qui était la profession de la noblesse, le service des armes. C'est qu'au XVIe siècle encore, l'institution dans laquelle la noblesse effectuait normalement ce service n'était pas l'armée permanente, mais le ban et arrière-ban.

Les feudataires employés dans les troupes réglées sont indiqués dans les rôles de l'arrière-ban en principe de façon exhaustive, car cet emploi était un motif

38. Comme celle obtenue en 1542 de l'élection de Lisieux par deux fils cadets d'un bâtard de Harcourt : père ANSELME, *Histoire des grands officiers de la Couronne de France*, Paris, 1726-1733, t. 5, p. 156.
39. Edmond ESMONIN, *La taille en Normandie au temps de Colbert, 1661-1683*, Paris, 1913, Genève, Mégariotis Reprints, 1978, p. 231.

d'exemption du service féodal. Il s'avère ainsi que, du point de vue de l'emploi dans l'armée régulière, les variations sont grandes entre plusieurs types de provinces.

La proportion des feudataires employés dans les troupes réglées était particulièrement basse en Bretagne et en Normandie : 2,8 % en Porhoët en 1569, 4,6 % dans le grand bailliage de Caen en 1552, beaucoup moins qu'en Champagne et en Bourgogne, provinces frontalières, où la proportion s'élevait à 15 % et 23 %. En 1666 dans l'élection de Bayeux[40], seulement 13 % des nobles étaient des militaires de carrière. La moindre militarisation globale des noblesses normande et bretonne se retrouve au XVIIIe siècle lorsque l'on calcule des ratios par provinces entre un effectif d'officiers militaires et celui de la province[41].

Il ne s'agit pas seulement d'un simple effet arithmétique, dû à l'effectif élevé des noblesses normande et bretonne. Il s'explique par une offre d'emplois moindre, mais aussi peut-être par une moindre demande.

Offre moindre : de compagnies d'ordonnance, le pouvoir royal n'en entretenait en Bretagne, avant les guerres de Religion, que trois[42], et quatre en Normandie, sur un total de l'ordre de 60, soit seulement 7 % pour des provinces qui formaient le quart nord-ouest des frontières. C'est que pour la défense du littoral, le pouvoir royal faisait confiance aux milices territoriales, arrière-ban et garde-côtes. C'est une des raisons pour lesquelles, au XVIe siècle, les grandes maisons nobles bretonnes ont établi peu des leurs comme capitaines de compagnies d'ordonnance : trois, les Rieux, et seulement deux, les Rohan et les Tournemine, contre cinq ou sept à des maisons d'origine étrangère, sept les Gonzague et les La Marck, cinq les Clèves et les Luxembourg, cinq aussi des maisons du centre du domaine royal, Bueil, Chabannes, Foix, Gouffier, sans compter les quatorze capitaines de la maison de Lorraine.

Or les compagnies d'ordonnance étaient, à côté des parlements, un des noyaux de l'État. Ce faible nombre de compagnies en Bretagne et en Normandie n'a pas contribué à resserrer les liens entre ces noblesses et le pouvoir royal.

D'autres causes, il est vrai, furent l'extinction des Laval et la conversion des Rohan au protestantisme. Mais peut-être la demande d'emplois dans les troupes réglées a-t-elle été moindre aussi. Alors qu'en Bourgogne, nombreuses étaient les familles qui établissaient plusieurs fils dans l'armée, en Bretagne elles étaient rares, et nombreuses au contraire celles qui n'en établissaient aucun. C'est que le service dans les troupes réglées se faisait généralement au loin, dans les provinces frontalières continentales, loin de celles de l'Ouest. Or les déplacements étaient très coûteux, excessivement pour les familles de la petite et pauvre noblesse.

---

40. James B. WOOD, *The Nobility of the Election of Bayeux (1463-1666). Continuity through Change*, Princeton, Princeton University Press, 1980.
41. Michel NASSIET, « La noblesse à l'époque moderne : une "démilitarisation" ? », *Enquêtes et Documents*, revue du CRHMA, Université de Nantes, 1998, p. 91-103.
42. 1. – La compagnie du gouverneur, Jean de Laval baron de Chateaubriant, mort en 1543. 2. – Guy XVI comte de Laval, capitaine de gendarmes en 1527, mort en 1531, auquel succéda son fils Guy XVII, mort en 1547, puis René vicomte de Rohan, tué en 1552. 3. – Claude de Rieux, capitaine de gendarmes en 1527, mort en 1532 (Fleury VINDRY, *Dictionnaire de l'état-major français au XVIe siècle.* I *Gendarmerie*, Paris, Cabinet de l'historiographe, 1901, p. 263, 338, 403).

À cette explication économique, faut-il en ajouter une autre, de l'ordre des mentalités, une répulsion à sortir de la Bretagne ? Brantôme porte au crédit de Sébastien de Luxembourg, vicomte de Martigues, qui fut gouverneur de Bretagne de 1565 à sa mort en 1569, de s'être fait

> « fort aymer à la noblesse de là ; si bien qu'on luy donna ceste réputation d'avoir eu le crédit de l'avoir faicte sortir hors de son pays, et de l'avoir menée où bon luy sembloit, et despaysée ; ce que gouverneur de longtemps n'avoit faict, ny sceu faire[43] ».

Les transformations du XVIIe siècle ont mis plus que jamais la plus petite noblesse dans l'impossibilité d'assumer toute forme de service militaire. S'engager comme simple soldat est devenu indigne de la condition de gentilhomme, surtout dans l'infanterie, en raison notamment de la sévère discipline imposée à partir de Louvois. Au XVIIIe siècle, quelques nobles s'engageaient encore comme soldats, même dans l'infanterie, en premier lieu des Normands[44]. Les commandements dans l'armée royale sont devenus plus nombreux mais plus coûteux que jamais. Ceux de la cavalerie n'étaient accessibles qu'à la moyenne noblesse ; la charge de capitaine d'infanterie ne l'était, à la petite noblesse, qu'avec beaucoup de difficultés, et la plèbe nobiliaire ne pouvait espérer un commandement que dans la milice. Ainsi la disparition de l'arrière-ban a-t-elle coupé la noblesse pauvre du service des armes.

Une faible urbanisation

En France[45] de façon générale, les nobles citadins étaient peu nombreux par rapport à la population nobiliaire totale, c'est-à-dire que la noblesse restait peu urbanisée. Les rôles de capitation permettent de mesurer le niveau d'urbanisation au XVIIIe siècle en calculant la proportion des nobles qui demeuraient dans la ville chef-lieu. Les nobles étaient peu nombreux dans les villes, mais spécialement en Normandie et plus encore en Bretagne[46]. La généralité de Caen[47] avait un niveau d'urbanisation intermédiaire. Certes la proportion de population noble dans la ville pouvait être supérieure à ce qu'elle était dans l'ensemble de la population : 6 % à Alençon[48]. Mais les nobles citadins étaient peu nombreux par rapport aux

43. BRANTÔME, *Œuvres complètes de Pierre de Bourdeille seigneur de Brantôme*, Paris, Société de l'Histoire de France, 1869-1876, t. 6, p. 50.
44. André CORVISIER, *L'armée française*, Paris, PUF, 1964.
45. Pour une synthèse sur ce sujet, Laurent BOURQUIN, « La noblesse dans les villes françaises », Jean-Pierre POUSSOU (dir.), *Les sociétés urbaines au XVIIe siècle. Angleterre, France, Espagne*, Presses de l'université Paris-Sorbonne, 2007, p. 15-26.
46. Saint-Pol-de-Léon, 17 % ; Vannes, 9,6 % ; Tréguier, 6,7 % ; Saint-Malo et Dol 4,1 % ; Quimper 2,1 %.
47. Caen, 34 % ; Bayeux, 31 % ; Valognes, 26 % ; Coutances, 25 % ; Vire, 20 % ; Saint-Lô, 19 % ; Mortain, 7,4 % ; Carentan 7,2 %.
48. Sur cette ville moyenne, François-Joseph RUGGIU, *Les élites et les villes moyennes en France et en Angleterre (XVIIe-XVIIIe siècles)*, L'Harmattan, Paris, 1997.

élites urbaines, si bien que, généralement, ils ne participaient guère au pouvoir municipal.

L'urbanisation de la noblesse dépendait d'abord de la force d'attraction des villes en raison de leurs fonctions. Rouen et Caen, chefs-lieux de généralités, étaient habités par plus de la moitié de la noblesse de leur élection. D'autant que, rappelons-le, les rôles de capitation des nobles ne comprennent pas les officiers, dont certains étaient nobles, si bien que l'urbanisation de la noblesse dans les sièges de cours souveraines était bien supérieure à ce qu'indiquent nos calculs. Le nombre des parlementaires normands nobles peut être évalué à 90 environ. À Rouen, la part des nobles de l'élection était de 73 %, 78 % avec les parlementaires. Les fonctions de cette très grande ville, port et siège d'un parlement, en ont fait une forte concentration nobiliaire. Il en a résulté, au XVIIe siècle, des hôtels aristocratiques[49] qui ont été le modèle, au Temps des Lumières, de dizaines d'hôtels du riche négoce.

Nantes, grand port et siège d'une chambre des comptes, était un peu analogue et rassemblait 45 % de la noblesse de l'évêché. La noblesse, composée pour l'essentiel de vieux lignages de magistrats, y participait à l'exercice du pouvoir municipal et détenait fréquemment la charge de maire[50]. Ports dynamiques, Nantes et Saint-Malo attirèrent au XVIIIe siècle de jeunes nobles pauvres qui venaient y tenter leur chance dans les carrières de la marine.

Une population assez nombreuse à venir habiter en ville enfin était celle des femmes « seules », c'est-à-dire en fait veuves ou célibataires, parmi lesquelles des femmes nobles. Leurs requêtes pour obtenir un dégrèvement fiscal décrivent leur situation parfois difficile, comme, à Caen, cette veuve d'un écuyer qui a dû se retirer dans une chambre « où elle travaille journellement[51] ».

Insertion dans les institutions royales

Une institution royale, comme Saint-Cyr, peut devenir un indice de l'insertion d'une noblesse provinciale quand on rapporte, par province, les effectifs de ses membres ou de ses pensionnaires à l'effectif total. Ainsi des 3 260 filles nobles placées à Saint-Cyr, leurs origines géographiques[52] se répartissent selon un modèle centre-périphérie centré sur Versailles, mais qui présente plusieurs distorsions très significatives. Dans le Bassin parisien tout d'abord, les Normandes et

49. Jean-Pierre BARDET, *Rouen aux XVIIe et XVIIIe siècles. Les mutations d'un espace social*, Paris, SEDES, 1983, p. 92-93 et t. 2, tab. 46.
50. Guy SAUPIN, *Nantes au XVIIe siècle. Vie politique et société urbaine*, Rennes, Presses universitaires de Rennes, 1996, p. 320-321.
51. Arch. dép. Calvados, C 4681.
52. Dominique PICCO, « Origines géographiques des demoiselles de Saint-Cyr (1686-1793) », Chantal GRELL et Arnaud RAMIÈRE DE FORTANIER (dir.), *L'Éducation des jeunes filles nobles en Europe, XVIIe-XVIIIe siècles*, Presses de l'université de Paris-Sorbonne, 2004, p. 107-126. Dominique PICCO, « L'intégration des Aquitains aux structures royales à l'époque moderne », J. PONTET, J.-P. JOURDAN, M. BOISSON (dir.), *À la recherche de l'Aquitaine*, Centre aquitain d'Histoire moderne et contemporaine, 2003, p. 205-239. Fleury VINDRY, *Les demoiselles de Saint-Cyr (1686-1793)*, Champion, Paris, 1908.

les Picardes y furent beaucoup plus nombreuses que les filles des provinces au sud et au sud-est de Paris, ce qui est bien conforme à la décroissance des densités nobiliaires dans ces directions. Sur l'axe ouest-est, à égales distances du centre, la noblesse bretonne n'avait pas plus de filles à Saint-Cyr que les noblesses de l'Est, aux densités pourtant beaucoup plus faibles. C'est que les demoiselles devaient être filles de militaires ; or la noblesse bretonne, on vient de le voir, eu égard à ses effectifs, établissait peu de fils dans l'armée. La plèbe nobiliaire ne satisfaisait pas aux conditions d'accès à Saint-Cyr parce qu'elle n'avait pas les moyens d'établir des fils comme militaires et, au surplus, parce qu'elle devait manquer d'appuis pour présenter la demande. On pourrait s'étonner alors que la noblesse normande, qu'on vient de voir relativement peu militarisée, ait pu placer tant de fillettes à Saint-Cyr : or justement, la prépondérance normande dans cette institution a diminué progressivement tout au long de la période. Du moins, juste après la fondation de l'École, la noblesse normande a-t-elle réussi à y placer nombre de ses filles, à la différence de la noblesse bretonne. Cette dernière paraît ainsi avoir été moins franchement liée au pouvoir royal.

Pour conclure, les noblesses de Normandie et de Bretagne avaient en commun plusieurs caractères qui étaient liés. Elles avaient les densités les plus élevées et une forte proportion de noblesse petite et pauvre. Ces densités étaient permises par les atouts de la situation littorale et par des possibilités d'accommodement avec l'interdiction de dérogeance. Leurs variations s'expliquent en partie par les droits successoraux. C'étaient ces noblesses qui établissaient le moins d'hommes comme officiers militaires, à la fois parce que le pouvoir royal offrait des emplois surtout dans les provinces frontalières continentales et parce que beaucoup de familles ne pouvaient faire face aux coûts, ni d'un service lointain, ni de celui de la marine de guerre. Enfin elles étaient peu urbanisées, particulièrement en Bretagne. Ces deux dernières caractéristiques ont contribué à les relier au pouvoir central de façon relativement lâche et lointaine.

ANNEXE

Densités et taux de variation annuels en Normandie et en Bretagne (vers 1700-vers 1785)

Généralités	Élections		vers 1700		vers 1785		
		sup.	cotes	d	cotes	d	taux
Alençon	Alençon	1 093	230	0,947	181	0,745	- 0,26
Alençon	Argentan	1 140	298	1,176	169	0,667	- 0,62
Alençon	Bernay	809	276	1,535	121	0,673	- 0,9
Alençon	Conches	1 215	147	0,544	38	0,141	- 1,48
Alençon	Domfront	588	71	0,543	46	0,352	- 0,48
Alençon	Falaise	1 609	366	1,024	268	0,75	- 0,34
Alençon	Lisieux	1 000	300	1,35	170	0,765	- 0,62
Alençon	Mortagne	1 970	189	0,432	172	0,393	- 0,1
Alençon	Verneuil	1 211	207	0,769	115	0,427	- 0,64
Caen	Avranches	823	233	1,274	137	0,749	- 0,62
Caen	Bayeux	923	460	2,243	290	1,414	- 0,54
Caen	Caen	1 273	526	1,859	327	1,156	- 0,56
Caen	Carentan	751	309	1,852	97	0,581	- 1,35
Caen	Coutances	1 218	307	1,134	126	0,466	- 1,04
Caen	Mortain	949	310	1,47	108	0,512	- 1,23
Caen	Saint-Lô	828	399	2,168	142	0,772	- 1,21
Caen	Valognes	1 484	502	1,522	213	0,646	- 1
Caen	Vire	1 277	352	1,24	137	0,483	- 1,1
Rouen	Andelys (Les)	733	124	0,761	52	0,319	- 1,07
Rouen	Arques	1 174	257	0,985	126	0,483	- 0,88
Rouen	Caudebec	1 153	?	?	49	0,191	?
Rouen	Chaumont et Magny	670	44	0,296	12	0,081	- 1,59
Rouen	Eu	490	122	1,12	55	0,505	- 0,98
Rouen	Évreux	1 081	103	0,429	85	0,354	- 0,24
Rouen	Gisors	668	73	0,492	40	0,269	- 0,74
Rouen	Lyons	546	116	0,956	43	0,354	- 1,22
Rouen	Montivilliers	868	152	0,788	82	0,425	- 0,76
Rouen	Neufchâtel	819	166	0,912	54	0,297	- 1,38
Rouen	Pont-Audemer	1 149	229	0,897	99	0,388	- 1,03
Rouen	Pont-de-l'Arche	487	42	0,388	20	0,185	- 0,91
Rouen	Pont-l'Évêque	787	287	1,641	66	0,377	- 1,8
Rouen	Rouen	1 374	433	1,418	299	0,979	- 0,46

Rennes	Dol	875	83	0,427	73	0,375	- 0,17
Rennes	Nantes	7161	452	0,284	706	0,444	0,573
Rennes	Quimper	6210	294	0,213	422	0,306	0,459
Rennes	Rennes	4016	323	0,362	319	0,357	- 0,02
Rennes	St-Brieuc	2416	651	1,213	415	0,773	- 0,61
Rennes	St-Malo	3738	505	0,608	441	0,531	- 0,18
Rennes	St-Pol-Léon	2036	366	0,809	191	0,422	- 1,29
Rennes	Tréguier	2150	470	0,984	329	0,689	- 0,51
Rennes	Vannes	5793	346	0,269	324	0,252	- 0,08

Sup. : superficies (km^2) ; d : densité de population nobiliaire ; t : taux de variation annuels.

Les structures sociales et les cultures politiques de la noblesse normande sont-elles originales ? L'exemple de la généralité d'Alençon au XVIIe siècle

Jean-Marie CONSTANT

L'histoire économique, sociale, politique, culturelle, rencontre sans cesse la noblesse et l'évoque mais les études spécifiques sur les noblesses provinciales sont relativement rares. En conséquence, le terrain de la recherche, dans ce domaine, est encore largement à défricher. Des comparaisons et des approches pluridisciplinaires sont nécessaires pour saisir l'originalité de ces élites, dans chaque province. C'est pourquoi l'idée de consacrer un colloque aux noblesses normandes présente le plus grand intérêt pour mieux connaître une France diverse, aux réactions souvent difficiles à comprendre. On sait depuis longtemps l'importance attachée à la Normandie par les souverains, qui la considéraient comme une province stratégique, proche de la capitale et des frontières, riche en ressources de toutes sortes, surtout fiscales.

Dans un premier temps, je vais confirmer que la Normandie est bien la province, qui a la plus forte densité nobiliaire du royaume. Dans une seconde étape, une approche des structures sociales nobiliaires sera tentée à partir de l'enquête de noblesse de 1667 dans la généralité d'Alençon. Enfin, à partir d'analyses souvent quantitatives, portant sur l'ensemble du royaume, on pourra esquisser les grandes lignes d'une culture politique nobiliaire normande.

La noblesse normande est la plus nombreuse de France

Cette analyse est faite à partir de la méthode des densités et des espaces nobiliaires[1]. On calcule la superficie du territoire à partir d'un espace bien défini,

1. La méthode a été exposée dans un article : Jean-Marie CONSTANT, « Une voie nouvelle pour connaître le nombre des nobles aux XVIe et XVIIe siècles : les notions de densités et d'espace nobiliaire », *La France d'Ancien Régime. Études réunies en l'honneur de Pierre Goubert,* Paris-Toulouse, Privat, 1984, p. 149-156. Michel Nassiet a utilisé une autre méthode et aboutit au même résultat en travaillant sur les listes de capitation : Michel NASSIET, « Le problème des effectifs de la noblesse dans la France du XVIIIe siècle », *Traditions et innovations dans la société française du XVIIIe siècle* (colloque organisé par l'AHMUF en 1993), Paris, Presses de l'université de Paris Sorbonne, 1995, p. 97-121. Les résultats d'une enquête réalisée dans le cadre du LHAMANS, une publication résume les travaux : Laurent BOURQUIN et Jean-Marie CONSTANT, « Les fortes

généralité, bailliage, duché, doyenné, canton, ce qui donne une base certaine, non variable, ce qui n'est pas le cas du calcul de la densité par rapport à la totalité d'une population où les variables sont toutes deux incertaines et fluctuantes. Par rapport à cet espace fixe, on compte le nombre des lignages à des dates différentes, ce qui permet de multiples comparaisons dans le temps et dans des espaces géographiques ou institutionnels.

Normandie	Élection de Bayeux	252
	Baronnie du Mesle-sur-Sarthe	230
Maine	Doyenné de Lignières-la-Carelle	270
	Doyenné de Vallon-sur-Gée	75
	Sénéchaussée de Château-du-Loir	49
Bassin parisien	Élection d'Orléans	60
	Élection d'Étampes	60
Anjou	Élection d'Angers	69
	Élection de Baugé	69
	Sénéchaussée de La Flèche	50
	Élection de Château-Gontier	30
Champagne	Élection d'Épernay	46
	Élection de Troyes	27
	Élection de Sézanne	48
	Élection de Langres	11
Bas Limousin		19

Tableau 1. – *Quelques exemples de densités des lignages nobles pour 1 000 km² au XVIIe siècle*[2].

Ce tableau montre que les densités nobiliaires normandes sont trois fois plus importantes que celles du Maine et de l'Anjou, cinq fois plus que dans la vallée du Loir, douze à treize fois plus que celles du Limousin ou de l'élection de Langres.

densités de l'Ouest », *Gens de l'Ouest. Contribution à l'histoire des cultures provinciales*, ouvrage collectif publié par le Laboratoire d'histoire anthropologique du Mans (LHAMANS), Le Mans, Impr. Brunet, 2001, p. 179-195.

2. James B. WOOD, *The Nobility of the Élection of Bayeux (1463-1666). Continuity through Change,* Princeton, Princeton University Press, 1980. David SALMON, *La noblesse dans la baronnie normande du Mesle-sur-Sarthe aux XVIIe et XVIIIe siècles*, mémoire de maîtrise de l'université du Maine, 1998, sous la direction de J.-M. CONSTANT. Natacha EIJCKSMANS, *Les densités nobiliaires dans le doyenné de Lignières-la-Carelle*, mémoire de maîtrise de l'université du Maine, 1998, sous la direction de J.-M. CONSTANT. Lignières-la-Carelle se trouve près d'Alençon, la densité est celle de la Normandie. Cécile GUILLAUME, *Les densités nobiliaires dans le doyenné de Vallon-sur-Gée*, mémoire de maîtrise de l'Université du Maine, 1994, sous la direction de J.-M. CONSTANT. Vallon se trouve à l'ouest du Mans. Laurent BOURQUIN, « La Noblesse de Champagne dans son espace régional vers le milieu du XVIIe siècle », J. FOUILLERON, G. LE THIEC, H. MICHEL (éd.), *Sociétés et idéologies des temps modernes : hommage à Arlette Jouanna*, Montpellier, université de Montpellier III, 1996, t. 1, p. 59-77. L'Anjou a été étudié par Laurent Bourquin, le Bassin parisien et la vallée du Loir par Jean-Marie Constant. Pour le Limousin, Michel CASSAN, « Une approche de la noblesse du Bas-Limousin (XVIe-XVIIe siècles) », *Travaux du Centre de Recherches sur les origines de l'Europe Moderne*, Talence, université de Bordeaux III, 1986, p. 4-27.

Non seulement la densité normande est forte, mais la croissance du nombre des lignages, au XVIe siècle, est également supérieure à celle du Bassin parisien. Entre 1523 et 1598, elle atteint 135 % mais se ralentit, entre 1598 et 1668 (+ 19 %). Pendant le même temps, en Beauce, elle est de 14 % entre 1500 et 1560, de 12 % entre 1560 et 1600, nulle entre 1600 et 1660. Évidemment, une telle augmentation pose le problème de la relation entre le nombre de lignages et la répartition des terres, de la taille des exploitations et des seigneuries, de celles des censives par rapport aux fiefs. Pour le moment, aucune réponse ne semble possible pour résoudre ces questions.

Approches des structures sociales nobiliaires d'après l'enquête de 1667 dans la généralité d'Alençon

Le manuscrit utilisé est celui de la BNF (Fr. 32265). Il comprend 2 290 cas répartis en neuf élections très inégales. Il distingue l'ancienne noblesse, les anoblis, les exempts de tailles, les condamnés pour fausse noblesse et ceux qui renoncent à la qualité.

Élections	Anciens nobles	Anoblis	Exemptés	Condamnés ou renoncent
Conches	143 (85 %)	9 (5 %)	0	17 (10 %)
Verneuil	220 (84 %)	0	3 (1 %)	37 (14 %)
Argentan	296 (81 %)	39 (11 %)	2 (0,54 %)	28 (8 %)
Alençon	232 (80 %)	39 (13 %)	8 (3 %)	10 (3 %)
Falaise	303 (80 %)	55 (15 %)	1 (0,26 %)	16 (4 %)
Mortagne	154 (75 %)	2 (1 %)	32 (16 %)	17 (8 %)
Lisieux	223 (74 %)	47 (16 %)	1 (0,33 %)	30 (10 %)
Bernay	193 (74 %)	37 (14 %)	3 (1 %)	28 (11 %)
Domfront	44 (68 %)	10 (15 %)	0	11 (17 %)
Total	**1 818/2 290**	**238/2 290**	**49/2 290**	**207/2 290**
%	**79 %**	**10 %**	**2 %**	**9 %**

Tableau 2. – *Résumé de l'enquête de noblesse de la généralité d'Alençon en 1667.*

Ce qui frappe dans ce tableau est la proportion énorme de l'ancienne noblesse par rapport à ceux qui sont dits anoblis, exemptés, condamnés ou renonçant à la noblesse. Les anoblis sont moins nombreux à l'est de la généralité, dans les élections de Conches, Verneuil, Mortagne où ils sont moins de 5 % alors que celles de l'ouest dépassent 10 % et trois d'entre elles atteignent 15 % et plus. Ces chiffres sont confirmés par d'autres études :

Élection de Bayeux.......... 85 %
Baronnie de Mesle.......... 100 %
Doyenné de Lignières-la-Carelle.......... 74 %

Si nous comparons ce cas normand avec d'autres provinces, on s'aperçoit que la noblesse ancienne atteint des taux semblables dans l'ouest de la France comme le montre le tableau. En revanche, l'écart est énorme avec la Beauce et encore beaucoup plus important avec la Provence et l'élection de Paris[3].

	Bretagne	**Généralité d'Alençon**	**Généralité de Tours**	**Beauce**	**Provence**	**Élection de Paris**
Ancienne noblesse	83 %	87 %	87 %	67 %	33 %	24 %
Nouvelle noblesse	17 %	13 %	13 %	33 %	67 %	76 %

Tableau 3. – *L'ancienneté des noblesses.*

La mobilité sociale semble beaucoup moins grande dans l'ouest de la France que dans le Bassin parisien ou en Provence. Par exemple, ceux qui sont condamnés ou renoncent à prendre la qualité sont 18 % en Beauce mais seulement 9 % dans la généralité d'Alençon, ce qui signifie que les velléités de s'agréger à la noblesse se faisaient plus rares dans l'ouest, mais demeuraient vivantes dans le Bassin parisien. En Beauce, en 1500, un cinquième seulement des nobles avaient plus de cent ans de noblesse, 51 % étaient en cours d'anoblissement et 22 % des possesseurs de fiefs ou de seigneuries étaient des roturiers, ce qui montre l'ampleur du renouvellement après la guerre de Cent Ans. Pendant ce temps, dans le Perche, étudié par Éric Yvart, en 1541, seuls 13 % étaient des hommes nouveaux, ce qui correspond à ce qu'a trouvé James Wood dans l'élection de Bayeux en 1523, soit 15 %[4]. L'anoblissement taisible, sur la terre, sans lettres de noblesse a été évalué à 14 % par James Wood, pour la période 1463-1666, alors qu'il est de 30 % en Beauce, de 28 % en Provence avant 1560 et de 39 % après cette date. En même temps, la noblesse de la généralité d'Alençon est moins urbaine que celle de Beauce. Au xvie siècle, 27 % des nobles habitent la ville, 35 % sont des militaires, 37 % sont des gentilshommes campagnards. Dans l'élection d'Alençon, en 1667, 16 % sont dans ce cas, dans celle d'Argentan, 8 % mais Mortagne-au-Perche approche le taux de sa voisine, la Beauce, avec 23 %.

Comment interpréter ces différences, quelles hypothèses peut-on faire ?

Une première remarque concerne le parallélisme entre la forte densité nobiliaire de l'Ouest et la prédominance de la noblesse ancienne. Les familles demeurent longtemps dans la province et il reste peu de places pour des familles nouvelles.

3. Pour la Bretagne, Jean Meyer, *La noblesse bretonne au XVIIIe siècle*, Paris, Impr. nationale, 1966. La généralité de Tours comprend les provinces d'Anjou, du Maine et de Touraine. J'ai analysé l'enquête de 1667 pour la généralité de Tours et la Beauce, pour 1696, l'élection de Paris. Pour la Provence, Monique Cubells, « À propos de l'usurpation de noblesse en Provence sous l'Ancien Régime », *Provence historique*, 1970, p. 224-301.
4. Éric Yvart, *La noblesse du comté du Perche de 1490 à 1610*, DEA de l'université du Maine sous la direction de J.-M. Constant, 1992.

De plus, des enquêtes de noblesse régulières ont lieu en Normandie et il en existe aussi en Bretagne. Ainsi, lors de l'enquête dite de Monfaut, en 1461-1463, dans l'élection de Bayeux, 22 % des comparants ont été éliminés du second ordre, ce qui montre bien l'effet dissuasif des investigations, qui sont menées.

La seconde raison à invoquer est la question de la coutume. L'ouest de la France est soumis à des coutumes égalitaires, souvent strictes pour les roturiers, alors qu'elles sont très inégalitaires pour la noblesse, de façon à éviter de partager les fiefs et seigneuries. Ainsi, dans le Maine, l'aîné obtient les deux tiers des biens et les autres enfants reçoivent le tiers restant à titre viager. Au contraire, dans les coutumes de type orléano-parisien, chez les nobles, les deux tiers des biens vont à l'aîné et l'autre tiers au puîné, s'il n'y a que deux enfants. Si les héritiers sont plus nombreux, l'aîné a droit à la moitié et les autres se partagent l'autre moitié, non à titre viager, comme dans la coutume du Maine, mais définitivement[5]. On note que, dans le Grand Perche, où la coutume est de type orléano-parisien, l'élection de Mortagne, en 1667, a moins de nobles anciens que les autres circonscriptions (75 % contre 85 % dans celle de Conches), ce qui pourrait suggérer qu'il existe un lien entre les deux phénomènes.

Une autre particularité de l'Ouest est l'existence du partage noble. On le rencontre en Bretagne, Poitou, Angoumois, Anjou, Maine et Touraine. Il contraint la nouvelle famille noble à abandonner le partage égalitaire roturier et à accepter les règles de la succession noble. Cette disposition représente un obstacle à l'anoblissement. Sous Louis XI, la ville du Mans a refusé d'avoir une municipalité anoblie parce qu'elle ne voulait pas être soumise à cette disposition, qui désavantageait les enfants puînés. Les Angevins l'ont acceptée mais en demandant à continuer à pratiquer le partage égalitaire[6]. Le partage noble n'existe ni dans le Bassin parisien, ni en Normandie. Cependant, d'autres barrages le remplacent en Normandie, où il est interdit de partager un fief, qui va obligatoirement à l'aîné, et où on exclut les filles. Ce système permet de consolider les lignages anciens.

Les formes prises par la reconstruction d'après la guerre de Cent Ans ont pu jouer un rôle. Dans l'Ouest, la nouvelle noblesse, qui comble les vides, s'installe massivement entre 1500 et 1560, alors qu'en Beauce, le renouvellement est constant de la fin du XVe à 1600, avec une pointe dans la seconde moitié du XVIe siècle.

5. Laurent BOURQUIN, « Partage noble et droit d'aînesse dans les coutumes du royaume de France à l'époque moderne », *L'identité nobiliaire. Dix siècles de métamorphoses (IXe-XIXe siècles)*, ouvrage collectif publié par le Laboratoire d'Histoire anthropologique du Mans (LHAMANS), Le Mans, Impr. Brunet, 1997, p. 136-169. On trouvera, dans ce chapitre, la bibliographie du sujet, notamment les travaux d'Yver, d'Emmanuel Le Roy Ladurie et d'Anne Fillon.

6. Jean-Marie CONSTANT, « Les patriciats d'Orléans et du Mans aux XVIe et XVIIe siècles : étude comparative », *Gens de l'Ouest [...]*, *op. cit.*, p. 228-259.

	Beauce	Bretagne	Généralité de Tours
xve siècle	38 %	28 %	27 %
1500-1560	29 %	55 %	60 %
1560-1600	33 %	17 %	13 %

Tableau 4. – *Pourcentage de nouvelle noblesse, aux XVe et XVIe siècles, à partir de l'enquête de 1667.*

Nous n'avons pas ces chiffres pour la généralité d'Alençon et il est difficile d'interpréter les tableaux contenus dans le livre de Wood[7]. Néanmoins, il semblerait qu'il y aurait 43 % d'anoblis en 1523, pourcentage qui demeure stable en 1598, ce qui pourrait laisser supposer que la Normandie est plus proche du modèle du Bassin parisien que de celui de l'Ouest. Cette possibilité s'avère vraisemblable, car la coutume de Normandie stipule qu'un roturier qui possède un fief noble, sans être récusé pendant quarante ans, peut prétendre à la noblesse. Un édit royal de Louis XI, du 5 novembre 1470, reconnaît cette pratique normande contre un paiement collectif de 47 250 livres. En conséquence, cette forme d'anoblissement se rapproche de celle massivement pratiquée en Beauce, aux xve et xvie siècles. Cependant, il existe une différence de comportement, les nobles normands faisant confirmer cette noblesse taisible par une lettre royale, ce qui n'est pas le cas des Beaucerons. On sait que l'ordonnance de Blois de 1579 prohibe l'acquisition de la noblesse par les fiefs (article 258). Il est difficile de savoir si cette législation a été appliquée. En effet, lors de l'enquête de 1667, la noblesse de race devait produire des titres pour prouver sa noblesse et sa filiation, en remontant au-delà de 1560, ce qui représente cent ans de noblesse et la date de 1579 n'est nullement mentionnée. Cependant, il faudrait des études précises, famille par famille, dans le cadre d'une ou deux élections de la généralité d'Alençon, pour pouvoir affirmer un tel résultat.

Une autre hypothèse concerne l'économie rurale. La Normandie, comme la Beauce sont riches de leur agriculture, mais celle des Normands est plus diversifiée, les Beaucerons ne cultivant que des céréales, ce qui, les mauvaises années, leur pose quelques problèmes de trésorerie.

Enfin, le dernier paramètre est la participation à la guerre. La liste du ban et de l'arrière-ban du bailliage de Caen, en 1552, montre que 3 % seulement des nobles vont à l'armée. Dans l'élection de Bayeux, l'évaluation de Wood est de 8 % en 1552 et 13 % en 1587. Pendant ce temps, les bailliages d'Étampes, en 1544, et de Chartres, en 1587, atteignent respectivement 20 et 26 %[8]. La vie militaire accélère la mobilité sociale en Beauce, son absence contribue à la stabilité en Normandie.

7. J. Wood, *op. cit.*, p. 55.
8. Jean-Marie Constant, « Les barons pendant les guerres de Religion », article reproduit dans *Id.*, *La Noblesse en liberté, XVIe-XVIIe siècles*, Rennes, Presses universitaires de Rennes, 2004, p. 103 *sq.*

Il semble que la noblesse normande cultive des originalités par rapport aux autres provinces mais en matière de culture politique, elle paraît plutôt traditionaliste.

Une culture politique traditionnelle

Je n'évoquerai pas les protestants, qui font l'objet de communications dans ce colloque. Je me bornerai à rappeler quelques chiffres. Wood évalue le nombre des gentilshommes protestants à 40 % dans l'élection de Bayeux, pourcentage que j'ai aussi trouvé dans le Dunois. Dans le Saônois, proche d'Alençon, ils sont 35 %, dans le doyenné de Lignières-la-Carelle, qui en fait partie, 23 %, alors qu'ils ne sont que 0,96 %, dans le nord de la Mayenne actuelle, pourtant proche elle aussi d'Alençon[9].

L'engagement de la noblesse dans la Ligue peut faire l'objet d'études grâce au registre de l'ordre de Saint-Michel[10]. Pour ce qui concerne la noblesse titrée, la Normandie n'a pas fourni beaucoup de ligueurs. Dans les douze gouvernements de la France, celui de Normandie vient au huitième rang, derrière la Bretagne, la Picardie, le Lyonnais-Auvergne, la Champagne, la Bourgogne, l'Île-de-France et la Provence. Les Normands devancent l'Orléanais, le Dauphiné, la Guyenne-Gascogne et le Languedoc.

En revanche, ils sont fort bien classés pour l'engagement dans les rangs royaux, seconds derrière l'Île-de-France. Il faut donc en conclure que les gentilshommes normands sont très légitimistes et soutiennent le pouvoir royal, alors que le nouveau roi, Henri IV, rencontre bien des difficultés à reconquérir le royaume. Alors que, dans beaucoup de provinces, l'attentisme est de rigueur, au point qu'il est moqué et qu'on appelle ceux qui le pratiquent des « rieurs », les nobles normands s'engagent. Ils se situent au neuvième rang sur douze, avec 43 %. Seuls, les gouvernements d'Île-de-France, de Champagne et d'Orléanais ont moins de « rieurs » que celui de Normandie. On peut en conclure que la Normandie est une province très loyaliste, puisque parmi les nobles titrés, on trouve 46 % de royalistes, 43 % de « rieurs » et 9 % de ligueurs.

Pendant le ministériat de Richelieu et la Fronde, la noblesse normande a un comportement traditionnel de fidélité au duc de Longueville[11]. Ce dernier, qui était gouverneur de Picardie, a dû laisser sa charge à Luynes, qui lui a donné le gouvernement de Normandie en compensation, en 1618. Le duc de Longueville va se constituer dans cette province une clientèle très nombreuse, dans la noblesse,

9. Jean-Marie CONSTANT, « La noblesse protestante en France pendant les guerres de Religion, un ferment d'innovation dans un monde traditionnel », Philip BENEDICT, Guido MARNEF, Henk VAN NIEROP, Marc VENARD (éd.), *Reformation, Revolt and Civil War in France and in Netherlands (1555-1585)*, Amsterdam, Royal Netherlands academy of arts and sciences, 1999, p. 69-82.

10. Recueil historique de l'ordre de Saint-Michel, BNF, ms. fr. 32866, 32867, 32868, 32869 et J.-M. CONSTANT, « Les barons pendant les guerres de Religion », *op. cit.*

11. Alain HUGON, « Existe-t-il une fronde normande ? », *Images de la contestation du pouvoir dans le monde normand, Xe-XVIIIe siècles*, Caen, Presses universitaires de Caen, 2007, p. 233-246.

les municipalités et le parlement[12]. En conséquence, si on regarde le réseau des fidélités de Gaston d'Orléans, prince emblématique de l'opposition à la monarchie absolue, on s'aperçoit qu'il est quasiment inexistant en Normandie, ce qui prouve que Longueville est l'homme vers lequel tout gentilhomme normand se tourne naturellement[13].

La noblesse normande est très présente, lors de l'assemblée de noblesse de 1651, qui demande d'abord la libération des princes, Condé, Conti et Longueville, puis prône une réunion des états généraux et une monarchie tempérée[14]. Le gouvernement le mieux représenté, dans cette assemblée, est l'Orléanais avec 23 % des participants mais il est énorme puisqu'il comprend l'Anjou, le Maine, la Touraine, le Perche, la Beauce, la Sologne, le Berry et l'Orléanais lui-même[15]. Après l'Orléanais, vient la Picardie, dont le gouverneur est le duc d'Elbeuf (17 % des participants) puis la Normandie (15 %)[16]. Les autres sont moins bien représentés. Ces trois gouvernements, plus celui de Champagne-Brie, constituent les deux tiers des gentilshommes assemblés dans l'assemblée, ce qui montre que les provinces, qui entourent Paris, sont plus directement concernées que les autres. Cependant, un autre facteur intervient, la personnalité du gouverneur, celui de l'Orléanais est le marquis de Sourdis, l'un des leaders et président de l'assemblée, Longueville en Normandie, Elbeuf en Picardie, un Guise d'une branche cadette et, pendant plusieurs années, Conti, frère de Condé et de la duchesse de Longueville, en Champagne[17].

La révolte nobiliaire de 1658-1659, qui concerne surtout l'Orléanais et la Normandie, révèle les mêmes ressorts. À la suite d'une annonce de recherche des usurpateurs de noblesse, qui avait déjà inquiété la noblesse normande, une déclaration royale du 17 décembre 1657 exige le versement de 1 650 livres par tous les anoblis depuis 1606, pour renflouer les caisses de l'État. La noblesse envoie négocier avec le Conseil du roi, trois gentilshommes élus, Boussé, Créqui, comte de Bernieules, et Argouges, seigneur de Gratot. Ils parviennent à ramener

12. Madeleine Foisil, « Parentèles et fidélités autour du duc de Longueville, gouverneur de Normandie pendant la Fronde », Yves Durand (dir.), *Clientèles et fidélités en Europe à l'époque moderne. Hommage à Roland Mousnier*, Paris, PUF, 1981, p. 153-168.

13. J'ai établi un fichier des fidèles de Gaston d'Orléans que j'ai utilisé dans *Les Conjurateurs : le premier libéralisme politique sous Richelieu*, Paris, Hachette, 1987.

14. Jean-Marie Constant, « L'assemblée de noblesse de 1651, une autre conception de la monarchie française », *La Fronde en questions. Actes du dix-huitième colloque du Centre méridional de rencontres sur le XVIIe siècle* (1988), Aix-en-Provence, université de Provence, 1989, p. 277-286.

15. Ce gouvernement de l'Orléanais est à géométrie variable selon les époques. Il n'a pas une géographie qui s'impose comme le Languedoc, la Bretagne ou la Normandie. Ici, on a repris la configuration de l'époque des guerres de Religion pour mieux comparer les deux périodes. Plus loin, lorsque Sourdis est cité comme gouverneur de l'Orléanais, il ne s'agit plus de ce grand gouvernement de toute la partie centrale de la France, mais pratiquement de la généralité d'Orléans.

16. Le duc d'Elbeuf est le septième fils de Claude de Lorraine. Il avait épousé, en 1619, Catherine Henriette, fille légitimée d'Henri IV et de Gabrielle d'Estrées. Opposant à Richelieu et partisan de Marie de Médicis, il vit en exil, à partir de 1631, après la journée des Dupes puis revient à la cour après la mort de Louis XIII, en 1643. Il a joué un rôle important pendant la Fronde.

17. Robert R. Harding, *Anatomy of a Power Elite. The Provincial Governors of Early Modern France*, New Haven, Londres, Yale University Press, 1978 et Michel Pernot, *La Fronde*, Paris, Éd. de Fallois, 1994.

la somme à 1 500 livres. Malgré ce compromis, lors de l'assemblée de noblesse de Trun (près d'Argentan) du 29 mars 1658, lorsque Boussé, réputé royaliste, rend compte de sa mission, quantité d'opposants irréductibles l'accusent d'être « un traître à la noblesse ». Selon l'évêque de Sées, qui raconte l'événement à Mazarin, dans une lettre du 1er août 1658, bien que Boussé soit appuyé par l'ancienne noblesse et par celle du bailliage d'Alençon, l'assemblée, qui est fort nombreuse (700 chevaux), comprend dans ses rangs nombre d'irréductibles, que sont les nouveaux anoblis et d'anciens nobles, qui ont peur qu'on leur demande leurs titres de noblesse[18]. Au lieu des trois députés qui s'étaient rendus à la cour, l'assemblée désigne douze représentants pour aller porter les plaintes au duc de Longueville. Mazarin interdit aux nobles de se réunir mais Longueville sert d'intermédiaire entre la noblesse et le ministre. Les menaces de Mazarin et les actions des gouverneurs permettent d'empêcher le mouvement de protestation noble de s'étendre en Poitou, Saintonge, Angoumois, Anjou, où des rassemblements avaient eu lieu, entre 1654 et 1656, pour exprimer le refus des gentilshommes d'être soumis à la taille pour une partie de leurs biens[19]. La défense « des immunités et franchises » était un puissant élément mobilisateur en Normandie et en Orléanais, province dans laquelle le mouvement nobiliaire est appuyé par la révolte des sabotiers de Sologne[20]. Une différence se manifeste entre la Normandie et l'Orléanais, concernant la motivation première du mouvement. Alors que la noblesse normande craint la remise en cause de son statut nobiliaire, parce qu'en général une lettre royale devait la confirmer, en Orléanais, où cette exigence n'est pas de mise, la revendication principale est la défense des privilèges nobles. Dans les deux cas, l'État veut faire payer la noblesse et cherche des raisons pour justifier cette demande dans les particularités de chaque noblesse provinciale. En Normandie, il veut faire contribuer régulièrement les anoblis, qui ont reçu une lettre, en Orléanais, il veut mettre à la taille les gentilshommes campagnards, qui cultivent en faire-valoir direct de trop grandes surfaces de terre.

Une assemblée de noblesse faisant la jonction entre les gentilshommes normands et orléanais a lieu, à Conches, le 20 juillet 1658. Un acte d'union est signé et juré. Tous les présents promettent, par ce geste solennel, de se secourir mutuellement en cas de péril. Ils décident d'envoyer une délégation de vingt-quatre députés rencontrer le duc Gaston d'Orléans (quatre de Normandie, trois d'Orléanais, un du Vexin, deux des autres provinces). Le duc refuse de les

18. Jean-Dominique LASSAIGNE, *Les assemblées de la noblesse de France aux XVIIe et XVIIIe siècles*, Paris, Éditions Cujas, 1965, p. 89-91.
19. En 1650, dans l'élection de Dourdan, l'intendant d'Orléans avait voulu faire payer la taille aux gentilshommes parce qu'ils cultivaient trop de terres par eux-mêmes. La protestation fut telle que le Conseil du roi décida l'annulation de cette mesure à la demande de Sourdis, le gouverneur de l'Orléanais. On connaît bien l'affaire grâce à la correspondance entretenue par le marquis de Denonville avec Mazarin (Jean-Marie CONSTANT, *Nobles et paysans en Beauce aux XVIe et XVIIe siècles*, Lille, 1981, p. 363 *sq*). Malgré cette annulation, l'émotion et même le traumatisme avaient été si forts, dans la noblesse, que de nombreuses assemblées de noblesse avaient eu lieu un peu partout, la parole ministérielle n'étant plus crue.
20. L. JARRY, *La guerre des sabotiers de Sologne et les assemblées de noblesse (1653-1660)*, Orléans, H. Herluison, 1880.

recevoir. Le mouvement ne s'arrête pas pour autant et continue à se déployer en organisant des assemblées de noblesse, à Montmirail, dans le Perche-Gouet, à Cloyes et Villequoy (commune de Péronville, près de Patay), dans le Dunois, c'est-à-dire dans des lieux à mi-chemin entre la Normandie et l'Orléanais.

Mazarin comprit qu'il pouvait jouer sur la différence de situation des deux noblesses provinciales révoltées. Il fit procéder à l'arrestation des chefs orléanais assiégés dans leurs résidences et les fit comparaître devant une commission extraordinaire du Grand Conseil. Grâce à cela, les interrogatoires ont été conservés et on sait que les Orléanais, privés de protecteur, après le refus de Gaston d'Orléans de les recevoir, subirent de plein fouet la répression[21]. Leur leader, le gentilhomme protestant, Bonnessons, est condamné à mort et exécuté le 12 décembre 1659. Au contraire, les gentilshommes normands sont protégés par Longueville, qui intercède pour eux.

Alors que les gentilshommes beaucerons et orléanais se cherchaient un chef parmi les grands seigneurs opposés à Mazarin, en défendant des idées de liberté et en cherchant à imposer à ce chef leur programme, les nobles normands, plus traditionalistes, voyant l'affaire perdue, s'en remettaient à la protection de Longueville, pour éviter la répression[22]. Néanmoins, ce mouvement nobiliaire de 1658-1659 inquiéta fort Mazarin, car selon les évaluations de J.-D. Lassaigne, il concerna environ trois à quatre mille gentilshommes[23].

Cette analyse de quelques éléments de la société nobiliaire normande montre que cette dernière ne ressemble qu'à elle-même et qu'il serait hasardeux de considérer qu'elle est le symbole de la noblesse française. En effet, chaque province a des traits particuliers, que les historiens découvrent au fil des monographies, qui évoquent la noblesse.

Le premier point, qui était déjà connu, est que la noblesse normande est la plus nombreuse de France.

Un second caractère, qui est commun avec les noblesses de l'Ouest (Bretagne, Anjou, Maine, Touraine), est son ancienneté. 80 % des gentilshommes ont plus de cent ans de noblesse, alors que dans le Bassin parisien ou en Provence, les familles nouvelles sont beaucoup plus nombreuses et la mobilité sociale bien plus développée. Les enquêtes de noblesse systématiques et les coutumes expliquent ces différences. Dans l'Ouest, le partage noble est un vrai barrage aux nouveaux

21. À cette date, Gaston d'Orléans n'est pas en odeur de sainteté auprès de la cour et de Mazarin, depuis les événements de la Fronde. Il est pratiquement retiré de la politique et ne veut plus cautionner des mouvements d'opposition, qui lui semblent voués à l'échec.

22. Jean-Marie Constant, « La révolte nobiliaire de 1658-1659, en Orléanais, mouvement marginal ou authentique manifestation de démocratie nobiliaire », *Sociétés et idéologies des temps modernes [...], op. cit.*, p. 335-345, repris dans *La Noblesse en liberté, op. cit.*, p. 253-263 ; « Une aventure baroque : la révolte nobiliaire de 1658-59 dans le Dunois », *Châteaux, nobles et aventuriers. Actes des Rencontres d'archéologie et d'histoire du Périgord* (rencontres de 1996), Bordeaux, université Michel de Montaigne, 1999, p. 213- 236.

23. J.-D. Lassaigne, *op. cit.*, p. 111.

venus. Il n'existe pas en Normandie mais il est remplacé par des dispositions qui ont le même rôle, l'interdiction de partager les fiefs et l'exclusion des filles des successions. D'autres éléments interviennent : la reconstruction d'après la guerre de Cent Ans, la richesse agricole, la participation à la vie militaire.

Le troisième caractère concernant la culture politique de cette noblesse normande peut se résumer par deux mots, légitimisme vis-à-vis du roi pendant les guerres de Religion et attachement au gouverneur Longueville au XVIIe siècle. À chaque crise, la noblesse normande choisit la tradition.

Néanmoins, j'ai bien conscience que cette première approche ne peut être qu'un début et que beaucoup de zones d'ombres demeurent. Pour tenter de résoudre bien des problèmes, il faudrait choisir deux ou trois élections témoins, à titre d'exemples, et procéder à une analyse sociale culturelle et politique sur la longue durée. James Wood l'avait fait pour l'élection de Bayeux mais son livre est paru en 1980. En plus d'un quart de siècle, les problématiques ont changé et nos connaissances se sont approfondies.

Approches juridiques de la noblesse dans la coutume de Normandie

Sophie Poirey

La coutume normande fait partie des coutumes des provinces de l'Ouest dont les caractéristiques ont été si bien décrites par Jean Yver[1]. Mais on sait aussi, qu'au sein même de ce groupe coutumier, la Normandie se distingue par son originalité, tant y sont mêlées une puissance matrimoniale forte, la prédominance des fils, l'absence de communauté conjugale par souci de conservation des biens dans le lignage d'origine, et, d'une manière générale, une extrême protection du patrimoine venu des ancêtres. Une autre des caractéristiques de ce droit est que ces règles concernent en règle générale tous les Normands qu'ils soient nobles ou roturiers, alors qu'ailleurs, ce sont essentiellement les successions nobles qui sont protégées. Cette uniformité du droit s'explique en partie par l'histoire même de la province.

Le système féodal normand s'est implanté au cours des années 990-1040, sous le règne de Guillaume le Conquérant, et cette féodalité y est toujours restée strictement contrôlée par le Prince. C'est dans ce contexte qu'a donc pu se développer une coutume dont on lie justement la précocité à cette habileté des ducs à canaliser les différents usages en vigueur dans le duché pour les imposer à tous, nobles et roturiers[2]. Partant, on peut se demander s'il existe bien dans cette province un droit propre à la noblesse. Les coutumes normandes, qu'il s'agisse du *Très ancien Coutumier* et du *Grand Coutumier*, rédigés au XIIIe siècle, ou encore de la *Coutume réformée* en 1583, ne lui consacrent que très peu de chapitres spécifiques. Il est significatif de constater que, jusqu'à la rédaction de la Coutume à la fin du XVIe siècle, le mot fief désigne indifféremment la tenure noble ou roturière[3]. On

1. Parmi les nombreux travaux consacrés à la coutume de Normandie par Jean Yver, citons : « Les caractères originaux du groupe de Coutumes de l'ouest de la France », *Revue historique de droit français et étranger*, 1952, p. 18-79 ; « Le caractère normand à travers l'évolution de la Coutume de Normandie », *Revue de psychologie des peuples*, 1948, p. 379-390 ; « Les caractères originaux de la Coutume de Normandie », *Mémoires de l'Académie des sciences, arts et belles-lettres de Caen*, t. 12, 1952, p. 307-356.
2. François Neveux, *La Normandie des ducs aux rois, X^e^-XIIe siècles*, Rennes, Éd. Ouest-France, 1998, p. 192 *sq.*
3. Un phénomène rappelé notamment par le commentateur Pesnelle, qui observe : « Dans l'ancienne Coutume, le mot de *fief* comprenait, tant l'héritage roturier que le noble ; mais dans la nouvelle, il signifie seulement le noble », M. Pesnelle, *Coutume de Normandie expliquée avec les observations de M. Roupnel, seigneur de Chenilly*, Rouen, R. Lallemant, 1759, p. 91.

sait par ailleurs que la *Charte aux Normands*, accordée à la province en 1315 par Louis le Hutin, n'accorde pas non plus à la noblesse normande de privilèges particuliers, contrairement à d'autres chartes provinciales[4]. On ne signale d'ailleurs pas à cette époque de ligues de nobles normands, comme ce fut le cas par exemple en Vermandois ou en Champagne[5]. Cette particularité s'explique sans doute par le fait que la Normandie n'a pas connu de troubles violents entre les divers groupes sociaux, comme cela a pu se produire ailleurs. Une harmonie sans doute due, ici encore, à cette précocité d'une autorité unique et forte qui limite ainsi tout développement des antagonismes entre classes.

Alors, le droit normand serait-il un droit démocratique avant l'heure ? Un régime juridique qui imposerait aux hommes et aux terres les mêmes règles ? Bien évidemment non et, en matière d'affirmation de la noblesse, comme en matière familiale, notamment pour les femmes, la qualité de noble induit bien des conséquences particulières.

Être noble, c'est d'abord affirmer sa noblesse et en retirer certains privilèges.

Affirmer sa noblesse : les privilèges de la condition

Après avoir ici évoqué les règles relatives à l'acquisition de la noblesse et aux préséances qui en découlent, nous évoquerons certains de ses privilèges, notamment féodaux et successoraux.

Acquisition et préséances

« La noblesse s'acquiert par la naissance ou par la faveur du Roi », écrit David Houard, au début de l'article qu'il consacre à la question dans son fameux *Dictionnaire de droit normand,* rédigé au milieu du XVIIIe siècle[6]. Et de rappeler, en effet, que, depuis *l'Ordonnance de Blois* de 1579, le fief ne confère plus la noblesse, hormis certains fiefs de dignité accordés à ceux que le roi entend récompenser pour services rendus ou mérite particulier, comme les duchés, les marquisats, les comtés ou les baronnies[7]. Ici, précise Houard, « cette faveur réside moins dans le don de la glèbe, que dans la distinction honorable qui y est attachée ». Et l'on trouve bien en Normandie plusieurs fiefs de dignité, comme celui de Hoquetot, concédé en 1341 par Jean, duc de Normandie à Henri le Sénéchal. Mais la noblesse peut

4. Notamment celles concédées aux Bourguignons ou aux Champenois qui parlent de « gage de bataille, du duel judiciaire, du droit de guerre privée, de garanties contre la saisie royale ou l'accaparement de fiefs nobles », cf. Anne BELLANGER, *La Charte aux Normands*, Mémoire de DES, 1961, faculté d'histoire, université de Caen, p. 18 *sq*.
5. Sophie POIREY, « La Charte aux Normands, instrument d'une contestation juridique », Catherine BOUGY et Sophie POIREY (éd.), *Images de la contestation du pouvoir dans le monde normand, Xe-XVIIIe siècle*, Caen, PUC, 2007, p. 89-106, p. 94 *sq*.
6. David HOUARD, *Dictionnaire analytique, historique, étymologique, critique et interprétatif de la Coutume de Normandie,* Rouen, Le Boucher, 1780-1782, 4 vol., t. 3, p. 347.
7. Art. 258 : « Les roturiers et non nobles achetant fiefs nobles ne seront par ce anoblis, de quelque revenu et valeur que soient les fiefs par eux acquis. »

également résulter de la possession de certains offices nobles attachés aux fiefs, comme celui de connétable de Normandie, appartenant aux Hommet, ou encore de chambellan, fieffé par les barons de Tancarville[8].

Hormis ces cas particuliers, il y a donc deux sortes de noblesses : « Celle de race, dont on ne connaît point l'origine et celle des anoblis[9]. » Sans rentrer dans des détails bien connus, et qui ne sont pas spécifiques à la Normandie, rappelons brièvement que l'anoblissement peut résulter soit de l'obtention de lettres « dûment vérifiées » (anoblissement par lettres) ou de la possession et de l'exercice de certains offices (anoblissement par charge).

Les anoblissements par lettres débutent à l'extrême fin du treizième siècle pour se développer sous Philippe Le Bel et devenir grâce courante dès le XIVe siècle. Signalons aussi le cas de nobles achetant des fiefs de roturiers et tenus de relever la noblesse de ces fiefs ainsi que la noblesse de robe que l'on acquiert tacitement, comme celle qui est attachée aux hauts offices de justice dans les parlements (présidents, conseillers, avocats généraux, procureurs généraux et greffiers en chef)[10].

Concernant la preuve de la noblesse, Basnage rappelle que « puisque la noblesse donne tant de prérogatives, il ne sera pas inutile de remarquer qu'en Normandie comme ailleurs, il suffit pour établir cette qualité, de prouver deux degrés au-dessus de l'inquiété, quoi qu'autrefois on prétendît qu'il fallait en justifier trois[11] ». De même, en Normandie, « si le père et l'aïeul ont été magistrats souverains, le fils doit être confirmé en la noblesse dont ils ont joui[12] ».

Mais si toutes ces règles se retrouvent peu ou prou dans les autres provinces, il existait cependant une noblesse particulière en Normandie, prévue par une ordonnance de 1470 dite *Charte des francs-fiefs*[13].

Ce texte stipule que les roturiers ayant acquis des fiefs nobles qu'ils tiennent à droit héréditaire, propriétaire et foncier et qu'ils possèdent noblement « à gage-pleige[14], cour et usage » pourront les tenir paisiblement et « seront tenus et réputés nobles et dès lors seront anoblis et leur postérité née et à naître en loyal mariage et que la volonté du roi est qu'ils jouissent du privilège de noblesse comme les

8. D. Houard, *op. cit.*, t. 3, p. 347 et 348.
9. Charles Routier, *Principes généraux du droit civil et coutumier de la province de Normandie*, Rouen, Le Boucher, 1748, p. 26.
10. D. Houard, *op. cit.*, art. « Noblesse », t. 3, p. 349 et 351.
11. Henri Basnage, *Œuvres de Me Henri Basnage... contenant son Commentaire de la Coutume du pays et duché de Normandie et son Traité des hypothèques*, Rouen, Maury, 1709, 3e édition, 2 vol., t. 1, p. 208. Basnage cite sur cette règle un arrêt du Conseil d'État du 13 avril 1641.
12. D. Houard, *op. cit.*, art. « Noblesse », t. 3, p. 351. Routier précise également quant à lui que « la noblesse ne s'acquiert point par la prescription et quand il paraît une source roturière, il faut rapporter des titres d'anoblissement postérieurs, quand on n'oppose rien de contraire », C. Routier, *op. cit.*, p. 27.
13. Charte enregistrée à l'*Échiquier* après avoir été délibérée en présence de six députés de chaque bailliage et des Commissaires du Roi, dans des états tenus à Caen.
14. Les gages-pleiges sont tenus par le seigneur féodal une fois par an, en plus des plaids ordinaires, et auxquels tous les hommes et tenants du fief étaient tenus de comparaître notamment pour reconnaître les rentes et redevances dues ou déclarer les achats et ventes de terre, cf. D. Houard, *op. cit.*, art. « Gages-pleiges », t. 2, p. 605.

autres nobles du royaume en vivant noblement, suivant les armes et se gouvernant en tous actes comme les autres nobles de la province et ne faisant autre chose dérogeante à la noblesse ». Ces familles voyant cependant régulièrement leur noblesse contestée, la *Charte des francs-fiefs* fut complétée par une *Déclaration* du 26 mars 1556 qui exigeait seulement « pour qu'on soit réputé noble en vertu de la *Charte* qu'on prouve avoir possédé un fief ou membre de fief à cour, usage et gage-pleiges et qu'on ait obtenu des Lettres particulières des Commissaires nommés pour l'exécution de cette *Charte* et scellées de leurs sceaux[15] ».

Enfin, Houard rappelle que « depuis Guillaume le Bâtard, Duc de Normandie, les bâtards avoués de personnes nobles avaient toujours été regardés comme tels ». Et de citer de nombreux arrêts de l'*Échiquier* les assimilant à des nobles, comme par exemple, Louis d'Estouville, bâtard de Bricquebec, dans un arrêt de 1337. Mais, à partir de *l'Édit de mars 1600* qui réglemente les tailles, la qualité de gentilhomme fut déniée aux bâtards « issus de pères nobles », les obligeant, pour jouir de la noblesse de leurs ancêtres, à obtenir une lettre du roi, et, à partir de 1629, de « porter en leurs armes une barre qui les distingue des enfants légitimes ». Enfin, ils ne peuvent plus porter le nom de famille dont ils sont issus sans le consentement de ceux qui y ont intérêt[16].

La question de la qualité de la noblesse est, en effet, un problème récurrent, notamment à partir du XVIe siècle, alors que la monarchie triomphante combat les derniers vestiges de la féodalité. Le conflit entre nobles anciens et récents se cristallise notamment sur la question des préséances dans les cérémonies publiques.

Un arrêt de la Grand'chambre de 1599 est ainsi parfaitement édifiant quant aux arguments avancés par chaque parti. Dans cette espèce, où un noble d'extraction et un anobli se disputaient le pas à l'Église, l'anobli soutenait que :

> « Seule la vertu est l'origine et le fondement de la véritable noblesse, de sorte que celui que le Prince honore de ce titre pour récompense de ses services, est d'un mérite beaucoup au-dessus de celui qui n'a fait aucun acte vertueux et qui doit tout l'avantage de sa noblesse aux bonnes actions de ses ancêtres. »

Et d'ajouter qu'il paraît injuste qu'un noble ancien en profite « puisqu'il n'imite pas leur vertu, et qu'il abandonne la route qui conduit à la gloire, pour vieillir dans la fainéantise et l'oisiveté ». Jugeant « qu'il y a beaucoup plus de mérite à donner à sa postérité des titres d'honneur que de les emprunter de ses prédécesseurs », il en concluait donc « qu'en offrant la noblesse, le Roi lui confère toutes les conditions qui sont requises pour jouir pleinement de toutes les prérogatives des nobles » et qu'il est donc « aussi parfaitement noble que celui qui l'est par naissance ». Une conception plutôt méritocratique qui ne doit cependant pas surprendre dans une

15. D. Houard, *op. cit.*, art. « Noblesse », t. 3, p. 350.
16. *Ibid.*, D. Houard, p. 350. On sait que le célèbre Gilles de Gouberville, par exemple, s'est vraisemblablement toujours opposé à ce que son demi-frère naturel, Symonnet, ne prenne le nom des Gouberville obligeant ce dernier à attendre la mort de son aîné pour obtenir des lettres l'autorisant à porter le nom de son père, cf. Sophie Poirey, « Gilles de Gouberville, droits et devoirs d'un aîné en Cotentin au XVIe siècle », *Les cahiers goubervilliens*, octobre 2002, n° 6, p. 21 *sq.*

monarchie absolue, dans laquelle le roi cherche à récompenser les meilleurs pour se les attacher face à des grands féodaux qui ne lui doivent rien.

Face à ces arguments, le noble d'origine se contentait de rappeler que la noblesse « augmente sa splendeur et son lustre plus elle vieillit ». Ce qui suffit au parlement qui infirma la sentence du premier juge, en donnant la préséance au noble le plus ancien[17]. Une solution par la suite classiquement reprise et qui permet à Houard d'affirmer, au XVIIIe siècle, que « les anoblis doivent céder le pas dans les cérémonies publiques à ceux qui sont nobles d'origine[18] ».

Être noble en Normandie, comme ailleurs, c'est également être titulaire de nombreux privilèges.

Privilèges de la noblesse

Au XVIIIe siècle, Routier rappelle, dans ses *Principes de droit normand*, que :

> « Les nobles sont distingués des roturiers par des prérogatives d'honneur, et par l'exemption des tailles, et autres impôts ; ils ne peuvent plaider en défendant que par-devant le Bailli ; en fait de crime, ils peuvent évoquer de la Tournelle en la Grand'Chambre ; et les lettres de rémission qu'ils obtiennent, sont toujours adressées au parlement[19]. »

Pesnelle divise les droits rattachés aux fiefs nobles « en honoraires, de justice et utiles ». Les honoraires consistent « en la reconnaissance qu'on doit faire du Seigneur par la prestation de la foi et hommage, par les aveux et dénombrements et par le respect qu'on doit porter à sa personne, à sa femme et à son fils aîné ». Ceux de justice « consistent dans les Pleds et Gages-Plèges et dans les actes qu'on peut y exercer, comme la réception ou le blâme d'Aveux, élection des prévôts, réunion des héritages faute de devoirs et droits non faits et non payés et les condamnations d'amende ». Les utiles sont « ou ordinaires ou casuels ». Les ordinaires

> « consistent, ou en dépendances au fonds qui est en la main du Seigneur, comme colombiers, garennes, moulins ; ou en redevances annuelles, comme sont les rentes seigneuriales et les corvées dues par les Vassaux. Les casuels sont les reliefs, les aides de reliefs, treizièmes, retraits féodaux, gardes nobles, réversions par confiscation, par déshérence, par bâtardise, par félonie, le varech et choses gaîves [objets trouvés] et les trésors trouvés[20] ».

Parmi tous ces privilèges que l'on retrouve ailleurs, il en est un particulier à la Normandie, la garde noble seigneuriale, qui fait partie de ces prérogatives qui demeurent, en Normandie, attachées au seigneur du fief alors qu'ailleurs, elles ont disparu ou sont attribuées au seigneur justicier, quand elles ne le sont pas

17. H. Basnage, *op. cit.*, t. 1, p. 207.
18. D. Houard, art. « Noblesse », t. 3, p. 352.
19. Selon *l'Ordonnance criminelle de 1670*, article 21, titre 1, cf. C. Routier, *op. cit.*, p. 27.
20. M. Pesnelle, *op. cit.*, p. 91.

au roi[21]. Elle consiste, lorsqu'un enfant mineur est titulaire d'un fief de haubert, dans le droit pour le seigneur de ce fief d'en jouir pendant toute la durée de la minorité. L'article 218 de la *Coutume de 1583* offre ainsi un réel profit au seigneur en précisant : « Le seigneur fait les fruits de la garde siens. » Conformément au *Grand Coutumier*, cet article précise bien que le seigneur gardien du fief n'est pas tenu de nourrir et d'entretenir les mineurs dès lors que ceux-ci ont par ailleurs des biens roturiers qui ne tombent pas en garde. C'est donc seulement si les mineurs lui abandonnaient également l'usufruit de leurs biens roturiers que le seigneur serait tenu de ces devoirs[22].

La garde noble seigneuriale aboutit donc à conférer ici au seigneur un pur avantage au détriment du mineur. Cette institution normande, héritée du droit féodal, combattue et abolie ailleurs sous l'impulsion des commissaires royaux hostiles aux gardes fructuaires, n'a cependant fait l'objet d'aucune remise en cause au moment de la rédaction des coutumes.

Les nobles normands bénéficient encore d'un privilège particulier en matière successorale, cette fois, le droit de préciput qui permet de concilier la règle de l'indivisibilité des fiefs, nécessaire pour éviter une fragmentation du fief[23] avec celle de l'égalité entre les fils, chère aux Normands.

Le droit de préciput permet à l'aîné d'emporter le fief[24]. Or pour les Normands, il ne s'agit pas d'un avantage fait à l'aîné noble, mais plutôt d'un droit de choix prioritaire, l'aîné choisissant le premier, les cadets se servant ensuite. L'article 338 prévoit en effet : « Et au cas que l'aîné choisisse ledit fief noble par préciput, il laisse le reste de toute la succession à ses puînés. » Sachant encore que s'il y a plusieurs fiefs nobles, chaque frère exerce son préciput par rang d'âge, les cadets se partageant ensuite le reste de la succession, une fois le préciput des aînés levé[25].

Par ailleurs, en Normandie, le privilège de l'aînesse reste attaché, non à la personne, mais à la terre. Aussi, la succession du roturier qui possède des biens nobles se partage noblement et celle du noble n'ayant que des biens roturiers se règle bourgeoisement[26].

21. Jean Yver, « La rédaction officielle de la Coutume de Normandie. Son esprit », *Annales de Normandie*, t. 36, 1986, n° 1, p. 3-36, p. 22.
22. Sur cette question, cf. Robert Génestal, *Études de droit privé normand, La tutelle*, Caen, Jouan et Bigot, 1930. Génestal montre bien que « la jouissance du fief à elle seule, n'entraîne aucune charge », *ibid.*, p. 23, note 59.
23. Selon, l'article 336 de la *Coutume rédigée* : « Tous fiefs nobles sont impartables et individus. »
24. Article 337 *Coutume rédigée* : « Le fils aîné au droit de son aînesse, peut prendre et choisir par préciput, tel fief ou terre noble que bon lui semble, en chacune des successions, tant paternelles que maternelles. »
25. Le préciput comprenait généralement, outre le manoir principal avec vol du chapon, les deux tiers ou la moitié de la succession paternelle, article 340, *Coutume rédigée*. Vestige de l'ancienne assimilation des terres roturières aux terres nobles, dans les successions composées entièrement de biens roturiers, l'aîné n'a certes pas de préciput mais il peut demander que l'on mette dans son lot, moyennant estimation, le manoir de la famille situé « au champ », article 356, *Coutume rédigée*. Jules Cauvet constate ici que « le même privilège n'eût pas existé pour l'hôtel du citadin opulent. C'était, dans notre Coutume, un vestige curieux de cette prédominance des campagnes sur les villes que la féodalité avait introduite avec elle », *ibid.*, p. 63.
26. Pour Cauvet encore, il faut voir dans « cette assimilation de l'homme à la terre », « le génie de la féodalité ; l'esprit démocratique, toujours vivace en France, l'avait mise à profit pour faire arriver la classe moyenne à

Mais ces règles ne concernent que les hommes ; pour les femmes, il en va différemment et la noblesse de leur condition n'est pas elle-même sans conséquences.

Être femme et noble en Normandie : le poids de la condition

La coutume de Normandie, « coutume mâle et même toute mâle », aux dires des commentateurs, privilégie les hommes sur les femmes en toute occasion. Mais les juges viennent corriger ces règles, au regard notamment de la condition sociale des Normandes.

La femme noble et la coutume

On sait que la Normandie est la seule province qui, jusqu'à la Révolution, exclut les filles de la succession de leurs parents en présence de fils, héritage de cette fameuse loi salique qui a fortement inspiré le droit normand. Cette exclusion concerne les filles roturières comme les filles nobles, alors que dans les provinces qui pratiquent également l'exclusion des filles, seules les nobles sont concernées. Cependant, alors que dans les autres provinces, en cas d'absence de fils, les filles nobles demeurent exclues de la succession de leurs parents au profit des collatéraux, en Normandie, elles recouvrent leur entière capacité successorale et se partagent le fief entre elles avec cette seule réserve qu'au-delà de huit partages, le fief perd sa qualité de noble[27].

Cette particularité s'explique par le fait que l'intérêt familial prime en Normandie sur l'intérêt féodal. Alors que dans les autres provinces, les femmes nobles ne sont pas admises à la succession au fief, car elles sont jugées incapables de rendre les services féodaux, en Normandie, tout se passe comme si, finalement, en l'absence d'un fils héritier du nom, l'intérêt familial n'existait plus et les filles peuvent donc dès lors hériter[28].

En matière de condition des personnes, les règles coutumières sont influencées par la qualité de noble, notamment dans une Normandie où la puissance maritale n'est pas un vain mot. Les femmes y suivent dès lors la condition de leurs maris. Ainsi, une femme noble déroge-t-elle en épousant un roturier, mais peut, à la

l'influence politique et sociale, en lui permettant d'aspirer, par la richesse, à presque tous les avantages de la naissance », *ibid.*, p. 65.

27. Selon l'article 272 : « Quand la succession tombe aux filles par faute d'hoirs mâles, elles partageront également : Et les fiefs nobles qui par la coutume sont individus, sont partis entre lesdites filles et leurs représentants, encore qu'ils fussent mâles. » Quant à l'article 336, il édicte que : « Tous fiefs nobles sont impartables et individus ; néanmoins quand il n'y a que des filles héritières, le fief de haubert peut être divisé jusqu'en huit parties, chacune desquelles huit parties peuvent avoir droit de cour et usage, juridiction et gage-plège. »

28. La famille n'est plus qu'une « famille éteinte », l'intérêt familial disparaît et avec lui, la règle qui n'en avait été que le corollaire : l'indivisibilité du fief. En effet, soit les filles mourront sans descendants, soit leurs descendants ne porteront « ni le nom ni les armes de l'aïeul ; ils appartiendront à une autre famille. [...] Au contraire, tant que dure la famille, le fief, au cas de division extrême, perdant son caractère noble pour tomber au rang des tenures roturières, l'intérêt familial prohibe le moindre pas fait sur la voie qui conduirait infailliblement à une telle déchéance », cf. Robert GÉNESTAL, *Le parage normand*, Caen, L. Jouan, 1911, p. 39 [Bibliothèque d'histoire du droit normand. 2e série : études, t. 1. fasc. II].

mort de ce dernier, demander et obtenir des lettres de réhabilitation du Roi qui la rétablissent dans les privilèges de la noblesse en les faisant enregistrer en la Cour des Aides.

Inversement, « les veuves roturières de naissance jouissent du privilège de leur mari, tant qu'elles demeurent en viduité ; mais si elles se remarient à des roturiers, elles perdent leur privilège[29] ». Routier rappelle, en effet, que « la femme de condition roturière, épousant une personne noble, est censée anoblie pendant son mariage et pendant son veuvage, et jouit des mêmes privilèges et prérogatives dont jouissait son défunt mari et les perd en se remariant à un roturier ». Et d'ajouter que : « La véritable noblesse passe aux descendants en ligne directe masculine et les filles jouissent de ce privilège de noblesse tant qu'elles ne se marient pas à un roturier ; mais tant qu'elles sont mariées à un roturier, quoique séparées, leur noblesse est en souffrance[30]. »

Ces principes sont encore une fois communément admis par la plupart des coutumes. Mais la coutume normande présente une originalité dans le domaine familial et matrimonial où la qualité de la personne, noble ou roturière, joue un rôle non négligeable.

Pour ne pas désavantager ces fils qui héritent du patrimoine, les parents ne sont jamais tenus de doter leurs filles. « Et si rien ne lui fut promis lors de son mariage, rien n'aura », nous apprend l'article 250 de la *Coutume rédigée*. Ces principes s'appliquent ici encore indépendamment de la condition des personnes, ce qu'approuve pleinement Basnage pour qui « la Coutume n'a point mis de distinction entre les personnes, la fille noble n'a point de prérogative plus que la roturière, en quoi elle paraît plus judicieuse que ces autres Coutumes qui ont fait de la différence entre les personnes, ce qui ne sert qu'à produire des procès[31] ».

Selon Houard, le père est « quitte » envers sa fille « lorsque par le mariage qu'il lui a fait contracter, il lui a procuré l'espérance de recueillir le douaire, le droit de conquêt et autres avantages attachés à l'état de femme mariée[32] ». Aussi les parents, notamment de noble condition sont-ils tenus de procurer à leurs filles un mari idoine afin d'éviter le spectre d'une mésalliance rejaillissant sur le lignage entier. On notera toutefois une évolution sur ce sujet dans les derniers siècles de l'Ancien Régime. Au XVIIe siècle, Basnage considère qu'une fille noble se mésallie en épousant un roturier[33] tandis que Flaust, un siècle plus tard estimera que si la jeune noble a été mariée à un homme plus riche qu'elle n'aurait pu l'espérer en

29. C. Routier, *op. cit.*, p. 27.
30. *Ibid.*, p. 34. De même : « Une fille noble, qui serait déchue de sa noblesse en épousant un roturier, étant veuve, rentre dans ses droits de noblesse en prenant des lettres de réhabilitation », p. 27.
31. H. Basnage, *op. cit.*, t. 1, p. 396.
32. David Houard, art. « Fille », t. 2, p. 503.
33. H. Basnage, *op. cit.*, t. 1, p. 399.

épousant un homme de sa condition, la fortune du futur doit être prise en considération[34]. Le matérialisme semble bien prendre ici le pas sur l'honneur familial[35]...

Bérault, au début du XVIIe siècle déclarait déjà « qu'il ne faut pas éplucher de si près la condition et qualité d'un mari quand il y aurait quelques tares et défauts en la personne de la fille[36] ».

Cette obligation de ne pas mésallier la fille s'impose également aux frères après le décès de leurs parents, juridiquement tenus, eux, de doter leurs sœurs. Selon l'article 251 : « Les frères peuvent, comme leurs père et mère, marier leurs sœurs de meuble sans héritage ou d'héritage sans meuble, pourvu qu'elles ne soient point déparagées et ce leur doit suffire. » Et Basnage de rappeler que « ce serait déparager une fille que de la marier à un roturier et le frère serait inexcusable s'il l'avait mal pourvue pour en avoir bon marché[37] ».

Un autre domaine où la condition de la femme est prise en compte est celui de la séparation de corps. Celle-ci, quoique « blessant l'honnêteté publique », comme le déplore Houard, n'est permise que pour empêcher que « sous prétexte de l'indissolubilité du mariage, l'une des deux parties ne devienne la victime des fureurs de l'autre[38] ».

Concernant les motifs permettant d'obtenir la séparation de corps, et/ou de biens, Basnage considère que « les mauvais traitements d'un mari sont plus ou moins supportables selon la qualité des personnes[39] ». Houard considère aussi « qu'une femme de condition, élevée dans les principes les plus sévères sur l'article de l'honneur, est admise à se séparer d'un époux qui, chaque jour, se fait un jeu de la calomnier et d'irriter sa juste sensibilité par l'imputation de fautes qui la déshonoreraient, si elles étaient réelles[40] ». Pour Le Royer de La Tournerie, « des injures graves et grossières » suffisent bien à emporter la séparation de corps « entre gens de condition[41] ».

Ainsi en fut-il jugé par le parlement de Rouen en 1752, dans une espèce où Madame de M. de C. prouva que « son mari lui avait dit qu'elle se faisait (b) par ses laquais et qu'elle allait descendre à l'hôtel Vatel parce qu'il y avait des

34. Jean-Baptiste FLAUST, *Explication de la Coutume de Normandie dans un ordre simple et facile*, Rouen, l'auteur, 1781, 2 vol., vol. 1, p. 229.

35. Sophie POIREY, « Le rôle du lignage dans l'union matrimoniale en Normandie », *Commise 1204, Studies in the History and Law of Continental and Insular Normandy*, St Peter Port, The Guernsey Bar, 2005, p. 57-70.

36. Josias BÉRAULT, *La Coutume réformée du pays et duché de Normandie, anciens ressorts et enclaves d'iceluy avec les commentaires, annotations et arrêts donnés sur l'interprétation d'icelle*, Rouen, 1609, p. 294.

37. H. BASNAGE, *op. cit.*, t. 1, p. 410.

38. D. HOUARD, art. « Femme », t. 2, p. 275. La règle est que si une jeune fille ne peut refuser un prétendant convenable sans risquer de perdre sa dot, inversement, les frères qui ne proposent pas de parti idoine à leur sœur après sommation de celle-ci dans un délai d'un an seront dans l'obligation de lui délivrer son mariage avenant, c'est-à-dire sa dot, en usufruit, la pleine propriété lui en revenant le jour de son mariage. Selon l'article 264 en effet : « Le frère après l'an et jour ne peut plus différer le mariage de sa sœur pourvu qu'il se présente personne idoine et convenable qui la demande, et s'il est refusant d'y entendre sans cause légitime elle aura partage à la succession de ses père et mère. »

39. H. BASNAGE, *op. cit.*, t. 2, p. 81.

40. D. HOUARD, *op. cit.*, art. « Femme », t. 2, p. 275.

41. Étienne LE ROYER DE LA TOURNERIE, *Nouveau Commentaire portatif de la coutume de Normandie*, Rouen, G. Valleyre, 1771, 2 tomes, t. 2, p. 45.

officiers ». La Cour jugea ces simples propos outrageants eu égard à la noblesse de la plaignante et ordonna la séparation de corps[42].

Mais si de simples injures suffisent pour prononcer la séparation de corps entre nobles, *a fortiori*, les mauvais traitements emportent à coup sûr la même conséquence.

En 1463, l'Échiquier jugea ainsi Guillemette d'Etelan, fille du bailli de Rouen Guillaume Picard d'Etelan, personnage, souligne Floquet, « qui a tant daté sous Louis XI et dont le nom figure plusieurs fois dans l'histoire », fondée à obtenir la séparation de corps d'avec son mari Jean, bâtard de Grasville « pour les bateries inhumaines qu'il luy faisait » ; comme le couple était sans descendants, l'infortunée épouse retrouva la jouissance de ses terres ainsi que la moitié des meubles dont jouissaient les époux au moment de la séparation[43] ».

La qualité de la femme joue un rôle dans les questions d'adultère, mais cette fois comme circonstance aggravante de sa faute. La question est abordée par les commentateurs à propos de l'article 377 de la *Coutume rédigée* qui prive la femme de son douaire « quand elle a abandonné son mari sans cause raisonnable, ou que le divorce est advenu par la faute de la femme ».

Au premier rang de ces fautes vient ainsi l'adultère, « crime qui dans une femme est très énorme », s'indigne Roupnel et particulièrement quand elle est de noble condition, car « outre la perfidie indigne dont la femme adultère se rend coupable, étant d'un rang élevé ; elle s'expose à altérer la pureté d'un sang illustre, en inférant dans une famille des fruits étrangers d'une tige ignoble[44] ».

Convaincue d'adultère, la femme se voyait dès lors privée de son douaire, déchue de toutes ses conventions, sa dot confisquée au profit de son mari ou de ses enfants et enfermée dans un monastère ou dans un hôpital.

Première conséquence de l'adultère de la femme donc, la confiscation de son douaire. Pratiqué dans tout le royaume, le douaire joue un rôle primordial dans une province où les femmes non seulement sont exclues de la succession de leurs parents en présence de frères, mais peuvent également ne pas être dotées. C'est dire si l'institution joue parfaitement en Normandie son rôle de gain de survie qui est sa raison première. Mais le douaire n'étant qu'un usufruit, la nu-propriété des biens appartenant aux héritiers, les douairières sont tenues de supporter certaines charges afférentes aux biens dont elles jouissent. En matière de noblesse, le parlement de Rouen s'est ainsi penché sur la question de savoir si une douairière était tenue de contribuer aux frais que l'on avait faits pour maintenir la noblesse de son mari dans un arrêt du 25 février 1681.

Les faits étaient les suivants : Jean Yon avait fait confirmer la noblesse de son frère décédé et entendait donc obtenir des héritiers de ce dernier et de sa belle-sœur

42. D. Houard, *op. cit.*, art. « Femme », t. 2, p. 276. Arrêt cité également par E. Le Royer de La Tournerie, *op. cit.*, t. 2, p. 45.
43. Pierre-Amable Floquet, *Histoire du parlement de Normandie,* 7 tomes, Rouen, Édouard Frère, 1840-1842, t. 1, p. 204.
44. M. Pesnelle, *op. cit.*, p. 341.

un dédommagement financier pour les frais engagés. Ceux-ci refusèrent au motif qu'ils avaient renoncé à la succession, ce qui fut pris en compte par le premier juge qui débouta le plaignant. Devant le parlement, Jean Yon soutenait que la veuve profitait bien de sa démarche, car, si son mari avait été déclaré roturier, elle aurait été imposée à la taille sur son douaire. Mais le parlement choisit de prendre en compte l'argument de la veuve selon lequel « comme on ne lui ferait pas porter les frais que son mari aurait fait pour la conservation du bien sur lequel elle prendrait douaire, on ne pouvait aussi l'assujettir à contribuer aux frais que l'on avait fait pour la défense de la qualité de son mari, que c'était l'intérêt de toute la famille et que sa défense était d'autant plus favorable que lorsqu'elle épousa le sieur Yon, il était en paisible possession de sa noblesse[45] ».

La femme noble et le juge

D'une manière générale, les juges se montrent très favorables aux veuves, notamment lorsqu'elles sont de noble condition. Une sollicitude qui les conduit fréquemment à dénaturer l'esprit même de la coutume, ce que déplore Godefroy qui les exhorte à ne pas avoir « trop d'affection pour les veuves[46] » !

Cette faveur est patente notamment dans les cas où la veuve renonce à son usufruit sur la succession de son mari.

On sait que les Normands n'ont jamais admis la communauté de biens entre époux. Seuls le régime dotal et la séparation de biens étaient autorisés dans une province qui entend protéger le patrimoine familial et éviter à tout prix que les biens immobiliers venus des ancêtres ne passent dans une autre famille. À la mort de son mari, outre son douaire, usufruit sur les biens propres de son mari, la veuve pouvait seulement hériter d'un usufruit sur les meubles et acquêts de ce dernier. Comme le mari avait la saisine de tous les biens pendant le mariage, y compris d'ailleurs ceux de sa femme, cette dernière, dépourvue d'un droit de regard sur la gestion de son mari pouvait avoir de mauvaises surprises à la mort de ce dernier, lorsque la succession était grevée de dette[47]. Aussi disposait-elle d'un droit de renonciation ouvert pendant les quarante jours suivant le décès de son mari. Une faculté qui n'a, nous dit Bérault, « d'autre fondement que l'ignorance de l'état de la succession[48] ». Elle est ainsi « la voie de restitution pour réparer le dommage de la surprise ». Or, cette faculté de renonciation n'a pas toujours existé. Basnage rappelle ainsi que « dans l'ancien droit français, les femmes n'avaient pas la faculté de renoncer à la succession de leurs maris ». Cette possibilité fut par la suite accordée uniquement « aux femmes des gentilshommes, qui mouraient dans les voyages

45. H. BASNAGE, *op. cit.*, t. 2, p. 48.
46. Josias BÉRAULT,, *Commentaires sur la Coutume de Normandie et la paraphrase de D'Aviron*, Rouen, 1776, 2 vol., vol. 2, p. 88.
47. Sur cette question, cf. Jacqueline MUSSET, *Le régime des biens entre époux en droit normand du XVIe siècle à la Révolution*, Caen, PUC, 1997.
48. J. BÉRAULT, *op. cit.*, p. 427.

d'outre-mer au temps des croisades, sur ce prétexte que les femmes ne savaient pas l'état de leurs affaires[49] ».

D'après Roupnel, selon le *Grand coutumier*, seules les femmes nobles avaient la faculté de renoncer à la succession de leur mari, ce qui donnait lieu d'ailleurs à un cérémonial très ritualisé : « La femme jetait sur le tombeau de son mari, ou sa représentation, ses clefs, pour marquer qu'elle n'avait plus aucune administration domestique ; sa bourse, pour certifier la fidélité de sa renonciation, et sa ceinture[50]. » Les roturières ne tardèrent pas à stipuler cette faculté de renoncer dans leur contrat de mariage, ce qui fait dire à Basnage que : « Nous avons des preuves que dans les temps reculés cette faculté était commune en Normandie aux femmes des roturiers avec les femmes des nobles. » Pour Basnage, en effet, l'ancienne coutume normande parle en termes généraux et les Normandes purent rapidement exercer cette prérogative quelle que soit leur condition à l'inverse de la Coutume de Paris, par exemple, qui ne donnait, avant sa réformation, cette faculté « qu'à la femme noble, atraite [issue] de noble lignée et vivant noblement[51] ».

Il faut encore voir ici un exemple de cet alignement de la condition des roturiers sur celle des nobles propre à la Normandie.

Une autre question importante liée au veuvage est celle du deuil. La règle est que ce sont aux héritiers du mari de fournir les vêtements de deuil de la veuve, au titre des frais funéraires supportés par eux. Or, la femme était toujours en droit d'exiger ce deuil, même lorsqu'elle renonçait à la succession ou était civilement séparée de son époux durant le mariage. Comme le remarque d'ailleurs Houard, « les marques extérieures de sa douleur n'ont pas seulement pour but d'en attester au public la sincérité ; elles servent en même temps d'avertissement à la veuve de la conduite qu'elle doit tenir pour ne pas faire injure à son mari ». Pour cette raison, le deuil pouvait être refusé à une femme se remariant ou tombant « dans le désordre » durant l'année du décès de son mari. Dans cette hypothèse, l'héritier disposait alors d'une action lui permettant de se faire restituer les frais engagés. Rappelons que le deuil concerne également les domestiques de la veuve « suivant le nombre que lui permet sa condition[52] ».

La qualité de la veuve est bien ici prise en compte pour fixer le deuil, comme en attestent plusieurs arrêts du parlement de Rouen. Selon un arrêt de 1777, le deuil est dû en argent et non en nature. Une dame de noble condition soutenait ainsi contre l'avis des héritiers qu'il était « indécent et ridicule de l'obliger d'aller dans les boutiques avec les héritiers de son mari acheter dans celle-ci des étoffes, dans celle-là du linge et dans d'autres différentes fournitures propres à composer son deuil et celui de ses domestiques ; qu'une pareille opération pouvait occasionner des disputes sur la qualité et le prix de chaque objet ». Les magistrats du parlement

49. H. Basnage, *op. cit.*, t. 2, p. 89.
50. M. Pesnelle, *op. cit.*, p. 367.
51. *Ibid.*
52. D. Houard, *op. cit.*, art. « Deuil », t. 1, p. 488.

confirmèrent la sentence du premier juge en accordant une somme pour le deuil « eu égard à l'état et à la fortune du mari[53] ».

Enfin, la qualité de la femme, noble ou roturière, est encore prise en compte pour fixer les biens paraphernaux. Le paraphernal (du grec *pherné*, la dot) consiste, selon l'article 395 de la *Coutume rédigée*, « en habits et linges de la femme, en lits, vaisselles, coffres et autres ustensiles dont l'usage est ordinaire et de tous les jours, tant pour la personne de la femme que pour sa maison, dont le juge doit faire une distribution honnête à la femme... et eu égard à la qualité de la femme et du mari; mais avec ce tempérament qu'ils ne doivent pas excéder la valeur de la sixième partie des meubles trouvés après le décès[54] ». Ces biens sont accordés à la femme qui renonce à la succession et dont le contrat de mariage ne prévoit pas de remports, à titre de dédommagement. Pour Basnage en effet, « l'honnêteté publique ne permettant pas qu'une femme sorte de la maison de son mari comme une gueuse sans avoir de quoi se vêtir et se coucher[55] ».

C'est donc au juge d'apprécier le contenu de ces paraphernaux, toujours notamment, en fonction du critère de la qualité de la veuve.

Houard relève, en effet, que « les textes de la Coutume, d'accord avec nos plus antiques lois, distinguent deux ordres de femmes; celui des femmes d'un état au-dessus du commun, et celui des femmes habituées par leur naissance à se passer de commodités et à ne se procurer que les meubles indispensables ». Les paraphernaux s'expliquent donc selon lui « par la toute puissance maritale sur les biens de son épouse et par le souci d'empêcher que la dissipation de l'époux fût portée au point de mettre, par ses prodigalités, la femme hors d'état de se présenter dans la société avec l'extérieur convenable à son rang ». Lorsque les époux n'ont pas pris la sécurité de faire un écrit énumérant les paraphernaux auxquels aurait droit la veuve au décès, on doit donc proportionner le paraphernal « à la condition de la femme et à la fortune du mari[56] ».

Or, ce critère va donner lieu à des interprétations très extensives de la coutume en s'éloignant du but premier de l'institution. Et Pesnelle de déplorer ainsi l'extension de ces paraphernaux à ces signes extérieurs de richesse déjà dénoncés par Houard : « Les carrosses n'y ont pu être compris que par un abus manifeste; car les paraphernaux sont pour soulager la misère et la nécessité et ne sont pas accordés au préjudice des créanciers, pour faire vivre dans le luxe et la superfluité[57]. »

Roupnel approuve Pesnelle et déplore également « que l'on délivre journellement à la femme des meubles de luxe, d'aisance, et de commodité et en grand nombre[58] ».

Ainsi en fut jugé par l'Échiquier en 1306, Marguerite, veuve de Raimond, comte d'Artois demandait à Mathilde, nouvelle comtesse d'Artois, « les joyaux,

53. *Ibid.*
54. M. Pesnelle, *op. cit.*, p. 369.
55. H. Basnage, *op. cit.*, t. 2, p. 97.
56. D. Houard, *op. cit.*, art. « Paraphernaux », t. 3, p. 398.
57. M. Pesnelle, *op. cit.*, p. 369.
58. M. Pesnelle, *op. cit.*, p. 371.

les harnais, la vaisselle et les ustensiles nécessaires pour le service de son corps et de sa chambre, tant en route que dans son hôtel ou au moins le droit que toutes les veuves nobles avaient à titre de viduité ». L'Échiquier lui accorda, en sus de sa dot, déjà conséquente, « son char, ses chevaux, celle de ses robes qui lui plairait le plus, le lit garni qui avait toujours été à son usage, de chaque ustensile de ménage une pièce à son choix, à l'exception des ustensiles d'or et d'argent et de la monnaie qui n'entrèrent point dans son paraphernal[59] ».

Houard déplore ce qu'il appelle « la cupidité » des femmes dans ce domaine.

> « Lors de la réformation de la Coutume, rappelle-t-il ainsi, une femme était satisfaite si elle avait un lit honnête, ses robes, son linge, quelques bijoux souvent possédés durant plusieurs siècles par ses aïeux. Depuis, le luxe a inspiré des désirs immodérés; les voitures sont devenues presque nécessaires; les appartements ont été enrichis de meubles plus précieux par leur élégance que par la matière dont ils sont composés; chaque saison a exigé un ajustement et tous les ans les modes de chaque saison ont varié. On conçoit à quelle somptuosité les lits, les bijoux, les vêtements ont été portés[60]. »

On voit même certains juges accorder les paraphernaux aux héritiers d'une veuve décédée trop tôt pour avoir pu les demander, ce que tous les auteurs s'accordent à trouver totalement contraire à l'esprit de la coutume qui voit dans l'attribution de ces biens une manière de soulager la misère d'une veuve se retrouvant dans la nécessité pour avoir renoncé à sa part dans la succession de son mari[61].

Mieux, Basnage cite un arrêt du parlement admettant le second mari à demander les paraphernaux dus à sa femme décédée, alors même que de son vivant elle n'en avait fait aucune demande[62].

Il existait toutefois une limite aux prétentions exorbitantes des veuves que les juges ne franchirent pas. Contrairement aux vêtements de deuil, les biens paraphernaux consistaient uniquement en espèce et ne pouvaient être perçus sous forme d'une somme d'argent. Ainsi en fut-il jugé par le parlement de Rouen en 1663.

La Dame Jacqueline de Bechevel, veuve de Bechevel écuyer, sieur de la Motte, réclamait aux héritiers de son défunt mari son carrosse, comme cela avait été stipulé dans son contrat de mariage. Or, le mariage n'ayant duré que six mois durant lesquels les époux avaient vécu chez le père de la mariée, elle n'avait jamais obtenu cet avantage. Par ailleurs, et « quoi qu'on lui eût offert la meilleure chambre du logis de son mari », elle prétendait encore qu'on devait lui en fournir une selon sa condition, son mari ne lui en ayant point acheté. Défenseur du tuteur de l'héritier, Basnage fit débouter l'exigeante veuve de sa demande en démontrant que la femme aurait dû prévoir le cas qu'il n'y aurait peut-être pas de carrosse et

59. D. Houard, *op. cit.*, p. 398.
60. *Ibid.*
61. M. Pesnelle, *op. cit.*, p. 370 et 371.
62. Arrêt du 26 août 1626 entre Simon de Saint Germain, Ecuyer sieur d'Isoy et de Piane, sieur de Briqueville, t. 2, p. 97, un arrêt jugé pour le moins surprenant par Jean-Baptiste FLAUST, p. 460.

faire stipuler une somme compensatrice le cas échéant dans le contrat de mariage. Quant à la chambre, « elle devait se contenter de celle de son mari et [qu']il était incivil de prétendre qu'on était obligé de lui en acheter une autre pour la lui donner[63] ».

Au terme de cet aperçu, on peut donc remarquer que, si la coutume tend à un certain alignement des conditions, il en va bien évidemment autrement dans la vie réelle et les juges du parlement de Rouen tiennent bien compte de la qualité des personnes dans leurs décisions.

Certes les pères ne sont pas juridiquement tenus de doter leurs filles mais comment éviter de le faire si l'on ne veut pas les mésallier ? Il ne se trouve pas toujours un riche barbon affamé de jeunesse et prêt pour cela à se passer de dot. De même, si les femmes de noble condition sont particulièrement protégées lors des procédures de séparation, elles sont aussi jugées plus sévèrement lorsqu'elles sont fautives, notamment en cas d'adultère. Il y a bien là l'idée que si la noblesse confère certains droits, elle impose aussi certains devoirs.

La condition, on le voit, a donc bien des conséquences en droit normand.

63. H. Basnage, *op. cit.*, t. 2, p. 98.

L'utilisation de la justice par la noblesse : le bailliage de Falaise (1685-1755)

John A. DICKINSON

La justice d'Ancien Régime est souvent perçue comme longue et coûteuse, surtout pour la noblesse qui, à l'instar de la comtesse de Pimbesche dépeinte par Racine (*Les Plaideurs*), ne pouvait vivre sans plaider. La noblesse de cour, telle qu'elle est décrite par les Mémoires de Saint-Simon, par exemple, semblait se préoccuper des procès qui dévoraient temps et argent. Mais ces stéréotypes correspondent-ils à la réalité normande ? Et encore faut-il sans doute distinguer entre la petite noblesse provinciale et la noblesse de cour. Les travaux de Jonathan Spangler démontrent la complexité des arrangements matrimoniaux pour la noblesse de cour qui tente de trouver le droit coutumier le plus propice à ses intérêts lors de mariages[1]. Le fait de posséder des biens dans plusieurs provinces avec des droits différents rendait la contestation d'un héritage plus facile et multipliait les recours pour annuler des jugements défavorables. Les hobereaux normands n'avaient pas nécessairement ces préoccupations ; mais acceptaient-ils toujours la coutume qui favorisait les hommes ? Et les problèmes de succession étaient-ils majoritaires ou les nobles, tout comme les roturiers, ne s'intéressaient-ils pas davantage aux affaires courantes, c'est-à-dire aux dettes, à la perception des redevances, au respect de leur statut ?

Cette communication réfléchira sur l'usage que fait la noblesse des procédures judiciaires civiles : quels sont les types de procès, la fréquence de la présence des nobles devant la justice, les rapports sociaux révélés par les litiges ; les préoccupations des nobles ont-elles varié selon les époques ? À partir de sondages effectués dans les registres du bailliage de Falaise pour les années 1688-1690, 1715-1718 et 1750-1754, l'activité de la noblesse devant cette juridiction peut être appréciée.

Le bailliage de Falaise est l'un des plus importants de la Normandie et s'étend sur environ 250 paroisses (comme toutes les institutions judiciaires de l'Ancien Régime, le ressort du bailliage varie au fil des suppressions et tend à augmenter à la fin du XVIIIe) situées essentiellement entre une dizaine de kilomètres au

1. Jonathan SPANGLER, « Marriage contracts as an indicator of épée-robe (non ?) integration in seventeenth century France », conférence prononcée le 1er mars 2008 dans le cadre de la *European Social Science History Conference*, Lisbonne.

sud de Caen et les forêts d'Andaine et d'Écouves du nord au sud et la vallée de l'Orne et Livarot d'ouest en est dans sa partie nord et des environs de Flers à la banlieue d'Argentan dans le sud. Des paroisses enclavées dans d'autres juridictions sont présentes jusqu'au littoral de la Manche au nord et s'étirent jusqu'au Perche dans le sud-est[2]. Le nombre total de familles nobles reste indéterminé, mais nous sommes en présence d'une noblesse nombreuse qui devrait compter entre 250 et 300 lignages vers la fin du XVIIe siècle[3]. Quelques grandes familles y sont présentes, les Turgot et les de Vauquelin, par exemple, ainsi que des membres de l'élite intellectuelle bas-normande, comme les Costard d'Ifs. La grande majorité des nobles qui habitent le bailliage est assez discrète et vit dans les nombreux châteaux et manoirs qui essaiment le paysage ou dans les petits centres urbains que sont Falaise, la ville épiscopale de Sées ou le bourg de Saint-Pierre-sur-Dives. Il est important de noter que les bailliages connaissent en première instance toutes les affaires concernant les héritages et litiges personnels des nobles, ainsi que les procès à propos des droits féodaux[4]. Il ne faut pas être surpris du fait que les nobles semblent être surreprésentés dans les registres par rapport aux roturiers qui plaident en première instance devant l'une des quatre vicomtés (Falaise, supprimée en 1749, Saint-Pierre-sur-Dives, Briouze et Méhoudin, la partie sud-est du bailliage comprenant la ville épiscopale de Sées).

Description du corpus

Les plumitifs d'audiences constituent la source principale de cette enquête[5]. Il s'agit de registres, tenus par le greffe du bailliage, reliés et foliotés, portant l'initiale d'un juge. Idéalement, on devrait y consigner toutes les affaires qui viennent devant les juges, en indiquant les noms des parties, leur qualité, leur origine, les noms des procureurs, la date de l'exploit et d'assignation, ainsi que les motifs du litige. Malheureusement, ce n'est pas toujours le cas et les greffiers, ou plutôt leurs commis, négligent certains aspects, surtout quand il s'agit de jugements par défaut, lorsque le procureur de l'une ou l'autre des parties ne se présente pas. Pour la présente enquête, c'est l'absence de mention de la qualité du plaideur qui est la plus préjudiciable. En recoupant les noms avec d'autres procès-verbaux impliquant la même personne, on peut réduire légèrement cette défaillance ; mais il reste que près du tiers des parties n'est pas clairement identifié au XVIIe siècle et que la proportion grimpe à environ 40 % au siècle suivant. L'attribution d'une qualité peut aussi comporter une ambiguïté car certaines professions ne font pas déroger (avocat ou ecclésiastique, par exemple). Ainsi, le curé Noël de Vallembras doit-il être classé chez les roturiers ou chez les nobles comme la plupart de ses parents ?

2. Pierre GOUHIER, Anne VALLEZ, Jean-Marie VALLEZ, *Atlas historique de la Normandie*, t. 2, *Institutions, économie, comportements*, Caen, Centre de recherches en histoire quantitative, 1972.
3. Jean-Marie CONSTANT, *La Noblesse en liberté, XVIe-XVIIe siècles*, Rennes, Presses universitaires de Rennes, 2004, p. 13-55 ; et voir la contribution de Michel Nassiet dans ce volume.
4. M. PESNELLE, *Coutume de Normandie*, Rouen, Maury imprimeur, 1704.
5. Archives départementales du Calvados, 3 B, 168 bis-175, 203-213, 285-293, 362.

Dans ce cas, il y avait suffisamment de Vallembras « connus » pour le ranger du côté des nobles ; mais il n'en va pas toujours ainsi et il existe alors peut-être un sous-enregistrement. Par ailleurs, certaines personnes s'arrogent le titre d'écuyer, ce que le greffe inscrit sans trop se poser de questions. Il y a aussi, inclus dans le corpus, des « sieur de », qui possèdent des seigneuries mais quelques-uns sont probablement des bourgeois en voie d'ascension sociale.

Cette source est complétée, pour certaines années, par les registres de sentences qui contiennent une copie de la sentence envoyée au plaideur avec l'énumération de toutes les présences devant la cour et la décision finale. Il s'agit, cependant, de feuilles volantes non reliées, ce qui laisse planer un doute sur l'exhaustivité de cette source. Néanmoins, ces registres permettent de compléter certaines des données manquantes dans les plumitifs.

Le dépouillement intégral des procès-verbaux du bailliage de Falaise pour les années 1688-1690 a livré un total de 1 127 inscriptions dans les plumitifs d'audiences. Parmi celles-ci, 532 (47,2 %) impliquent au moins une partie spécifiquement désignée comme noble. Dans quatre cas, il s'agit d'aveux (deux cas), de lettres de bénéfice d'âge ou de bail judiciaire pour lesquels il n'y a qu'une partie présente. Le nombre total de personnes ou d'institutions impliquées dans un procès-verbal où un noble est présent est donc de 1 060. Chez les demandeurs, les 528 plaignants se répartissent ainsi : 399 hommes (76 %), 115 femmes (22 %), neuf institutions, quatre personnes de sexe inconnu (mais vraisemblablement des hommes) et une succession. Chez les défendeurs, les chiffres sont : 407 hommes, 103 femmes, une institution, dix successions et sept personnes de sexe inconnu. Parmi les demandeurs, 273 procès-verbaux concernent des hommes nobles et 112 des femmes de même condition ; et, pour les défendeurs, 225 hommes et 86 femmes.

Pour la période 1715-1718, on trouve 1 231 procès-verbaux, dont 473 (38,4 %) concernent au moins un noble. La mort récente de Louis XIV provoque un surcroît de procès-verbaux à caractère administratif (quatre aveux et deux actes de foi et hommage). Les documents successoraux sont également en hausse, avec quatre procès-verbaux concernant des tutelles, trois des lettres de bénéfice d'âge ou d'inventaire ou une autorisation à se marier, trois demandes de monitoires pour des biens dérobés, ainsi qu'un renoncement à la communauté de biens, des requêtes diverses (six) et des demandes pour la gestion judiciaire des biens (sept cas de baux ou ventes judiciaires). Le nombre total de personnes ou d'institutions engagées dans un procès impliquant au moins un noble est donc de 896. Les demandeurs se répartissent comme suit : 395 hommes (89 %), 45 femmes (10 %) et trois institutions ; pour les défendeurs, on compte 378 hommes (85 %), 57 femmes (13 %) et huit institutions, successions ou personnes de sexe inconnu. On trouve 307 demandeurs nobles et 42 demanderesses, tandis que les défendeurs nobles sont 263 hommes et 46 femmes.

Le dépouillement fait pour le milieu du XVIIIe siècle (1750-1754) donne accès à 1 222 procès-verbaux, dont 416 (34 %) concernent au moins un noble.

Les procès-verbaux administratifs sont au nombre de quatorze (quatre lettres de bénéfice d'âge, huit d'inventaire, un bail et une vente judiciaire). Il y a donc 804 personnes impliquées dans les procès impliquant un noble. Les hommes sont toujours très majoritaires : 315 demandeurs et 307 défendeurs, soit un peu plus des trois quarts. Les femmes ne représentent qu'environ 20 % des plaideurs (77 demanderesses et 75 défenderesses). Enfin, les personnes de sexe inconnu ou les institutions sont peu présentes (10 en position de demandeur, soit 2,4 % ; 20 de défendeur, soit 4,9 %). Sur ce nombre, 203 demandeurs et 227 défendeurs masculins, ainsi que 73 demanderesses et 69 défenderesses, appartiennent à la noblesse.

Évidemment, chaque procès-verbal ne correspond pas à une cause distincte. Pour résoudre une affaire, il faut parfois plusieurs audiences devant le juge et plusieurs années d'attente patiente avant l'aboutissement des démarches. On distingue de « gros plaideurs » qui entament plusieurs procès et d'autres qui n'apparaissent dans les registres d'audiences qu'une ou deux fois pendant les périodes faisant l'objet de relevés systématiques. Dans la première période, 11 personnes figurent plus de cinq fois dans les registres (et paraissent dans 9,5 % des procès-verbaux), 22 (20,4 %) dans la seconde et 13 (12,5 %) dans la dernière. Chez les hommes, le champion est, sans conteste, Joseph de Beaurepaire qui est impliqué quinze fois entre 1715 et 1718 ; chez les femmes, il s'agit de Françoise de Gaultier, présente seize fois entre 1750 et 1754 pour un conflit avec des co-héritiers. Quelques familles reviennent régulièrement dans cette catégorie. Jean et Nicolas de Vauquelin sont présents vingt et une fois dans les années 1690 et leur petit-fils, Claude, sept fois au début des années 1750. Jean de Brossard (qui apparaît huit fois entre 1715 et 1718) est relayé par Joseph de Brossard (six présences au milieu du siècle). Nicolas Dorglande (présent à onze reprises au début du règne de Louis XV) est relayé par Antoine et Antoine-Louis Dorglande (figurant sept fois chacun) au milieu du siècle.

Il est sans doute plus intéressant de connaître le nombre d'individus présents devant la justice. On est alors confronté à un nouvel écueil méthodologique : dans plusieurs procès-verbaux, le greffier n'indique pas le prénom de la personne impliquée ; il est impossible de savoir si, par exemple, le « Thibout de Saint-Loup » mis en cause dans l'une des affaires ne forme pas un seul et même individu avec l'un des sept Thibout dont, par ailleurs, le prénom est connu. En considérant les Thibout comme des personnes distinctes, nous avons probablement exagéré le nombre de nobles ; mais c'était là la solution la plus efficace. Se pose aussi le problème des prénoms composés qui se multiplient à la fin du XVIIe et au XVIIIe siècle : Antoine Dorglande est-il la même personne qu'Antoine-Louis Dorglande et ce dernier est-il la même personne que Louis Dorglande ? Nous avons considéré chaque prénom différent comme représentant un individu, mais un doute persiste.

Les résultats de l'enquête

Les nobles constituent une proportion très importante de la clientèle du bailliage de Falaise à toutes les époques et ce, bien davantage que leur nombre relatif dans la population totale ne le justifierait. C'est que le bailliage entend en première instance les causes nobles, tandis que les roturiers plaident devant l'une des quatre vicomtés en première instance. Le XVIIe siècle se distingue comme l'ère procédurière par excellence alors qu'on plaide moins au siècle des Lumières (compte tenu du fait que, pour conserver un nombre similaire de procès-verbaux, il a fallu augmenter d'une année la période d'observation à chaque période du XVIIIe siècle[6]). Toutefois, encore au milieu du XVIIIe siècle, 10 % des parties environ sont de condition noble, bien plus que leur importance démographique relative (tableau 1). On peut donc en conclure que les nobles plaident plus souvent que les membres du tiers état. Cette tendance à la baisse est conforme à celle plus générale pour toutes les catégories de parties, aussi bien à Falaise qu'à la prévôté de Québec : on distingue ainsi un XVIIe siècle procédurier et un XVIIIe siècle où l'on plaide moins[7].

	1688-1690	**1715-1718**	**1750-1754**
Hommes	349	259	246
Femmes	114	53	70
Total	463	312	316

Tableau 1. – *Nombre d'individus nobles présents devant le bailliage de Falaise, 1688-1754.*

Parmi les nobles, les femmes représentent entre 17 et 24,6 % des individus présents, ce qui est nettement supérieur à la moyenne pour les plaideurs en général. Deux types de revendications les accaparent : le droit familial et les successions. Lorsqu'elles sont poursuivies, la variété des motifs s'accroît parce que, en tant que fille majeure ou veuve, elles gèrent des biens. Malgré l'incapacité juridique qui les frappe lorsqu'elles sont mariées ou sous l'autorité paternelle, les femmes nobles sont donc très présentes et cette activité mériterait une étude plus approfondie.

Dans quel genre de procédure les nobles sont-ils impliqués (tableau 2) ? La connaissance des données sur ce plan dépend de l'exactitude des détails enregistrés dans les plumitifs par les greffiers. Ceux-ci étaient beaucoup plus précis au XVIIe siècle que sous Louis XV. En effet, deux fois plus de procès-verbaux ne comportent aucune mention quant à la nature du litige sous le règne du « Bien Aimé » que sous celui du « Roi-Soleil ».

6. On notera que la vicomté de Falaise est supprimée en 1749, ce qui augmente le nombre de roturiers plaidant en première instance au bailliage.
7. John A. Dickinson, « L'activité judiciaire d'après la procédure civile. Le Bailliage de Falaise, 1688-1790 », *Revue d'histoire économique et sociale*, t. 54, n° 2, 1976, p. 154 ; *Id.*, *Justice et justiciables. La procédure civile à la Prévôté de Québec, 1667-1759*, Québec, Les Presses de l'Université Laval, 1982, p. 109.

Les appels provenant ou renvoyés devant d'autres juridictions, la contestation des baux et la perception de la dîme, suscitent peu de procès. Cette dernière catégorie connaît une croissance relative tout au long de la période. Les plaintes pour dégradation d'immeubles connaissent une augmentation significative après 1700, tout en restant assez rares. Au milieu du siècle, la moitié des cas met aux prises un seigneur et son fermier. L'évolution des procès concernant les droits seigneuriaux souligne l'existence de rapports plus tendus entre seigneurs et censitaires dans la dernière période. En effet, les réclamations pour le paiement des droits sont deux fois plus nombreuses entre 1750 et 1754 qu'entre 1688 et 1690. Et ce sont les demandes de paiement des rentes qui remplacent les réclamations sur le droit de treizième (lods et ventes) comme principal motif de plaider dans cette catégorie.

	1688-1690		**1715-1718**		**1750-1754**	
	N	%	N	%	N	%
Aucune indication	37	7,9	55	16,8	54	16,7
Appels	15	3,2	1	0,3	7	2,2
Baux	3	0,6	4	1,2	4	1,2
Dégradations d'immeubles	5	1,1	14	4,3	12	3,7
Dîme	8	1,7	7	2,1	9	2,8
Droits seigneuriaux	17	3,6	13	4,0	23	7,1
Divers	48	10,2	50	15,2	27	8,3
Dettes	218	46,3	91	27,7	88	27,2
Injures et autres « crimes »	6	1,3	13	4,0	18	5,5
Propriété d'immeubles	30	6,4	25	7,6	34	10,5
Successions et droit familial	83	17,7	55	16,8	48	14,8
Total	**470**		**328**		**324**	

Tableau 2. – *Typologie des procès devant le bailliage de Falaise, 1688-1754.*

La catégorie intitulée « divers » regroupe une pléthore de cas souvent uniques. Par exemple, le 13 juillet 1689, noble dame Marguerite Collet s'oppose à la saisie par le marchand Nicolas Poussin de son bœuf qui s'est égaré dans les champs d'un nommé Legallois ; les nobles Robert de Neuville et Georges de Sarcilly, seigneur d'Ernes, se disputent pour le respect d'un marché pour la livraison de paille en décembre 1750, etc. Certains types de procès reviennent, cependant, à chaque période bien qu'avec une fréquence différente. Les conflits de juridiction ou les demandes d'intervenir comme tierce partie dans un procès alimentent toujours l'activité des tribunaux d'Ancien Régime : entre le tiers et la moitié des procédures diverses se trouve sous ces rubriques. L'autre constante concerne l'église. Les querelles de préséance, le patronage de l'église, la location ou le positionnement du banc et l'obligation de chanter des messes de fondation font l'objet de litiges entre le seigneur et le curé, le vicaire ou les marguilliers. Par ailleurs, les annulations de contrat, la présence de bestiaux dans les champs du voisin, les enfants trouvés devant la porte, les allégations d'avoir « volé » des biens (bois, blés ou bêtes) reviennent à presque toutes les périodes mais en nombre peu important.

Les procès ayant leur origine dans une plainte au criminel, mais se voyant ensuite « civilisés » par les juges, qui estiment la revendication excessive, augmentent considérablement au siècle des Lumières. L'honneur vaut une procédure criminelle sous Louis XIV, mais seulement des dommages et intérêts sous son successeur. Cette tendance de la justice à relativiser les plaintes pour « des crimes atroces » n'est pas particulière aux plaideurs nobles mais concerne toutes les catégories sociales, reflétant peut-être un recours abusif à la justice pour tenter d'humilier des adversaires[8].

La contestation des lignes de bornage ou de la propriété d'un bien immobilier attire plusieurs nobles en justice. À toutes les époques, ce genre d'affaires dépasse les 5 % des procès impliquant un noble. Les tentatives pour préserver le patrimoine ou réintégrer des terres dans le domaine familial augmentent à chaque période, passant de 6,4 % des causes à plus de 10 %. Est-ce un signe que les nobles adoptent davantage les valeurs bourgeoises à l'approche de la fin de l'Ancien Régime ? Quelle que soit la réponse à cette question, il apparaît que la noblesse surveille davantage ses intérêts fonciers, aussi bien pour ce qui concerne les redevances seigneuriales que les occasions de réintégrer des terres à ses domaines.

Dans les Mémoires nobiliaires, ce sont les procès interminables qui concernent le droit familial et les successions qui tiennent la vedette. Effectivement, ces procès touchent un nombre important de nobles et représentent entre 15 et 18 % des procès les impliquant. Environ 10 % des litiges concernent des contestations successorales à toutes les périodes. Et ce sont souvent ces procès qui durent le plus longtemps et qui occupent davantage les « gros plaideurs », ceux qui apparaissent plus de cinq fois dans les échantillons étudiés. L'attention que portent les héritiers à ces affaires semble s'accroître avec le temps et on voit ainsi augmenter les requêtes pour des enquêtes visant la veuve soupçonnée d'avoir soustrait des biens meubles avant inventaire. Pour ce qui touche au droit familial, les réclamations concernant les dots et les douaires, ainsi que les demandes de séparation de biens, sont plus fréquentes au XVIIe siècle (chaque catégorie constitue le tiers des cas dans la rubrique « droit familial »). Cette constatation révèle, dans le cas des séparations, une précocité nobiliaire (tout comme pour l'adoption des prénoms multiples[9]), car ce genre de cause ne devient important pour l'ensemble de la population qu'au

8. Voir les travaux réalisés par les étudiants d'Hugues Neveux dans le numéro spécial, « Porter plainte : stratégies villageoises et institutions judiciaires en Île-de-France (XVIIe-XVIIIe siècles) », *Droit et Culture*, 19, 1990 et, notamment, Catherine DITTE, « La mise en scène dans la plainte : sa stratégie sociale. L'exemple de l'honneur populaire », p. 23-48.

9. Dominique SCHNAPPER, « Essai de lecture sociologique », Jacques DUPAQUIER *et al.* (dir.), *Le prénom. Mode et histoire*, Paris, Éditions de l'EHESS, 1984, p. 15.

milieu du siècle suivant et ce, aussi bien à Falaise qu'à Québec[10]. Les séparations de biens représentent toujours entre le cinquième et le quart des procès en droit familial au XVIIIe siècle, mais les revendications concernant le respect des accords nuptiaux s'étiolent. Les oppositions au mariage d'un enfant connaissent une forte poussée au début du siècle des Lumières (le tiers des cas de droit familial) mais les chiffres sont ici trop petits pour en tirer des conclusions. À cette époque, les contestations à propos des tutelles sont également fréquentes, sans qu'on puisse avancer une explication convaincante.

À toutes les époques, le type de procès qui occupe le plus les nobles concerne les dettes et, en ceci, la noblesse ne se distingue guère des autres catégories sociales. Au XVIIe siècle, ce sont près de la moitié des causes qui concernent l'endettement et près de 30 % au siècle suivant. Globalement, les chiffres sont inférieurs à Falaise par rapport à ce que connaissait la colonie de la Nouvelle-France (mais il faut tenir compte du fait que les roturiers qui cherchent à se faire rembourser par d'autres roturiers plaident en première instance devant la vicomté) et semblables à ce qu'on trouve à la prévôté de Québec[11]. L'enregistrement par les greffiers des affaires d'endettement s'améliore avec le temps. Les litiges portant sur des dettes non-spécifiées constituent près du quart de ce genre de procès dans la première période, mais seulement 13 % au début du XVIIIe siècle et 6,7 % au milieu du siècle. Les billets, obligations et rentes sont toujours majoritaires (54 % pendant les deux premières périodes et 78,7 % au milieu du XVIIIe). Les contestations autour des fermages reflètent sans doute la conjoncture économique : 6,4 % des cas entre 1688 et 1690, 9,8 % entre 1715 et 1718 ; mais elles disparaissent au début des années 1750. En revanche, l'endettement associé à la consommation (les billets pour achat de marchandises, viande et vin) représente 11,3 % des cas. Les montants impliqués sont extrêmement variables, allant de 7 livres à 40 000 livres. Les petites créances (moins de 150 livres) correspondent à près de la moitié des cas dans les années 1680 et 1750 mais au tiers seulement dans les années 1710. Les créances importantes (plus de 500 livres) constituent le cinquième des cas pour la première et dernière des périodes considérées et le tiers dans celle du milieu.

Les nobles plaident le plus souvent contre une personne de même catégorie sociale. En effet, les nobles se disputent entre eux dans 58,5 % des cas au XVIIe siècle et entre 42 et 45 % des cas au siècle des Lumières. Les nobles poursuivent les roturiers dans le quart des cas avant 1720, puis dans le cinquième des cas. Ils sont poursuivis de plus en plus fréquemment par les catégories sociales inférieures : 13,8 % des cas au XVIIe siècle, 27,3 % dans les années 1710 et 34,3 % au milieu du siècle. L'absence de qualifications socio-professionnelles dans les sources rend difficile l'identification précise des roturiers. Ceux qui sont clairement identifiés sont, le plus souvent, des marchands/négociants ou des fermiers ; les artisans suivent, loin derrière. Il n'y a pas de différence significative quand on tient compte

10. J. A. DICKINSON, « L'activité judiciaire [...] », *op. cit.*, p. 163-164.
11. *Ibid.*, p. 164 ; J. A. DICKINSON, *Justice et justiciables [...]*, *op. cit.*, p. 123.

du genre des parties. Cette évolution reflète peut-être la dégradation de la situation économique des nobles qui voient la rente foncière fondre au XVIIIe siècle[12].

Les nobles sont très présents devant la justice royale de Falaise entre 1685 et 1754 et on peut estimer que la très grande majorité des familles nobles du bailliage s'y présente au moins une fois à chaque période retenue comme repère dans cette étude. Le XVIIe siècle se signale par une activité procédurière intense, justifiant jusqu'à un certain point le stéréotype de Racine ; mais, si beaucoup plaident, ils ne s'acharnent pas pourtant indûment contre leurs adversaires. Au siècle suivant, les nobles sont moins représentés, ce qui souligne la pertinence du constat de Jean-Marie Constant sur la diminution du nombre de familles nobles entre le milieu du XVIIe et le XVIIIe siècle. Les nobles vivent dans un cercle relativement fermé et initient des procès contre d'autres membres du premier ordre. Certes, les interactions entre le second ordre et tiers état existent et ne sont pas, d'ailleurs, à sens unique. L'aristocrate n'est pas assuré d'avoir gain de cause, surtout lorsqu'il s'agit de dettes qu'il a contractées.

Comme la population en général, les nobles normands utilisent la justice pour régler des problèmes du quotidien. Toutefois, contrairement à un stéréotype répandu, ils n'en abusent pas : très peu de personnes vont en justice pour des motifs frivoles et rares sont ceux et celles qui fréquentent le tribunal plus d'une fois par année. Comme le suggèrent les écrits de nature plutôt littéraire, les procès qui durent le plus longtemps concernent les successions et la propriété des terres. Dans ce genre de litige, on a recours à des experts ou à des témoins externes et leur convocation et les rapports qu'ils rédigent retardent le déroulement des procès. Les demandes de remboursement de dettes, quelle qu'en soit l'origine, se règlent assez rapidement. Dans une région où il existe peu de justices seigneuriales, on aurait pu s'attendre à ce que les revendications concernant les droits soient plus importantes. Leur faible nombre indique plutôt une déférence des paysans à acquitter leur dû qu'une négligence des seigneurs, lesquels habitent le plus souvent leur domaine ou du moins la région.

12. Pierre GOUBERT, *Beauvais et le Beauvaisis de 1600 à 1730. Contribution à l'histoire sociale de la France du XVIIe siècle*, Paris, SEVPEN (Impr. nationale), 1960.

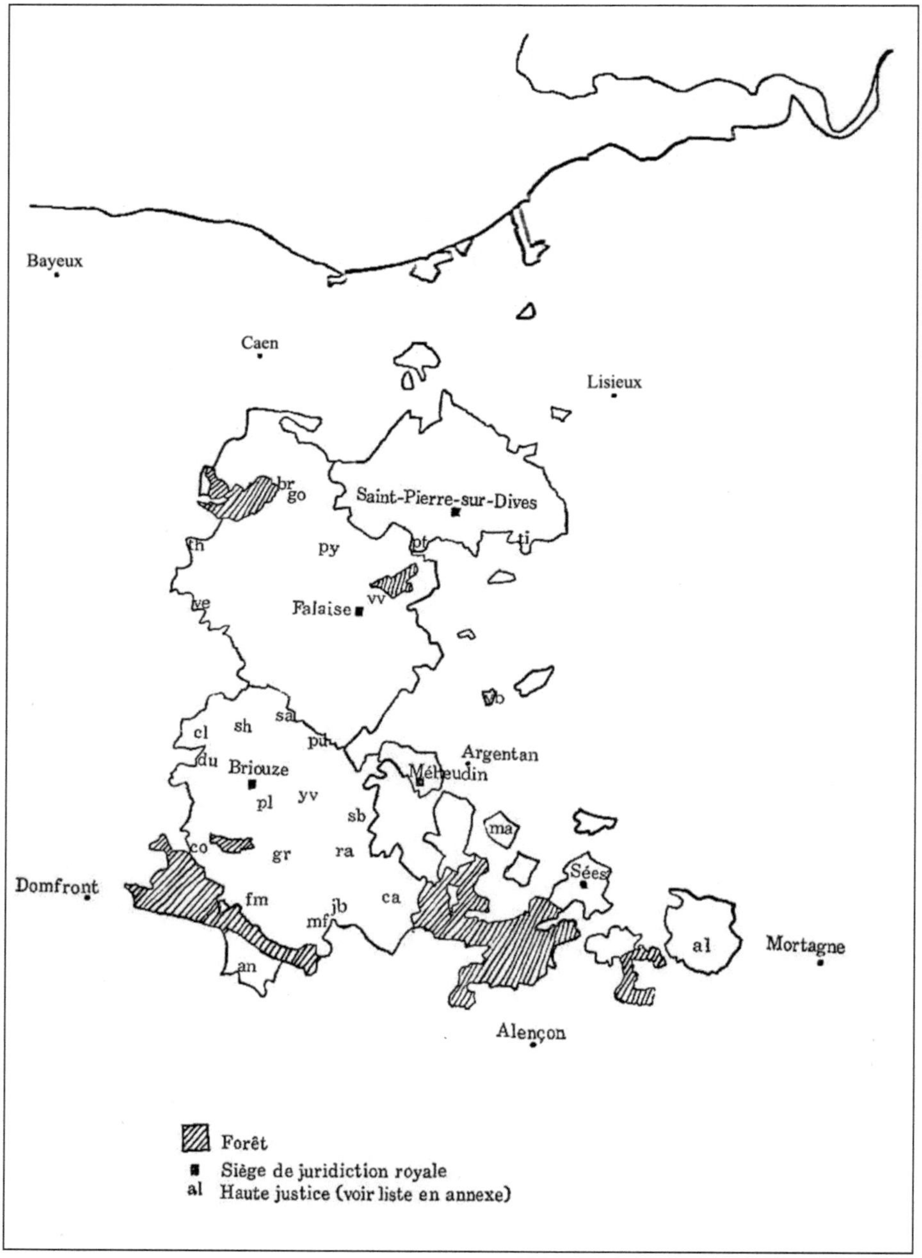

Les hautes justices du bailliage de Falaise

Légende

Hautes justices d'ancienne création

br	Briouze
cl	La Carneille
ma	Marcey
	Méheudin
sa	Saint-Aubert
	Saint-Pierre-sur-Dives
th	Thury
vb	Villedieu-le-Bailleul

Hautes justices de 1702

al	L'Alleu
an	Antoigny
bv	Bretheville-sur-Laize
ca	Carrouges
co	La Coulonche
du	Durcet
fm	La Ferté-Macé
go	Gouvix
gr	Le Grais
jb	Joué-du-Bois
mf	La Motte-Fouquet
pl	Pointel
pt	Ponts
py	Potigny-Soumont
pu	Putanges
ra	Rânes
sb	Saint-Brice
sh	Sainte-Honorine-la-Guillaume
ti	Le Tilleul
vv	Versainville
ve	Le Vey
yv	Les Yvetaux

Deuxième partie

Noblesses engagées, noblesses protestantes et noblesses dissidentes

Pouvoir royal, noblesse et autorité locale La Normandie au temps des guerres de Religion

Nicolas LE ROUX

Quelle fut l'implication de la noblesse de Normandie dans le fonctionnement de l'État royal au moment des guerres de Religion ? La monarchie utilisa-t-elle les gentilshommes locaux pour contrôler la province, sur le modèle de la noblesse seconde champenoise[1], ou chercha-t-elle au contraire à imposer des hommes extérieurs à la région et, si tel était le cas, quel type de relations ceux-ci entretenaient-ils avec les instances de pouvoir autochtones ? C'est à ces questions que cette étude va tenter de répondre, en analysant l'évolution des formes du gouvernement provincial, en particulier sous le règne d'Henri III, au cours duquel le système d'autorité nobiliaire fut largement remanié.

Les hommes du roi

Au XVIe siècle, la Normandie était particulièrement riche et imposée. Sa proximité avec la frontière du Nord, ses liens avec la capitale et l'activité de ses ports en faisaient aussi une zone stratégique de premier plan. Son gouvernement était généralement accordé à des princes du sang ou à de très grands seigneurs. François Ier l'avait symboliquement confié au dauphin, d'abord François, en 1531, puis Henri, en 1536, mais la réalité de l'autorité incombait naturellement à un autre homme. Claude d'Annebault (v. 1495-1552), qui appartenait à une grande famille du pays d'Auge, reçut ainsi dès novembre 1531 le titre de « lieutenant de monseigneur le daulphin au gouvernement de Normandie », en l'absence de l'amiral Chabot de Brion, qui était lui-même le lieutenant général du dauphin[2]. D'Annebault se consacra effectivement à l'administration directe de la province jusqu'en 1536, avant de partir en Italie où il obtint le gouvernement du Piémont

1. Laurent BOURQUIN, *Noblesse seconde et pouvoir en Champagne aux XVIe et XVIIe siècles*, Paris, Publications de la Sorbonne, 1994.
2. François NAWROCKI, *L'Amiral Claude d'Annebault. Faveur du roi et gouvernement du royaume au milieu du seizième siècle*, thèse de doctorat, université Paris-Sorbonne, sous la direction de Denis Crouzet, 2009, 2 vol., t. 1, p. 104.

en 1539. Quatre ans plus tard, à la mort de Chabot de Brion, il recevait la dignité d'amiral de France et s'imposait comme le principal conseiller du roi.

Depuis 1536, l'autorité en Normandie était partagée entre deux lieutenants : Charles de Mouy, sieur de La Meilleraye, et Joachim de Matignon[3]. Devenu roi, Henri II confirma à d'Annebault le gouvernement de la province, mais il l'écarta cependant de son Conseil, et celui-ci se retira en Normandie dès juillet 1547. Cependant, c'est Matignon, son cousin, qui semble avoir assuré l'essentiel de l'exercice du pouvoir[4]. À la mort de l'amiral, en 1552, le gouvernement fut accordé au duc de Bouillon, Robert de La Marck, auquel succéda son fils, Henri-Robert, quatre ans plus tard. Celui-ci n'avait guère d'influence locale, et sa conversion au calvinisme, en 1561, réduisit encore son crédit[5].

À cette époque, un certain nombre de gentilshommes normands étaient passés au protestantisme. Les seigneurs de Normandie et de Picardie devaient d'ailleurs fournir le noyau du parti de Condé, en 1562[6]. Rouen tomba même aux mains des huguenots menés par Charles Martel de Bacqueville, dès le 15 avril de cette année, sans que le bailli de Rouen, Jean d'Estouteville, sieur de Villebon, pût s'y opposer, alors qu'il était un catholique particulièrement ferme, et la cité fut marquée par des gestes iconoclastes de grande ampleur.

Comme la Normandie était en ébullition et qu'on ne pouvait pas compter sur le gouverneur, les autorités royales désignèrent un lieutenant général chargé d'en reprendre le contrôle, le 5 mai 1562[7]. Il s'agissait de Claude de Lorraine, duc d'Aumale (1526-1573), le frère cadet du duc de Guise, dont les principales possessions se situaient aux confins de la Picardie et de la Haute-Normandie. Ce grand seigneur était accompagné d'un lieutenant spécialement chargé de la Basse-Normandie, Jacques de Matignon, à qui furent confiés les bailliages de Caen, d'Avranches et d'Alençon. Celui-ci devait peut-être sa promotion aux Guise, dont on disait qu'il leur était « fort amy[8] », mais il était aussi un familier de Catherine de Médicis. En 1563, deux autres lieutenants généraux allaient être nommés en Haute-Normandie : Jean de Mouy, sieur de La Meilleraye, pour les

3. *Ibid.*, t. 1, p. 140.
4. *Ibid.*, t. 2, p. 672. Voir *Correspondance de Joachim de Matignon, lieutenant général du roi en Normandie (1516-1548)*, L.-H. Labande (éd.), Monaco, A. Picard, 1914.
5. Stuart Carroll, *Noble Power during the French Wars of Religion. The Guise Affinity and the Catholic Cause in Normandy*, Cambridge, Cambridge University Press, 1998, p. 51.
6. David Nicholls, « Social Change and Early Protestantism in France : Normandy, 1520-62 », *European Studies Review*, t. 10, n° 3, 1980, p. 279-308 ; David Potter, « "Alliance", "Clientele" and Political Action in Early Modern France : the Prince de Condé's Association in 1562 », David Bates et Véronique Gazeau (dir.), *Liens personnels, réseaux, solidarités en France et dans les îles Britanniques (XIe-XXe siècle)*, Paris, Publications de la Sorbonne, 2006, p. 199-219.
7. S. Carroll, *Noble Power [...], op. cit.*, p. 118 *sq* ; Paul-Alexis Mellet, « "Le chef espouventé de voir telle discorde" : l'autorité du roi en Normandie (1560-1598) », Odile Rudelle et Didier Maus (dir.), *Normandie constitutionnelle. Un berceau des droits civiques ?*, Paris, Economica, 2007, p. 71-82.
8. « Traité des princes, conseillers autres ministres de l'Estat de France », David Potter (éd.), *Foreign Intelligence and Information in Elizabethan England. Two English Treatises on the State of France, 1580-1584*, Cambridge, Cambridge University Press, 2004, p. 32.

bailliages de Caux et de Gisors, et Tanneguy Le Veneur, sieur de Carouges, pour ceux de Rouen et d'Évreux.

Des trois hommes, Jacques de Matignon (1525-1597) était certainement celui qui avait le plus de liens avec la cour. Comme on l'a vu, son oncle Joachim avait déjà exercé cette fonction quelques années plus tôt grâce à la protection de l'amiral d'Annebault. Après avoir été introduit à la cour par son oncle, ce qui lui permit d'être élevé comme enfant d'honneur du dauphin, Jacques acquit rapidement une réputation de soldat valeureux. À partir de 1552, il participa aux campagnes contre les Impériaux, et il fut fait prisonnier à la bataille de Saint-Quentin. Selon son biographe, il était très proche de Catherine de Médicis, qui appréciait sa souplesse d'esprit, sa clarté de jugement et « son humeur secrette et dissimulée[9] ». Bien que ces notations soient évidemment sujettes à caution, il est intéressant que ce caractère, en apparence peu conforme à l'idéal aristocratique traditionnel, soit ici considéré comme une vertu. En Basse-Normandie, Matignon se montra soucieux de maintenir l'ordre et de faire respecter les édits de pacification. En récompense de ses services, il reçut le collier de l'ordre de Saint-Michel le 12 janvier 1563[10]. Il se signala ensuite lors des sièges et des rencontres qui émaillèrent les guerres. Bien qu'il ait été un fervent catholique, il veilla à ce que les catholiques d'Alençon et de Saint-Lô ne s'en prissent pas à leurs concitoyens huguenots, au lendemain de la Saint-Barthélemy. Deux ans plus tard, il parvint à s'emparer de Gabriel de Montgomery, l'un des principaux chefs protestants, à Domfront. Le meurtrier involontaire d'Henri II fut mené à Paris, où il devait être exécuté en juin 1574. Grâce à ses relations à la cour, Matignon pouvait prétendre à diverses gratifications, qu'il s'agisse de bénéfices ecclésiastiques ou de confiscations. Le chevalier d'honneur de Catherine de Médicis, Louis de Lanssac, intervint ainsi en sa faveur auprès de la reine pour que l'abbaye de Cherbourg lui soit accordée ; en retour, Matignon promettait d'avertir Lanssac dès qu'un bénéfice ecclésiastique serait vacant dans la région[11].

La faveur de Matignon auprès de la reine était mal perçue par les deux autres lieutenants. Brantôme rapporte que Carouges se serait plaint à Catherine de Médicis en ces termes : « Madame, [...] à l'un vous luy donnez du bon foing et bonn' avoyne, et aux autres deux vous ne leur donnez que de la paille, et les traictez à coups de fourche[12]. » De fait, les appointements de Matignon comme lieutenant général s'élevaient à 300 l. t. par mois, contre seulement 200 pour les autres. Envieux, Carouges n'aurait pas hésité non plus à accuser Matignon d'avoir laissé les huguenots s'emparer des places de son gouvernement avant de ruiner le pays pour les reprendre.

9. Jacques de Caillière, *Histoire du mareschal de Matignon, gouverneur et lieutenant général pour le Roy en Guyenne*, Paris, chez Augustin Courbé, 1661, p. 29.
10. Jean François Louis d'Hozier, *Recueil historique des chevaliers de l'ordre de Saint-Michel*, M. Popoff (éd.), Paris, Le Léopard d'Or, 1998-2003, 3 vol., t. 2, p. 73-75.
11. Bibliothèque nationale de France, Manuscrits, fonds français [ci-après BNF Ms Fr] 3389, f° 85 (Lanssac à Matignon, L'Isle-Jourdain, 12 novembre 1578).
12. Brantôme, *Œuvres complètes*, L. Lalanne (éd.), Paris, 1864-1882, 11 vol., t. 5, p. 164.

Tanneguy Le Veneur, sieur de Carouges († 1592), appartenait à un lignage dont les traces remontent au XIVe siècle. Les Le Veneur avaient noué des alliances dans la plus haute noblesse normande et ils détenaient des bénéfices ecclésiastiques de premier plan. Le grand-oncle de Tanneguy, Jean († 1543), fut ainsi évêque de Lisieux, grand aumônier de France et même cardinal en 1533. Le propre frère de Tanneguy, Gabriel (†1574), qui détenait l'évêché d'Évreux depuis 1531, entretenait des relations étroites avec le cardinal de Lorraine qui le fit désigner chancelier de l'ordre de Saint-Michel en 1560. C'est sans doute à la protection des Guise que Tanneguy doit d'avoir été nommé gouverneur du deuxième fils d'Henri II, le duc d'Orléans, puis d'avoir été retenu comme gentilhomme ordinaire de la chambre du roi en 1559. Au commencement des guerres civiles, il exerçait la charge de gouverneur d'Honfleur, et c'est lui qu'on envoya à Rouen en février 1563 pour régler un conflit entre le bailli Villebon et le maréchal de Vieilleville, qui avait été dépêché dans la province[13]. À la mort de Villebon, en 1565, il fit fonction de bailli de Rouen, charge qu'il occupa jusqu'en 1576, quand son fils Jacques lui succéda.

En dépit de ses liens avec la maison de Lorraine, Carouges apparaît comme un « homme d'un esprit doux et modéré » sous la plume de Jacques-Auguste de Thou[14]. Ainsi, en 1572, il aurait tout fait pour empêcher les massacres dans sa province, avant de s'incliner devant l'ardeur des catholiques de Rouen. Un observateur anglais note qu'il était « amateur de la paix et de Memorency [*Montmorency*], homme de bon entendement et vray françois[15] ». Un peu plus tard, on pouvait lire dans un autre rapport qu'il avait « la réputation de bon justicier » et jouissait de 30 000 l. t. de revenu[16]. Carouges entretenait des relations, non seulement avec les grandes maisons normandes, mais aussi avec des lignages éloignés de sa province, signe de sa bonne intégration aux réseaux aristocratiques. Lui-même s'était allié à une représentante de la noblesse du Limousin, Madeleine de Pompadour, qui lui donna deux filles et deux fils.

Le troisième lieutenant général, Jean de Mouy, sieur La Meilleraye (1528-1591), descendait d'une maison implantée dans le pays de Caux au début du siècle, quand son grand-père, Jacques, avait épousé Jacqueline d'Estouteville-Torcy. Pour asseoir son autorité, Jean pouvait rappeler que son père, Charles, avait servi comme lieutenant en Haute-Normandie du temps de l'amiral d'Annebault. Pourtant, La Meilleraye accompagna Condé en mai 1562, mais dès le mois suivant il rejoignait le parti royal et acceptait les capitaineries d'Honfleur, de Lisieux et de Pont-Audemer[17]. Il exerçait également la responsabilité de vice-amiral de France, que son père avait également détenue avant lui. Au cours des années suivantes,

13. S. CARROLL, *Noble Power [...], op. cit.*, p. 146.
14. Jacques-Auguste de THOU, *Histoire universelle*, trad. fr., Londres, 1734, t. 6, p. 429.
15. « Traité des princes, conseillers autres ministres de l'Estat de France », *op. cit.*, p. 35.
16. « Richard Cook's *Discription de tous les provinces de France et de toutes les plus illustres et plus remarquables maisons avec leurs qualités et religion* » [1584], D. POTTER (éd.), *Foreign Intelligence [...], op. cit.*, p. 137.
17. S. CARROLL, *Noble Power [...], op. cit.*, p. 151-159. Voir Roger RODIÈRE et Eugène VALLÉE, *La Maison de Moy*, Le Mans, André Lebreton, 1928, 3 vol.

son engagement catholique ne cessa de se fortifier, et Stuart Carroll a pu analyser cette orientation comme un choix stratégique destiné à renforcer son autorité aux dépens de Charles Martel de Bacqueville, le principal seigneur protestant de la région[18].

Après la mort du duc de Bouillon, le 2 décembre 1574, on scinda officiellement la Normandie en trois gouvernements qui furent confiés aux anciens lieutenants généraux. Comme Matignon séjournait souvent à Paris, où il possédait un hôtel voisin du Louvre, le roi désigna rapidement Hervé de Longaunay (1521-1590) comme lieutenant général en Basse-Normandie. Longaunay était lieutenant de la compagnie d'ordonnance de Matignon depuis 1571, et c'est lui qui assumait le commandement effectif de cette troupe recrutée de façon très localisée en Basse-Normandie et dans le Maine[19]. Enfin, Matignon vit son autorité complétée par le titre de gouverneur de Cherbourg en 1578[20].

Le maintien de l'ordre dans la province n'était pas simple, car celle-ci comptait peu de garnisons. Seules quatre compagnies d'ordonnance y stationnaient régulièrement, à savoir celles des trois gouverneurs et celle de Guillaume de Hautemer, sieur de Fervacques, un gentilhomme normand proche du duc d'Anjou[21]. Il y avait également deux cents fantassins au Havre et à Rouen[22]. Les gouverneurs bénéficiaient par ailleurs d'une garde personnelle de trente arquebusiers à cheval[23]. C'est avec ces faibles forces qu'ils tentèrent d'empêcher les levées de troupes réalisées par Fervacques pour le compte du duc d'Anjou lorsque celui-ci guerroyait aux Pays-Bas[24].

Faveur et autorité

Carouges et La Meilleraye, qui furent reçus dans l'ordre du Saint-Esprit en même temps, le 31 décembre 1582, allaient conserver leur titre de gouverneur jusqu'en 1583. En revanche, Matignon perdit sa charge dès juillet 1579, quand

18. Amédée Hellot, *Essai historique sur les Martel de Basqueville et sur Basqueville en Caux (1000-1789)*, Rouen, Métérie, 1879.
19. BNF Ms Nouvelles acquisitions françaises [ci-après NAF] 8629, f° 34 (montre de la compagnie de Matignon, Bayeux, 17 juillet 1571. Dans une montre passée en octobre 1575, Longaunay est désigné comme « sous-lieutenant général au gouvernement de M. de Matignon » : BNF Ms NAF 8631, f° 79 (montre de la compagnie de Matignon, Alençon, 18 octobre 1575) ; BNF Ms Pièces originales [ci-après PO] 1738 (Longaunay), n° 7 (quittance d'Hervé de Longaunay pour son état d'enseigne de la compagnie de Matignon, durant le quartier d'avril 1563, 4 février 1564 [n.s.]).
20. BNF Ms Fr 26161, n° 728 (quittance de Matignon pour son état de capitaine de la ville et du château de Cherbourg pour les mois de janvier et février 1578).
21. BNF Ms Fr 3340, f° 38 v° (« Abrégé des compagnies de la gendarmerie qui sont destinées s'assembler et faire monstres ès lieux et provinces cy après declarées comme s'ensuit », printemps de 1577).
22. James B. Wood, « The Royal Army During the Early Wars of Religion, 1559-1576 », Mack P. Holt (dir.), *Society and Institutions in Early Modern France*, Athens (GA), The University of Georgia Press, 1991, p. 1-35 (p. 6).
23. BNF Ms Fr 25814, n° 709 (montre des arquebusiers à cheval commandés par Bertrand de La Broize, ordonnés pour la garde du sieur de Carouges, lieutenant général en Normandie, Rouen, 8 mai 1586).
24. *Lettres de Henri III*, M. François *et alii* (éd.), Paris, Société de l'histoire de France, 1959-2006, 6 vol. parus, t. 6, p. 89 (Henri III à Grainville, Carouges, Pierrecourt et Longaunay, Mézières, 5 juillet 1583) et p. 106 (Henri III à Carouges, Pierrecourt et Longaunay, Boulogne-lès-Paris, 5 août 1583).

Henri III lui imposa de céder la Basse-Normandie à l'un de ses intimes, François d'O (v. 1551-1594)[25]. L'année précédente, celui-ci avait déjà obtenu le commandement de Caen, en remplacement du sieur de Laguo, qui l'avait détenu pendant vingt-cinq ans. Il est difficile de savoir si le roi souhaitait destituer Matignon pour confier son gouvernement à l'un de ses mignons, ou si, comme il le déclare dans ses lettres, il entendait que Matignon abandonnât son gouvernement parce qu'il ne souhaitait pas le voir cumuler cette charge avec le maréchalat. En mai 1579, le monarque avait, en effet, proposé cette dignité à Matignon, mais à la condition expresse qu'il se démette de ses fonctions en Normandie[26]. Henri III entendait peut-être écarter l'un des fidèles de sa mère, et dans sa correspondance, on note qu'il n'y a plus aucune lettre adressée à Matignon entre le 7 juillet 1579 et le 12 octobre 1581[27]. Cependant, Matignon ne perdit pas toutes ses attaches dans la province, puisque son fils, Odet, comte de Thorigny, détenait la capitainerie de Granville[28]. Il reçut par ailleurs un dédommagement de 40 000 francs, puis le collier de l'ordre du Saint-Esprit en décembre 1579, et quelques mois plus tard il se vit pourvu de la lieutenance générale de Guyenne, province où il allait travailler avec énergie à maintenir une autorité royale menacée tant par les protestants que par les ligueurs[29].

Henri III cherchait visiblement à reprendre le contrôle de la région de Caen, qui venait de connaître un mouvement de contestation antifiscale, et qui risquait, par ailleurs, d'être entraînée dans les pratiques du duc d'Anjou[30]. La nomination de François d'O n'était pas aussi artificielle qu'elle pouvait le paraître, puisque sa famille était implantée au sud-est d'Argentan. Sa maison était sans doute moins riche que celles de Matignon, de La Meilleraye et de Carouges[31], mais ses ancêtres servaient la monarchie depuis le XVe siècle, occupant notamment la charge de sénéchal du comté d'Eu[32]. À la cour, son père et son grand-père avaient porté le

25. *Correspondance du nonce en France Anselmo Dandino (1578-1581)*, I. Cloulas (éd.), Rome-Paris, Presses de l'université grégorienne-E. de Boccard, 1970, p. 454 (dépêche du 19 juillet 1579).

26. *Ibid.*, p. 389 (dépêche du 10 mai 1579) ; *Lettres de Henri III*, *op. cit.*, t. 4, p. 203 (Henri III à Matignon, Paris, 2 juin 1579).

27. *Lettres de Henri III*, *op. cit.*, t. 4, p. 241 et t. 5, p. 224.

28. BNF Ms Fr 26168, n° 2053 (quittance d'Odet de Matignon, comte de Thorigny, pour son état de capitaine de Granville, 31 août 1586).

29. François Gebelin, *Le Gouvernement du maréchal de Matignon en Guyenne pendant les premières années du règne de Henri IV (1589-1594)*, Bordeaux, 1912 ; Richard Cooper, « Montaigne dans l'entourage du maréchal de Matignon », *Montaigne Studies*, t. 13, 2001, p. 99-140 ; Serge Brunet, *« De l'Espagnol dedans le ventre ! » Les catholiques du sud-ouest de la France face à la Réforme (vers 1540-1589)*, Paris, Honoré Champion, 2007.

30. *Lettres de Henri III*, *op. cit.*, t. 4, p. 134 et 140 (Henri III à Matignon, Paris, 20 janvier et Ivry, 30 janvier 1579).

31. En 1584, un observateur estime ses revenus à 20 000 l. t. (« Richard Cook's *Discription de tous les provinces de France* », D. Potter (éd.), *Foreign Intelligence [...]*, *op. cit.*, p. 138).

32. BNF Ms Cabinet d'Hozier 257 (O), f° 4, et Dossiers bleus 499 (O), f° 11. Sur ce personnage, voir Karine Lebroucq, *François d'O (v. 1551-1594) : vie et carrière politique d'un « mignon » sous Henri III et Henri IV*, thèse de l'École des chartes, 1996 ; *Id.*, « L'administration provinciale à l'époque des guerres de religion : Henri III, François d'O et le gouvernement de Basse-Normandie (1579-1588) », *Revue historique*, t. 298, n° 2, 1998, p. 345-408.

titre prestigieux de capitaine des gardes écossais[33]. Pourvu d'appuis importants, François avait obtenu dès 1572 la charge de gentilhomme ordinaire de la chambre du roi. Il avait ensuite accompagné le futur Henri III en Pologne, et en 1575, il s'intitulait « Hault et puissant seigneur Messire Françoys d'O, chevalier, seigneur d'O, Maillebois, Bleny, senechal heredital de la comté d'Eu, premier mareschal de Normandie, gentilhomme ordinaire de la chambre du Roy[34] ». Son ascension s'accéléra au cours des années suivantes. À partir de 1578, il cumula les dignités de maître de la garde-robe et de premier gentilhomme de la chambre, ce qui ne s'était jamais vu. Il était par ailleurs conseiller d'État, chevalier de Saint-Michel et capitaine d'une compagnie d'ordonnance qui fut montée à cent hommes d'armes au début de 1580, comme s'il était un grand officier de la couronne[35]. D'O était tellement intime avec le roi qu'il tenait le rôle de secrétaire particulier du souverain quand celui-ci s'isolait dans son petit manoir d'Ollainville, et il ajoutait même parfois des annotations de sa main sur les missives de son maître[36]. Voici comment un observateur anglais le présentait :

> « *D'O, mignon.* D'O est le premier en credit, qui c'est faict faire gouverneur en chef de la basse Normandie, homme despancier et joueur à tout outrance, à tout quoy le Roy satisfaict, tellement qu'on dict de luy un desordre en France, que le prodigue d'O gravelle noz finances. Son pere du vivant de Henry estoict cappitaine de la garde escossoise. Il est advenu sy glorieux de la faveur de son maistre qu'il oze se parangonner aux princes. Il dissuade au Roy la guerre estrangere. Il croy que c'est à la faveur de ceulx de Guise, qu'il frequente ordinairement[37]. »

Ses frères bénéficièrent également des grâces du monarque. Jean, sieur de Manou, était entré dans la Maison du futur Henri III vers 1573, avant de partir en Pologne[38]. De retour en France, il fut nommé échanson, puis gentilhomme de la chambre[39], et finalement capitaine des gardes du corps en 1580. René, sieur de Fresnes, fut lui aussi gentilhomme ordinaire de la chambre à partir de 1580[40]. Louis, sieur de Ferrières, accompagna le duc d'Alençon, sans pour autant faire partie de sa Maison, et trouva la mort à Anvers en 1583. Charles, enfin, obtint les titres d'abbé de Saint-Étienne de Caen, puis de Saint-Julien de Tours. Le roi avait d'ailleurs accordé à François d'O l'évêché d'Avranches, en avril 1580, pour qu'il en disposât en faveur de Charles[41].

La politique de partage des responsabilités entre plusieurs gouverneurs ou lieutenants généraux fut abandonnée par Henri III le 24 février 1583, quand il

33. Nicolas Le Roux, *La Faveur du roi. Mignons et courtisans au temps des derniers Valois (vers 1547-vers 1589)*, Seyssel, Champ Vallon, 2001, p. 225-227.
34. AN MC XC, 124 (20 janvier 1575).
35. AN MC XC, 133 (13 mars 1580) ; BNF Ms PO 2133 (O), f° 40 (quittance du 6 avril 1580).
36. *Lettres de Henri III*, *op. cit.*, t. 4, p. 138 et 213 (Henri III à Villeroy, Ollainville, 25 janvier et 14 juin 1579).
37. « Traité des princes, conseillers autres ministres de l'Estat de France », *op. cit.*, p. 51.
38. BNF Ms Fr 6393, f° 338-340 (état des officiers du duc d'Anjou, s. d. [1573 ?]).
39. AN MC XC, 126 (9 mars 1577).
40. BNF Ms Clair 836, p. 3086, 3078 et 3052 et PO 2133 (O), f° 43 (quittance du 31 octobre 1581).
41. *Correspondance du nonce en France Anselmo Dandino*, *op. cit.*, p. 633 (dépêche du 7 avril 1580).

nomma Anne de Joyeuse gouverneur de l'ensemble de la Normandie. En réunifiant la province sous l'égide d'un seul officier, le roi entendait avant tout faire éclater de façon spectaculaire la faveur de son mignon. Il s'agissait aussi de concentrer l'autorité pour mieux contrôler la région[42]. En 1579, Joyeuse avait déjà obtenu la charge de gouverneur du Mont-Saint-Michel, en survivance de son grand-père, René de Batarnay du Bouchage[43].

Selon de Thou, l'attribution de la Normandie à Joyeuse procédait d'un choix par défaut, car le jeune homme ambitionnait le Languedoc, mais il s'agissait d'une affectation aussi prestigieuse que rémunératrice[44]. Les lettres patentes royales justifiaient la réunification de la province par la volonté de retrouver l'ordre établi au temps d'Henri II, afin que les affaires soient mieux dirigées. Le choix de Joyeuse s'imposait par « la grande et particuliere confiance » que le souverain faisait à son jeune beau-frère, lequel portait déjà le titre d'amiral de France depuis juin de l'année précédente[45]. La faveur de Joyeuse paraissait telle, que le bruit courait que le roi allait ériger la Normandie en duché en sa faveur[46] !

En son absence, deux lieutenants généraux seraient établis : La Meilleraye dans les bailliages de Caux, de Gisors et de Cotentin[47] ; Carouges dans ceux de Rouen, d'Évreux et de Caen, et en cas d'absence, il serait remplacé par son gendre, Jacques de Rouville, sieur de Grainville[48]. Le fils de Carouges, Jacques Le Veneur, sieur de Tillières, obtenait par ailleurs la survivance de la charge, et le roi érigea sa seigneurie en comté. Le nouveau comte de Tillières recevait également la compagnie de cent hommes d'armes de son père, tandis que sa propre compagnie de cinquante hommes était confiée à son frère cadet, Charles[49]. En gratifiant de cette façon les enfants de Carouges, le souverain entendait conserver la fidélité du lignage et faire mieux accepter la perte du titre de gouverneur. La Meilleraye et Carouges reçurent également 60 000 l.t. de dédommagement. François d'O, de son côté, devait se démettre du gouvernement de Basse-Normandie, moyennant 100 000 l. t.[50], mais il conservait le château de Caen. En revanche, Longaunay était maintenu comme lieutenant général, bien qu'il ait fait des difficultés à l'établissement de Joyeuse comme amiral dans la province[51].

---

42. Philip Benedict, *Rouen During the Wars of Religion*, Cambridge, Cambridge University Press, 1981, p. 33 n. 1.
43. BNF Ms Fr 3327, f° 3 (Joyeuse au comte du Bouchage, Paris, 1er juillet [1579]).
44. J.-A. de Thou, *Histoire universelle*, *op. cit.*, t. 9, p. 79.
45. BNF Ms Fr 3306, f° 74-75 (lettres patentes d'Henri III portant réunion en un seul des trois gouvernements de la province de Normandie au profit du duc de Joyeuse, Paris, 24 février 1583).
46. *Calendar of State papers, Foreign series, of the Reign of Elizabeth* [ci-après *CSPF*], Londres, 1863-1950, 23 vol., t. 17, p. 162 (Cobham à Walsingham, Paris 27 février/9 mars 1583).
47. BNF Ms Fr 3306, f° 75 v° (lettres patentes d'Henri III, Paris, 4 mars 1583).
48. BNF Ms Fr 3306, f° 77 (lettres patentes d'Henri III, Paris, 4 mars 1583). Grainville avait épousé Diane Le Veneur en 1573.
49. BNF Ms Fr 3306, f° 79 (lettres patentes d'Henri III, Paris, 12 mars 1583).
50. *CSPF*, *op. cit*, t. 17, p. 162 (Cobham à Walsingham, Paris, 27 février/9 mars 1583).
51. BNF Ms PO 1738 (Longaunay), n° 18 (quittance d'Hervé de Longaunay pour cent écus, pour son état de « gouverneur et lieutenant général pour le roi au bas pays de Normandie en l'absence de M. d'O », durant le quartier d'avril 1580, 4 juillet 1580) ; *Lettres de Henri III*, *op. cit.*, t. 6, p. 14 (Henri III à François d'O, Paris, 1er février 1583).

Le 21 mars 1583, Joyeuse quittait la cour pour prendre possession de son nouveau gouvernement[52]. Quatre jours plus tard, il faisait son entrée à Rouen, où il fut accueilli par une bannière sur laquelle étaient inscrits les espoirs de la population rouennaise : « Respire maintenant Normandie affligée/Ton Roy à ceste foys te veult voir de plus prez/Qui t'envoye aujourd'huy l'un de ses yeux exprez/Pour cognoistre tes maux et t'en rendre alegée[53]. » Il arriva ensuite à Caen le 5 avril, où l'on réalisa en son honneur un programme iconographique et scénique exaltant son autorité. En référence à sa dignité d'amiral de France, on le représenta ainsi en Neptune[54].

En dépit de son intimité avec le roi, Joyeuse éprouva des difficultés à faire enregistrer par le parlement de Normandie les lettres patentes lui attribuant le gouvernement de la province. Les magistrats soutenaient en effet que, selon les privilèges des Normands, seul le fils du roi ou l'héritier de la couronne pouvait être leur gouverneur[55]. De fait, le duc d'Anjou écrivit à son frère pour se plaindre de cette nomination[56]. Les relations avec les parlementaires se tendirent un peu plus en avril 1585 quand Joyeuse imposa l'un de ses clients, Claude Groulart (1551-1607), alors conseiller au Grand Conseil, comme premier président de la cour. Bien que celui-ci fût normand, sa désignation provoqua le mécontentement des Rouennais, à la fois parce qu'il s'agissait d'un ancien calviniste et parce que d'autres personnages convoitaient ce poste prestigieux[57]. L'opposition était menée par deux hommes liés à la maison de Lorraine, le conseiller Jacques II de Bauquemaure, qui était le fils de l'ancien premier président, Jacques Ier de Bauquemaure, décédé l'année précédente, et le procureur général, Georges de La Porte.

Conscient des réticences des parlementaires à son égard, Joyeuse chercha à se concilier la municipalité de Rouen. À sa demande, Henri III reçut ainsi les requêtes présentées par le représentant de la ville à la cour, un dénommé Vymont, qui eut même le privilège de pouvoir les exposer de vive voix devant le Conseil[58]. Mais cette bienveillance ne devait être que de courte durée. L'année suivante, le roi fit savoir à Joyeuse que désormais les Rouennais ne devraient plus entretenir de député à la cour, et qu'ils transmettraient leurs remontrances soit à Joyeuse lui-même, soit à Carouges ou à son fils[59].

En définitive, l'influence de Joyeuse sur Rouen allait demeurer très limitée. C'est bien Carouges qui continuait de jouer le rôle d'intermédiaire entre le roi et

52. BNF Ms Fr 3306, f° 81 (lettres closes d'Henri III pour Joyeuse allant prendre possession de son gouvernement de Normandie, Paris, 21 mars 1583) ; *CSP, Foreign*, t. 17, p. 184 (Cobham à Walsingham, Paris, 11/21 mars 1583).
53. P. Benedict, *Rouen [...], op. cit.*, p. 163.
54. Jean Rouxel, *Entrée du duc de Joyeuse à Caen, le 5 avril 1583*, T. Genty (éd.), Rouen, 1900, p. 2.
55. *CSP, Foreign*, t. 17, p. 217 (dépêche du 29 mars/8 avril 1583).
56. *Ibid.*, t. 17, p. 358 (Cobham à Walsingham, Paris, 22 mai/1er avril 1583).
57. S. Carroll, *Noble Power [...], op. cit.*, p. 196-197 ; Henri de Frondeville, *Les présidents du parlement de Normandie, 1499-1790*, Paris-Rouen, A. Lestringant, 1953, p. 68-69 ; Amable-Pierre Floquet, *Histoire du parlement de Normandie*, Rouen, E. Frère, 1840-1842, 7 vol., t. 3, p. 181-184.
58. BNF Ms Fr 3306, f° 82 (Henri III à Joyeuse, Paris, 23 mars 1583).
59. BNF Ms Fr 3306, f° 10 v° (Henri III à Joyeuse, Saint-Maur-des-Fossés, mai 1584).

les Rouennais et qui intervenait auprès des secrétaires d'État en faveur des officiers locaux[60]. C'est aussi lui qui devait représenter le roi aux états de Normandie, à l'automne de 1583, à un moment où il fallait convaincre les notables de la nécessité d'accorder au monarque des ressources financières importantes[61].

Joyeuse ne mena pas non plus une politique d'intégration de la noblesse. Le roi lui avait subordonné les gouvernements particuliers de Rouen, du Havre, d'Honfleur, de Caen, de Granville et de Cherbourg, qu'il chercha à attribuer à ses clients après avoir obtenu le départ de leurs titulaires, souvent moyennant finance[62]. En 1584, il confia ainsi Le Havre à son cousin, Aymar de Chaste, après la démission du sieur de Sarlabous, qui occupait la charge depuis plus de vingt ans[63]. Chaste, qui était commandeur dans l'ordre de Malte, reçut ensuite le gouvernement de Dieppe[64], et il fut alors remplacé au Havre par un gentilhomme provençal, André de Brancas, sieur de Villars[65]. À Caen, Joyeuse plaça également un homme étranger à la province. En décembre 1583, il nomma bailli et gouverneur de la ville un Languedocien, Gaspard de La Vérune, qui était le guidon de sa compagnie d'ordonnance, et ce personnage allait conserver ce poste jusqu'en 1594. La maîtrise de Caen était importante, car François d'O y restait influent. Les autorités locales hésitèrent un moment avant d'adopter une attitude favorable au nouveau gouverneur, et certains étaient peut-être même prêts à soutenir d'O si celui-ci s'engageait dans une rébellion ouverte. Les tensions étaient telles que l'échevin Pierre Gosselin, qui se trouvait à la cour, écrivit au corps de ville pour dissuader ses collègues de prendre le parti de l'ancien gouverneur[66].

Le favori du roi ne chercha pas à intégrer des Normands à sa compagnie d'ordonnance. Cette troupe était essentiellement composée de Picards, car il s'agissait de l'ancienne compagnie du gouverneur de Péronne, Jacques de Humières, que Joyeuse avait reçue en 1579. Son lieutenant était le gouverneur de Saint-Quentin, Adrien de Humières, sieur de Vitermont, qui demeurait près de Dieppe[67]. L'enseigne était un autre gentilhomme picard, Hugues de Forceville.

60. BNF Ms Fr 3358, f° 72 et 75 (Carouges à Brulart, Rouen, 19 décembre 1588 et janvier 1589).

61. *Lettres de Henri III, op. cit.*, t. 6, p. 147-148 (Henri III à Carouges, Saint-Germain-en-Laye, 12 novembre 1583).

62. BNF Ms Fr 3306, f° 86 (lettres patentes d'Henri III, Paris, 28 mars 1583) ; J.-A. de Thou, *Histoire universelle, op. cit.*, t. 9, p. 80.

63. BNF Ms Fr 3306, f° 15 v° (lettres patentes portant démission de l'état de gouverneur du havre de Grâce, Saint-Maur-des-Fossés, 21 juin 1584) ; « Monsieur de Joieuse se intitule gouverneur du Havre de Grace et capitaine de la compagnie qui est dedans comme admiral, et son cousin n'est que son lieutenant », BNF Ms Fr 3386, f° 10 (nouvelles anonymes de la cour [janvier 1585]).

64. BNF Ms Fr 36168, n° 2047 (quittance d'Aymar de Chaste, gouverneur de Dieppe, pour 1 500 écus, Dieppe, 14 août 1586).

65. Bnf Ms PO 491 (Brancas), n° 90 (quittance d'André de Brancas, sieur de Villars, gentilhomme ordinaire de la chambre du roi, commandant pour S.M. au gouvernement du Havre de Grâce, pour 90 écus, pour être venu en poste du Havre à Paris pour trouver le roi pour ses affaires, 6 novembre 1585) et Fr 26168, n° 2093 (quittance d'André de Brancas, sieur de Villars, pour 20 écus, pour son état de lieutenant du Havre durant deux mois de 1586, Le Havre, 15 janvier 1587).

66. Lettre citée : Jean Rouxel, *Entrée du duc de Joyeuse à Caen, op. cit.*, p. xii.

67. BNF Ms Fr 26168, n° 2186 (quittance d'Adrien de Humières, sieur de Vitermont, demeurant à Honville, près de Dieppe, 1er août 1587) ; BNF Ms Fr 32868, p. 268 (recueil de l'ordre de Saint-Michel, notice sur Adrien de Humières-Vitermont, 1580).

Le guidon finit par échoir à une créature de Joyeuse, Gaspard de La Vérune, qui semble avoir été le seul officier de la compagnie attaché personnellement au capitaine. Le passage de la troupe à cent lances entraîna le recrutement d'une trentaine d'hommes d'armes supplémentaires, qui provenaient principalement de Picardie (40 %) et d'Île-de-France (23 %), et secondairement de Haute-Normandie (10 %) et du Languedoc (5 %)[68].

Joyeuse noua cependant des liens avec quelques gentilshommes normands. Il fut ainsi présent lors de la signature du contrat de mariage de Charles II Martel de Bacqueville qui, contrairement à son père, était catholique, avec Madeleine de La Chastre, la fille du capitaine des gardes Gaspard de La Chastre, sieur de Nançay, mais cela s'explique avant tout par le fait qu'il était le cousin germain de la mariée[69].

Néanmoins, Henri III comptait réellement sur Joyeuse pour contrôler la Normandie. Il adressait à son beau-frère de nombreuses recommandations visant à assurer la liberté du trafic maritime en mettant fin aux méfaits des pirates et en surveillant les allers et venues suspectes, et tout particulièrement celles des Espagnols[70]. Les ports normands constituaient par ailleurs des bases essentielles pour la marine royale. En 1583, on y prépara une petite flotte destinée à s'en prendre aux intérêts espagnols, et trois compagnies d'infanterie se préparaient à embarquer[71]. Aymar de Chaste, sur qui le roi se reposait pour les affaires navales, devait être la cheville ouvrière de cette opération[72]. Trois ans plus tard, celui-ci reçut le commandement de la nouvelle « armée de mer », forte de huit bâtiments, assemblée en Normandie sous l'autorité théorique de Joyeuse. En revanche, La Meilleraye, qui conservait officiellement ses fonctions de vice-amiral, ne reçut aucune responsabilité à cette occasion. Un moment, on put croire que la flottille allait se joindre à la marine anglaise pour attaquer les vaisseaux espagnols de la Route des Indes, mais elle finit par se diriger vers les côtes atlantiques pour protéger Brouage des attaques huguenotes[73].

68. BNF Ms NAF 8633, f° 82-89 (montre de la compagnie de cent lances du duc de Joyeuse, à « Doully », près de Ham en Picardie, 8 octobre 1582).
69. AN MC XV, 147 (contrat de mariage entre Charles Martel de Bacqueville et Madeleine de La Chastre, 21 avril 1587). La mère de la jeune fille, Gabrielle de Batarnay, était la sœur de la mère de Joyeuse, Marie de Batarnay.
70. BNF Ms Fr 3306, f° 66 (Henri III à Joyeuse, Paris, 7 février 1583) et Fr 3310, f° 63 b (Henri III à Joyeuse, Paris, 16 avril 1586).
71. BNF Ms Fr 3306, f° 72 v° (lettre du roi aux présidents et trésoriers généraux de France des bureaux des finances de Rouen et de Caen, ordonnant le paiement des compagnies des capitaines Bernet, Last et Armisac devant s'embarquer pour le Portugal, Paris, mars 1583); *Lettres de Henri III, op. cit.*, t. 6, p. 32 (Henri III à Carouges et à La Meilleraye, Paris, mars 1583).
72. BNF Ms Fr 3306, f° 115 v°-116 (Catherine de Médicis à Joyeuse, La Fère, 21 août 1583).
73. René de Lucinge, *Lettres sur la cour d'Henri III en 1586*, A. Dufour (éd.), Genève, Droz, 1966, p. 208 (dépêche du 28 mai 1586); Charles de La Roncière, *Histoire de la marine française*, t. 4, Paris, Plon, 1910, p. 210-213.

La crise ligueuse

Les inquiétudes religieuses étaient particulièrement vives dans le nord du royaume. Dès 1576, une association nobiliaire avait vu le jour à Rouen, et la ligue catholique fondée à Péronne par Jacques de Humières eut un grand écho dans la province. Quand Henri III prit la tête de ce mouvement, en décembre 1576, il adressa à tous les gouverneurs et lieutenants généraux une formule d'association qui devait être jurée par la population catholique. À Rouen, Carouges se chargea de cette tâche à partir de janvier 1577. Comme les magistrats du Parlement étaient très réticents, bien qu'ils fussent des catholiques ardents, Carouges dut leur ordonner, au nom du roi, de signer « l'association faicte par la noblesse[74] », mais en vain. Dans les bailliages de Caux et de Gisors, La Meilleraye diffusa le texte de l'association catholique, mais le serment différait de celui que le roi proposait. Il s'agissait cette fois d'une association secrète, dont le gouverneur prenait la tête. Un conseil élu était désigné pour le seconder, et les membres du parti s'engageaient à défendre la religion catholique[75].

En Normandie, la Ligue organisée par les Guise en 1585 allait être menée par le duc d'Elbeuf. Plusieurs seigneurs favorisaient ouvertement le mouvement, y compris des officiers royaux comme Jacques de Mouy-Pierrecourt (le frère de La Meilleraye) à Honfleur ou François d'O à Caen. L'enseigne de la compagnie de Joyeuse, Forceville, s'engagea lui aussi dans le parti catholique[76]. Par ailleurs, c'est un gentilhomme normand, François de Roncherolles, sieur de Maineville, qui se chargea de faire le lien entre le duc de Guise et le cardinal de Bourbon. À Rouen, la Ligue recrutait des partisans dans le clergé et chez les parlementaires. Dans ses rapports, Carouges soulignait la popularité du mouvement au sein du peuple, mais aussi le danger que représentait la présence d'environ quatre-vingts Espagnols dans la ville[77]. Selon Carouges, Elbeuf faisait de nombreuses levées d'hommes autour d'Argentan, se vantant de pouvoir aligner sans peine jusqu'à 6 000 combattants. Début avril 1585, ce prince se fit ouvrir les portes de Bayeux par le gouverneur du château, et pour se concilier la population, il promit de faire supprimer les taxes sur le sel[78].

Le nouveau gouverneur de la province se chargea de mater la prise d'armes catholique. Joyeuse se rendit dans son gouvernement en mai 1585, à la tête de 2 000 fantassins et de 800 cavaliers. Elbeuf avait 2 000 piétons et 1 200 cavaliers

74. Jonathan Dewald, *The Formation of a Provincial Nobility. The Magistrates of the Parlement of Rouen, 1499-1610*, Princeton, Princeton University Press, 1980, p. 48 n. 66. Cf. BNF Ms Fr 15551, f° 176, 184 et 186, et Fr 15905, f° 475.

75. BNF Ms Fr 3329, f° 5-6 (« Association [...] des bailliages de Caux et Gisors », 1577).

76. BNF Ms Fr 32868, p. 466 (recueil de l'ordre de Saint-Michel, notice sur Hugues de Forceville, règne d'Henri III) ; René de Lucinge, *Lettres sur les débuts de la Ligue, 1585*, A. Dufour (éd.), Genève, Droz, 1964, p. 66.

77. BNF Ms Fr 3358, f° 42-43 (rapport de Carouges sur l'état de la ville de Rouen [vers avril 1585]) et f° 78 (analyse du mémoire de Carouges).

78. BNF Ms Fr 3358, f° 39 (Carouges au roi, Rouen, 10 avril 1585) ; S. Carroll, *Noble Power [...], op. cit.*, p. 200.

à lui opposer[79]. Méfiants, les habitants de Rouen refusèrent que Joyeuse entre dans leur ville avec ses troupes et, finalement, c'est sans ses hommes qu'il fit son apparition dans la capitale normande, le 1er juin. Une assemblée générale fut rapidement réunie à l'hôtel de ville, à l'occasion de laquelle Joyeuse se vit contraint d'assurer aux habitants que le roi n'avait jamais eu l'intention d'installer une garnison dans la cité[80]. Il poursuivit ensuite Elbeuf, qui avait pris la direction de l'Anjou pour faire sa jonction avec Brissac et, le 17 juin, il le défit près de Beaugency, lui tuant une centaine d'hommes. Joyeuse organisa ensuite la défense des villes et envoya à Dieppe et au Havre l'ingénieur du roi, Gustin, pour travailler aux fortifications[81].

Pendant ce temps, des négociations étaient menées à Épernay entre les princes ligueurs et la reine mère. Le cardinal de Bourbon, qui était archevêque de Rouen, réclamait le Vieux Palais et le commandement de la ville quand il y serait présent. Le roi refusa de céder le bâtiment qui abritait l'arsenal royal, réaffirmant qu'« il estoit necessaire pour le service de Sa Majesté que le gouverneur et lieutenant general au bailliage dudit Rouen usast de son pouvoir[82] ». François d'O, de son côté, exigeait le gouvernement des bailliages de Caen et de Cotentin, ce qui ne lui fut pas accordé, et il accepta finalement de céder le gouvernement du château de Caen contre un dédommagement de 120 000 écus[83]. En définitive, Henri III le pardonna et il put conserver son commandement[84]. La réconciliation avec le roi fut sanctionnée par la réception de François d'O et de son frère Jean d'O-Manou dans l'ordre du Saint-Esprit, le 31 décembre 1585. À cette occasion, c'est d'ailleurs Carouges qui signa l'attestation de service fournie par Manou[85]. En décembre 1586, le roi tenta de se concilier les grandes maisons normandes en recevant dans l'ordre du Saint-Esprit Jacques Le Veneur-Tillières et Jacques de Mouy-Pierrecourt, qui avaient tous les deux manifesté leur soutien à la Ligue.

L'absence de relations entre Joyeuse et la noblesse locale explique le développement du mécontentement des gentilshommes normands et l'organisation de nouvelles associations catholiques, comme le notait l'ambassadeur de Savoie :

> « On fait en ce royaulme plusieurs ligues secrètes, principalement en Normandie ; la noblesse qui se despite pour n'estre emploiée aux charges de la province, que Monsieur de Joieuse baille touttes à de ses serviteurs et confidens, les villes grosses, les unes avec les autres, et les bourgeois des villes les ungs avec les aultres, tout qui se bastit pour leur seurté après la mort du Roy ; ainsi elle se va divisant en parties innumérables[86]. »

79. René de Lucinge, *Lettres sur les débuts de la Ligue*, *op. cit.*, p. 73 (dépêche du 25 mai 1585).
80. P. Benedict, *Rouen [...]*, *op. cit.*, p. 171-172.
81. R. de Lucinge, *Lettres sur la cour d'Henri III en 1586*, *op. cit.*, p. 185 (dépêche du 14 mai 1586).
82. BNF Ms Fr 3370, f° 68 (« Ce qui a esté advisé en la conferance faicte le vendredy, dernier jour de may M V^C IIII^XX V, à Esparnay »).
83. R. de Lucinge, *Lettres sur les débuts de la Ligue*, *op. cit.*, p. 209 et 256 (dépêches des 13 octobre et 2 décembre 1585).
84. *Ibid.*, p. 262 (dépêche du 9 décembre 1585).
85. BNF Ms PO 2133 (O), f° 20.
86. R. de Lucinge, *Lettres sur la cour d'Henri III en 1586*, *op. cit.*, p. 22 (dépêche du 8 janvier 1586).

Le même observateur affirmait par ailleurs que « Monsieur de Joyeuse s'assure assés mal du couraige des principaulx de son gouvernement[87] ».

Après la mort de Joyeuse à la bataille de Coutras, le 20 octobre 1587, Henri III transféra à son autre favori, le duc d'Épernon, toutes les charges auparavant détenues par son beau-frère. C'est ainsi qu'Épernon devint gouverneur de Normandie et amiral de France, le 7 novembre 1587, mais il éprouva encore plus de difficultés que Joyeuse pour établir son autorité. D'emblée, les commandants de Dieppe (Chaste), de Caen (La Vérune) et du Havre (Villars-Brancas), qui devaient tous leurs charges à Joyeuse, firent savoir qu'ils ne lui obéiraient pas et qu'ils remettraient leurs places soit au roi, soit au frère de Joyeuse, Antoine-Scipion, grand prieur de Toulouse dans l'ordre de Malte[88]. Épernon encourait également l'hostilité des princes du sang qui convoitaient la charge. Le duc de Montpensier s'en prit ainsi ouvertement à lui le 15 novembre, « disant qu'il avaloit tous les gros morceaux, mais qu'il s'en pourroit bien estrangler de quelqu'un », tandis que, de son côté, le comte de Soissons s'adressait à la reine mère pour se faire attribuer la Normandie[89].

Épernon partit prendre possession de son nouveau gouvernement le 26 avril 1588, avec quatre compagnies d'hommes d'armes et vingt-deux d'infanterie, c'est-à-dire une véritable armée chargée d'imposer son autorité dans la province. Il arriva à Rouen le 3 mai, puis à Caen le 14. Dans chaque ville, une entrée triomphale était préparée. Dans la cathédrale de Rouen, il entendit une remontrance prononcée par le pénitencier du lieu, qui insistait sur la puissance qu'il détenait « pour avoir l'oreille, la faveur, et l'auctorité du Roy en main », et le conjurait de tout faire pour rétablir la religion catholique, qui était méprisée par les hérétiques et les machiavélistes. Épernon répondit n'avoir d'autre volonté que « de servir au public de ceste province », et qu'il n'avait « rien plus engravé dans le cœur, que le service de Dieu, du Roy, et du public[90] ». Mais Épernon ne devait pas conserver longtemps ses nouvelles responsabilités. Sous la contrainte, il démissionna d'une partie de ses charges dès le 28 mai, et la Normandie fut confiée au duc de Montpensier le 14 juillet.

À ce moment, Henri III lui-même se trouvait à Rouen, où il avait fait son entrée le 13 juin 1588. Carouges et son fils, Tillières, avaient accueilli le cortège avec toute la solennité requise[91]. De belles fêtes avaient été organisées, et le souverain avait anobli quelques notables. Henri III chercha à s'assurer de la fidélité de Carouges en lui octroyant une pension de 3 333 écus ⅓ et en lui promettant la

87. René de Lucinge, *Lettres de 1587. L'année des reîtres*, J. Supple (éd.), Genève, Droz, 1994, p. 40 (dépêche du 8 février 1587).
88. *Ibid.*, p. 338 et 345 (dépêches des 2 et 7 novembre 1587).
89. *Ibid.*, p. 356 (dépêche du 16 novembre 1587).
90. *Remonstrance faicte à Monsieur d'Espernon, entrant en l'Eglise Cathedrale de Rouen, le 3 de May 1588. Par le Penitentier dudit lieu*, Paris, Chez Jean Richer, 1588.
91. *Brief discours sur la bonne et ioyeuse reception faicte à la Maiesté du Roy par ses tres fidelles et obeissants sujets de la ville de Rouen* (Rouen, P. Courant, 1588), J. Ronnie Mulryne, Helen Watanabe-O'Kelly et Margaret Shewring (dir.), *Europa Triumphans. Court and Civic Festivals in Early Modern Europe*, Aldershot, Ashgate, 2004, 2 vol., t. 1, p. 202-208.

prochaine dignité de maréchal vacante. Il fit également un don de 15 000 écus à Tillières, ce qui ne devait pas empêcher celui-ci de continuer à soutenir la Ligue[92]. Le roi quitta la capitale normande le 21 juillet, pour retourner à Chartres, avant de s'installer à Blois où les états généraux avaient été convoqués.

De son côté, Carouges se montrait très attentif aux risques de prises d'armes, signalant notamment que les huguenots avaient des visées sur les places de la région d'Alençon[93]. Fin décembre, quand la nouvelle de l'assassinat de Guise arriva à Rouen, il posta des hommes dans les endroits stratégiques de la ville pour éviter un soulèvement. Il interdit également aux prédicateurs d'évoquer les événements de Blois, mais le jésuite Jacques Commolet ne craignit pas d'enfreindre ses ordres dans son sermon du 29 décembre[94]. Un bureau clandestin de l'union catholique fonctionnait dans la ville depuis 1585, et le mouvement était à présent mené par un magistrat du parlement, Richard Regnault, sieur du Pont.

Finalement, le 4 février 1589, les catholiques les plus zélés sortirent dans les rues de Rouen pour inviter la population à se joindre à la Ligue, sous le prétexte de l'arrivée des troupes royales, et l'on érigea des barricades. Le lendemain, dimanche 5 février, une procession dégénéra en soulèvement général, et les ligueurs purent s'emparer sans mal de l'hôtel de ville, du château, du Vieux Palais et des portes[95]. Carouges, qui s'était enfermé dans l'abbaye de Saint-Ouen avec une trentaine d'hommes, dut abandonner la partie. Bien qu'il ait lui-même fini par rallier le mouvement, le 10 février, Carouges ne fut pas maintenu dans ses fonctions, car les ligueurs ne le jugeaient pas assez engagé pour leur cause. Il devait d'ailleurs rapidement rejoindre le camp du roi. Le duc de Mayenne, chef de la Ligue, fit son entrée à Rouen le 23 février. Une procession solennelle fut organisée, à laquelle participèrent trois compagnies de pénitents rassemblant 600 personnes qui portaient des représentations de l'assassinat des Guise[96] ! Le 4 mars, on établit un conseil de l'Union chargé de contrôler la Normandie, comprenant dix-huit membres, parmi lesquels dominaient les magistrats des cours souveraines, les édiles municipaux et les ecclésiastiques[97].

Néanmoins, la plupart des nobles devaient rester fidèles au roi. Jean-Marie Constant a montré que seuls 9 % des chevaliers de l'ordre de Saint-Michel originaires de Normandie rejoignirent la Ligue, alors que 46 % suivaient Henri III et 2 % le roi de Navarre. Le poids de l'union catholique était donc moindre en Normandie qu'en Bretagne ou en Picardie, où les ducs de Mercœur et d'Aumale

92. S. Carroll, *Noble Power [...], op. cit.*, p. 206.
93. BNF Ms Fr 3358, f° 66 (Carouges au roi, Rouen, 4 décembre 1588).
94. P. Benedict, *Rouen [...], op. cit.*, p. 177-178.
95. *Ibid.*, p. 179-180. Le soulèvement rouennais est décrit dans l'*Histoire de la Ligue* attribuée au ligueur Pierre Rozée : BNF Ms Fr 23295, f° 473-475, et dans Albert Sarrazin (éd.), *Abrégé d'un journal historique de Rouen*, Rouen, 1872, p. 33-34. Voir aussi Robert Langlois, comte d'Estaintot, *La Ligue en Normandie, 1588-1594*, Paris, A. Aubry, 1862.
96. Eugène Saulnier, *Le Rôle politique du cardinal de Bourbon (Charles X), 1523-1590*, Paris, Honoré Champion, 1912, p. 300-301 (dépêche en italien, Paris, 1er et 4 mars 1589).
97. Henri Drouot, « Les conseils provinciaux de la Sainte-Union (1589-1595) : notes et questions », *Annales du Midi*, t. 65, 1953, p. 415-433.

parvinrent à mobiliser une part plus importante de la noblesse militaire (respectivement 12 % et 17 % des chevaliers de l'ordre[98]). De surcroît, une grande partie des magistrats fit preuve de loyalisme : trente-trois parlementaires s'exilèrent à Caen, quand le Parlement y fut transféré par le roi, tandis que vingt-sept demeuraient à Rouen. Comme Philip Benedict l'a noté, les officiers les plus récemment nommés, qui devaient donc directement leur place à Henri III, demeuraient fidèles au monarque, tandis que les plus anciens, qui n'étaient donc pas liés au roi par une relation personnelle, ralliaient majoritairement la Ligue. La chambre des comptes de Rouen fut pour sa part presque entièrement royaliste parce qu'elle était de création récente (1580)[99]. Les liens d'homme à homme restaient donc essentiels dans le fonctionnement de l'appareil administratif de la monarchie, et la fidélité au roi était vécue de façon très personnalisée.

Les autorités ligueuses confièrent les fonctions de lieutenant en Normandie au duc d'Aumale, puis à La Meilleraye, mais celui-ci était trop âgé pour les assumer. De son côté, Villars-Brancas, qui commandait toujours au Havre, avait très vite rejoint l'Union. À en croire de Thou, les Seize de Paris lui avaient envoyé 30 000 écus pour l'attirer dans leur camp[100]. Dans une quittance datée du 28 avril 1589, il est précisé que « tost après le desastre advenu à Bloys », il mit en défense la ville du Havre, « selon qu'il auroit esté trouvé raisonnable par monseigneur le duc de Maienne lors de son voiage faict en Normandie[101] ».

À la différence de la Haute-Normandie, où les ligueurs avaient des points d'appui très forts, la Basse-Normandie resta dans l'ensemble loyaliste. L'autorité monarchique y était représentée notamment par le lieutenant général Longaunay et par le comte de Thorigny, qui, en tant que capitaine de Granville, tentait de faire régner l'ordre dans la région. Ce dernier s'inquiétait de l'agitation des populations, estimant que « les habitans de ces quartiers sont maintenant fort éloignez de leur accoustumée patience et submission[102] », mais il se disait aussi dépourvu de moyens, car il ne disposait que de vingt hommes pour tenir Granville[103]. Le roi comptait pourtant sur lui pour trouver un homme capable d'assumer les fonctions de vice-bailli d'Alençon, après la mort du dernier détenteur de la charge, qui avait été tué en service commandé. On attendait de lui qu'il donne un avis sur la qualité des principaux gentilshommes capables d'exercer cette charge. Dans une lettre tout à fait exceptionnelle, Thorigny détailla les aptitudes de quatre personnages, insistant sur leurs qualités militaires, leur fidélité au service du roi, et leur crédit dans la

98. Jean-Marie Constant, « Les barons français pendant les guerres de Religion », *Id.*, *La noblesse en liberté, XVIe-XVIIe siècles*, Rennes, Presses universitaires de Rennes, 2004, p. 111.
99. P. Benedict, *Rouen [...]*, *op. cit.*, p. 185.
100. J.- A. de Thou, *Histoire universelle*, *op. cit.*, t. 10, p. 305-310.
101. BNF Ms PO 491 (Brancas), n° 91 (quittance d'André de Brancas, chevalier, sieur de Villars, bailli de Caux, gouverneur du Havre, pour avoir reçu de Me Martin Roland, trésorier général de l'union des catholiques, 4 000 écus en un mandement à l'acquit de Me Enemond Servian, receveur général des finances à Rouen, le 28 avril 1589).
102. BNF Ms Fr 3408 f° 25-26 (Thorigny au roi, Verneuil, 18 juin 1588).
103. BNF Ms Fr 3408 f° 27 (Thorigny, au roi, Granville, 2 juillet 1588).

province. Le plus indiqué lui paraissait le sieur Descloretz, alors maréchal des logis de sa compagnie, qui s'était toujours comporté en « homme d'honneur[104] ».

À l'automne de 1589, lorsqu'un observateur italien dressa l'état des partis adverses, il nota que l'Union était commandée en Normandie par le duc d'Aumale, le duc d'Elbeuf, le sieur de La Meilleraye, le comte de Brissac, le sieur de Vic, le marquis d'Arneval et le sieur de Villars, tandis que le camp royal comprenait le duc de Montpensier, gouverneur de la province, le duc de Longueville, son frère le comte de Saint-Paul, le comte de Montgomery, le sieur de Carouges, le comte de Thorigny, le sieur de Bacqueville et le sieur de Rubempré[105]. Si les positions paraissaient équilibrées pour ce qui concernait la haute noblesse, en revanche la plupart des villes tenaient le parti de la Ligue – Rouen, Le Havre, Fécamp, Caudebec, Coutances, Saint-Lô, Dreux, Gournay, le Mont-Saint-Michel, Lisieux, Pont-Audemer –, alors que le nouveau monarque pouvait compter sur Dieppe, Caen, Falaise, Alençon, Le Pont de l'Arche, Évreux, Bayeux et Gisors.

Au cours des années suivantes, Rouen allait faire figure de bastion du parti catholique. La veuve de Joyeuse, Marguerite de Lorraine-Vaudémont, s'y réfugia, et elle y participa à la mobilisation religieuse. Elle protégeait notamment les capucins, qui étaient parmi les plus véhéments partisans de la Ligue. Après les disparitions des frères Mouy – Pierrecourt en 1590 et La Meilleraye en 1591 –, Villars-Brancas parvint à s'imposer à Rouen, aux dépens du capitaine envoyé par Mayenne pour tenir la cité, le capitaine bourguignon Tavanes. Il parvint ensuite à défendre la ville contre les forces royales, pendant le long siège de 1591-1592, et ne finit par se soumettre qu'en avril 1594.

La Normandie constitue une sorte de laboratoire des techniques de gouvernement d'Henri III. Le roi tenta en effet d'y imposer des proches : d'O d'abord, puis Joyeuse et Épernon. Mais les favoris royaux n'ont pu jouer le rôle d'intermédiaires efficaces dans la région, d'une part parce qu'ils n'y possédaient pas les relais nécessaires, et d'autre part parce que les lieutenants généraux en place avaient suffisamment de crédit auprès des notables de la province pour mener une politique indépendante. Les Le Veneur et les Mouy continuaient ainsi de détenir des charges de premier plan, et ils entretenaient des liens directs avec la maison de Lorraine. Néanmoins, la Basse-Normandie fit dans l'ensemble preuve de loyauté envers le souverain, parce que le parti catholique y avait moins de soutiens aristocratiques, et surtout parce que des officiers bien implantés localement, comme Thorigny ou Longaunay, voire d'O, y restaient actifs. De leur côté, les anciens clients de Joyeuse connurent des destinées variées : au Havre, Villars-Brancas basculait précocement dans la Ligue, tandis qu'à Dieppe, Chaste continuait de servir Henri III, avant de reconnaître immédiatement Henri IV et de lui fournir un appui vital à

104. BNF Ms Fr 3408 f° 29 (Thorigny, au roi, Alençon, 16 juillet 1588).

105. « Relatione delle Divisioni di Francia. 1589 », *Tesoro Politico [...]*, Nell' Academia Italiana di Colonia, Terza Impressione, 1598 [1re éd. 1589], p. 283-312 (p. 290).

Dieppe, ce qui permit au nouveau roi de remporter la dure bataille d'Arques en septembre 1589. Finalement, le plus grand bénéficiaire de ces années de troubles fut peut-être Villars-Brancas, un aventurier provençal qui avait su monnayer sa fidélité, tout en faisant preuve de qualités militaires indéniables.

Les guerres de Religion ont entraîné une recomposition partielle des cadres de l'autorité, et l'apparition sur la scène politique de capitaines étrangers à la province. Le cas normand n'est d'ailleurs pas unique. Dans l'ensemble, cependant, c'est bien sur des lignages locaux que les souverains ou les partis ont continué de s'appuyer pour tenir ou conquérir la région. L'installation de nouveaux venus, surtout quand ils n'étaient pas originaires du pays, demeurait délicate. La France apparaissait comme un espace segmentaire dont le contrôle reposait sur l'aptitude des princes à négocier avec les détenteurs « naturels » du pouvoir qu'étaient les barons provinciaux, ce qui n'empêchait pas certains horsains de profiter justement de cette segmentation et du caractère polymorphe des réseaux d'autorité pour réussir parfois à s'imposer.

La noblesse bas-normande face à un choix : Montgomery ou Matignon (1560-1574)

Isabelle Le Touzé

Le 26 juin 1574, vers 10 heures du matin, en place de Grève, Gabriel de Lorges, comte de Montgomery, cet homme converti au protestantisme et traqué depuis l'accident dans lequel il tue Henri II, est sur le point de monter sur l'échafaud et de subir sa peine. Inébranlable dans sa foi avant sa mort, Montgomery refuse d'abjurer et prononce ces dernières paroles, rapportées par Agrippa d'Aubigné :

> « Il n'est pas possible qu'en une si grande multitude, il n'y ait quelques gens de bien, je prie ceux-là de se souvenir que les causes qu'on vient de prononcer en mon diction ne sont pas celles pour lesquelles je meurs : il n'y en a guère de vous qui ne sachent le malheur sans péché qui m'arriva en la personne du roi Henri. À ces causes me voyant exilé de France, j'ai pris à deux mains les occasions qui se sont présentées pour me faire respirer l'air auquel je suis né, principalement quand elles sont convenables à ma conscience et à ma profession. Mais ç'à esté sans infidélité à mon Prince[1]. »

Entre le moment où Gabriel de Montgomery rentre en France, en décembre 1561, pour combattre dans les rangs protestants à l'appel de son ami François de Bricqueville, baron de Colombières, et où il établit un prêche à Ducey et 1574, date de sa mort violente et prématurée, se déroulent douze années de combat quasi continu. Rappelant que le caractère exceptionnel de son destin réside dans l'accident de la place des Tournelles, le comte de Montgomery se souvient du « malheur sans péché » qu'il conçoit comme un signe de l'intervention divine, responsable de son exil en Angleterre et de sa conversion au protestantisme. Par ses mots – « sans infidélité à mon Prince » – il rappelle la défense qu'il a toujours adoptée, à savoir que ses prises d'armes n'ont pas été dressées contre le roi et la couronne. Depuis la fameuse conjuration d'Amboise, notamment, le camp protestant n'a eu de cesse de rappeler, en effet, qu'il combattait, non pas contre le roi, mais pour le roi, celui-ci étant prisonnier du camp des Guise et de la puissance espagnole ; il s'agissait donc de le libérer de cette tutelle. Depuis les années 1560,

1. Agrippa d'Aubigné, *Histoire universelle*, t. 2 et 4, Genève, Droz, 1982 et 1987, ici, t. 4, livre septième, p. 224-226.

Montgomery a su cristalliser, autour de lui, de puissants réseaux nobiliaires et les décennies 1560 et 1570 constituent un moment de crispation particulièrement tendu en Basse-Normandie. Ainsi, la Basse-Normandie fait figure (souvent, certes, de façon amortie) de caisse de résonance du conflit civil qui affecte le royaume. Après les troubles iconoclastes, au printemps 1562 en Alençon, essentiellement d'origine bourgeoise, le combat s'engage dès l'été 1562. À cette époque, le vidame de Chartres tient la ville du Havre, au nom du prince de Condé. Les villes de Vire, Coutances et Saint-Lô sont tombées aux mains des réformés. Celle de Saint-Lô est prise par Sainte-Marie d'Aigneaux. Vire et Pontorson le sont par Montgomery et Coutances est occupée par le baron de Colombières. Henri-Robert de La Marck, duc de Bouillon, gouverneur de Normandie de 1556 à sa mort, en décembre 1574, est suspecté de favoriser l'hérésie. Ses alliés sont Fervacques à Lisieux, Jehan de Pellevé et Rabondanges en Alençon. Il s'agit là d'un mouvement exclusivement nobiliaire, encadré en Basse-Normandie par Montgomery, mais sous le commandement du prince de Condé et de Coligny. Cette période est ponctuée de trêves assez brèves, consécutives aux édits de pacification de 1563 ou de 1570, suivies par de nouveaux déferlements de violence. En revanche, la région ne connaît pas de violence au moment de « la Saint-Barthélemy », en août 1572, contrairement à Rouen, probablement grâce au contrôle exercé par Matignon, qui parvient à maintenir l'ordre et la paix.

Chercher à comprendre les liens qui unissent, en Basse-Normandie, les nobles à l'occasion des conflits religieux, c'est d'abord démêler l'écheveau des relations qui peuvent exister entre eux à différents niveaux : engagement dans un parti, liens de fidélité, poids des clientèles, liens d'amitié et de parenté, etc. Il convient alors, dans un premier temps du moins, de laisser de côté l'examen, notamment, des motivations religieuses, toujours difficile à mesurer puisque fruit d'une démarche spirituelle personnelle. Pour différencier les diverses relations qui unissent les nobles bas-normands dans les années 1560 et 1570, on peut s'appuyer sur la riche historiographie des liens de fidélité et des clientèles nobiliaires. Parce qu'il met en place des liens durables, fondés sur des échanges nourris et nombreux, le charisme d'un Grand désigne ici la capacité de ce dernier à renforcer son prestige et à assurer la cohésion des groupes d'hommes qui dépendent de lui. Il s'agit, pour les grandes familles proches du roi et de la cour, de se placer comme les maîtres du territoire et des hommes qui y vivent, en puisant leur légitimité, à la fois, dans l'histoire de la famille, pour certaines d'origine féodale, et dans des relations politiques, économiques et affectives, tissées avec la noblesse locale ou les notables urbains. Mais que se passe-t-il quand il n'y a pas sur place de Grand, comme cela est le cas en Basse-Normandie ? La vacance du pouvoir exercé par un Grand se trouve-t-elle compensée par des nobles de rang inférieur, ceux de la noblesse seconde notamment ? La Basse-Normandie est marquée par la présence de deux familles qui, sans appartenir aux plus grands lignages, ont poursuivi un destin à la fois national et local, en rivalisant l'une avec l'autre, les Goyon de Matignon et les Lorges, comtes de Montgomery. Toutes deux sont capables de drainer l'ensemble de la noblesse bas-normande autour de réseaux solides, dont il nous faudra comprendre la nature. Ainsi, en l'absence de famille appartenant à la haute noblesse, le jeu des clientèles se trouve localement perturbé. Il n'est pas certain qu'il soit possible de discerner, dans le cas de la Basse-Normandie, des clientèles nobiliaires réellement structurées. En revanche, quand on observe l'engagement militaire de la noblesse protestante locale, la question de l'attachement à un parti paraît d'emblée essentielle. Agissant de façon encore plus fluctuante, le lien au parti se distingue, en effet, d'une relation de clientèle. Contrairement à celle-ci, l'adhésion au parti n'est pas fondée sur un lien durable ; elle est associée, en revanche, à un parti pris politique et/ou religieux. Dans un parti, les personnes possèdent les mêmes intérêts ou, parfois, les mêmes idées, sans être nécessairement associées par d'autres formes de liens antérieurs. Il peut exister aussi des « puissances opposées, française et espagnole », un « parti du roi ». Les unions diffèrent des partis parce qu'elles reposent sur l'égalité entre les membres, tandis que le parti, lui, est supposé plus docile. Le recrutement d'un parti passe, en revanche, par des pratiques codifiées et faites de lettres secrètes ou chiffrées[2].

La question des relations internobiliaires a été envisagée d'abord par l'historiographie française, puis anglo-saxonne, selon des approches méthodologiques très différentes. L'historiographie anglo-saxonne est venue nuancer les écrits de la première, notamment en récusant la distinction nette établie par Roland Mousnier entre fidélité et clientélisme, entre des liens affectifs désintéressés et des relations d'intérêt carriéristes[3]. En 1989, Kristen B. Neuschel met en relief, à propos des relations entre Louis Ier de Bourbon-Condé et les nobles picards, dans les années 1550 et 1560 en particulier, une loyauté moins systématique de la part de ces gentilshommes[4]. Les liens d'amitié semblent centraux dans les comportements nobiliaires ; les nobles sont conduits aussi par leurs intérêts personnels, comme la motivation de faire carrière, qui peut être en contradiction avec l'obéissance au chef ou la défense du lignage. Il convient donc d'éviter une démarche que l'on pourrait qualifier de trop déterministe et systémique (dans les travaux de R. Mousnier par exemple). Plus récemment, la méthode prosopographique a été également soumise à examen par Laurent Bourquin. À cette démarche, Laurent Bourquin préfère la démarche biographique, seule apte à mettre au jour les motivations plus intimes, les choix individuels, « les itinéraires singuliers pour obtenir une vision collective des mentalités politiques de la noblesse », lors de ces temps troublés[5]. Avec la biographie de Robert de La Vieuville, Laurent Bourquin met bien en évidence l'importance des liens de clientèle, tout en soulignant qu'ils

2. Arlette Jouanna, *Le Devoir de révolte. La noblesse française et la gestation de l'État moderne (1559-1661)*, Paris, Fayard, 1989, p. 377.
3. Notamment, Roland Mousnier, *Les hiérarchies sociales de 1450 à nos jours*, Paris, PUF, 1969, p. 81-82.
4. Kristen B. Neuschel, *Word of Honor. Interpreting Noble Culture in Sixteenth-century France*, Ithaca, Cornell University Press, 1989.
5. Laurent Bourquin, « Comprendre une prise de parti au temps des guerres de Religion : la biographie de Robert de la Vieuville », Association des historiens modernistes des universités (éd.), *Histoires de vies. Actes du colloque de 1994*, Paris, Presses de l'université de Paris-Sorbonne, 1996, p. 16-37, ici p. 37.

n'imposent pas une mécanique froide. Ni la conversion, ni l'attitude loyaliste d'un tel ne sont strictement dictées par les relations personnelles entre nobles.

L'image qui se dégage de ces dernières études sur les relations internobiliaires permet de mettre en évidence l'idée de grande fluidité des rapports entre les nobles dans la deuxième moitié du XVIe siècle. Même si les liens d'amitié, les réseaux de parenté, les rapports de fidélité peuvent peser sur les choix d'un noble bas-normands et, par exemple, lui faire prendre les armes aux côtés de Montgomery, ces relations diverses ne constituent pas, pour autant, un moteur automatique de son engagement. Il importe de se rappeler que le noble est par définition un individu, qui, en dépit de ses diverses appartenances, reste résolument libre et veille jalousement à cette liberté. Ainsi, du parti au réseau d'amis et de parents, de ce réseau au parti, ce mouvement semble bien se dessiner à double sens. Il faut compter, en effet, avec la fluidité de ces relations et l'absence de déterminisme social. Il s'agit également de comprendre comment une poignée de nobles soudés par la foi et l'amitié ont réussi à engager, autour d'eux, une véritable dynamique, imposant, pour quelques années, leur loi sur cette région du bocage par la terreur.

On cherchera donc, tout d'abord, à mesurer la capacité de Montgomery à drainer la noblesse protestante locale, puis à voir comment les nobles protestants bas-normands conçoivent l'attachement à leur camp. Quel type de réseau ont-ils tendance à tisser autour d'eux ? Ces relations s'appuient-elles sur des clientèles locales solides, construites sur la longue durée et assorties d'échanges caractéristiques ? S'agit-il plutôt de liens d'amitié, de relations de parenté ? Comment ces réseaux de relations entrent-ils en interaction avec un parti ? Il faut enfin comprendre comment les nobles protestants bas-normands concilient leur engagement religieux et militaire, notamment lors de ce moment fort des solidarités nobiliaires, le siège de Domfront.

La capacité de Montgomery à drainer la noblesse protestante locale

Au sein de la noblesse bas-normande, une place particulière doit être faite à Gabriel de Montgomery, le régicide malgré lui, converti au protestantisme. Rien ne semblait prédisposer Gabriel de Lorges, fils de Jacques de Montgomery, capitaine des gardes écossaises, dont il avait hérité la charge, à se convertir au protestantisme. Avant l'accident de l'été 1559, Brantôme dresse le portrait d'un homme peu préoccupé par les questions religieuses, exposant « qu'il étoit le plus nonchalant en sa charge, et aussi peu soucieux qu'il étoit possible, car il aimoit fort ses aises et le jeu ; mais quand il avoit une fois le cul sur la selle, c'étoit le plus vaillant et le plus soigneux capitaine qu'on eust sceu voir[6] ». De ce portrait, se dégage l'image d'un aristocrate bien paré en cour, plus prompt aux exercices du corps qu'à ceux de l'âme. Henri II lui confie des missions contre les protes-

6. Cité dans Émile et Eugène HAAG, *La France protestante, ou vies des protestants français [...]*, Paris, Joël Cherbuliez, 1846-1859, rééd. Genève, Slatkine reprints, 1966, 10 vol., t. 7, p. 480.

tants normands entre 1557 et 1559. Aussi l'accident dans la lice et la conversion qui s'en suit apparaissent-ils bien comme une fracture dans ce beau ciel azuré. C'est donc là une certaine ironie de l'histoire : celui qui a persécuté sera à son tour persécuté, puis deviendra le champion du futur camp protestant[7]. Du 30 juin 1559, jour du drame, à la fin de l'année 1561, quand il réapparaît en France, se construit le parcours spirituel de Gabriel de Montgomery[8]. Montgomery n'est pas, certes, le premier seigneur à s'être converti en Basse-Normandie. Il semble plutôt répondre à l'appel de son ami, le baron de Colombières, qui appelle la noblesse locale à se révolter et à suivre le prince de Condé[9]. Mais, compte tenu de son parcours particulier, il est le mieux placé, dès son retour, pour coordonner les opérations militaires et drainer autour de lui les autres membres de la noblesse, en imposant une pression qui inspire une « terreur panique ». À partir de sa résidence de Ducey dans le Cotentin, il se pose comme le seigneur au plus fort charisme local, capable d'entraîner les autres nobles convertis.

Face à lui, se dresse Jacques de Goyon de Matignon. Depuis 1561, date de sa prise de fonction au titre de lieutenant général de Normandie, Matignon est le seul contrepoids face à Montgomery. Son implantation locale et sa montée en puissance ne font aucun doute. Cet homme possède une solide assise régionale grâce à sa mère. Jacques de Matignon est né, le 16 septembre 1525, à Lonray, près d'Alençon, au sein d'une famille implantée en Normandie depuis plusieurs générations. Sa mère, Anne de Silly, est elle-même dame de Lonray et possède plusieurs terres sur place. Il devient de ce fait l'homme du camp royal face au gouverneur de Bouillon et à ses hommes. Rabondanges, notamment, en place à Alençon, apparaît comme peu fiable, voire tenté par le camp adverse. Homme de la politique de bascule, soldat loyal, Matignon obtient, au contraire, toute la confiance de Catherine de Médicis et fait alterner volonté de fermeté et conciliation, surtout à l'égard des populations locales. En outre, son action s'est révélée efficace au moment de la Saint-Barthélemy[10].

Montgomery est appuyé par Guillaume Payen de La Poupelière (marié à Françoise de Pomereul, qui fait venir de Jersey, sur ses terres, près d'Athis, le

7. Sur cette idée de vengeance divine, David El Kenz, *Les bûchers du roi : la culture protestante des martyrs (1523-1572),* Seyssel, Champ Vallon, 1997, p. 171-172 : « Mais si est-ce qu'il Dieu luy a pleu monstrer devant tout le monde, qu'il s'en peut et scait bien venger quand il luy plaist. Il a faict ledict Roy deffunct succomber et tuer d'un coup de lance, et par une façon incogneue. [...] N'est ce pas l'Orges, qui n'agueres par son commandement avoit lié et emprisonné l'innocent et troisième Élie (Anne du Bourg). »

8. La sincérité de la foi protestante de Montgomery ne semble faire aucun doute. Au moment de son exécution, il explique ce qui l'a conduit à se convertir. Le propos est rapporté par Pierre de L'Estoile : « Le premier qui me bailla jamais une Bible en français et qui me la fit lire, ce fust ung cordelier comme vous et la-dedans j'ay appris la religion que je tiens, qui seule est la vraie », ce qui souligne l'importance de la lecture de la Bible en langue vernaculaire : *Mémoires-journaux de Pierre de l'Estoile, journal de Henri III (1574-1580),* Paris, Librairie des bibliophiles, 1875, t. 1, p. 11-12.

9. Abbé Jean Canu, « Les guerres de religion et le protestantisme dans la Manche », *Revue du département de la Manche*, t. 14, juillet-octobre 1972, p. 225-326, ici p. 252-253 : en novembre 1561, l'appel du baron de Colombières à l'adresse de la noblesse bas-normande mentionne Gabriel de Montgomery.

10. Henri Chardon, « Le rôle de Matignon à la Saint-Barthélemy à Alençon, à Caen et dans toute la Basse-Normandie », *Bulletin de la Société historique et archéologique de l'Orne (SHAO)*, t. 24, 1905, p. 173-197.

pasteur Germain Berthelot)[11]. Le comte de Montgomery peut aussi compter sur le soutien de la noblesse du bocage, de François de Briqueville, baron de Colombières, de Nicolas et de son fils Jacques de Sainte-Marie d'Aigneaux, de Philippe de Sarcilly, seigneur de La Fressengère, de Jean de Saint-Germain, sieur de Rouvrou ou de Jacques de Vassy[12]. On peut également distinguer, parmi ses compagnons, Jean Oissey, sieur du Touchet et du Teilleul, gentilhomme originaire du Mortanais[13], du Breuïl, ou encore René de Frotté, seigneur de Sey et de Couterne, fils de Jean de Frotté et de Jeanne Le Coutellier et gentilhomme de la maison du roi et du duc d'Alençon. Depuis 1570, il est marié à Françoise du Mandat, fille de Guillaume du Mandat, secrétaire du roi de Navarre. René de Frotté est présent auprès de Montgomery depuis les premières campagnes de 1562. Il l'est encore quelques années plus tard, au siège de Domfront en 1574[14]. Tous sont frères, cousins, gendres... On combat ici en famille et entre amis. David Nicholls insiste également sur la jeunesse de ces nobles réformés bas-normands : trente-sept ans pour Colombières[15]. Gabriel de Montgomery a probablement trente-trois ans au moment de l'accident de la place des Tournelles. Ceci tendrait à renforcer l'idée d'une conversion entre amis, entre compagnons d'armes et de jeux. Tous ces hommes sont des nobles qui se connaissent depuis l'enfance.

Une grande partie de la noblesse bas-normande s'est convertie au cours de la décennie 1550, une conversion d'abord relativement discrète et souterraine. Mais, la noblesse se manifeste ouvertement – et violemment – dès lors qu'elle se trouve un chef incontesté en la personne de Gabriel de Montgomery. En l'absence de Grands, les nobles bas-normands reconnaissent d'emblée son autorité, à la fin de 1561 et au début de 1562. Ainsi, en janvier 1562, Sainte-Marie d'Aigneaux, maître de Saint-Lô, prend immédiatement contact avec Montgomery, tout juste revenu d'Angleterre, et avec Colombières[16]. Le réseau d'amitié se met en place. Beaucoup sont déjà convertis (Bricqueville, Aigneaux, Auxépaules, Pierrepont, Payen de La Poupelière) et trouvent alors leur chef.

Autour de Vire, de Condé-sur-Noireau, de Falaise, la concentration de seigneurs réformés est grande et traduit la présence, dans ces zones, de hautes densités de conversion. Le poids et la capacité à structurer le mouvement de la part de Montgomery sont indéniables. Sans être l'unique composante sociale de la Réforme en Normandie, la noblesse représente la catégorie la plus active du mouvement, menant les opérations militaires et prenant part aux actes d'iconoclasme,

11. Gaston Le Hardy, *Histoire du protestantisme en Normandie, depuis son origine jusqu'à la publication de l'édit de Nantes,* Caen, E. Le Gost-Clérisse, 1869.
12. Abbé Constant Macé, *Histoire de l'Église protestante d'Athis, recueilli à Sainte-Honorine et à la Gautraye, Montligeon, La Chapelle,* Montligeon, Impr. de Montligeon, 1906, p. 33. Marcel Cauvin, « Le protestantisme dans le Mortainais », *Revue de l'Avranchin et du pays de Granville*, t. 47, 1970, p. 219-228.
13. G. Le Hardy, *op. cit.*, p. 2-3.
14. Archives Départementales de l'Orne, 1 E 976 et 80 J 6 : fonds Frotté.
15. David Nicholls, « Social change and early Protestantism in France : Normandy, 1520-1562 », *European Studies Review*, t. 10, 1980, p. 279-308.
16. René Toustain de Billy, *Mémoires sur l'histoire du Cotentin et de ses villes*, Saint-Lô, impr. d'Élie fils, 1864, t. 1, p. 76-77.

tout en cherchant à les contrôler. Imprévue, la violence se manifeste, en effet, dans toute la région, au printemps et à l'été 1562. Ces actes iconoclastes, caractérisés par le bris et la réquisition des objets sacrés, mais aussi par des violences contre le clergé, régulier ou séculier, constituent, pour ces nobles en armes, une façon d'affirmer leur nouvelle identité religieuse, laquelle perdure puisque la noblesse protestante bas-normande n'est pas décapitée par des massacres à l'été 1572.

Une nébuleuse de parents et d'amis : du réseau au parti

Au printemps 1562, les nobles protestants bas-normands, qui ont pris les armes, n'hésitent guère dans le choix de leur protecteur, lequel est tout désigné, Louis de Bourbon, prince de Condé. Ce dernier, d'abord réfugié à Meaux, s'empare d'Orléans, le 2 avril. Puis Tours, Blois, Angers vont tomber sous son autorité. La légitimité du prince vient également de l'étranger ; elle est assurée par Théodore de Bèze. Dans le *Manifeste*, inspiré par ce dernier, Condé est, en effet, reconnu comme le protecteur de la Maison de France. Il peut compter sur le soutien d'un certain nombre de membres éminents du second ordre : « Après Vassy, [...] Monsieur le Prince est bien fait, et avecq luy dix à douze hommes chevaliers de l'ordre comme Monsieur l'Admiral, Monsieur d'Andelot, Monsieur de Nivers, La Rochefoucault, Monsieur de Rohan, le comte de Montgomery, qui est celuy qui tua en joutant le Roy Henry[17]. » Il est à noter que Gabriel de Montgomery est cité en sixième position parmi les chefs protestants appartenant à la clientèle du prince, bien qu'il n'appartienne qu'à la noblesse seconde. Il est identifié nettement par son signe désormais indélébile : le régicide malgré lui, « celuy qui tua en joutant le Roy Henry ». Pour l'heure, comme pour la plupart des nobles protestants, le choix de Condé en tant que chef du parti s'impose à Montgomery. Mais il n'en sera pas toujours ainsi.

Le chroniqueur Castelnau met également en avant le caractère familial et/ou amical de la solidarité protestante :

> « Quant au Prince de Porcian, il estoit, jeune, prompt, volontaire et toujours bien suivy, comme estoient les sieurs de Rohan de Bretagne, de la Rochefoucauld, de Genlis, de Montgommery, de Grammont, de Soubise, de Mouy, de Piennes et plusieurs autres seigneurs, ausquels se rallioient de toutes parts quantité de leurs parents, amis et serviteurs, tant capitaines, soldats, qu'artisans, et plusieurs mesmes de la Maison du Roy et de la Cour[18]. »

Dans le Cotentin, c'est donc un engagement familial entre frères, cousins ou gendres, entre amis aussi. Autour de Gabriel de Lorges, la noblesse réfor-

17. Louis Ier de Bourbon, prince de Condé, *Mémoires de Condé ou Recueil pour servir à l'histoire de France, contenant ce qui s'est passé de plus mémorable dans le Royaume, sous le règne de François II et sous une partie de celui de Charles IX, où l'on trouvera des preuves de l'Histoire de M. de Thou, augmentées d'un grand nombre de pièces curieuses qui n'ont jamais été imprimées*, Londres, C. du Bosc et G. Darres, 1743, 5 vol., vol. 3, p. 226 (1562).

18. Michel de Castelnau, *Mémoires*, Michaud et Poujoulat (éd.), *Nouvelles collections des mémoires pour servir à l'histoire de France*, Paris, 1839, 1re série, 9, 1838, p. 408-554, ici p. 455.

mée locale se structure avec François de Bricqueville, Henri Auxépaules, sieur de Sainte-Marie-du-Mont, Jacques de Sainte-Marie d'Aigneaux et de petits nobles du bocage, tels que Pierrepont, Carbonnel, du Touchet ou Piennes[19]. Il s'agit de Simon de Piennes, délégué pour la Normandie au colloque de Poissy[20]. Parmi ces hommes, nous trouvons François de Bricqueville, considéré comme l'un des plus grands capitaines de son temps. Il fait ses premières campagnes sous François Ier puis Henri II et obtient le commandement d'une compagnie de cent hommes d'armes. Sa mort, en 1574, au siège de Saint-Lô fait de lui un héros, à la fois dans le camp protestant et dans les rangs catholiques, parce qu'il apparaît comme l'archétype, tant recherché, du courage nobiliaire[21]. Quant à Henri-Robert Auxépaules, capitaine de cinquante hommes d'armes, il épouse Jeanne de Bours. De cette union, est issue la protestante convaincue, Judith de Auxépaules[22]. Jacques de Sainte-Marie d'Aigneaux, seigneur de la Haye Hellouze, est le fils de Nicolas de Sainte-Marie d'Aigneaux. Ce dernier est ouvertement protestant et s'est illustré dans les combats dès le début du conflit. En 1570, il établit un culte de fief sur ses terres. Capitaine de Valognes en 1563, il en devient ensuite le gouverneur et le chambellan du prince de Condé. On peut le considérer comme l'un des principaux chefs protestants de Normandie. Il prendra, par la suite, des positions plus loyalistes envers la couronne. Son fils Jacques, très jeune au début du conflit, participera également, quelques années plus tard, aux opérations militaires, accomplissant une belle carrière sous Henri III puis Henri IV[23]. Ces hommes peuvent s'appuyer sur une fraction de la petite noblesse locale. Cette dernière n'est pas toujours facile à identifier. On note la présence de François de Pierrepont, écuyer, sieur de Ronceray, marié à Françoise de La Roque[24], un compagnon d'armes de Bricqueville et de Sainte-Marie d'Aigneaux. On trouve aussi, parmi ces nobles, Isaac de Piennes, originaire du Poitou, qui s'installe au début du XVIIe siècle sur le fief des seigneurs des Isles de la Bretonnière. Il est l'époux en premières noces de Sarah de Auxépaules, l'une des filles de Henri-Robert, sieur de Sainte-Marie-du-Mont.

19. Marcel Cauvin, « Le protestantisme dans le Cotentin : église de Bricqueville-la-Blouette », *Bulletin de l'histoire du protestantisme français*, janvier-mars 1968, t. 114, p. 114-118.
20. Marcel Cauvin, « Le protestantisme dans le Cotentin, XVIe, XVIIe, XVIIIe et XIXe siècles », *Bulletin de l'histoire du protestantisme français*, octobre-décembre 1966, t. 112, p. 365-372, ici p. 367-368.
21. François-Alexandre Aubert de La Chesnaye Des Bois, *Dictionnaire de la Noblesse [...]*, Paris, Badier, 1770-1786, t. 4, article Briqueville, p. 184-185.
22. *Ibid.*, t. 2, article « Auxépaules, sr. de Sainte Marie du Mont » (Normandie, généralité de Caen), p. 93-94. Judith épouse Arthur de Magneville, baron de la Haye du Puit, lequel s'est converti au protestantisme tardivement après cette union : Marcel Cauvin, « Le protestantisme dans le Cotentin : église de la Haye du Puit et Glatigny », *Bulletin de l'histoire du protestantisme français*, juillet-septembre 1968, t. 114, p. 433-444. Arthur de Magneville avait eu onze enfants de son premier mariage, dont Gédéon, l'aîné, qui fut enseigne du prince de Condé ; il épousa d'abord Ester d'Orbec, puis, en secondes noces, Judith Le Lou, de la parenté des seigneurs de Colombières et des Richier. Ainsi, on se marie entre lignages protestants voisins dans le Cotentin.
23. BNF, Cabinet des titres, Chérin 185.
24. BNF, Cabinet des titres, PO. 2272, f°s 53-61 (et quittance f° 10, datée de 1612) : Pierrepont en Normandie, seigneur du lieu, d'Estienneville, Baudreville, Ourville, Beauchamp, Rouville, d'Arreville.

Après un premier temps d'expansion des points d'appui du protestantisme en Basse-Normandie à l'été 1562, le siège de Rouen (fin septembre-26 octobre 1562) est le temps fort de la rupture, à la fois confessionnelle et militaire. Montgomery est désormais considéré comme rebelle à la Couronne ; cet épisode est marqué par sa première condamnation par contumace prononcée par le parlement de Paris. En septembre, Gabriel de Montgomery devient gouverneur de Rouen pour le prince de Condé[25]. Montgomery s'est taillé une place importante au sein de son pays d'origine, là où ses amis, ses parents et ses protégés s'avèrent nombreux. Plus encore que les actes iconoclastes du printemps et de l'été, le siège de Rouen, du fait de l'importance stratégique de la ville, de sa position de capitale réformée en Normandie, est un moment de basculement, décisif pour le camp protestant. Pour Montgomery et ses amis, tout recul devient impossible[26].

L'adhésion à un parti est, cependant, rarement définitive. La première faille apparaît avec l'affaire havraise, à l'hiver 1562-1563. L'Angleterre, depuis le début des conflits religieux, sert de terre de refuge aux protestants français, surtout aux Normands, du fait de la proximité géographique[27]. Montgomery y aura recours à maintes reprises. L'intercession de Gabriel de Lorges, entre Condé et la couronne anglaise, est décisive. Mais son attitude vis-à-vis de la politique anglaise demeure beaucoup plus nuancée. Aussi son intervention pourrait-elle être mal perçue et faire même l'effet d'une trahison, Montgomery jouant un jeu personnel. Il nourrit, en effet, une abondante correspondance avec des personnalités politiques anglaises importantes, particulièrement avec l'ambassadeur Warwick, en poste au Havre, son interlocuteur privilégié[28]. Il s'entretient aussi avec la reine Élisabeth et la sollicite parfois directement pour des envois d'armes ou de renforts. Montgomery apparaît alors comme une interface majeure entre les autorités anglaises et les princes protestants français.

Si la noblesse invoque son « ultime liberté » comme le moteur de ses actions, le comportement de Gabriel de Montgomery traduit bien l'affirmation d'une liberté qui refuserait fondamentalement toute allégeance. L'alliance politique du comte à Condé et Coligny ne fonctionne donc pas de façon systématique. Il paraît vouloir garder sa marge de manœuvre et ne pas se laisser dicter ses actes, fussent-ils considérés comme répréhensibles par ses amis. Si le sentiment d'appartenance à la France réside alors, chez les membres de la haute noblesse, dans la fidélité au roi, comme le souligne M. Yardeni à propos de l'affaire du Havre[29], Gabriel de Montgomery

25. Louis Ier de Bourbon, *Mémoires [...], op. cit.*, vol. 3, p. 688 (1562) : « Ordre du comte de Montgomery, gouverneur de Rouen, 20 septembre 1562. »

26. Pour le récit du siège de Rouen, Haag, *La France protestante [...], op. cit.*, t. 7, p. 472-474 et d'Aubigné, *op. cit.*, chap. 10, p. 87-94.

27. Michel Reulos, « La Réforme et les relations entre la Normandie et l'Angleterre au cours de la deuxième moitié du XVIe siècle », *Revue des sociétés savantes, Haute-Normandie, lettres et sociétés humaines*, n° 53, 1969, p. 37-41.

28. Hector de La Ferrière, *La Normandie à l'étranger : documents inédits relatifs à l'histoire de Normandie, tirés des archives étrangères (XVIe et XVIIe siècles)*, Paris, A. Aubry, 1873.

29. Sur cette affaire et le sentiment d'appartenance nationale, Miryam Yardeni, *La conscience nationale en France pendant les guerres de Religion, 1559-1598*, Louvain, Nauwelaerts, 1971 et *Id.*, *Enquête sur l'identité de la nation France : de la Renaissance aux Lumières*, Seyssel, Champ Vallon, 2005, ici p. 90-91 et chap. III.

aurait-il brisé ce lien par son « acte régicide » ? Il semble, en tout cas, concevoir l'alliance avec la reine d'Angleterre comme naturelle. Ayant une parfaite maîtrise de la langue anglaise, c'est avec une grande liberté de ton qu'il s'adresse à l'ambassadeur Warwick. Il lui prodigue des conseils, lui fait part de l'avancée des troupes royales ou l'informe des intentions de Condé ou Coligny. Partisan de l'alliance anglaise, Montgomery a négocié de son propre chef auprès d'Élisabeth. Parti à la cour d'Angleterre avec le blanc-seing de Coligny et Condé, il n'a pas hésité à faire preuve d'initiative, promettant Le Havre aux Anglais au nom de ses chefs. Après cette affaire (juillet 1563), les positions de Montgomery évolueront vers plus d'autonomie. Alors que les chefs protestants français font preuve d'une grande détermination et d'une certaine cohésion en se ralliant à leurs anciens ennemis du camp royal contre ceux qui sont, désormais, considérés comme des étrangers, des envahisseurs, l'attitude de Montgomery se fait plus nuancée et plus discrète. Elle forge pour longtemps et jusqu'à sa mort l'image d'un homme plus anglais que français[30].

Les distances entre la direction du parti protestant et ses hommes, Montgomery plus particulièrement, iront encore en grandissant avec la bataille de Jarnac (13 mars 1569) et la mort de Louis Ier de Bourbon, Montgomery perdant son protecteur. Après cette défaite lourde de conséquences, Jeanne d'Albret convoque les chefs huguenots à La Rochelle. Henri de Navarre et Henri Ier de Bourbon-Condé, fils du défunt prince, sont désignés comme chefs sous l'autorité de l'Amiral. Pour Montgomery, il faut alors chercher un nouveau protecteur. Après 1570, il devient lieutenant général de Navarre auprès de Jeanne d'Albret, mais la mort de sa protectrice, en 1572, remet vite cette situation en cause[31]. Il porte donc allégeance à son fils, Henri de Navarre.

La réputation du chef protestant dépasse largement alors les bornes de la Basse-Normandie. Montgomery peut apparaître désormais, notamment du fait de ses victoires militaires, comme le chef réformé le plus charismatique. Même si Montgomery demeure encore en Angleterre, tout se passe comme s'il était reconnu

30. *La prinse du comte de Montgommery dedans le chasteau de Donfron par M. de Matignon [...]*, rédigé par un lieutenant de Basse-Normandie en l'absence du duc de Bouillon, d'après la copie imprimée à Paris pour Nicolas Du Mont, demeurant auprès le collège de Reims en 1574, Vte. d'Estaintot (éd.), *Prise d'armes de Montgommery en l'année M.D.LXXIV. Recueil d'opuscules rares et de documents inédits [...]*, Rouen, impr. de H. Boissel, 1874, p. 6.

31. Alors que se prépare une campagne militaire en Béarn, occupé par le vicomte de Terride, Montgomery est investi officiellement, le 10 juillet 1569, du titre de lieutenant général du royaume de Navarre. Le 21 juin, Montgomery opère une jonction à Castres avec « l'armée des vicomtes ». Des opérations se déroulent en Ariège, à Saint-Gaudens, puis Orthez et Pau. Terride est retranché à la Tour Moncade ; assiégé, il est fait prisonnier, puis échangé contre le fils de Gabriel de Lorges, Jacques, qui avait été capturé à Jarnac. La reddition est finalement signée le 15 août 1569. Pour Montgomery, il s'agit là d'un immense succès. Gabriel de Lorges occupe désormais la quatrième place du Conseil Supérieur de l'armée protestante, derrière Condé, Navarre et Coligny. Pour concrétiser cette ascension militaire, Jeanne d'Albret le récompense par la donation de la châtellenie de Genis en Périgord et de 12 000 livres de rente annuelle. L'action éclatante de Montgomery durant la troisième guerre de Religion contribue à édifier sa gloire militaire et correspond également à un choix, celui de l'allégeance à la famille de Navarre, qui apparaît, à ses yeux, comme la seule capable de fédérer le mouvement. La victoire contre Terride ne peut, cependant, totalement effacer une autre défaite protestante, à Moncontour, le 1er octobre.

par les siens comme le premier des leurs. Il est vrai qu'après la mort de Condé, l'assassinat de Coligny à la Saint-Barthélemy puis l'emprisonnement de Navarre, le chef normand se retrouve une fois de plus seul et contraint de ne compter que sur ses propres forces. Ainsi, au cours de cette période, le comte a changé plusieurs fois de protecteur. Il a eu tendance à se recentrer sur son réseau et à resserrer les alliances de nature familiale et amicale. Il s'appuie désormais sur son fils aîné, Jacques de Lorges. Il tend aussi à développer des liens de protection en Angleterre, où il dispose désormais d'un véritable réseau, grâce aux Français réfugiés Outre-Manche, notamment un certain Poyet[32], auquel il confie une mission diplomatique auprès du prince d'Orange[33]. Il peut aussi compter sur le soutien de son parent par alliance, sir Artus Champernown, vice-amiral du Devon. Ce dernier a joué un rôle déterminant dans la campagne de Normandie de 1562. Son plus jeune fils, Henry, vice-amiral des côtes de Cornouailles, a épousé Élisabeth, l'une des filles du comte. Sous couvert du commandement de Gabriel de Montgomery et du fils de Champernown, une flotte importante part du port de Devon pour La Rochelle en 1573 ; elle est composée essentiellement de soldats anglais. Le père d'abord, puis le fils, Henry Champernown, constituent donc les acteurs essentiels de cette mise en relation diplomatique entre Condé et la Couronne anglaise, ainsi que le comte Gabriel de Montgomery. Ce dernier joue en quelque sorte le rôle d'interface diplomatique[34].

L'aspiration radicale à la liberté qui transparaît de ce parcours biographique implique également, de la part de Montgomery, une distance croissante vis-à-vis des Grands et des chefs militaires. Au moment du siège de La Rochelle, Montgomery se pose désormais comme le chef naturel des protestants français et il est reconnu comme tel par ses compagnons. Il a donc eu tendance à se détacher de l'obéissance due aux chefs de parti, Condé, Coligny, Jeanne d'Albret ou Navarre, pour n'en conserver qu'une seule, celle qui le lie à la reine d'Angleterre. Tout se passe comme si, en méprisant la mort et en se détachant des liens traditionnels au sein de la noblesse, il s'affirme en tant qu'homme libre, ne se sentant comptable que de sa relation avec Dieu. Mais la revendication d'une liberté farouche et irrépressible n'est rendue possible que par une stratégie mise en place de longue date par Montgomery. Celle-ci repose d'abord et surtout sur une base solide et indéfectible, une nébuleuse d'amis et de parents. Cette stratégie se révèle particu-

32. Il s'agit probablement du gouverneur de l'île de Jersey.

33. H. de La Ferrière, *op. cit.*, p. 220 : « Monsieur de Lorges, Poyet, et quelques autres François n'ayant peu entrer dans La Rochelle, me sont icy venus me trouver. »

34. David J. B. Trim, « "The secret War" of Elisabeth : England and the Huguenots during the early Wars of Religion, 1562-1577 », *Proceedings of the Huguenot Society*, t. XXVII, n° 2, 1999, p. 189-199. La somme de 25 000 livres a été dépensée, en 1562, pour soutenir l'effort de guerre en France. Le Trésor anglais confie encore 45 000 livres à Châtillon, entre novembre 1568 et juin 1569. La reine et ses ministres ont toujours nié avoir envoyé des soldats combattre auprès des réformés français. Élisabeth a soutenu les protestants français, secrètement mais avec constance ; ce qui explique qu'elle n'ait pas pu appuyer officiellement Montgomery lors de son arrestation, l'action anglaise restant clandestine sous peine de se mettre ouvertement à dos l'Espagne : « Elisabeth I and her government actually expended both treasure and blood in furtherance of a consistent policy of support for the Huguenots, which was motivated by confessional rather than national, interests » (p. 190).

lièrement efficace lors du choc frontal qui s'annonce contre Matignon et permet au chef normand de tenir ses positions militaires, malgré les difficultés grandissantes, sans être trahi (du moins dans un premier temps).

Un temps fort de la crispation des réseaux nobiliaires : le siège de Domfront du printemps 1574

Le siège de Domfront constitue un moment de vérité pour les réseaux nobiliaires locaux. Au départ, il s'agit d'une opération militaire ordinaire; le plan initial consiste à organiser un soulèvement contre le camp catholique et la date en est fixée au 23 février 1574. Le mouvement éclate conjointement en Dauphiné, Poitou et Normandie. Un contingent franco-anglais de 600 hommes, commandé par Montgomery, doit partir de la Basse-Normandie et faire sa jonction avec les troupes de La Noue et d'Henri de Navarre, en Poitou. L'ampleur des forces déployées, la détermination des deux camps à l'emporter transforment ce combat en une épreuve pour les solidarités nobiliaires bas-normandes. Le baron de Colombières s'empare de Saint-Lô, le 2 mars 1574, tandis que Domfront est tenu par le capitaine Le Hérissé et son frère. Montgomery, parti le 8 mars de Guernesey, débarque secrètement, le 12 mars, à Gouville, avec son fils et son gendre, ainsi qu'une douzaine d'hommes. Là, les attendent Bricqueville, baron de Colombières, avec une soixantaine de soldats. Ils s'emparent de la ville de Carentan où ils établissent leurs quartiers.

C'est l'occasion de mobiliser l'ensemble de la noblesse locale. Outre son chef, Gabriel de Lorges, la nébuleuse se resserre à mesure que les combattants s'amenuisent, le camp protestant bas-normand devenant toujours davantage une affaire de famille. Il se compose de son fils, Jacques de Lorges et de son gendre, Jean de Refuge, comte de Coësme et baron de Gallardon, marié à Claude de Montgomery, fille de Gabriel, que l'on surnomme « Barrache[35] ». Il est toujours soutenu par le baron de Colombières, compagnon de la première heure et aussi de la dernière (les deux hommes vont tomber à quelques jours d'intervalle). On trouve également à ses côtés Jean de Chaumont, sieur de Guitry, le sieur de Sei (il s'agit probablement de René de Frotté, fils de Jean) et Jacques de Sainte-Marie d'Aigneaux. Face au camp catholique et royal, placé sous le commandement de Matignon et constitué d'hommes issus de plusieurs provinces, aux motivations diverses, celui de Montgomery manifeste une plus grande homogénéité, tant familiale que

35. Marcel Cauvin, « Les Montgomery et le protestantisme en Avranchin », *Revue de l'Avranchin et du pays de Granville*, 87e année, t. 46, 1969, p. 217-241 : d'après Cauvin, deux des filles de Gabriel, comte de Montgomery, Anne et Élisabeth, se marient en Angleterre; la première, Anne (dont nous n'avons pas retrouvé la trace dans les archives) avec le sr. de Douglas, Élisabeth avec Henry Champernown, vice-amiral des côtes de Cornouailles. Jacques, fils aîné de Gabriel, eut trois filles. Marie, héritière du domaine, est mariée à Jacques de Durfort, marquis de Duras. Claude, née peut être en 1554, épouse Jean du Refuge, baron de Gallardon (sa fille, Suzanne, devient femme de Benjamin de Frotté, sr. de Sey, fils du compagnon d'armes de Gabriel de Montgomery). Enfin, Charlotte épouse Daniel de la Touche, sr. de la Ravardière et de Regneville, explorateur des Indes Occidentales pour Henri IV. Ici encore, on se marie entre familles protestantes locales, des alliances entre amis et compagnons d'armes.

confessionnelle. Matignon a su, certes, s'entourer d'hommes de confiance, issus de familles émanant de la petite noblesse locale bas-normande. Le ralliement à Matignon des familles de la noblesse seconde semble a priori moins évident, notamment lorsqu'elles avaient développé des relations d'amitié avec des protestants. C'est par exemple le cas de Guillaume de Fervacques, ami proche de Montgomery et de Bricqueville. Dans l'*Histoire universelle,* on entrevoit un Guillaume de Fervacques tiraillé entre le devoir d'obéir aux ordres du roi, représenté par Matignon, et l'amitié au camp protestant, notamment à Montgomery. D'Aubigné précise d'ailleurs que Fervacques aurait pu trahir le camp royal et se ranger aux côtés des insurgés ou, du moins, obtenir la grâce pour Gabriel de Montgomery. Fervacques semble ainsi jouer un double jeu ou hésiter entre deux positions : « Fervacques partant pour Paris avoit juré au roi de Navarre que s'il pouvoit faire plaisir au Comte de Montgommeri aux depens de Matignon, il le feroit[36]. » Le partage des camps ne s'effectue donc pas selon une froide mécanique, qu'elle soit strictement confessionnelle ou fondée sur l'amitié. Pourtant, pour Fervacques, l'emporte au final le devoir d'allégeance au roi et à son camp ; cette même volonté d'obéissance constitue bien visiblement la motivation principale des nobles locaux à combattre, aux côtés de Matignon, un Montgomery, jugé rebelle. Apparaît surtout, pour ces nobles, la nécessité d'adopter, contre vents et marées, une posture relevant du loyalisme à la couronne. Sans véritablement parler de réseau, on peut dire que Matignon est devenu le chef charismatique en Basse-Normandie pour le camp des royaux catholiques, capable de mobiliser suffisamment d'hommes et de faire véritablement contrepoids à Montgomery.

Au-delà de l'affrontement entre les deux camps, le siège de Domfront serait l'occasion de révéler un clivage dans le comportement de la noblesse locale. Tout semble se passer là encore comme si nous étions confrontés à un face à face entre deux logiques contradictoires. Dans le camp protestant, le choix de l'amitié et/ou de la parenté apparaît comme le moteur des solidarités militaires. Au fil des semaines, la cassure entre les deux camps a tendance à grandir, devenant irrémédiable. Malgré les multiples démarches diplomatiques de la part du roi et de sa mère, les combattants protestants, le comte de Montgomery en tête, mais aussi François de Bricqueville, baron de Colombières, ont campé sur leur position. Il est vrai que le souvenir de la Saint-Barthélemy, deux ans plus tôt, résonne encore très fort au cœur des combattants réformés, la rupture avec le roi semble consommée. De plus, le sentiment de solidarité envers ses amis et proches a également constitué le moteur de leur prise d'armes. Fidèles aux contraintes de l'honneur nobiliaire, ces hommes, issus des vieilles familles du second ordre, considèrent comme contraire à leurs principes d'abandonner dans le combat leurs amis et parents. « Il jugeoit bien ne luy pouvoir estre à honneur [...] s'il eût abandonner ceulx du parti de sa religion, lorsqu'ils se trouvoient les plus affligés et persécutés[37] » : voilà comment

36. D'Aubigné, *op. cit.,* chap. 7, livre septième, p. 210-211.
37. Bertrand de Salignac, *Correspondance diplomatique de Bertrand de Salignac de La Mothe Fénelon, ambassadeur de France en Angleterre de 1568 à 1575 [...].* Les tomes 1-4 portent un deuxième titre : *Recueil des*

Montgomery justifie son retour en France à la fin de l'hiver 1574 et sa prise d'armes en Basse-Normandie.

Tandis que, dans le camp de Matignon, le principe de la fidélité au roi est conçu comme le moteur de l'engagement, passant outre aux liens d'amitié ou de parenté qui lient certains au camp protestant adverse ; et, parce que ces soldats considèrent ces nobles réformés normands comme des rebelles à la couronne, ils n'hésitent pas à prendre les armes contre eux.

En ces temps de dissociation importante entre le service de la foi et le service du roi, comme c'est souvent le cas durant les guerres de Religion, les deux camps ne se caractérisent pas seulement par des fractures confessionnelles, mais aussi par des intérêts très différents. D'un côté, les nobles protestants semblent mettre en avant une logique traditionnelle : l'honneur nobiliaire et la fidélité à Dieu et aux siens. Ils insistent sur l'« ultime liberté » du noble, mue par les valeurs de l'honneur et de la foi. Les hommes qui composent le camp de Montgomery ont eu, en effet, plus à perdre qu'à gagner pour leur carrière avec leur conversion. Ce qui a été reproché à Montgomery pendant son procès, ce n'est pas d'avoir tué le roi en cours du fameux tournoi (il avait obtenu le pardon de sa propre voix), ce n'est même pas tant de s'être converti. Le reproche le plus insistant reste bien d'avoir pris les armes contre son roi et de s'être rebellé contre lui.

L'autre logique, celle du camp de Matignon, semble insister davantage sur le principe de la fidélité due au roi. Avec elle, triompherait aussi une certaine conception du service noble. Estimant plus sûr de mettre sous le boisseau leurs convictions religieuses, les nobles de cette génération, tels Fervacques ou Lavardin, choisissent délibérément un parti pris davantage politique que confessionnel. Ainsi, très tôt au cours des troubles, émerge une attitude nouvelle au sein d'une partie de la noblesse. Celle-ci établit une dissociation claire entre le service de la foi et celui du roi. Entre ces deux services, celui qui est rendu au souverain l'emporte toujours sur les autres considérations. Face au camp protestant, s'affirmerait donc un argumentaire plus moderne qui valorise la fidélité au roi.

Après l'arrestation de Montgomery au siège de Domfront, en 1574, et son exécution à Paris, la résistance huguenote semble un temps décimée. L'année 1574 est marquée par la mort des principaux chefs du protestantisme normand. Outre Montgomery, Bricqueville, baron de Colombières, meurt sur la brèche à Saint-Lô quelques jours plus tard. Avec cette génération de combattants protestants, disparaît aussi, peut-être, une partie des vieilles conceptions en vigueur dans la noblesse : la primauté des liens interpersonnels, des amis, des intérêts familiaux.

dépêches, rapports, instructions et mémoires des ambassadeurs de France en Angleterre et en Écosse pendant le XVIe siècle et, conservés aux archives du royaume et publiés pour la première fois, M. Ch. PURTON COOPER (éd.), Paris, Londres, Éd. Panckoucke, 1838-1840, ici vol. 5, p. 466, lettre du 17 décembre 1573.

Noblesse et protestantisme en Normandie au XVIIe siècle : autour des cultes de fief

Luc Daireaux

Si le rôle de la noblesse dans la diffusion de la Réforme protestante en France est reconnu depuis longtemps, en revanche, la place des cultes de fief, instrument pourtant déterminant, a été longtemps négligée. Il a fallu les travaux du juriste Francis Garrisson, tout particulièrement sa thèse de 1950, pour en prendre plus correctement la mesure[1]. Les historiens se sont finalement peu intéressés aux modalités d'exercice de la « Religion prétendue réformée ». Dès 1563, cependant, l'édit d'Amboise octroie, moyennant certaines conditions, une liberté de culte aux seigneurs. À côté des exercices publics, urbains pour les plus connus, existent donc des cultes privés, ces « îlots de la Réforme » qui dessinent une géographie mal connue[2]. Le désintérêt pour les cultes de fief s'explique assez facilement. La noblesse rurale, principale actrice de ce maillage, est souvent associée aux guerres civiles, tout spécialement aux temps héroïques de la décennie 1560[3]. La période postérieure est généralement vue comme celle du détachement de gentilshommes à l'égard d'un calvinisme dont on sait désormais qu'il restera fortement minoritaire dans le royaume[4].

1. Seule la première partie de la thèse soutenue à l'université de droit de Paris, en 1950, est parue : Francis Garrisson, *Essai sur les commissions d'application de l'édit de Nantes. Première Partie. Règne de Henri IV*, Montpellier, Imprimerie Paul Déhan, s. d. [1964]. Je tiens ici à remercier Didier Boisson de m'avoir transmis son texte inédit, « Le prêche au château : un aspect de la résistance protestante au XVIIe siècle », *Autour du château*, communication au colloque de Craon (septembre 2003).
2. Voir Anne-Marie Cocula, « Châteaux et seigneuries : des îles et îlots de la Réforme en terre aquitaine (XVIe-XVIIe siècle) », Robert Sauzet (dir.), *Les frontières religieuses en Europe du XVe au XVIIe siècle. Actes du XXXIe colloque international d'études humanistes*, Paris, J. Vrin, 1992, p. 185-193.
3. Sur ce point, on peut lire notamment Jean-Marie Constant, *La noblesse en liberté, XVIe-XVIIe siècles*, Rennes, Presses universitaires de Rennes, 2004, ou encore Laurent Bourquin, *Les nobles, la ville et le roi. L'autorité nobiliaire en Anjou pendant les guerres de Religion*, Paris, Belin, 2001 et, du même, *La noblesse dans la France moderne (XVIe-XVIIIe siècles)*, Paris, Belin, 2002, p. 124-126.
4. On connaît les formules de choc de Pierre Chaunu et de ses collaborateurs : « La réforme spirituelle, celle d'une bourgeoisie active et cultivée, sera bien vite, en Normandie, "protégée", c'est-à-dire éclipsée par une noblesse rurale plus soucieuse de brigandage que de piété : le conflit religieux devient prétexte aux affrontements sanglants. Ils prendront [...] le visage des guerres de Religion [...], mais ils se poursuivront, sous la forme larvée du brigandage seigneurial, du refus de la dîme, bien au-delà de l'édit de Nantes. Et, si la noblesse normande a vu, plus ou moins consciemment, dans la Réforme, un moyen de freiner la construction de l'État absolutiste, elle se profile encore, par son soutien ou sa neutralité, derrière les révoltes populaires, surtout celle de 1639 » : Jean-Pierre Bardet, Pierre Chaunu *et al.*, « Du sang et des larmes », dans

Il ne faudrait pas, cependant, négliger la place de la noblesse dans la structuration des Églises réformées, mouvement durable après la légalisation de 1598. On s'efforcera ici d'esquisser une géographie des cultes de fief dans la Normandie du XVIIe siècle. Pour ce faire, on s'appuiera sur des sources finalement peu nombreuses et plutôt dispersées. On tiendra compte également de deux paramètres majeurs, d'une part la densité de la population noble, plus forte qu'ailleurs dans les généralités de Caen, de Rouen et d'Alençon[5], d'autre part le poids de la noblesse protestante[6].

Approche juridique

En 1598, l'édit de Nantes octroie aux protestants une liberté de conscience sans restriction :

> « Permettons à ceulx de lad. Religion prétendue réformée vivre et demourer par toutes les villes et lieux de cestuy nostre royaume et pays de nostre obéissance, sans estre enquis, vexez, molestez, ny adstrainctz à faire chose pour le faict de la religion contre leur conscience[7]. »

En revanche, la liberté de culte demeure limitée et conditionnelle. Henri IV ne reprend pas les dispositions très libérales de l'édit de Paris (mai 1576), qui permettait « l'exercice libre, publicq et général de la Religion prétendue refformée par toutes les villes et lieux de nostre royaume et païs de nostre obéissance et protection, sans restrinction de temps et personnes, ne pareillement de lieux

Michel de Boüard (dir.), *Documents de l'histoire de la Normandie*, Toulouse, Privat, 1972, p. 185-217, ici p. 185. Voir aussi Philippe Chareyre, « Démographie et minorités protestantes », *Bulletin de la Société de l'histoire du protestantisme français*, t. 148, octobre-décembre 2002, p. 867-889, tout particulièrement p. 880.

5. Michel Nassiet, « Le problème des effectifs de la noblesse dans la France du XVIIIe siècle », *Traditions et innovations dans la société française du XVIIIe siècle. Actes du colloque de 1993*, Paris, Presses de l'université de Paris-Sorbonne, « Association des historiens modernistes des universités, n° 18 », 1995, p. 97-121, ici p. 107 : vers 1695-1703, la « densité de nobles par km² » est évaluée à 1,56 dans la généralité de Caen, à 0,91 dans celle de Rouen, à 0,87 dans celle de Rouen. Sur cette question, voir aussi Léonor de Mons, *La noblesse de l'élection de Saint-Lô aux XVIIe et XVIIIe siècles. Étude statistique et démographique*, mémoire de maîtrise, Paris, université de Paris IV-Sorbonne, 2004, p. 112 *sq* et Véronique Petit, *La noblesse protestante de l'élection de Caen de 1589 à 1715*, mémoire de maîtrise, Caen, université de Caen, 2001.
6. Dans l'élection de Bayeux, les protestants représentent 13 puis 10 % de la noblesse au début puis au milieu du XVIIe siècle, selon James B. Wood, *The Nobility of the Election of Bayeux, 1463-1666. Continuity through Change*, Princeton, Princeton University Press, 1980, p. 161. Dans celle d'Alençon, le chiffre serait de 15 % (années 1660), d'après les estimations d'Isabelle Le Touzé, « Réseaux nobiliaires et temps de crispation religieuse dans l'élection d'Alençon (XVIe-XVIIe siècles), permanences et mutations ? », *Bulletin de la Société historique et archéologique de l'Orne*, t. 124, n° 3, septembre 2005, p. 7-43, ici p. 21. Voir aussi les résultats obtenus par Véronique Petit, *Le protestantisme nobiliaire bas-normand de l'édit de Nantes à l'édit de Tolérance (généralité de Caen, 1598-1787)*, mémoire de master 2, Villetaneuse, université de Paris XIII, 2008, p. 195 : les protestants représentent 11,1 % des nobles de la généralité de Caen en 1666. Tous ces travaux s'appuient sur les enquêtes de noblesse des intendants Bernard-Hector de Marle (Alençon) et Guy Chamillart (Caen).
7. Article 6 de l'édit général de Nantes, 30 avril 1598, texte publié par Bernard Barbiche et ses collaborateurs, *L'édit de Nantes et ses antécédents (1562-1598)*, http://elec.enc.sorbonne.fr/editsdepacification.

et places[8] ». Le roi s'inspire plutôt des édits de 1563 (Amboise), de 1570 (Saint-Germain) et de 1577 (Poitiers).

Trois types de cultes sont autorisés en 1598. Les cultes de possession ou de saisine « dérivent d'un état de fait qui s'est institué localement et que la loi valide par référence à certaines conditions de formes et de temps[9] ». L'article 9 de l'édit général de Nantes déclare ainsi :

> « Nous permettons aussy à ceux de lad. Religion faire et continuer l'exercice où il estoit par eulx estably et faict publiquement par plusieurs et diverses fois en l'année mil cinq cens IIII^{xx} seize et en l'année mil cinq cens IIII^{xx} dix-sept, jusques à la fin du mois d'aoust[10]. »

L'article 10 plonge plus loin dans le passé :

> « Pourra semblablement led. exercice estre estably et restably en toutes les villes et places où il a esté estably ou deu estre par l'eedit de pacification faict en l'année soixante et dix-sept, articles particuliers et conférences de Nérac et Flex [de 1579 et 1580][11]. »

Les cultes de concession, publics comme les précédents, « résultent d'une autorisation expressément accordée par l'autorité royale ou ses agents ». L'article 11 élargit le système habituel, en vigueur dès 1563, en ajoutant un second lieu de culte par bailliage ou par sénéchaussée[12]. L'exercice se tiendra, dans ce cas, « ez faulxbourgs d'une ville » ou « en un bourg ou village[13] ». Enfin, les cultes de fief « découlent d'un privilège personnellement reconnu aux seigneurs justiciers ». L'exercice de la religion protestante y est privé, lié à la pratique du seigneur[14].

On distingue les fiefs de haute justice (article 7) et les fiefs simples (article 8). L'article 7 concerne les seigneurs qui détiennent des fiefs de haute justice ou « plain fief de haubert (comme en Normandie)[15] ». Tenir un fief de haute justice ou de

8. Article 4 de l'édit de Paris, mai 1576 : B. BARBICHE *et al.* (dir.), *L'édit de Nantes [...]*, *op. cit.* Cependant, l'exercice du culte réformé était interdit à la cour et à l'intérieur de la ville de Paris. Sur la nouveauté radicale introduite par cet édit, on peut lire Mark GREENGRASS, « Pluralism and Equality : The Peace of Monsieur, May 1576 », Keith CAMERON, Mark GREENGRASS et Penny ROBERTS (dir.), *The Adventure of Religious Pluralism in Early Modern France. Papers from the Exeter Conference, April 1999*, Oxford, Bern, New York *et alii*, Peter Lang, 2000, p. 45-63, ici p. 51.
9. F. GARRISSON, *op. cit*, p. 71.
10. Article 9 de l'édit général de Nantes, 30 avril 1598 : B. BARBICHE et *al.* (dir.), *L'édit de Nantes [...]*, *op. cit.*
11. Article 10 de l'édit général de Nantes, *ibid.*
12. F. GARRISSON, *op. cit.*, p. 71 et 73. L'édit d'Amboise (1563) et l'édit de Poitiers (1577) prévoient un seul lieu de culte par bailliage. L'édit de Saint-Germain (1570) est encore plus restrictif : ainsi, « pour le gouvernement de Normandye », le culte est seulement autorisé « aux faulxbourgs de Ponteau-de-Mer et en ceulx de Carenten », article 8, dans B. BARBICHE *et al.* (dir.), *L'édit de Nantes [...]*.
13. Voir l'article 11 de l'édit général de Nantes : *ibid.* La formulation est alambiquée : « Nous ordonnons qu'ez faulxbourgs d'une ville, outre celles qui leur ont esté accordées par led. eedit [de 1577], articles particuliers et conférence[s] [de Nérac et de Fleix], et où il n'y auroit des villes, en un bourg ou village, l'exercice de lad. Religion prétendue réformée se pourra faire publiquement pour tous ceulx qui y voudront aller. »
14. F. GARRISSON, *op. cit.*, p. 71.
15. Si on se réfère à la *Coutume* de Normandie, on trouve à l'article CLVI le commentaire suivant : « En Normandie, le possesseur du fief de haubert devoit servir au ban et arrière-ban, avec pleines armes, c'est-à-dire [...] par le cheval, le haubert ou haubergeon, autrement la cotte de maille, l'écu, l'épée et le heaume [...]. » Voir la *Coutume de Normandie avec l'extrait des différents commentateurs, contenant les*

haubert « en propriété ou usufruit », « en tout, ou par moictié, ou par la troisiesme partie », déclarer ses intentions devant la justice constituent les deux conditions pour prétendre à l'établissement d'un « exercice » de la « Religion prétendue réformée ». Celui-ci est ouvert au seigneur, à sa famille et à tous ceux « qui y voudront aller ». L'article 7, aussi alambiqué soit-il dans sa formulation, paraît, cependant, favorable aux protestants. Le culte sur un fief de haute justice sera maintenu, même en cas d'absence des seigneurs. Ces derniers peuvent « aussy avoir led. exercice en leurs autres maisons de haulte justice ou fiefz susd. de haubert tant qu'ilz y seront présens et non aultrement[16] ». Les seigneurs possesseurs de fiefs de basse et de moyenne justice sont bien moins lotis. L'article 8 dispose que le culte protestant pourra y être établi pour le seigneur et sa famille ainsi que pour une assistance de trente personnes au maximum[17].

Ainsi, les cultes de fief sont, par définition, des « exercices » dont la durée de vie peut être très courte. Une simple conversion du seigneur suffit pour faire cesser leur existence. *A contrario*, des lieux de culte peuvent théoriquement surgir d'un coup, fruit d'une décision soudaine d'un seigneur de confession réformée. On a donc affaire ici à une géographie de l'éphémère, ce qui complique singulièrement la tâche de l'historien.

Un maillage flottant : de la difficulté d'établir une géographie des cultes de fief dans la première moitié du XVIIe siècle

Considérons d'abord la situation au tout début du XVIIe siècle. Pour être appliqué, l'édit de Nantes est soumis à la procédure de l'enregistrement. Le parlement de Rouen s'exécute en septembre 1599, tout en prolongeant son combat jusqu'en 1609-1610. Dans le même temps, et selon une tradition solidement établie depuis le règne de Charles IX, des commissaires sont envoyés par Henri IV dans les provinces. Leur principale mission consiste à attribuer des lieux de culte aux protestants, conformément aux diverses clauses de l'édit de Nantes[18]. Les deux commissaires députés en Normandie, le catholique

questions proposées par ces mêmes auteurs, et les décisions fondées sur les ordonnances, édits, déclarations, arrêts et règlements, relativement à la jurisprudence actuelle par Monsieur Frigot, conseiller honoraire au bailliage de Valognes, Coutances, G. Joubert, 1779, t. 1er, p. 177.

16. Article 7 de l'édit général de Nantes, dans B. Barbiche et *al.* (dir.), *L'édit de Nantes [...]*.

17. Article 8 de l'édit général de Nantes, *ibid.* : « Ez maisons des fiefz où ceulx de lad. Religion n'auront lad. haulte justice ou fief de haubert, ne pourront faire led. exercice que pour leur famille tant seullement. N'entendons toutesfois, s'il y survenoit d'autres personnes jusques au nombre de trante outre leur famille, soit à l'occasion des baptesmes, visites de leurs amis ou aultrement, qu'ilz en puissent estre recherchez, moyennant aussy que lesd. maisons ne soient au-dedans des villes, bourgs ou villages appartenans aux seigneurs haultz-justiciers catholiques autres que nous, esquelz lesd. seigneurs catholiques ont leurs maisons, auquel cas ceulx de lad. Religion ne pourront dans lesd. villes, bourgs ou villages faire led. exercice, si ce n'est par permission et congé desd. seigneurs haultz justiciers, et non aultrement. »

18. Je me permets ici de renvoyer à mon article, « De la paix à la coexistence. La mise en œuvre de l'édit de Nantes en Normandie au début du XVIIe siècle », *Archiv für Reformationsgeschichte/Archive for Reformation History*, t. 97, 2006, p. 211-248. Sur les commissaires de l'édit actifs sous le règne de Charles IX, on peut désormais se reporter à la thèse magistrale de Jérémie Foa, *Le Tour de la paix. Missions et commissions d'appli-*

Antoine Le Camus de Jambeville et le protestant François de Quièvremont d'Heudreville séjournent dans la province en avril et en mai 1600. Leur parcours est connu. Pour l'essentiel, ces deux commissaires s'intéressent aux cultes de concession et à ceux de possession. La question des cultes de fief n'est abordée que rarement. On ne dispose que d'un seul exemple explicite. Le 8 mai 1600, de passage à Pont-Audemer, Antoine Le Camus et François de Quièvremont y autorisent la pratique de la religion réformée au Bosc-Roger (Roumois), « attendu que led. Bois-Roger est fief de hautbert, suivant les édits du roy[19] ». Dans un certain nombre de cas, la situation demeure confuse. Le 20 avril 1600, les représentants de plusieurs communautés du pays de Caux (Lindebeuf-Luneray-Bacqueville, Bolbec-Mont-Criquet-Lintot, Maupertuis et Hougerville près de Fécamp, enfin Criquetot et Sénitot) se présentent devant les commissaires. Les réformés demandent la confirmation de leurs droits à un double titre :

> « Tant parce qu'ilz y faisoient ledit exercice es annéez mil cinq centz quatre-vingt-saize et mil cinq centz quatre-vingtz-dix-sept que parce que les sieurs de Lindebeuf, Maupertus et Lintot le leur permettent en leurs fiefz, qui sont fiefz de haubert, au moyen de quoy et que par les sept et neufiesme articles dudit eedit [de Nantes], ilz doibvent estre maintenus[20]. »

Antoine Le Camus et François de Quièvremont se contentent de permettre « aux dessus ditz [de] faire ledit exercice ès ditz lieux et uzer de leurs-ditz cimettières comme ilz ont cy-devant fait », sans prendre la peine de qualifier juridiquement les lieux de culte ainsi confirmés[21]. On retrouve la même équivoque à Quillebeuf et à Groucy (La Chapelle-en-Juger), communautés reconnues par des ordonnances rendues à Pont-Audemer et à Saint-Lô les 8 et 18 mai 1600[22]. En 1600, la distinction entre culte public et culte privé ne semble pas constituer une priorité pour les représentants du pouvoir royal. Il faut ajouter que les commissaires envoyés en Normandie par la régente Marie de Médicis en 1611-1612 ne s'intéressent pas plus que leurs prédécesseurs à la question des exercices de fief[23].

Établir une géographie des cultes de fief s'apparente donc à une véritable gageure. D'après plusieurs listes dressées à l'occasion de la tenue de divers synodes nationaux, la Normandie compterait 30 Églises ou union d'Églises en 1603 (synode de Gap),

---

cation des édits de pacification sous le règne de Charles IX (1560-1574), Lyon, université Lumière-Lyon II, 2008, 3 vol., travail accessible à l'adresse suivante, http://theses.univ-lyon2.fr/.

19. Ordonnance des commissaires, Pont-Audemer, 8 mai 1600, Archives nationales (AN), TT 236/4 (n° 6-365/2).
20. Extrait d'une copie (1666) de l'ordonnance des commissaires, Dieppe, 20 avril 1600, AN, TT 260/13 (n° 143-1278-1281, ici 1279).
21. Ordonnance des commissaires, 20 avril 1600, AN TT 260/13 (n° 143-1280).
22. Voir l'ordonnance des commissaires, Pont-Audemer, 8 mai 1600, AN, TT 236/4 (n° 6-365), ainsi que des documents datant de la seconde moitié du XVIIe siècle, AN, TT 245/8.
23. Sur l'action des commissaires Jean Renard et Jean-Antoine de Saint-Simon de Courtomer, voir l'article de Jean-Marie VALLEZ, « Un révélateur du protestantisme normand au début du XVIIe siècle : l'attribution de cimetières par les commissaires du roi (1611-1612) », *Annales de Normandie*, t. 51, avril 2001, p. 139-172.

38 en 1626 (Castres), 34 en 1637 (Alençon)[24]. Beaucoup de noms changent d'une liste à l'autre. Un grand nombre ne se retrouve pas dans les actes des commissions de 1600 et de 1611-1612. Le statut de ces lieux de culte reste, le plus souvent, inconnu. On identifie, cependant, certaines Églises de fief. On se limitera ici à quelques exemples manchois. Le nom de Ducey apparaît dès 1603. La communauté est abritée, à partir des années 1620, dans un magnifique château construit par Gabriel II de Montgomery (1565-1635), le fils de Gabriel Ier[25]. En 1603, on relève également le nom de La Haye-du-Puits, Église placée sous la protection de la famille Magneville[26]. Les noms de Groucy (famille Miette) et de Cerisy figurent dans les listes de 1626 et de 1637[27]. Cette dernière communauté est patronnée par la famille Richer ou Richier. Guillaume, écuyer, seigneur de Cerisy, mort avant 1602, est le premier représentant protestant de la famille. Son fils aîné, Jean (1582-1669), dispose d'un plein fief de haubert à partir de 1624. Fondateur du marché hebdomadaire et des deux foires de Cerisy, à la Saint-Martin d'hiver et à la Saint-Martin d'été (1640), il représente la Normandie au synode national d'Alençon, en 1637. Il est le constructeur du château (premier quart du XVIIe siècle) qui abrite également le prêche[28]. L'Église apparaît encore fragile dans ce deuxième quart du XVIIe siècle. En 1626, la charge de pasteur est vacante. En 1637, la communauté est desservie par Joachim Lemoine, pasteur de Gavray, culte de concession.

La situation en 1660 : quel bilan ?

La seconde moitié du XVIIe siècle est marquée par une politique très offensive du pouvoir royal. La révocation de l'édit de Nantes, en octobre 1685, en constitue le point culminant. Le pouvoir royal procède d'abord par des voies douces. De nouvelles commissions de l'édit de Nantes sont mises en place au cours des années 1660. Sous prétexte de raviver une pratique déjà séculaire, il s'agit en fait de remettre en cause le maillage des « exercices de la Religion prétendue réformée ». On s'interroge en fait sur la légalité de tel ou tel lieu de culte. La décision finale est renvoyée au Conseil, lequel a la possibilité de supprimer ou de maintenir les

24. Voir ces listes dans Émile et Eugène HAAG, *La France protestante, ou vies des protestants français [...]*, Paris, Joël Cherbuliez, 1859, t. 10, p. 269-274 (1603, Normandie p. 273), p. 315-334 (1626, ici p. 316-317), p. 343-350 (1637, ici p. 348-349).

25. On peut lire Marcel CAUVIN, « Les Montgomery et le protestantisme en Avranchin », *Revue de l'Avranchin et du pays de Granville*, 87e année, t. 46, septembre 1969, p. 217-241. Voir aussi la communication d'Isabelle LE TOUZÉ dans le présent recueil.

26. Cf. Marcel CAUVIN, « Le protestantisme dans le Cotentin (suite) : Église de La Haye-du-Puits et Glatigny », *Bulletin de la Société de l'histoire du protestantisme français*, t. 114, juillet-septembre 1968, p. 433-444.

27. Sur l'Église de Groucy, on peut se reporter à l'article de Marcel CAUVIN, « Le protestantisme dans le Cotentin (suite) : Église de Groucy », *Bulletin de la Société de l'histoire du protestantisme français*, t. 115, janvier-mars 1969, p. 79-92.

28. À ce sujet, cf. Edmond LEMONCHOIS, *Le Marquisat de la Salle (communes de Montpinchon et de Cerisy, Manche)*, s. l. [Montpinchon, chez l'auteur], 1982, p. 187-188. Voir aussi [Yves NÉDÉLEC], « Le château de Cerisy-la-Salle », *Mélanges multigraphiés de la Société d'archéologie de la Manche*, 2e série, 1973, p. 169-174 et Sophie HAUDEBERT, *Le Château de Cerisy-la-Salle, Manche*, Caen, Inventaire général, « Itinéraires du patrimoine, n° 261 », 2002.

lieux de culte incriminés. Paradoxalement, cette période de troubles constitue un terrain favorable pour l'historien. Les procédures diligentées auprès des commissaires et devant le Conseil ont laissé de nombreux documents[29]. En outre, pour cette période, on dispose de quelques actes de synodes provinciaux[30].

Considérons la situation en mai 1660, date à laquelle se tient le synode provincial de Dieppe[31]. Cinquante et une Églises sont appelées. Les numéros portés sur la carte ci-jointe précisent la « classe » ou le « colloque » de rattachement des communautés réformées. Si on essaie, principalement à l'aide des procédures instruites devant les commissions de l'édit mais sans se laisser aveugler par elles, de qualifier sur un plan juridique les Églises, on aboutit au résultat porté dans le tableau suivant. Les exercices de concession sont au nombre de onze, contre douze pour ceux de possession et treize pour ceux de fief. Restent quinze cas au statut incertain. Pour le commissaire catholique, ces lieux de culte sont privés. Pour le représentant réformé, il s'agit d'exercices de possession. Les protestants, soucieux d'assurer à leurs communautés une assise juridique confortable, ont intérêt à demander le maintien au titre des articles 9 et 10 de l'édit de Nantes. Leurs adversaires, le clergé catholique en tête, s'efforcent, au contraire, de dénoncer les prétendues manœuvres des réformés pour faire « passer [des] exercices personnels et de fief pour exercices réels et publics[32] ».

Classe	Églises appelées	Statut
Caux	Dieppe	Concession
	Le Havre	Concession
	Sénitot	Fief
	Bolbec et Lintot	Problématique
	Bacqueville Luneray Lindebeuf	Problématique Problématique Problématique
Falaise	Athis	Possession ?
	Condé-sur-Noireau	Problématique
	Vire Frênes	Possession Possession
	Falaise	Concession
	Moulines	Fief
	Saint-Pierre-sur-Dives [à Harmonville, paroisse de Hiéville] Saint-Sylvain	Possession Possession

29. Pour le détail, voir ma thèse, « *Réduire les huguenots.* » *Protestants et pouvoirs en Normandie au XVIIe siècle*, Paris, Honoré Champion, « Vie des huguenots, n° 57 », 2010, spécialement l'intermède et les chapitres IV, V et VI.
30. Pour la liste des sources synodales disponibles, *ibid.*, annexe C.
31. Voir les actes du synode provincial de Dieppe, 26 mai 1660 et jours suivants, bibliothèque de la Société de l'histoire du protestantisme français (BPF), ms. 11/1, fos 35-48.
32. Avis du commissaire Chamillart (Les Essarts, à La Bazoque), 17 décembre 1668, archives départementales du Calvados, G 18 (non folioté).

Classe	Églises appelées	Statut
Caen	Caen	Possession
	Saint-Vaast Les Essarts [à La Bazoque]	Possession Problématique
	Trévières Colombières	Possession Fief
	Basly Bernières	Problématique Problématique
	Les Veys	Problématique
	Bayeux	Concession
Rouen	Rouen	Concession
	Le Bosc-Roger	Fief
	Honfleur Pont-l'Évêque et Le Breuil [-en-Auge]	Possession Problématique
	Gisors recueillie à Sancourt, Le Mesnil [-sous-Vienne?] et Villerest [à Écouis]	Fief
	Orbec	Concession
	Évreux [à Caër (Normanville)]	Concession
	Pont-Audemer	Concession
Alençon	Alençon	Possession
	Sées Courtomer	Concession Fief
	Montgoubert [à Saint-Julien-sur-Sarthe]	Fief
	Le Mesnil-Imbert [au Renouard] Crocy Fontaine	Problématique Problématique Problématique
	L'Aigle	Concession
	Le Mesnil, paroisse de Joué-du-Plain	Fief
Cotentin	Saint-Lô	Possession
	Le Chefresne	Possession
	Gavray Cerisy	Concession Fief
	Sainte-Mère-Église	Problématique
	Chasseguey et Fontenay	Fief
	Ducey	Fief
	Groucy	Fief
	Pontorson, recueillie à Cormeray	Problématique
	La Haye du Puits, recueillie à Glatigny	Fief

Sources : actes du synode provincial de Dieppe, BPF, ms. 11/1, f° 35 et suivants, et documents divers, émanant pour la plupart de la série TT des AN.

Document 1. – *Les Églises réformées appelées au synode provincial de Normandie, tenu à Dieppe, en mai 1660 : état des lieux.*

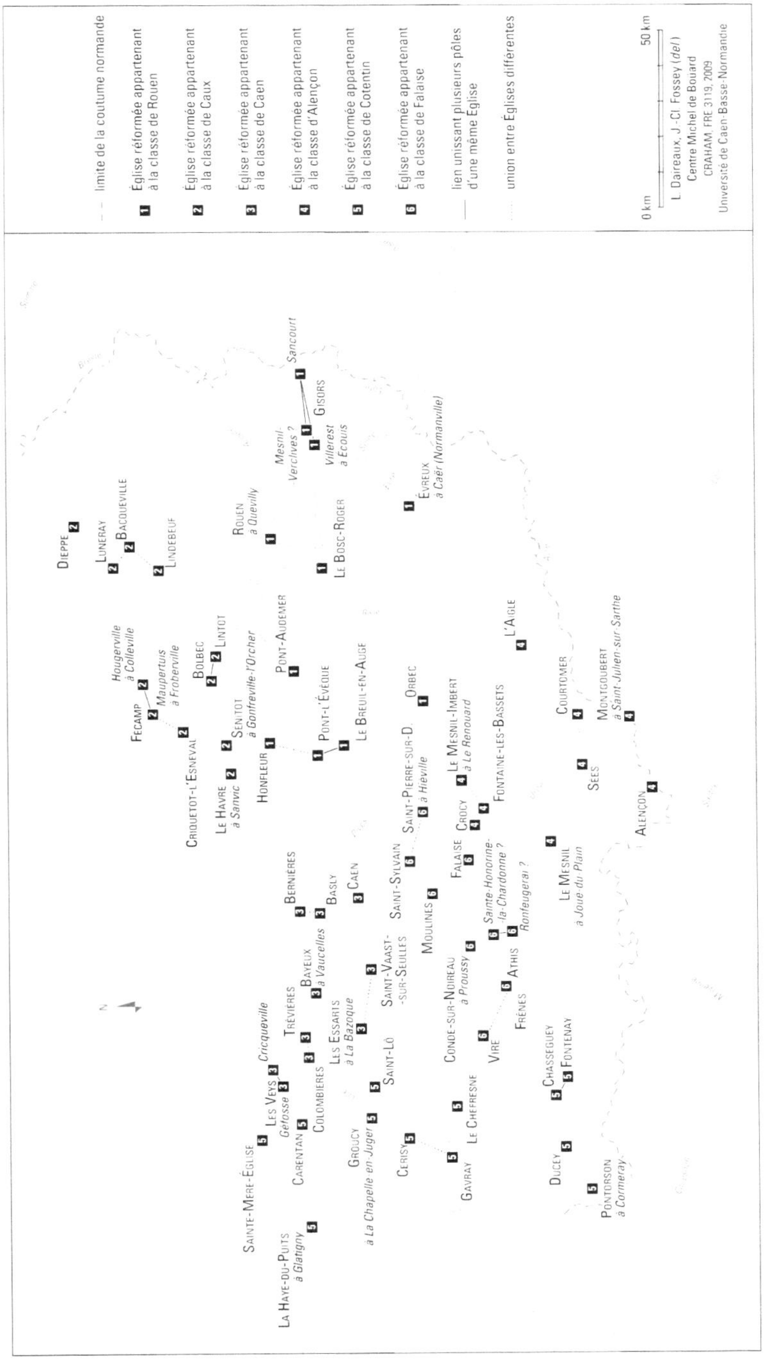

Carte 1. – *Les Églises appelées au synode provincial de Dieppe (1660).*

Document 2. – *L'« habitacle » de Courtomer, d'après une photographie actuelle.*

L'importance des cultes privés apparaît plus nettement en Basse-Normandie. C'est le cas, par exemple, dans le Cotentin, où on observe ainsi le transfert d'une Église de fief, de La Haye-du-Puits à Glatigny, où les protestants trouvent refuge auprès de la famille Meslin, vers 1654[33]. C'est le cas aussi, plus à l'est, à Courtomer, Église alors unie à celle de Sées. Entre 1653 et 1659, le culte protestant se tient dans un pavillon dit « l'habitacle », érigé en 1622, aujourd'hui encore débout même s'il a été défiguré[34].

Face à la répression

Durant les années qui précèdent la révocation, de manière plutôt paradoxale, les cultes de fief constituent aussi une forme de repli pour les protestants[35]. On connaît un exemple détaillé. Le 23 avril 1665, un arrêt du Conseil ordonne la démolition du temple de Lindebeuf, dans le sud du pays de Caux[36]. Les réformés trouvent en Isaac Dumont de Bostaquet, gentilhomme dont on possède les *Mémoires*, un véritable protecteur :

> « Dieu ayant permis que nous fussions les premiers dans notre province à servir d'exemple, je crus pouvoir réparer cette perte en faisant prêcher chez moi, en rassemblant le troupeau qui étoit épars[37]. »

Il s'agit donc d'établir un culte de fief. Avant de mettre en œuvre son projet, Dumont prend conseil auprès du consistoire de Rouen et sollicite les avis des avocats du parlement, Jean Carue, sieur de Grandchamp, et le célèbre Henri Basnage (1615-1695). Le gentilhomme possède deux moitiés de fief de haubert, à Bostaquet et à La Fontelaye, ce qui l'autorise à établir un exercice privé. Il s'agit donc de

> « faire en justice les déclarations auxquelles l'édit de Nantes nous engageoit dans l'article 7e, et, pour cet effet, [...] je me rendis à Longueville, où je passai ma déclaration par devant M. Bontemps, bailli de ce lieu, que j'élisois La Fontelaye pour mon principal domicile, et que mon intention étoit d'y faire prêcher. Comme il étoit fort de mes amis, il m'accorda acte de ma dite déclaration, avec le consentement du procureur fiscal du lieu. Fort content de ce petit succès, je me rendis à Arques, chez Madame de Tibermont, pour ensuite le lendemain aller à Dieppe faire pareille déclaration par-devant M. d'Hibouville-Galie, qui étoit lieutenant général pour lors et le juge compétent[38] ».

33. Sur cette question, voir un document de 1668, AN TT 244/20 (n° 3-669), ainsi que Marcel CAUVIN, « Le protestantisme dans le Cotentin (suite) : Église de La Haye-du-Puits », *op. cit.*, p. 440.
34. La photographie date de 2003.
35. L'expression est de D. BOISSON, « Le prêche au château [...] », *op. cit.*, texte inédit.
36. Arrêt du Conseil, 23 avril 1665, AN E 1728 (69, fos 173-174).
37. *Mémoires d'Isaac Dumont de Bostaquet, gentilhomme normand sur les temps qui ont précédé la révocation de l'édit de Nantes, sur le Refuge et les expéditions de Guillaume III en Angleterre et en Irlande*, Michel RICHARD (éd.), Paris, Mercure de France, « Le temps retrouvé », (1968), 2002, p. 65.
38. *Ibid.*

Le gentilhomme cauchois se montre particulièrement prudent et cherche, en faisant ses « déclarations » devant les juges compétents, à prémunir ses coreligionnaires contre toute nouvelle attaque. Dans son discours, l'édit de Nantes, dont l'article 7 est cité, apparaît comme une garantie ultime.

Les Églises dites de fief sont évidemment concernées par la répression louis-quatorzienne. Si des cultes privés sont supprimés dès 1679[39], les protestants peuvent compter sur l'appui de la noblesse, qui sait parfois jouer de ses réseaux. Dans son *Histoire de l'édit de Nantes [...]*, Élie Benoist, ancien pasteur d'Alençon, explique le maintien du temple de Cerisy, le 20 novembre 1679, par les relations privilégiées entretenues entre le seigneur du lieu et Charles de Sainte-Maur, duc de Montausier (1610-1690), ancien protestant converti au catholicisme en 1645, commandant général en Normandie[40]. À côté de Cerisy, les exercices de Glatigny, de Ducey, de Fontenay sont maintenus, entre 1679 et 1681, tandis que seul le culte de Groucy est supprimé[41]. Dans le Cotentin et l'Avranchin, le salut passe bien par les cultes de fief[42]. La situation est plus dramatique ailleurs[43]. Après une vague de suppressions, le 20 mars 1682, l'intendant de la généralité de Rouen, Louis Le Blanc, demande que soit accordé un culte de fief aux protestants des environs de Bolbec, soit à Lintot, soit à Beuzevillette :

> « Il est absolument nécessaire d'y pourvoir incessamment pour empescher que les huguenots ne désertent du bourg de Bollebec et d'une partie du pays de Caux, beaucoup de familles s'estant retirées depuis que le presche de prétendue possession de Lintot a esté démoly[44]. »

Dans une lettre adressée au même, le 6 avril 1682, l'intendant lance de nouveau une forme d'avertissement : il faut s'employer à « retenir les huguenots dans le pays de Caux et ne point dépeupler le bourg de Bollebec, qui est le plus considérable, et 80 parroisses[45] ». Louis Le Blanc et Henri Basnage, tous deux commissaires de l'édit dans la généralité de Rouen, adressent, le 30 août 1682, un jugement commun, demandant l'établissement d'un culte de fief, soit à Lintot, sur la terre

39. Voir mon étude, « *Réduire les huguenots* », *op. cit.*, chap. VI.

40. Élie Benoist, *Histoire de l'édit de Nantes contenant les choses les plus remarquables qui se sont passées en France avant et après sa publication, à l'occasion de la diversité des religions et principalement les contraventions, inexécutions, chicanes, artifices, violences et autres injustices que les réformés y ont soufferts jusques à l'édit de révocation en octobre 1685, avec ce qui a suivi ce nouvel édit jusques à présent*, Delft, Adrian Beman, 1695, t. 3 (2e partie), p. 386. Voir également le texte de l'arrêt du Conseil qui maintient l'exercice de fief de Cerisy, Saint-Germain-en-Laye, 20 novembre 1679, AN, E 1800 (311).

41. Voir les arrêts du Conseil suivants : AN, E 1800 (295) (13 novembre 1679, Groucy) ; AN, E 1800 (310) (20 novembre 1679, Glatigny) ; AN, E 1809 (57 et 58) (10 mars 1681, Fontenay et Ducey).

42. On peut lire également l'article de Jean-Marie Vallez, « Les temples de l'Avranchin sous le règne personnel de Louis XIV », dans *Nédéléqueries 54-94. Recueil d'articles offerts à Yves Nédélec, archiviste départemental de la Manche de 1954 à 1994*, Saint-Lô, Société d'archéologie et d'histoire de la Manche, 1994, p. 417-423.

43. Pour les Églises de la région caennaise, cf. Jean-Marie Vallez, « La suppression des temples protestants dans le ressort du diocèse de Bayeux, 1665-1685 », Jean-Pierre Bardet et Madeleine Foisil (dir.), *La Vie, la Mort, la Foi, le Temps. Mélanges offerts à Pierre Chaunu*, Paris, PUF, 1993, p. 629-642.

44. Lettre de Louis Le Blanc au marquis de Châteauneuf, 20 mars 1682, Bibliothèque nationale de France (BNF), ms. fr. 8761, f° 45 r°. Le temple de Lintot a été condamné par arrêt du Conseil, le 7 juillet 1681, AN, E 1810 (3).

45. Lettre de Louis Le Blanc au marquis de Châteauneuf, 6 avril 1682, BNF, ms. fr. 8761, f° 47 v°.

de René Maçon, soit à Beuzevillette, au domicile de Jean de Roesse[46]. L'intendant, suivi par son adjoint, rappelle une nouvelle fois les enjeux économiques de la décision :

> « Y ayant un très grand nombre de personnes faisant profession de lad. RPR ès environs desd. lieux dont une partie n'y est demeurée que dans l'espérance qu'on permettoit l'exercisse dans lesd. fiefs et qu'il est de conséquence qu'ils y demeurent, ledit pays ayant desjà beaucoup souffert par l'incendie de Bollebec dont la pertte a monté à plus de deux millions[47]. »

L'affaire semble pourtant vite enterrée par le pouvoir royal[48]. Le temps n'est plus au compromis. La révocation, en octobre 1685, sanctionne ce processus.

On l'aura compris, la noblesse protestante de l'Ancien Régime ne peut être résumée à la phase héroïque et militante des débuts du protestantisme. Il faut aussi voir, dans les gentilshommes huguenots, une force qui a largement contribué à la structuration et à l'institutionnalisation de la Réforme, à ce profond mouvement finalement brisé par la politique louis-quatorzienne. L'érection des cultes de fief constitue d'abord une possibilité pour faire prospérer le maillage des Églises réformées. Elle permet ensuite d'accueillir les protestants sans communauté après les premières suppressions d'exercice. Autour de quelques familles, connues ou non, la noblesse a donc participé pleinement à cette importante phase de l'histoire du protestantisme en France, celle qu'Émile G. Léonard appelait « l'établissement[49] ».

46. Cf. l'avis commun des commissaires de l'édit Louis Le Blanc et Henri Basnage, 30 août 1682, AN, TT 235/10 (n° 5, 1124-1155).
47. *Ibid.* (n° 5-1152). Un très important incendie a ravagé le bourg de Bolbec, le 25 juin 1676 : voir Pierre Dardel et Joseph Duchauchix, *Histoire de Bolbec des origines à la Révolution*, t. 1, *Ses prieurés, ses luttes religieuses, ses seigneurs, sa manufacture*, Rouen, Albert Lainé, 1933, p. 92 *sq.*
48. Le marquis de Châteauneuf accuse réception de l'avis des commissaires Le Blanc et Basnage, le 13 septembre 1682 : BNF, Ms. fr. 8757ter, f° 209. À la fin de l'année, l'intendant Louis Le Blanc est remplacé par Claude Méliand, qui vient de Caen.
49. Voir Émile G. Léonard, *Histoire générale du protestantisme*, t. 2, *L'Établissement (1564-1700)*, Paris, PUF, « Quadrige », 1988.

Noblesse et protestantisme dans la généralité d'Alençon au XVIIIe siècle : la résistance d'une minorité sociale et religieuse

Didier Boisson

Parmi les trois généralités composant la Normandie, celle d'Alençon constitue un cas à part dans l'histoire du protestantisme au XVIIIe siècle. C'est incontestablement la généralité dans laquelle les communautés réformées sont les plus minoritaires en 1685 et leur amenuisement numérique ne fait que s'aggraver dans les décennies suivantes[1]. À l'exception des Églises du bocage normand, à cheval sur les généralités d'Alençon et surtout de Caen, il n'existe plus de communauté réformée structurée dans la généralité d'Alençon à la fin de l'Ancien Régime[2]. Étudier dans de telles conditions la noblesse protestante peut paraître un défi, mais les sources sont demeurées suffisantes pour éclairer les comportements de ce groupe social ou de certains de ses membres. Outre quelques sources parisiennes, en particulier dans la correspondance entre l'intendant et le contrôleur général des finances, les archives départementales de l'Orne possèdent des fonds intéressants, que ce soit les archives de l'intendance ou des archives privées, comme celles concernant la famille Frotté. L'objectif de cette communication est d'éclairer certains aspects des comportements de la noblesse protestante de la généralité d'Alençon entre la révocation de l'édit de Nantes et la fin de l'Ancien Régime et de s'interroger sur les formes de résistance, même si ce groupe est désormais sous une forme résiduelle et ne peut survivre que grâce aux alliances avec les familles protestantes des autres généralités de Normandie. Ainsi, à la fin de l'Ancien Régime, Louis de Frotté fait tenir ce discours à Charles-Gabriel-Daniel de Frotté : « Je suis le seul gentilhomme un peu marquant qui ait persévéré dans leur religion[3]. »

1. Voir en particulier les travaux de Francis Waddington, *Le protestantisme en Normandie*, Paris, 1862 ; Alfred Galland, *Essai sur l'histoire du protestantisme à Caen et en Basse-Normandie de l'édit de Nantes à la Révolution*, Paris, Grassart, 1898, rééd. Paris, Éditions des Bergers et des Mages, 1991 ; É.-G. Leonard, « La résistance protestante en Normandie au XVIIIe siècle », *Cahier des Annales de Normandie*, n° 34, 2005.
2. Didier Boisson, « Étouffement et résistance du protestantisme dans la généralité d'Alençon de la révocation de l'édit de Nantes à la Révolution (1685-1789) », *Bulletin de la Société historique et archéologique de l'Orne*, 2007, p. 5-23.
3. Cité par É.-G. Leonard, « La résistance protestante en Normandie au XVIIIe siècle », *op. cit.*, p. 70.

« Réduire » la noblesse protestante, c'est-à-dire obtenir sa conversion au catholicisme, ne paraît pas un objectif insurmontable après 1685 pour les autorités civiles et religieuses. En effet, à la veille de la révocation de l'édit de Nantes, les familles protestantes issues de la noblesse sont dispersées sur l'ensemble de la généralité et semblent numériquement peu importantes. En 1682, une enquête de l'intendant Barrillon de Morangis indique le nombre de feux réformés par élection et précise également celui des familles nobles[4].

Élections	**Nombre de feux réformés**	**Familles nobles**
Alençon	610	28
Argentan	191	10
Domfront	Aucune	Aucune
Falaise	170	19
Lisieux	12	4
Bernay	Aucune	Aucune
Conches	Aucune	Aucune
Verneuil	70	10
Mortagne	50	4
Total	943[a]	65[b]

a. Le total est en réalité de 1 103 familles.
b. Le total est en réalité de 75 familles.

Il existe une différence entre les résultats donnés par le document (943 familles dont 65 nobles) et les totaux que l'on peut effectuer (1 103 familles dont 75 nobles), mais la proportion de nobles parmi les familles recensées en 1682 reste la même (environ 6,8 %)[5]. En comparant ces chiffres avec d'autres régions du nord de la Loire, cette forte présence de la noblesse n'est pas étonnante. Dans la province synodale d'Orléanais-Berry, le second ordre représente environ 15 % des familles dans les Églises de La Charité-sur-Loire et de Corbigny, près de 10 % dans celle de Châtillon-Coligny ; il est également fortement implanté dans les communautés dunoises et beauceronnes de Bazoches-en-Dunois, Dangeau et Marchenoir[6]. Il faut également replacer cette caractéristique dans un contexte de domination par les élites de nombreuses communautés protestantes urbaines. C'est le cas dans de nombreuses cités des provinces d'Orléanais-Berry, d'Anjou-Touraine-Maine, d'Île-de-France-Champagne-Picardie et de Normandie[7].

4. Arch. nat., G[7] 71, mémoire du 3 août 1682.
5. Le document indique un total de 943 familles, dont 65 nobles, soit 6,89 %. Les totaux réalisés à partir des chiffres donnés par l'intendant donnent plutôt 1 103 familles, dont 75 nobles, soit 6,79 %.
6. Yves Gueneau, *Protestants du Centre, 1598-1685*, thèse de 3e cycle, université de Tours, 1982.
7. Voir en particulier Didier Boisson et Hugues Daussy, *Les protestants dans la France moderne*, Paris, Belin, 2006. Didier Boisson, « La place et le rôle des protestants dans les villes françaises », Jean-Pierre Poussou (dir.), *Les sociétés urbaines au XVIIe siècle*, Paris, PUPS, 2007, p. 221-233.

À Alençon, les travaux de Philip Benedict ont même mis en évidence un renforcement des élites réformées au cours de la première moitié du XVIIe siècle[8].

La répression qui s'abat sur la généralité d'Alençon prend avant tout une forme particulière, ce sont les enlèvements d'enfants, beaucoup plus que toutes les autres persécutions. Tous les milieux sociaux sont touchés et les familles nobles ne sont pas épargnées. Dès 1687, l'intendant Jubert de Bouville[9] déclare dans un mémoire sur les Nouveaux Convertis :

> « Les prétendus réformez de la généralité d'Alençon n'ont souffert aucun mauvais traittement pour les obliger à faire leur abjuration et depuis leur conversion ceux qui n'ont pas bien fait leur devoir n'ont esté punis ny par amande ny par logemens de trouppes, on a cru qu'il suffisoit de faire enfermer dans des couvents pendant un temps quelques unes de leurs filles pour leur faire connoistre que tandis qu'ils ne voudroient pas estre instruits des véritez de la Religion, on prendroit soin de l'éducation de leurs enfans en les esloignant d'eux.
>
> Ce moyen, quoy que très doux employé dans un temps que des missionnaires très capables et pleins de charité preschoient dans les églises et visitoient les NC dans leurs maisons avoit produit de si bons effets qu'on ne distinguoit plus les anciens d'avec les nouveaux catholiques, que par les exemples de modestie que ces derniers donnoient aux autres dans les églises et aux processions du Saint Sacrement, mais le temps de le récolte ayant empesché la continuation de cette mission et ces NC s'estant trouvez réduits aux seules instructions généralles qu'on fait dans les paroisses pendant que quelques gens mal intentionnez les accabloient de repproches, une bonne partie d'entre eux est malheureusement retombée dans son aveuglement également funeste à eux et à leurs enfans qui prennent des impressions dont il seroit difficile par la suite de les dissuader si on les laissoit plus longtemps sans secours[10]. »

La solution préconisée par l'intendant est de poursuivre et d'intensifier les missions et d'accroître les enfermements de filles et de garçons de couples réformés. En effet, dans une enquête commanditée par le même Jubert de Bouville sur les Nouveaux Convertis d'Alençon, une liste nominative des familles protestantes est dressée, rue par rue. Les familles nobles de la ville ne sont pas alors touchées par de telles mesures : soit elles ne semblent pas avoir de jeunes enfants, comme Alexandre de Gandeuil, écuyer, sieur de la Roche, et sa femme Madeleine Courtin, qui sont désignés comme « pauvres, à assister » ; soit ils font correctement leurs devoirs de catholiques, c'est le cas de Jean Barbier, écuyer, sieur de La Bourdonnière, et de sa femme qui ont quatre enfants nés en 1668, 1671, 1672 et 1677, dont un est même dit mousquetaire, signe d'un ralliement à la confession du roi. Quant à Jacques Dornant et à sa femme, l'enquête indique qu'ils « s'en sont allés avec

8. Philip BENEDICT, « Alençon's Huguenots, 1620-1685 : the Social Transformation of a Reformed Community », *The Faith and Fortunes of France's Huguenots, 1620-85*, Aldershot, Ashgate, 2001, p. 9-33.
9. Michel-André Jubert de Bouville (1645-1720) est intendant de la généralité d'Alençon de 1683 à 1689. Marié à la fille de Jean Desmarets et de Marie Colbert, son fils devient également intendant d'Alençon entre 1708 et 1713.
10. Arch. nat., G^7 71, mémoire de 1687.

une fille de treize ans, et ont laissé un garçon de deux ans qui est chez le sieur Bonnebos, ancien catholique », mention qui signifie qu'ils ont rejoint un pays du Refuge. Bouville suggère d'enfermer vingt et une jeunes filles et quatorze garçons. Mais il y aurait déjà, à cette même date, dix-neuf jeunes filles et neuf garçons Nouveaux Convertis accueillis dans les deux couvents nouvellement créés pour les recevoir[11]. En effet, en 1675, est fondée la maison des Nouvelles Catholiques par Élisabeth de Farcy, la fille d'un trésorier du bureau des finances de cette ville. En 1680, c'est un établissement pour garçons, le couvent des Nouveaux Catholiques qui ouvre[12]. L'objectif est donc de retirer des enfants à des parents mal convertis, jugés « opiniâtres », et les élever dans la religion catholique. Le raisonnement de Bouville et de ses successeurs est qu'il est difficile de convertir un adulte, ce qui serait moins le cas des enfants.

L'application de cette politique demeure mal connue jusque dans les années 1720, à l'exception d'une affaire qui touche les Frotté en 1718. Par de nombreux aspects, cette famille symbolise la résistance de la noblesse protestante[13]. Originaire du Bourbonnais, arrivée en Normandie en 1434, elle est divisée, aux XVIIe et XVIIIe siècles, en deux principales branches : la branche aînée, les Couterne, et la branche cadette, les La Rimblière. Ainsi, les trois fils de Samuel de Frotté de La Rimblière, décédé en 1716, et de Suzanne de Cleray, sont enlevés par une lettre de cachet datée du 28 novembre 1718 et mis au couvent des Nouveaux Catholiques d'Alençon. À la demande de leur mère, ils en sont ensuite retirés et confiés à Michel Foucher de la Rairie, greffier de l'élection d'Alençon qui est chargé de leur éducation, l'aîné devant également se rendre au collège royal d'Alençon tenu par les Jésuites. Leur oncle, émigré en Irlande, s'est inquiété de cette éducation catholique et, dans une lettre datée du 3 mai 1724, il écrit à sa belle-sœur :

> « Je donne, par mon testament, cent livres sterlings à celuy de vos enfans qui voudra venir vivre et exercer la religion réformée dans ces royaumes. [...] Je vous prie présentement de bien réfléchir que ce que je fais c'est en veue de leur salut, que je souhaiterois qu'ils vinssent pour estre mieux instruits, quoyque je ne doute pas que vous ne donniez tous vos soins à les mettre dans le droit chemin ; mais je

11. Benjamin Robert, « Une liste de protestants alençonnais, au lendemain de la révocation de l'édit de Nantes », *Bulletin de la Société historique et archéologique de l'Orne,* 1937, p. 156-222. C'est le cas de Madeleine Lesage, six ans, des sœurs Marguerite et Élisabeth Taunay, âgées de 21 ans et de 18 ans, filles de Jean Taunay, marchand d'Alençon, ou de Titus Legendre, douze ans, fils de Marguerite Boullay et de défunt Salomon Legendre.
12. Benjamin Robert, *La maison des Nouveaux Catholiques à Alençon de 1686 à 1755,* Alençon, 1942. Nicolas Clolus, *Répression et conversion. La politique de l'intendant Lallemant de Lévignen envers les protestants de la généralité d'Alençon (1726-1766),* mémoire de maîtrise, université du Maine, 2004.
13. Les archives départementales de l'Orne ont conservé un important dossier sur cette famille, en particulier la correspondance entre des membres de la famille, qui a été publiée en partie par Léon de La Sicotière, Louis Duval et Émile-G. Léonard. Léon de La Sicotiere, *Louis de Frotté et les insurrections normandes, 1793-1832,* Paris, Plon et Nourrit, 1889, 3 volumes. Louis Duval, *Un gentilhomme cultivateur au XVIIIe siècle. Samuel de Frotté de La Rimblière, membre de la Société royale d'agriculture d'Alençon. Son livre de compte,* Alençon, Imprimerie alençonnaise, 1908 ; publié également dans le *Bulletin de la Société Historique et Archéologique de l'Orne,* 1908, p. 197-232. Émile-G. Leonard, « La résistance protestante en Normandie au XVIIIe siècle », *Cahier des Annales de Normandie,* n° 34, Caen, 2005.

connois la jeunesse qui est aisément débauchée quand elle n'est pas retenue par les prédications. Nostre âme a besoin de nourriture aussy bien que nos corps. Voyez donc, ma chère sœur, ce que nous pouvons faire ensemble pour tâcher d'en faire venir un icy[14]. »

Toutefois, plusieurs signes indiquent qu'ils ne sont catholiques que de façade. En 1726, le second des fils, Pierre-Jean, appelé de la Perrière, quitte la maison de Foucher de la Rairie et se réfugie chez sa mère qui ne semble pas pressée de renvoyer son fils fugueur. Foucher écrit ainsi à l'intendant d'Alençon que Suzanne de Cleray « luy tesmoigna qu'elle n'avoit jamais pu l'obliger de revenir, et mesme que pour engager son dit enfant de le faire, elle l'avoit mis plusieurs fois hors de chez elle, n'estant nullement participante de cette absence[15] ». Suzanne de Cleray cherche en tout cas à retirer ses enfants de la maison de Foucher de la Rairie. Elle fait cette demande à l'intendant d'Alençon pour deux d'entre eux, sans que l'on sache exactement lesquels, mais probablement les deux plus jeunes. Voici ce qu'elle écrit :

> « Supplie humblement Suzane de Cleray, veuve Samuel de Frotay, sieur de la Rimblière, demeurant en la paroisse de Damigny ; et nous remontre qu'elle a deux garçons, l'un âgé de dix ans et l'autre d'onze, lesquels ont esté mis par vostre ordre en la maison du sieur Fouchet de la Rairie, greffier de l'Élection de ce lieu, à la pension de cent cinquante livres pour chacun des dits enfans, laquelle fut arbitrée mesme par ledit Foucher qui en a esté toujours payé de quartier en quartier et par avance, jusques au 5 de ce mois qu'il fit refus de recevoir le payement du cartier écheu audit jour, disant qu'il vouloit davantage, sans dire d'autres raisons[16]. »

Suzanne de Cleray s'oppose à l'augmentation de la pension, cent cinquante livres pour chacun des enfants, car « ladite dame n'a de quoy vivre que très médiocrement et que ses enfans n'ont aucuns biens ». Elle demande donc qu'ils soient retirés et placés « sur le mesme pied de cent cinquante livres chez un ancien catholique de cette ville dont le fils est ecclésiastique lequel aura soin d'élever les enfans et les instruire beaucoup mieux que ledit Fouchet[17] ». En octobre 1727, l'aîné, Samuel, peut se retirer chez sa mère justifiant ainsi sa demande : « Il est grand temps présentement qu'il veille à ses affaires, parce que sa mère est toujours malade et ne peut plus avoir le soin du peu de bien qu'ils ont, quoique son inclination le porte à servir Sa Majesté, lorsqu'il trouvera une place, à l'exemple de ceux de sa famille[18]. » En fait, Samuel n'a pas attendu la décision du roi pour rejoindre sa mère, ce que regrette l'intendant qui écrit : « C'est à la vérité un jeune homme de dix-huit ans qui ne sent pas les conséquences de sa désobéissance, mais qui mériteroit, au moins, une sévère réprimande. » Toutefois, aux yeux de l'intendant, comme des jésuites et de Foucher de la Rairie, Samuel apparaît comme un bon

14. Cité par L. Duval, *Un gentilhomme cultivateur au XVIIIe siècle […], op. cit.*, p. 207-208.
15. *Ibid.*, p. 209.
16. *Ibid.*, p. 210.
17. *Ibid.*
18. *Ibid.* Placet adressé par Samuel de Frotté de La Rimblière à Chauvelin, Garde des sceaux.

catholique, étant « assez instruit des principes de la religion catholique pour qu'il n'y ait nul inconvénient à luy accorder la grâce qu'il demandait[19] ». Louis Duval, dans son étude sur Samuel de Frotté, suit cet avis en affirmant que sa catholicité semble bien établie. Il donne comme preuve sa présence comme parrain lors d'un baptême, à Damigni, en 1728. Rien n'est moins sûr. Cet acte peut être un moyen de ne pas éveiller les soupçons et une preuve de son nicodémisme.

En 1726, est nommé à la tête de la généralité d'Alençon un nouvel intendant, Louis-François Lallemant de Lévignen qui reste quarante ans à la tête de cette circonscription. Au cours de cette période, il pratique deux types d'enlèvements. Les uns peuvent être qualifiés de ponctuels, ils dépendent du comportement de telle ou telle famille ; ce sont surtout des jeunes filles issues de familles aisées qui sont enlevées à leurs parents. Lallemant de Lévignen procède également à des enlèvements groupés, c'est-à-dire que des listes sont établies par ses subdélégués ou des ecclésiastiques et des soldats sont chargés de procéder aux arrestations et de conduire les enfants soit à l'Hôpital général de Falaise, soit dans les couvents des Nouveaux et des Nouvelles Catholiques d'Alençon ; les protestants du village de Crocy sont les plus touchés par de telles procédures[20].

Les familles nobles subissent uniquement des enlèvements ponctuels, à l'image de ce qu'ont connu les Frotté en 1718. C'est le cas, par exemple, de Marguerite de Vervaines de Saint-Denis qui est retirée à ses parents en 1728[21]. De tels enlèvements se poursuivent, cependant, jusque dans les années 1770 puisque, le 20 novembre 1773, le roi ordonne l'enfermement de Marie-Charlotte de Calménil d'Orval[22]. Toutefois, les arrestations ne réussissent pas toujours. Ainsi, en 1754, ordre est donné de faire arrêter le fils de Dumerle, gentilhomme décédé, résidant à Soligny près de Mortagne-au-Perche. Il ne peut être enfermé dans un premier temps, sa mère l'ayant éloigné de son domicile. Mais, quelques mois plus tard, le garçon, ses deux sœurs et leur mère sont arrêtés et enfermés à Alençon[23]. Existent également des placements volontaires de la part des parents qu'il ne faut surtout pas confondre avec les enlèvements, même si les historiens comme Alfred Galland ou Émile-G. Léonard ont souvent procédé à cet amalgame. Ainsi, en janvier 1746, la dame de la Bellière demande deux places aux Nouvelles Catholiques pour deux de ses filles. Cette femme serait née dans une famille de « gens de la RPR » et se déclare Nouvelle Convertie. Être issu d'une famille protestante pourrait devenir

19. *Ibid.*, p. 212.

20. N. Clolus, *Répression et conversion. La politique de l'intendant Lallemant de Lévignen [...]*, *op. cit.* ; Didier Boisson, « Étouffement et résistance du protestantisme dans la généralité d'Alençon de la révocation de l'édit de Nantes à la Révolution (1685-1789) », *Bulletin de la Société historique et archéologique de l'Orne*, 2007, p. 5-23.

21. Cette même année, cinq autres jeunes filles sont envoyées au couvent des Nouvelles Catholiques : Louise Alix de Grand-Champ, Marthe de la Fontenelle, Marguerite et Louise Caget, et Marie Montménil. Voir arch. dép. Orne, C 614 et N. Clolus, *Répression et conversion. La politique de l'intendant Lallemant de Lévignen [...]*, *op. cit.*, p. 67.

22. Arch. dép. Orne, C 629. Les arrestations sont, cependant, beaucoup moins nombreuses après 1766, quand Julien remplace Lallemant de Lévignen ; Nicolas Clolus n'en compte que 5 entre 1767 et 1789, *ibid.*, p. 88.

23. Arch. dép. Orne, C 625.

ainsi un avantage par l'obtention d'une pension pour l'éducation de ses enfants. Une enquête est menée par le subdélégué La Fresnaye fils, qui informe l'intendant que « c'est une famille qui n'a que pour seul bien la noblesse » : la requête de la mère peut être, selon lui, accordée sans problème. Dans une lettre adressée à l'intendant, d'Argenson fait remarquer que « l'attention ne pouvant estre trop grande pour réserver ces sortes de places aux enfants qui sans ce secours seraient élevées dans l'erreur ». Permettre ainsi leur entrée, ce serait éviter qu'elles deviennent calvinistes. Saint-Florentin refuse en fait cette autorisation[24]. Vingt ans plus tard, de nouveaux enfants Frotté sont retirés à leurs parents dans des conditions comparables. En 1767, l'épouse catholique de Jacques de Frotté de La Rimblière demande à l'intendant que deux de ses trois filles soient confiées aux Nouvelles Catholiques d'Alençon. Le 28 janvier 1767, l'évêque de Sées reçoit une lettre du contrôleur général des finances, Bertin, qui lui écrit :

> « J'ai l'honneur, Monseigneur, de vous envoyer les ordres du roi pour retenir dans le couvent des N. C. d'Alençon les deux demoiselles Frotté, que vous avez eu le talent de déterminer à s'y rendre d'elles-mêmes. Ces ordres que vous aurez la bonté de faire remettre à la supérieure, [...] resteront ignorés tant que ces jeunes filles ne réclameront pas leur liberté. Par là, tout éclat est évité et c'est à votre prudence, Monseigneur, qu'on en aura obligation[25]. »

La mère obtient également que son second fils, Pierre-Jean, soit placé à Alençon. En 1783, il était porté sur l'état de gratification de 150 livres accordées par le roi aux Nouveaux Catholiques[26].

Au total, les jeunes filles issues de familles nobles sont au nombre de six sur vingt-huit, en 1746, parmi celles dont le roi paie la pension[27]. À la même date, sur vingt garçons, cinq d'entre eux ont un père qualifié de gentilhomme. Quel est le résultat de ces enfermements et placements dans des établissements religieux ? Il est plutôt positif pour le pouvoir. Certaines jeunes filles deviennent religieuses. En 1736 et 1737, quatre jeunes filles de la famille Duménil du Clos ont obtenu des dots[28]. En août 1744, c'est une Saint-Denis Vervaine qui reçoit 150 livres de dot pour entrer au couvent de la Visitation d'Alençon[29]. Marie-Anne de Frotté demande au roi, en janvier 1771, une pension pour lui permettre ainsi d'entrer comme religieuse aux Nouvelles Catholiques[30]. D'autres sortent considérées comme bien converties, comme Marie-Charlotte de Calménil d'Orval[31]. Parmi les garçons enfermés en 1746, un seul est qualifié négativement. Il s'agit de René de Tilly : « Peu d'esprit, sujet inutile dont il ne semble pas qu'on puisse rien

24. *Ibid.*, p. 144. Arch. dép. Orne, C 617.
25. Cité par É.-G. Leonard, « La résistance protestante en Normandie au xviiie siècle », *op. cit.*, p. 73.
26. *Ibid.*
27. Arch. dép. Orne, C 618.
28. Il s'agit de Suzanne-Charlotte-Adélaïde, d'Henriette-Thérèse, de Catherine et de Marguerite.
29. Pour ces différentes affaires, voir arch. dép. Orne, C 612, C 616 et C 620.
30. Arch. dép. Orne, C 629.
31. Arch. dép. Orne, C 627 et C 630.

espérer si ce n'est quelques fruits tardifs[32]. » Toutefois, la conversion de telle ou telle personne demeure souvent une énigme. C'est le cas, par exemple, de celle de Jacques de Frotté de La Rimblière qui, malgré les nombreuses preuves d'adhésion à la confession réformée, se convertit au catholicisme deux mois avant de mourir, le 3 octobre 1784, alors que les persécutions sont désormais beaucoup plus rares dans le royaume[33].

Ainsi, hormis les enlèvements d'enfants, les autres types de mesure à l'encontre des Nouveaux Convertis semblent rares. Les enfermements peuvent permettre les conversions et éviter une des principales craintes des autorités : l'émigration. C'est dans ce contexte qu'il faut comprendre, pour les familles nobles de Normandie, comme pour toute famille protestante du royaume, le contrôle de nombreux actes économiques, en particulier des ventes. C'est ce qui arrive à plusieurs reprises aux Calménil d'Orval, comme en 1740, 1743, 1748, 1767 ou 1772. Pour chaque vente d'un bien, le Nouveau Converti doit demander la permission et s'adresser à l'intendant, la décision étant officiellement prise par le ministre chargé des affaires protestantes. Toutefois, l'avis du subdélégué semble être essentiel. Ainsi, en juillet 1767, Calménil d'Orval souhaite emprunter 10 000 livres pour rembourser une dette en raison de loyers impayés d'une ferme. Le ministre Bertin veut refuser une telle requête, car il estime que le protestant veut fuir ! L'avis du subdélégué, contraire à celui du ministre, l'emporte[34].

La noblesse protestante de la généralité d'Alençon, par certaines attitudes, donne des preuves de son adhésion au calvinisme. C'est le cas, tout d'abord, à l'occasion des mariages, des baptêmes et des sépultures. Les Frotté de La Rimblière constituent un exemple intéressant, se comportant de la même façon que leurs autres coreligionnaires. Ainsi, Samuel épouse en 1710 Suzanne de Cleray, fille de feu Jean de Cleray, sieur de la Perrière, et de demoiselle Suzanne Herbron. Les articles de mariage sont accordés sous signature privée le 15 mars 1710. Le dépôt des articles est fait le 8 juin suivant dans une étude d'Alençon, chez maîtres Choisne et Bidon. Toutefois, aucun mariage catholique légal n'a jamais été célébré. L'union s'est déroulée à la Haye dans le diocèse d'Évreux. En effet, lors du baptême du premier enfant, le curé ajoute au sujet des deux parents : « Qui ont dit avoir été mariés en la paroisse de la Haye, diocèse d'Évreux, demeurant actuellement en cette paroisse[35]. » Quel type d'union est-ce ? Ce n'est probablement pas un mariage réformé célébré par un pasteur clandestin, comme l'affirme Louis Duval. Dans une telle région où les communautés réformées sont peu nombreuses après la révoca-

32. Arch. dép. Orne, C 618.
33. É.-G. Leonard, « La résistance protestante en Normandie au xviiie siècle », *op. cit.*, p. 73.
34. *Ibid.*, p. 56. Voir en particulier arch. dép. Orne, C 612, C 624, C 627, C 628 et C 629. Par exemple, le 25 mai 1740 : « Nous avons Monsieur présenté un placet a la cour en qualité de nouveaux convertis, pour qu'il nous soit permy de vendre une petite ferme scituée dans la paroisse de Boissay prest St Pierre sur Dive, élection de Falaise [...]. Comme Monsr de la Frainais votre subdélégué a Falaise fera sans doubte l'examen des raisons aléguées au ministre [...] » (arch. dép. Orne, C 612).
35. Cité par L. Duval, *Un gentilhomme cultivateur au xviiie siècle [...]*, *op. cit.*, p. 199-200.

tion de l'édit de Nantes, il est peu courant de voir des ministres venus du Refuge. En revanche, le couple a plutôt été marié illégalement par un curé complaisant qui accepte de les unir bien qu'aucun des deux époux ne soit de sa paroisse, alors que la loi l'y oblige. De tels curés n'inscrivent pas le mariage illégal dans le registre paroissial, mais délivrent seulement aux nouveaux époux un certificat de mariage. En Normandie ou dans des régions limitrophes, des exemples sont connus, que ce soit à Haussez dans le diocèse de Beauvais ou à Aillères, près de Mamers, dans celui du Mans[36]. Des couples réformés acceptent souvent cette solution car leur curé refuse d'unir deux religionnaires qui acceptent une conversion de façade pour respecter la loi, mais qui retournent dans la confession réformée le soir même de la cérémonie. Faute de mariage valide, ils préfèrent un mariage catholique illégal plutôt que pas de mariage catholique du tout.

Un des fils de Samuel de Frotté et de Suzanne de Cleray, Jacques, épouse une catholique, Anne Le Pistre, en 1745. Ce mariage demeure bigarré, dans la mesure où elle reste catholique et lui protestant. En 1760, le subdélégué de Sées écrit au sujet de Jacques de Frotté : « Je connais M. de La Rimblière pour si obstiné dans son erreur que, s'il a quelque débouché pour soustraire ses enfants à l'éducation catholique, il n'en profite afin de les faire élever dans la religion protestante dont il leur inspire sans doute les principes[37]. » Un accord est-il intervenu entre les deux époux sur l'éducation religieuse de leurs enfants, les garçons dans la confession du père et les filles dans celle de la mère ? C'est possible. En 1767, le même subdélégué ajoute :

> « M. de Frotté est de famille protestante, et sans le zèle que madame sa femme a pour la religion catholique et le salut de ses enfants, il les aurait tous élevés dans les principes du protestantisme qu'il leur inspire tant qu'il peut. Ces enfants sont au nombre de cinq, deux garçons et trois filles. Deux de celles-ci sont à la pension du roi dans la maison des N. C. Le fils aîné, âgé de 21 ans, n'a point encore fréquenté les sacrements, ce qui fait fortement soupçonner qu'il est imbu des erreurs de son père. Ce soupçon fait craindre à la mère qu'il en soit de même pour son second fils, qui est un jeune homme qui parait avoir d'heureuses dispositions[38]. »

Mais nous avons vu qu'elle réussit à le placer au couvent des Nouveaux Catholiques d'Alençon.

Pierre-Henri de Frotté de La Rimblière a un comportement en partie identique. Il épouse en premières noces une catholique Agathe Clairambault du Penhoët. De ce couple naît en 1766 un garçon, Louis, le futur chef royaliste, élevé dans la confession de son père. Toutefois, veuf en 1772, Pierre-Henri rentre dans le rang en s'unissant, en 1777, selon le rite réformé, à Suzanne Dumont, parente d'Isaac Dumont de Bostaquet. Conformément à l'édit de novembre 1787, leur mariage est réhabilité à Caen le 17 février 1789.

36. D. Boisson, *Les protestants de l'ancien colloque du Berry de la révocation de l'édit de Nantes à la fin de l'Ancien Régime (1679-1789), ou l'inégale résistance de minorités religieuses*, Paris, Honoré Champion, 2000.
37. É.-G. Leonard, « La résistance protestante en Normandie au XVIIIe siècle », *op. cit.*, p. 73.
38. *Ibid.*

En ce qui concerne les baptêmes, il ne faut pas s'étonner de l'attitude de cette famille Frotté. Samuel de Frotté de La Rimblière et Suzanne de Cleray ont eu trois enfants : Samuel, né le 12 mai 1711, et baptisé dans l'église de Damigni le lendemain ; Pierre-Jean, né le 8 septembre 1713, et baptisé le 10 septembre ; Jacques, né le 14 mai 1716, et baptisé le 15 mai. Les couples réformés acceptent très souvent – surtout dans le Nord du royaume et malgré, plus tard, les recommandations des synodes nationaux – d'aller à l'église faire baptiser leurs enfants, non pas parce que l'édit de Fontainebleau les y oblige, mais en raison de l'absence de pasteur dans ces premières années du XVIIIe siècle et du fait que ce sacrement a la même valeur pour les deux confessions. À chaque naissance, il n'y a probablement pas la célébration de deux baptêmes, un catholique et un protestant, comme le suggère Louis Duval[39], mais les parents choisissent deux parrains et deux marraines, deux catholiques qui apparaissent sur le registre paroissial et deux protestants. Ainsi, à l'occasion du baptême de leur troisième fils, Samuel de Frotté de La Rimblière et Suzanne de Cleray font inscrire dans le registre paroissial Jean Houel et Marie Boul comme parrain et marraine catholiques ; le livre de raison de la famille révèle que deux protestants sont également désignés, Jacques de Frotté, son oncle exilé en Irlande, et Jacqueline du Perche, femme de Louis des Loges, écuyer, sieur du Fresne. Ainsi, apprenant la future naissance de son filleul, Jacques de Frotté écrit dans une de ses lettres :

> « J'accepte avec plaisir l'honneur que vous me faites de nommer l'enfant que Dieu vous promet. Je ne l'accepterois pas si je n'étois persuadé que vous l'éleveres dans la crainte de Dieu, comme le reste de vostre famille. Vous estes née avec la connoissance de la vérité ; si vous ne la communiques pas à vos enfans, vous répondrès devant Dieu de la perte de leurs âmes, mais j'espère mieux de vous[40]. »

Enfin, à l'égard des décès, les comportements des nobles protestants ne sont pas surprenants non plus. Quand il apprend les décès de sa mère et de son frère, Jacques de Frotté, depuis Dublin, écrit :

> « Vous pouvès aisement comprendre, ma très chère sœur, combien a esté grande ma douleur lorsque j'apris, en mesme jour, la mort de ma chère mère et celle de mon cher frère. J'ay trouvé consolation en aprenant qu'ils ont esté enterrés dans nostre jardin, car je voy par là qu'ils sont morts au Seigneur[41]. »

Ce sont donc des sépultures clandestines qui ont été organisées : elles se déroulent souvent la nuit pour ne pas éveiller les soupçons. Toutefois, personne n'est dupe. Le curé a le droit d'assister aux derniers moments de tout Nouveau Converti et de lui proposer les derniers sacrements. En cas de refus, le mourant est considéré comme un relaps et peut être jugé – ou son cadavre s'il décède – pour ce crime.

Les nobles protestants sont également présents lors des déclarations de décès autorisées par la loi. Ainsi, le 22 janvier 1754, en application d'une déclaration

39. L. DUVAL, *Un gentilhomme cultivateur au XVIIIe siècle [...]*, *op. cit.*, p. 199-200.
40. *Ibid.*, p. 202. Lettre du 30 janvier 1716.
41. *Ibid.*, p. 203.

de 1736[42], Jacques-Philippe-Henry de Forges, sieur de Préménil, conseiller du roi, lieutenant général, bailli civil et criminel au bailliage d'Alençon, enregistre la déclaration de sépulture de Suzanne-Marie-Catherine Missant, épouse de Gabriel de Calménil d'Orval. Ce dernier déclare que sa femme a toujours professé la confession réformée et qu'elle est inhumée dans son château; les domestiques confirment le décès[43]. Samuel de Frotté de La Rimblière meurt en 1789 dans la confession réformée. Conformément à l'édit de tolérance de 1787, le curé enregistre la déclaration de son décès comme il suit :

> « Nous, Samuel Poulet, Conseiller du Roi et de Monsieur leur Commissaire de police en la ville d'Alençon et dépendances du bailliage d'Alençon, y demeurant, soussigné, certifions à qui il appartiendra que ce jourd'hui, 21e jour du mois d'août 1789, sur les viron de sept heures du matin, avons vu mis en terre le corps de deffunt messire Samuel de Frotté, écuyer, sieur de la Rimblière, paroisse de Damigny, veuf de Marie-Anne Castaing. Fait et délivré le présent [en] présence des parents et amis du deffunt qui ont signé avec nous le dit jour et an, pour leur servir et valoir ainsi qu'il aviseront bien, conformément à l'édit du Roi de 1788[44]. »

Enfin, il est nécessaire de s'interroger sur le protestantisme des nobles protestants, en particulier des Frotté. En fait, sont-ils réellement protestants? Il ne fait aucun doute que cette famille se dit protestante et revendique son adhésion au calvinisme. Toutefois, leur foi demeure largement inconnue, leur participation au culte réformé également. Cette question se pose sur différents plans. En effet, une famille comme les Frotté ne cherche pas à participer aux assemblées publiques clandestines organisées dans les principales communautés de la région comme dans le bocage normand ou à Crocy et même, au contraire, souhaite les éviter[45]. Ce comportement est tout à fait classique parmi les élites sociales durant la période du Désert. La noblesse organise des assemblées privées au cours desquelles le culte est célébré, des sermons lus et des psaumes chantés. Dans une généralité comme celle d'Alençon, l'isolement confessionnel est encore plus grand, en raison du faible nombre de Nouveaux Convertis. La seule issue possible est de participer à des assemblées clandestines hors de la généralité, en particulier avec d'autres familles de la région de Caen. Le deuxième comportement des élites réformées normandes, en particulier celles demeurant dans les villes, est leur refus du départ et leur résistance à participer à la réorganisation des Églises du Désert. Celles de Haute-Normandie, en particulier dans le pays de Caux, commencent à être restau-

42. Cette déclaration royale permet d'obtenir d'un juge une autorisation de sépulture à la suite du décès d'un Nouveau Converti, si cette demande est faite par deux témoins. En application de cette loi, des registres peuvent être alors tenus par la justice.
43. N. Clolus, *Répression et conversion. La politique de l'intendant Lallemant de Lévignen [...]*, *op. cit.*, p. 26.
44. *Ibid.*, p. 232.
45. Voir en particulier D. Boisson, « Étouffement et résistance du protestantisme dans la généralité d'Alençon de la révocation de l'édit de Nantes à la Révolution (1685-1789) », *Bulletin de Société historique et archéologique de l'Orne*, 2007, p. 5-23. Les assemblées les plus connues sont organisées dans la paroisse de Frênes en avril 1691 (arch. nat., TT 272) et à Crocy en avril 1696 (arch. dép. Orne, 3 B 77). Sur Crocy, Rose-Blanche Le Meur, « La communauté protestante de Crocy aux xviie et xviiie siècles », *Bulletin de Société historique et archéologique de l'Orne*, n° 4, décembre 1986, p. 107-135.

rées au cours des années 1740, plus particulièrement grâce à l'action des pasteurs André Migault et Michel Viala[46]. En Basse-Normandie, les Églises du bocage sont dirigées, entre 1744 et 1750, par un prédicant originaire du Poitou, Pierre Morin, dit L'Épine, qui installe des consistoires et convoque des colloques réunissant ces Églises, mais en dehors de la réorganisation du système presbytéro-synodal dirigé, depuis Lausanne, par Antoine Court. En 1750, le nouveau pasteur envoyé en Normandie par Lausanne est Pierre Boudet, dit Gautier, un ancien ecclésiastique converti au protestantisme et devenu pasteur[47]. Ce dernier se rend dans les communautés du bocage en décembre 1750 et réunit un colloque, le 26 décembre, au cours duquel les anciens acceptent l'organisation synodale. Il effectue même un second séjour auprès des Églises du bocage en décembre 1752. Cette présence de Gautier en Normandie est importante, car il se soucie de rallier également les réticentes communautés urbaines et les élites. En effet, Gautier est accueilli au château d'Ifs par Eugène Costard d'Ifs, en particulier pour célébrer la Cène aux fêtes de Noël 1752 et 1753. Là, le propriétaire reçoit la noblesse protestante de Basse-Normandie, les Frotté par exemple dont il a épousé une de ses membres[48]. C'est dans ce même château qu'est élevé dans la foi réformée, Louis de Frotté, entouré de deux de ses tantes[49].

Ainsi, en dehors de tout contrôle pastoral et sous l'influence des Lumières, le protestantisme de ces familles nobles du XVIIIe siècle est probablement différent de celui de leurs ancêtres qui ont connu la révocation de l'édit de Nantes. Cette évolution n'est en rien propre à la noblesse normande mais mérite d'être soulignée[50]. Pierre-Henri de Frotté de La Rimblière, l'époux de Suzanne Dumont de Bostaquet, semble, par exemple, un fervent partisan du magnétisme. Un de ses parents écrit :

> « Le père Frotté veut à présent nous magnétiser. Un de ses amis, nommé chevalier de Malherbe, vient d'arriver de Strasbourg où est actuellement la grande école de magnétisme, qui lui a rempli la tête de toutes les chimères de Mesmer. Bref, il voulut magnétiser M. [Chatry] de La Fosse, qui n'éprouva rien. Il s'empara aussi de moi, sans réussir[51]. »

Toutefois, ce même parent ajoute : « Mais cela ne l'empêche pas d'être zélé et d'avoir une foi inébranlable[52]. » Sa participation à la franc-maçonnerie, « culte

46. Francis WADDINGTON, *Le protestantisme en Normandie*, Paris, 1862.
47. Didier BOISSON, *Consciences en liberté? Itinéraires d'ecclésiastiques convertis au protestantisme (1631-1760)*, Paris, H. Champion, 2009.
48. A. GALLAND, *Essai sur l'histoire du protestantisme à Caen et en Basse-Normandie [...]*, *op. cit.*, p. 388.
49. *Ibid.*, p. 477.
50. Sur cette question, voir Didier BOISSON et Hugues DAUSSY, *Les protestants dans la France moderne*, Paris, Belin, 2006.
51. Cité par É.-G. LEONARD, « La résistance protestante en Normandie au XVIIIe siècle », *op. cit.*, p. 75.
52. *Ibid.*, p. 75.

de substitution[53] » et moyen d'intégration dans les élites locales, ne doit pas étonner[54].

Quelle que soit la foi de cette noblesse réformée normande, un élément fondamental de son identité est la transmission d'une mémoire et d'une histoire familiales inscrites dans le protestantisme et les persécutions subies. Le discours qu'aurait tenu Charles-Gabriel-Daniel de Frotté de Couterne à Louis de Frotté est à cet égard significatif :

> « Depuis près de cent cinquante ans, notre religion nous a malheureusement exclus des bontés du monarque. Non seulement nous n'avons pu obtenir aucune grâce, mais nous avons été persécutés à outrance. Le grand-oncle de votre père, qui avait bien fait la guerre, fut obligé de s'enfuir en Irlande. Votre grand-père et vos grands-oncles ont été enfermés après avoir été enlevés des bras de leur mère. Mon grand-père et mon père l'ont été également. Pour éviter de l'être, j'ai été habillé en fille et caché jusqu'à quatorze ans. Votre cousine que voici a été comme moi cachée longtemps et lorsque les rigueurs qu'on exerçait sur les réformés commençaient à s'adoucir, un ordre arbitraire de l'intendant, qui nous haïssait, l'arracha d'ici [...]. Repoussés par notre patrie, humiliés par des défiances injustes, nous aurions pu, comme tant d'autres familles, chercher refuge à l'étranger ou quitter notre religion pour prendre celle du prince. Mais nous étions trop attachés à notre pays et à nos principes pour en changer[55]. »

Pour conclure, il faut souligner que, si certaines familles de la noblesse conservent la confession réformée dans la généralité d'Alençon, progressivement beaucoup l'abandonnent, comme dans de nombreuses autres provinces du royaume. Toutefois, l'existence d'une noblesse réformée en Normandie à la fin de l'Ancien Régime constitue une exception au nord de la Loire. Le protestantisme dans la généralité d'Alençon au XVIIIe siècle demeure encore mal connu et reste en grande partie à étudier, en particulier dans la ville d'Alençon. Cependant, comme le constatait Charles-Gabriel-Daniel de Frotté, les membres de cette famille apparaissent comme les seuls gentilshommes protestants « un peu marquants » de la généralité à la veille de la Révolution.

53. Daniel LIGOU, « Franc-maçonnerie et protestantisme », *Dix-Huitième Siècle*, 1985, p. 41-51.
54. Éric SAUNIER, *Révolution et sociabilité en Normandie au tournant des XVIIIe et XIXe siècles*, Rouen, 1998. *Id.*, « Protestantisme et franc-maçonnerie en Normandie au temps de la transition révolutionnaire (1750-1830) », *Protestantisme et franc-maçonnerie : de la tolérance religieuse à la religion de la tolérance*, Paris, 2000.
55. Cité par L. de LA SICOTIÈRE, *Louis de Frotté et les insurrections normandes [...]*, *op. cit.*, p. 68-70.

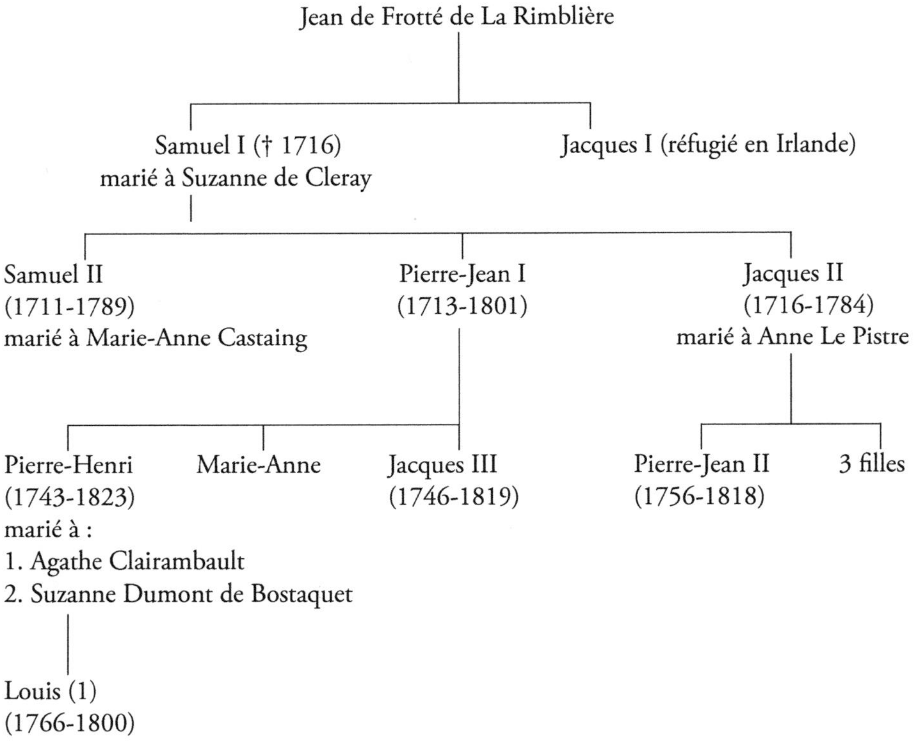

Les Frotté de La Rimblière.

Troisième partie

Mobilités nobiliaires et frontières sociales en Normandie

Le noble : un problème de taille en Normandie aux XVIe et XVIIe siècles

Antoine Follain*

C'est par l'histoire croisée de l'État (dit) moderne et des communautés rurales que nous avons été amenés à la question *des* noblesses normandes[1]. Par nature, un noble n'a rien à faire dans une communauté formée de gens que nous définirons exprès comme *ignobles*. Mais il y a des fraudeurs de la noblesse, des roturiers qui s'extraient des communautés, et quantité de situations où les nobles, anoblis et fraudeurs font du tort aux autres. Ces situations relèvent de la juridiction des élus, de la cour des Aides et des intendants. Or, de même que le Dauphiné a connu du XVIe au XVIIe siècle son *procès des tailles* autour de l'amélioration du régime fiscal, la Normandie qui a toujours été la province la plus écrasée d'impôts aurait mérité son propre procès autour de certaines questions, parmi lesquelles l'exemption fiscale de la noblesse et la multiplication exagérée des nobles[2]. Notre contribution consiste

* Et Salih Babayigit, Marie Bosch, Janice Buck, Johann Charre, Mathieu Chevalerias, David Hinschberger, Nicolas Fabbian, Valérie Feuertoss, Raphael Georges, Claude Grégoire, Leslie Harau, Marie-Aurore Hergott, Jean-Bernard Garcia, Michel Keith, Émilie Langjahr, Marie Laurent, Nasradin Lazreg, Johanna Mamane, Anicet M'Boumba, Alexandra Meyer, Virginie Minker, Fabien Mokry, Alexandra Nicoloff, Julien Nogues, Sylvain Schaettel, Alexandra Schwartz, Farah Solaani, Sarah Solaani, Alice Soucé, Marie-Catherine Stock, Johanne Terny, Frédéric Véronèse et Marie Voegele, étudiants en 1re et 2e année de master.

1. Antoine Follain, « Les paysans, la terre et l'impôt à Camembert au XVIIe siècle. Un système fiscal bloqué ? », *Enquêtes rurales*, n° 6, 1999, p. 39-82 ; *Id.* et Gilbert Larguier (dir.), *L'impôt des campagnes, fragile fondement de l'État (dit) moderne : la taille et ses équivalents de la fin du Moyen Âge au XVIIe siècle. Actes du colloque de Bercy des 2 et 3 décembre 2002*, Paris, CHEFF, 2005 (on y verra aussi Daniel Hickey, « Le procès des tailles dans le Dauphiné [...] », p. 197-232; ou son livre, *Le Dauphiné devant la monarchie absolue : le procès des tailles et la perte des libertés provinciales, 1540-1640*, Grenoble, PUG, 1993) ; Antoine Follain, *Le village sous l'Ancien Régime*, Paris, Fayard, 2008.

2. Il n'y a pas d'explication simple à cette surimposition normande, mais seulement des hypothèses, un enchaînement de circonstances et l'application d'un principe toujours vérifié dans « l'État de finance ». En premier lieu, la Normandie ducale a été habituée tôt aux impôts réguliers et les rois de France ont récupéré là une situation éminemment favorable pour développer leur fiscalité aux XIVe et XVe siècles, cf. les archives du « fouage » étudiées par Michel Nortier. La première généralité du royaume a été créée en Normandie au milieu du XIVe siècle. La province est passée, au XVe siècle, par une période d'occupation militaire où les impôts ont été levés comme si l'on rançonnait les Normands. Ne disposant d'aucun moyen pour estimer la capacité contributive des composantes du royaume, l'État de finances a procédé par tâtonnements : si telle circonscription n'était pas défendue par ses privilèges ou par des protecteurs et si l'impôt rentrait à peu près, c'est que le curseur pouvait être poussé encore plus loin. Ainsi, au début de l'époque moderne, le royaume est divisé en seulement quatre généralités, dont une seule correspond à une seule province : la Normandie. À partir de 1542, lorsque le royaume est divisé en seize recettes générales, celle de Normandie est divisée en

donc à prolonger l'instruction de cette espèce de procès qui avait été commencé par les états provinciaux, sans aboutir à un *prononcé de jugement* et sans doute valait-il mieux, pour l'ensemble de la noblesse, que l'on arrête l'instruction de ce procès.

Nous avons préparé nos *points de droit* avec la collaboration de nos étudiants en master et sur notre sac à procès nous avons cousu ensemble l'étiquette « Le noble : un problème de taille ». Par ce titre, nous avons voulu faire un jeu de mot sur la dimension du problème, car le noble est un *gros* problème pour les communautés d'habitants et nous avons voulu dire que le noble pose un problème qui est d'abord fiscal. Les pièces contenues dans notre sac à procès consistent en travaux publiés avec des collègues depuis le lancement de l'enquête « La taille et ses équivalents [...] » ; notre synthèse, *Le village sous l'Ancien Régime [...]* ; les Cahiers des états de Normandie du XVIe et du XVIIe siècle relus avec nos étudiants dans les éditions du XIXe siècle ; des sources imprimées écrites par des Normands, comme le *Discours de la noblesse [...]* (1580) et le *Formulaire des élus [...]* (v. 1620) ; et des sources manuscrites parmi lesquelles un gros ensemble de liasses et registres dits des « consentements », conservés pour plus de cent paroisses bas-normandes et portant les procès-verbaux d'assemblée des communautés. De cet ensemble, nous prendrons une seule pièce qui est le registre de Mondeville, retenu seulement parce qu'il s'agit du dernier registre que nous avons transcrit en séminaire de paléographie et étudié avec nos étudiants non-normands[3].

Nous évoquerons donc en premier le régime imposé aux Normands qui a exempté le noble, sans que toutes les questions induites soient résolues. Nous observerons alors les communautés d'habitants face à l'exemption fiscale (deuxième point) et nous montrerons qu'en plus de poser un problème fiscal le noble peut perturber le fonctionnement et le développement des institutions locales (troisième point). Nous verrons ensuite que la noblesse, en tant que statut d'affranchi fiscal, est un état qui s'obtient trop facilement. La fuite vers la noblesse est tellement importante que les autorités s'inquiètent de l'authenticité des nobles pour en ramener quelques-uns à la taille, alors que, dans le même temps, le roi vend à

deux (Rouen et Caen) et, toujours parce que l'on ne tond bien que de près, une troisième est créée en 1636 (Alençon). Voir Antoine FOLLAIN, *Le Village [...]*, *op. cit.*, et *Histoire de la Normandie*, Toulouse, Privat, 1970, notamment la section « La Normandie, terre d'impôt » p. 264 *sq.*

3. Archives départementales du Calvados, 570 Edt 1/1, cf. Antoine FOLLAIN, Salih BABAYIGIT, Marie BOSCH, Janice BUCK et *al.*, « Registre des audiences de contrats et des assemblées en forme de commun de la paroisse de Mondeville [...] » et « Analyse des procès-verbaux de délibération du registre de Mondeville », Programme de recherche : « La taille et ses équivalents [...] », 2007-2008, édité dans le corpus de sources et articles du site de « Villanelle, association d'histoire du village » (URL variable). Ce registre couvre une période comprise entre octobre 1647 et janvier 1672. On y trouve des actes relatifs aux élections de collecteurs, des rectifications de rôle de taille, les changements d'octroi, ainsi que des informations sur les procès. Le plus grand nombre d'actes concerne les impôts royaux, mais il y a aussi, par exemple, la police agricole organisée par les paysans eux-mêmes, la gestion matérielle du culte, les affaires du trésor paroissial et de la confrérie du lieu. Voir Antoine FOLLAIN, « Les certificats, consentements et comptes des paroisses bas-normandes au XVIIe siècle. Un corpus de sources à reconstituer et une enquête à mener », *Annales de Normandie*, n° 3, 2001, p. 211-228. La situation a peu évolué mais pour exploiter ce gisement unique d'archives villageoises, comme pour effectuer les croisements avec l'énorme fonds de la cour des Aides, il nous faudrait être sur place.

n'importe qui des lettres de noblesse qui ne consistent pratiquement qu'en des franchises fiscales. D'où le cinquième point : « Les révisions de noblesse : des enquêtes pour rien ? » Faute de réduire le nombre des anoblis, on s'est demandé comment réduire les effets de l'exemption fiscale que l'on venait de leur vendre (sixième point). Nous constaterons alors que la noblesse a été affaiblie de plusieurs manières par cette espèce de *procès des tailles* (septième point).

L'exemption fiscale des nobles : origine, étendue et problèmes

Le noble est en partie responsable de la surimposition des autres, ce qui n'est pas le cas en régime de taille réelle où l'impôt est mieux partagé (et aussi moins lourd !). Rappelons que, dans la phase déterminante des XIVe et XVe siècles, la Normandie s'est trouvée dans la partie du royaume caractérisée par la non-imposition des nobles et particulièrement de la nouvelle noblesse. On le sait peu, mais, dans le Midi, l'exemption nobiliaire a été plus sérieusement discutée que dans le nord. Encore au XVe siècle, le Languedoc connaît la réitération des injonctions du pouvoir royal à assujettir personnellement à l'impôt direct les nobles et les ecclésiastiques[4]. Finalement, lorsque la taille réelle est bien installée, la question nobiliaire a été résolue autrement : le noble est désormais *personnellement* respecté tandis que ses biens et revenus sont *réellement* imposés. Au contraire, la majeure partie du royaume connaît la taille dite personnelle. C'est le cas en Normandie, où le noble *et ses biens* sont respectés, c'est-à-dire exemptés.

Le statut de taillable y est considéré comme une marque d'indignité et l'exemption fiscale en est le contraire absolu. Le caractère *ignoble* de l'impôt fait du noble un exempté par définition[5]. Des auteurs du XVIe siècle ont éprouvé le besoin d'y ajouter une justification en assimilant la noblesse aux gens de guerre et en remontant l'histoire jusqu'aux temps médiévaux où le service du roi consistait à lui offrir, soit sa personne, soit ses biens. La taille est alors présentée comme une taxe de remplacement du service armé. Au début du XVIIe siècle, Charles Loyseau trouve, dans son *Traité des Ordres...*, la belle formule qui justifie l'exemption fiscale « estant raisonnable que ceux qui contribuent [par] leur vie pour la défense de l'Estat soient exempts d'y contribuer de leurs biens ». À cette époque, pourtant, le service militaire est loin de définir toute la noblesse[6]. L'exemption n'est donc qu'un acquis statutaire. Mais la noblesse normande le défend comme un élément de son identité et elle va jusqu'à considérer que toute remise en cause du privilège fiscal est une insupportable dégradation. De ce point de vue, ce n'est pas la taille

4. Gilbert LARGUIER, « Les communautés, le Roi, les États [...] », *L'Impôt des campagnes [...], op. cit.*, p. 69-95.
5. On ne s'étonnera pas que les ecclésiastiques soient au même rang. Cherchant les plus belles formules, nous avons relevé dans les Cahiers des états de 1634, une déclaration du clergé selon laquelle « la marque d'honneur [...] la plus signalée que l'Eglise aye en cette province par-dessus le commun peuple, est l'exemption des tailles qui lui est commune avec la noblesse ». Les éditions des *Cahiers des états de Normandie [...]* étant bien connues, on se contentera de donner le mois et l'année du Cahier et la page dans le volume, ainsi ici : Cahier de décembre 1634, p. 4. On trouvera sans difficulté que l'année 1634 est dans le volume consacré aux années 1633-1666, édité en 1878 par Charles Robillard de Beaurepaire chez Métérie à Rouen.
6. Cf. par exemple la contribution d'Olivier Tréhet dans le présent livre.

qui pose véritablement problème, tant elle est réputée populaire, infamante et *ignoble*. Un noble n'est donc pas taillable. Mais la fin du XVIe siècle, avant le règne d'Henri IV, puis le XVIIe siècle, à partir de Louis XIII, sont des temps de *crues* multiples et diverses. Des impositions sont assises autrement que la taille. Or, ces levées dérogent aux situations précédemment acquises et les nobles normands ont l'impression de ne plus être considérés comme tels. Il y a donc un désaccord sur l'étendue des privilèges.

Fin XVIe siècle, les nobles font dire aux états provinciaux que « la noblesse qui de tout temps est franche et libre » a cependant été mise à contribution (1579)[7]. En plus de les faire constamment contribuer au service militaire du roi, on les a aussi forcés à contribuer vilement à « d'excessives cruës de gabelles, impositions de vin, douanes et autres subsides » (1579)[8]. Or, la noblesse veut être « continu[ée] en l'exemption de laquelle elle a de tout temps jouy » ; ce qu'elle entend comme une exemption « de *toutes* charges, subsides et impost » (1583)[9]. C'est d'abord une question de principe car par de tels « subsides ils [sont] rendus [contribuables] comme de faict ils sont » (1584)[10]. Or, la noblesse veut une exemption totale. On retrouve, dans les Cahiers des états de Normandie de l'automne 1616, une plainte parce que « par le moyen de plusieurs levées qui se font indifféremment sur toutes personnes, on dépouille [la noblesse] de ses prérogatives et [on] la rend [...] par telles voyes oblicques honteusement contribuable à des charges indignes de sa condition ». En 1617, la noblesse fait répéter aux états qu'elle ne veut être « flestrie d'aucune imposition extraordinaire ». Il y a quantité d'autres occurrences[11].

Si le principe de l'exemption de certains est admis et, pour ainsi dire, dans la nature de la société d'Ancien Régime, il reste à savoir quelle sorte de personnes peut en bénéficier et combien elles peuvent être.

7. Cahier de février 1579, p. 6-7.
8. Cahier de mars 1579, p. 16, d'octobre 1582, p. 7-8, etc.
9. Cahier de novembre 1583, p. 43-46.
10. Cahier de novembre 1584, p. 77-78. Deux autres raisons sont données, une autre fois, qui n'ont plus rien d'une question de principe. La première raison est que les « subsides mis sur le vin, sel, draps et autres denrées » atteignent davantage les nobles que les autres « attendu que c'est ausdits Nobles à qui cela importe le plus, d'autant que ce sont eux qui achaptent la plus grande partie et quantité desdites denrées ». La seconde raison est que le « tiers Estat » étant écrasé par un « trop grand fardeau », « ladite Noblesse sent les effets de sa pauvreté » puisque le seigneur « ne peut estre payé de ses rentes seigenurialles à [lui] deuës, ni mesme trouver personne pour labourer et prendre à ferme les terres et biens d'icelle » : Cahier de novembre 1584, p. 77-78.
11. Inversement, l'exemption nobiliaire est-elle vraiment remise en cause ? Quelques théoriciens de la monarchie, comme Jean Bodin, ont discuté comme un « point de droit » le fait que, dans le cas d'une grande nécessité, un impôt puisse être exigé « tel que chacun en porte sa part ». En 1576, Jean Combes, auteur du *Traité des tailles [...]* (le premier livre à porter ce nom), condamne le principe même de l'exemption d'une charge par rapport à « l'autorité publique » envers laquelle tout et un chacun est redevable. En vérité, *tout* auteur qui traite, soit de la noblesse, soit de l'impôt, traite nécessairement de la question des privilèges et de l'exemption pour expliquer et justifier ou pour discuter et condamner.

Les communautés d'habitants face à l'exemption fiscale

Les communautés supportent mal les exemptions, dont elles se plaignent globalement sans rien dire spécifiquement contre la noblesse, sinon contre les anoblis. En effet, aux ecclésiastiques et nobles anciens s'ajoutent des contribuables favorisés qui sont les *bourgeois* – au sens propre d'habitants des villes – et aussi de plus en plus d'anoblis et de fraudeurs. Lorsque des communautés d'habitants se plaignent, elles ne font guère de différence entre les nobles et les autres. Le seul aspect statutaire qui les soucie est l'exemption de la taille et, de ce point de vue, il importe peu que l'affranchi soit noble d'ancienne extraction, anobli, officier du roi ou roturier bourgeois d'une ville favorisée par une modération fiscale.

Toutes les exemptions posent le même problème parce que la taille est un impôt de répartition fondé sur des apparences. En effet, l'exemption ampute une partie importante de la faculté contributive, alors que l'impôt a toujours été réparti par « constatation visuelle » des facultés apparentes des paroisses : autrement dit, les superficies cultivées, la qualité des terres et les espérances de récoltes pour une population supposée être constituée entièrement de taillables tous domiciliés dans la paroisse et tirant tout le profit de sa production. Non seulement l'acquittement de la taille est rendu difficile, mais il y a des incidences qui n'ont pas reçu de solution avant le XVIIIe siècle. Pour le montrer, nous rappelons un article paru en 1996 dans la *Revue d'Histoire de l'Église de France* où l'on ne sera pas étonné que nous ayons déjà soulevé une question d'argent[12]. Un problème posé par le noble – et plus généralement les exemptés – est qu'il rend difficile ou inefficace l'impôt local, fait par et pour les propres besoins des communautés. En effet, les revenus ordinaires ne sont jamais suffisants sitôt que l'on a une forte nécessité (par exemple entretenir ou édifier un bâtiment) ou l'envie de s'offrir quelque chose d'un peu coûteux (par exemple quelque bel objet liturgique). Les revenus religieux ordinaires sont souvent justes au niveau des dépenses ordinaires et aucune dépense supplémentaire n'est donc envisageable sans trouver un financement spécifique. C'est pire au civil, puisque la rareté des « deniers communs » ordinaires, ou leur absence totale, mettent rapidement les communautés dans une situation où il faut se « cotiser », donc organiser et lever un impôt local. Or, l'assiette repose nécessairement sur quelque chose d'existant, à savoir le rôle de la taille[13].

L'article expliquait pourquoi on ne pouvait pas financer les chantiers au XVIIe siècle et pourquoi la seconde moitié du XVIIIe siècle a été une période faste, dans laquelle 40 % au moins des paroisses de la généralité de Rouen se sont engagées dans des travaux importants à l'église, au presbytère ou au vicariat ou aux deux. L'impôt local que l'on essaie de lever au XVIIe revient à demander aux seuls

12. Antoine FOLLAIN, « Les travaux aux églises et presbytères dans les paroisses normandes du XVIe siècle au XVIIIe siècle », *Revue d'histoire de l'Église de France*, janvier-juin 1996, p. 41-61.
13. En pratique, il n'y a rien de plus simple à mettre en œuvre qu'une « surimposition » d'un impôt municipal par-dessus l'impôt royal. Il suffit d'une péréquation pour dire à chacun combien il doit payer, pour la cotisation locale, en fonction de ce qu'il paye comme impôt au roi. Le calcul est peut-être un peu compliqué à faire mais ce sont des services que l'on paye aux gens qui savent bien compter.

taillables un effort supplémentaire. Une autre partie du financement est à la discrétion des nobles et des ecclésiastiques qui peuvent participer *à côté de la collecte* ou ne rien apporter, si telle est leur volonté. L'emballement du XVIIIᵉ siècle est venu d'une évolution de la procédure. L'impôt local exceptionnel, autorisé par le Conseil royal, sur dossier soumis par l'intendant, ne repose plus sur la taille. Or, en passant d'un système de répartition « au marc la livre », du rôle de taille à un système fondé sur les rôles de vingtièmes atteignant les propriétaires horsains, les nobles et les ecclésiastiques qui auparavant ne payaient rien, nous avons vu fonctionner un système honnête, où le duc peut se trouver inscrit sur le rôle de Bosroger pour seulement 12 sous parce qu'il a peu de biens dans cette paroisse, tandis qu'à Bosc-le-Hard près de la moitié du financement est transféré sur le marquis de Boniface, le comte d'Hermesnil et les autres privilégiés. À Montcauvaire, près de Rouen, 70 % de l'imposition retombe en 1785 sur des privilégiés et des étrangers qui auparavant n'auraient rien payé. Cette étude montrait donc les effets de l'exemption fiscale sur la capacité contributive des communautés d'habitants.

Un noble qui perturbe aussi le développement et le fonctionnement normal des institutions locales

La noblesse fait aussi du tort au fonctionnement institutionnel des communautés. Non seulement le noble échappe aux charges collectives, parce qu'il est un paroissien sans être un co-contribuable, mais il est sur plusieurs plans un habitant différent des autres, qui va et qui vient, qui est ou qui n'est pas membre du « corps de communauté ».

Pour le XVIᵉ siècle d'abord, nous avons discuté, dans le 7ᵉ chapitre de notre *Village sous l'Ancien Régime [...]*, du cas d'un petit noble normand que les historiens connaissent plus que tout autre gentilhomme français, à savoir le sire de Gouberville.

Au XVIIᵉ siècle, nous voyons par les registres des assemblées que le noble freine le développement et perturbe le fonctionnement que nous dirions *normal* des institutions des paroisses normandes. Lorsqu'il est *complet*, le gouvernement d'une paroisse normande est à la fois unique et divisé entre plusieurs institutions civiles et religieuses dont l'action est coordonnée. Les affaires locales ne se traitent pas les unes à part des autres. Par exemple, les dépenses à caractère religieux sont étalonnées sur la situation fiscale. L'envie d'offrir à la paroisse de beaux objets du culte ou le besoin de réparer quelque édifice sont remis à plus tard lorsque la taille est trop élevée. Les « officiers de village » vont de l'une à l'autre institution et la même assemblée délibère sur toutes les affaires communes. Or, cet état complet et harmonieux des institutions locales ne peut pas être atteint dans les paroisses comme Mondeville, dont le gouvernement demeure divisé. Le problème est ici que les nobles (et aussi les bourgeois de Caen) ignorent certaines des assemblées et en fréquentent d'autres, acceptent certains offices villageois ou même les accaparent, mais laissent aux rustres les autres responsabilités. Or, à Mondeville, le temporel de la paroisse est géré par deux officiers de village, l'échevin de la confrérie Notre-Dame et le trésorier de la paroisse et confrérie, qui peuvent aussi remettre la conduite d'un procès à un troisième responsable, un procureur-syndic commis exprès pour soulager les deux autres.

La « trésorerie-confrérie » unique résulte probablement de la fusion de plusieurs anciennes charités avec le trésor. Ce n'est pas une confrérie récente et de pure dévotion, mais un organisme qui mêle des aspects spirituels et laïques. La « trésorerie-confrérie » s'occupe de gérer le bien et revenu de la paroisse, composé d'abord des fermages de terres communes retirées de l'usage collectif et bannies au plus offrant[14]. Les autres revenus sont des rentes, les contributions des paroissiens ou de certains d'entre eux et enfin l'argent de la « bannie du pain » de Pâques[15]. Cette caisse gérée par l'échevin et le trésorier est aussi articulée avec la collecte de la taille. Certains frais des collecteurs peuvent être pris en charge, lorsqu'ils ont rencontré des problèmes d'encaissement. Mais cette commodité ne peut pas être utilisée à chaque exercice car, des années 1640 aux années 1670, nous ne trouvons que des rustres « naturels taillables » parmi les collecteurs et nous ne rencontrons, aussi, que des paysans à la trésorerie, mais à l'échevinage nous rencontrons quelquefois des paysans mais souvent aussi un Nicolas Malherbe « escuyer sieur du Gaillon », un « M. de Benneville, noble, président et trésorier de France au bureau des finances à Caen », un Charles Morin « écuyer, sieur de Vaulgroult », un Étienne Malherbe « écuyer » ou un Marc Restout « sieur de la Vallée et bourgeois de Caen ». Le gouvernement du village est donc parfois l'affaire des seuls paroissiens co-contribuables et il est parfois celui d'une société élargie qui ne veut pas envisager comme un ensemble toutes les difficultés rencontrées dans la paroisse. Une telle situation locale pourrait bien correspondre à l'un des caractères généraux de la noblesse normande aux XVIe et XVIIe siècles, surtout quand elle est petite : être dedans et dehors, associée et distincte, être à part de l'une des questions majeures de l'histoire normande, le montant et les modalités de la taille, puisque le noble est précisément défini comme non-taillable, et, cependant, être au cœur du problème.

Des nobles qui se multiplient pour échapper à la taille

Le problème nobiliaire posé au *tiers* de la société (nous voulons dire, au reste) est d'autant plus important que le nombre des lignages nobles est rien moins que le plus important de tout le royaume par unité de superficie (cf. les statistiques du professeur Michel Nassiet)[16]. Les taux de croissance à l'époque moderne dépassent

14. Voilà qui correspond à une situation déjà observée ailleurs en Normandie : la mise à l'abri de terres communes ou de leurs revenus sous la protection anti-fiscale d'une institution couverte par le droit ecclésiastique, même si cette protection n'est pas totale : voir A. FOLLAIN, *Le village [...]*, *op. cit.*, chap. 5, 3e partie.
15. Mise aux enchères de la fabrication du pain offert à la collectivité, permettant à chacun de faire un geste en payant une denrée plus cher qu'elle ne vaut aux poids et prix marchands.
16. Voir, dans le présent livre, Michel NASSIET, « Les structures sociales des noblesses normande et bretonne à l'époque moderne ».

aussi tout ce que l'on a pu calculer ailleurs[17]. La petite noblesse normande est aussi davantage militarisée qu'ailleurs au XVIIe siècle. Pourquoi de telles spécificités ?

Pour évoquer la multiplication des nobles, tout en donnant une partie de l'explication, tirons de notre sac à procès une liasse qui comprend des sources imprimées et des manuscrits.

La non-imposition d'une nouvelle noblesse, imméritée et exagérément nombreuse, est, en effet, commentée, vers 1580, dans son *Discours de la noblesse [...]*, par le Normand Loys Ernaud, qui remonte au règne de Louis XI pour raconter que « [...] pour raison des longues guerres précédentes qui avoyent tout brouillé et confondu sans dessus dessous, ainsi qu'il advient souvent en tels tumultes belliques, et que la chambre des Comptes avoit esté pillee et gastee, plusieurs, en matiére de Noblesse, furent receus à preuve par tesmoins, au moyen de laquelle (pour ce que la cause sembloit favorable et les imposts odieux) ils usurpérent facilement ceste qualité[18] ». À partir de là, l'auteur dénonce une multiplication des nobles qui (au contraire d'autres provinces ?) ne s'est pas arrêtée mais emballée. Or, Loys Ernaud souligne un rapport avec l'exemption fiscale. D'abord, « [ni] les Roys ne le peuple ne [portaient] grand interest [à cette exemption] pour ce que les tailles estoyent [...] fort petites [...] et que les Roys s'esjouissoyent de veoir plus d'hommes se preparer à leur faire service [...]. Mais depuis que les subsides [...] sont allez en augmentant, le desir a creu pareillement à plusieurs de s'affranchir [tandis que] le reste du peuple, se voyant demeurer chargé d'imposts insupportables [...] » s'est alors inquiété « de faire que chacun en portast sa part [...] », d'où ce *procès des tailles* que nous instruisons dans le présent article.

Dans l'édit de mars 1600 sur la taille, Henri IV dénonce ceux qui « ont usurpé le nom de gentilhomme pour s'exempter indûment de la contribution aux tailles » (art. 25). La multiplication des exemptés est aussi dénoncée dans le *Formulaire des élus [...]*, écrit par René Laurens, seigneur de La Barre, président à l'élection de Mortain : « [...] pour esviter aux charges populaires, tailles et subsides, et affin de s'afranchir des imposts et autres contributions dont ceste contrée et pauvre province est surchargée entre toutes autres [les Normands] sont fort friands de noblesse [...]. De présent, les moindres officiers [...] ne font difficulté de prendre le titre d'escuyer [...] si on les veut enroller, les collecteurs sont le plus souvent, faute de moyens, contraints tout quitter et acquiescer plutost que de plaider [...] » (p. 70-71)[19]. On sait que la noblesse peut être usurpée et aussi qu'elle peut s'acquérir par récompense royale extraordinaire. Le Président La Barre parle, à propos du premier cas, de « gentilshommes d'acquiescement », parce que le corps social et surtout les autres officiers les reconnaissent pour nobles. Les officiers seraient,

17. Cf. les contributions des professeurs Laurent Bourquin, Jean-Marie Constant et Michel Nassiet.

18. *Discours de la noblesse et des justes moyens d'y parvenir, par Loys Ernaud, seigneur de Chantores*, Caen, impr. de B. Macé, 1584, in-8.

19. *Formulaire des esleuz, auquel sont contenuës et déclarées les fonctions et devoirs desdits officiers [...] ensemble quelques recherches touchant les tailles, taillon, subsides, creuës, imposts... par la diligence du Pr[ésident] La Barre*, Rouen, Imprimerie de J. Osmont, 1622. Détail réjouissant : le roturier auteur du *Formulaire [...]* a lui-même couru après l'anoblissement. Ce que bien sûr il a obtenu.

en effet, les plus acharnés à s'anoblir. Quant aux créations, plutôt que de mérites, parlons d'intérêts, car lorsque des roturiers veulent être nobles, le roi en crée par vente et achat, en dissimulant l'opération derrière la notion de récompense.

Les « révisions de noblesse » : des enquêtes pour rien?

Plus l'exemption nobiliaire pose problème par rapport à une taille qui s'alourdit, plus, aussi, le roi vend de la noblesse en gros (aux traitants) et au détail, et plus il faut combattre l'usurpation. La recherche des faux nobles est voulue par le roi et ses officiers, qui entendent les remettre à la taille; par les nobles établis, qui entendent conserver leur ordre en bon état et considération (et peut-être d'autant plus que ces nobles sont un peu *frais*) ; et par le tiers état et les communautés de taillables, qui entendent rattraper les usurpateurs et les enrôler de nouveau. Mais, en réalité, on ne peut distinguer l'usurpation de la noblesse par des roturiers, de la création de nobles par le roi, car les enquêtes de noblesse ont beaucoup pour effet de monnayer une régularisation.

Louis XIII passe pour avoir abusé de la distribution de lettres de noblesse contre finances, de la révocation des anoblissements et puis du maintien contre finances de la noblesse précédemment acquise et par conséquent payée deux fois au moins. Sous Louis XIV, la mesure la plus radicale a été la grande révocation, en 1643, de tous les anoblissements accordés depuis la grande révocation de 1600 par Henri IV. Mais, dès 1650, tous les anoblissements depuis le début du XVIIe siècle sont confirmés. L'opération est répétée en 1653. On sait pour cette fois que le tarif d'un maintien est de 1 500 livres. Une nouvelle recherche est commencée en 1655. L'opération n'a rien de ponctuel, car son histoire peut être suivie jusqu'en 1670, voire 1674. On pourrait alors dire que la province a fini par être dotée d'espèces de bureaux d'enregistrement et de vérification de la noblesse. L'un des résultats de la chasse aux taillables défaillants et de la régularisation des usurpateurs sera la contribution des trois intendants normands au « Catalogue de la noblesse » voulu par Colbert[20]. Mais l'image de la noblesse que l'on peut tirer des dernières enquêtes du XVIIe siècle pose problème, car on est là au terme d'un processus de lissage qui doit faire passer pour une noblesse d'ancienneté une partie de ce qui n'est qu'une noblesse acquise[21].

20. Cet aspect est assez développé dans Edmond ESMONIN, *La Taille en Normandie au temps de Colbert, 1661-1683*, Paris, Hachette, 1913 (*reprint* Genève, Megariotis, 1978). Pour aller plus loin et, notamment, pour compter, il nous faudrait être sur place et brasser des archives fiscales conservées à Rouen et Caen qui ne sont regardées par personne.
21. Les nobles normands sont particulièrement nombreux aux armées, aux temps de Louis XIII et Louis XIV et les confirmations de noblesse, au temps de Louis XIV, sont de plus en plus exigeantes sur les services militaires. Ne serait-ce pas en rapport avec les anoblissements, notamment dans les familles d'officiers de judicature ou de finances, qui pousseraient la seconde et peut-être la troisième génération vers un *décrassage* définitif? Une enquête prosopographique pourrait répondre à cette interrogation.

Faute de réduire le nombre des nobles, peut-on réduire les effets de leur exemption fiscale ?

En théorie, un nouveau noble ne devrait pas poser problème aux communautés. En 1576, par exemple, il est ordonné aux élus dans leurs chevauchées de s'informer des taux des anoblis « pour descharger de pareille somme les paroisses ès quelles lesd[its] adnobliz [étaient] imposés[22] ». Aucune mesure de cette sorte ne semble avoir eu d'effet.

Les autorités essaient plutôt de limiter globalement l'étendue de l'exemption fiscale pour rapprocher la faculté contributive, perçue lors des chevauchées et enquêtes, de l'espace réellement fiscalisable. Le moyen existe, car l'étendue de l'exemption nobiliaire a toujours été limitée dans son principe. Cette exemption concerne, en effet, la personne d'un noble et non *tout* ce qu'il possède. Une terre possédée par un noble et affermée à un paysan n'est pas exemptée, car le paysan-taillable paiera pour tout ce qu'il fait valoir. Il est cependant permis à un noble de faire valoir lui-même une partie de ses terres à condition de les exploiter à l'aide de domestiques, en surveillant l'exploitation mais sans *travailler*. Le point sensible est alors le statut des paysans par rapport à leur maître, car si le noble emploie des fermiers et encaisse des loyers, les paysans sont soumis à la taille et s'il emploie des domestiques, ils ne le sont pas. Un abus consiste donc pour un noble à faire passer des fermiers pour des domestiques.

Les seules mesures prises par les autorités consistent à limiter le patrimoine exempté. On relève, par exemple, dans le 109e article du Règlement de janvier 1634, que les privilégiés « [...] pourront faire valoir par leurs mains [en franchise fiscale] *une* de leurs terres et maisons avec] celles [...] en dépendans [...] qui sont adjacentes et contiguës » tandis « qu'ils feront valoir [...] les autres terres [...] par receveurs ou serviteurs, lesdits receveurs ou serviteurs [étant] taxez », de même que « leurs fermiers [pourront] estre taxez » (art. 33)[23]. On reconnaît ici le penchant des autorités à croire qu'un territoire est toujours divisé en unités agricoles et fiscales qui ne se partagent pas, qui ne diminuent pas et qui ne s'accroissent pas et portent ainsi toujours la même part de la taille d'un lieu ou bien forment toujours la même parcelle exemptée. En réalité, cela n'est valable que dans certaines provinces ; par exemple, là où les métairies et closeries sont bien définies et où les « terres volantes » sont peu de chose. Ce n'est pas le cas en Normandie où la configuration des exploitations est davantage susceptible d'extension comme de contraction. Un deuxième abus consiste donc à jouer sur l'exemption d'« *une* de leurs terres » pour l'étendre démesurément. En 1643, les états provinciaux font d'ailleurs observer que la formule est sujette à des interprétations qui peuvent aller jusqu'à considérer que tous les biens d'un noble ne font qu'une seule terre.

22. Cahier d'octobre 1576, p. 242-245.
23. À sa date dans Decrusy, Isambert et al., *Recueil des anciennes lois françaises [...]*, Paris, Belin-Leprieur, Plon, 1821-1833. Même observation pour les règlements de 1664 et 1673 cités plus loin.

Le nouveau règlement de 1664 rejette cette extension à la totalité des biens mais il persiste à conserver la mesure d'« une terre » et d'« une ferme » défiscalisée, tout en reconnaissant deux « extensions ». La première est que toutes les terres possédées par un noble dans une paroisse peuvent être jointes à cette ferme « et n'en faire qu'une ». La seconde est qu'une ferme peut être composée de terres hors de la paroisse où se trouvent les édifices. Par contre, les terres hors de cette paroisse et ne faisant pas partie de l'exploitation défiscalisée doivent être confiées à un ou plusieurs fermiers, lesquels sont taillables dans leur paroisse (art. 20). Le dispositif est trop complexe. La seconde extension autorisée permet tous les abus que l'on commettait déjà précédemment. Un noble peut, en effet, augmenter la dimension de son exploitation en faire-valoir direct par réunion de plusieurs exploitations et, au besoin, il peut garder les granges mais faire abattre les maisons qui auraient pu fonder une requête contre lui.

La solution est tôt suggérée par plusieurs auteurs. Elle consisterait à fixer un plafond, soit de manière *moderne* en disant quelle superficie maximale est couverte par l'exemption fiscale nobiliaire, soit de manière plus archaïque en revenant à l'ancienne notion d'unité de culture, à savoir la « charrue » et la quantité de terres qu'un même équipement peut faire valoir. Le nouveau règlement de 1673, voulu par Colbert, limite donc à « une seule ferme » dans « une même paroisse » et avec une valeur maximale de « trois charrues » (art. 21). C'est mieux sans être suffisant. En réalité, la taille n'étant décidément pas réformable, la solution sera de la figer au début du XVIIIe et reporter l'effort sur de nouveaux impôts mieux conçus. Les vingtièmes ne reviennent-ils pas à introduire en Normandie une espèce de taille réelle ?

Une noblesse affaiblie de plusieurs manières par le « procès des tailles »

Jusqu'à l'époque de Colbert, on a tant créé de nobles et l'impôt participe tant à la définition de la noblesse que cette définition fiscale, depuis *notre* point d'observation, finit par dépasser tout autre considération. Qu'est-ce qu'un noble (un *petit* noble, surtout) et à quoi tient sa supériorité, si les vertus et l'essence supérieure de la noblesse ne sont plus que des lettres d'exemptions et si la noblesse s'obtient et puis se perd, se voit annulée, puis restaurée, discutée de nouveau, privée de transmission héréditaire et puis rétablie et tout cela contre argent ? Qu'est-ce qu'une noblesse qui va et qui vient ?

L'une des marques de l'affaiblissement de l'état de noblesse est la banalisation de la « dérogeance » – le mot est bien connu mais il a un usage spécifique dans nos sources. Cet état est une commodité permise à la petite noblesse, puisqu'il est possible pour un noble ruiné de se faire paysan ou artisan et, par conséquent, de gagner laborieusement sa vie, de déchoir et, conséquemment, d'être porté sur un rôle de taille avec la possibilité d'en être retiré plus tard. Il est sans doute significatif que, dans la seule paroisse (Mondeville) et le seul registre des consentements que nous avons mobilisé pour cet article, nous trouvions quatre cas de cette « dérogeance ». On comprend qu'il s'agit de situations où un petit noble de la paroisse est sorti de sa condition pour subsister au moyen d'une activité laborieuse et indigne. Pour la communauté des taillables, il s'agit d'abord de savoir si l'on pousse son indignité jusqu'à enrôler le dérogeant pour un certain « taux » ou si l'on attend seulement de lui une contribution négociée de gré à gré, qui vient s'ajouter aux cotes officielles ou effacer les « non-valeurs » (ou impayés). Dans le premier acte de cette sorte, il est question d'un certain Jean le Ber, auquel on ne fera pas procès sous la condition qu'il paie chaque année une certaine somme au collecteur. Mais s'il persiste dans sa dérogeance, il est sous la menace d'un enrôlement dont il ne pourrait peut-être plus annuler l'effet qu'en retirant des lettres de rétablissement. Les actes suivants donnent les noms d'autres dérogeants et la somme que chacun s'oblige à verser. Jean le Ber, le premier cas, est aussi le seul qui apparaisse deux fois, en 1645 et 1654. Il n'a donc pas rétabli sa situation et nous ne savons pas comment cela a fini pour lui et sa famille. Au contraire, le nommé Charles Burnouf a rétabli sa situation et, en 1670, il menace la communauté d'un procès. Il obtient de ne plus figurer sur le rôle de taille de la paroisse puisqu'il n'y fait plus d'« acte de dérogeance ».

Mais il y a plus grave pour la noblesse. En théorie, les anoblissements sont rares, mérités, et ils n'affaiblissent pas le second ordre. Dans l'édit de juin 1576, « Pour les nobles... », le roi évoque la nécessité d'« augmenter et conserver » la noblesse, au prétexte, d'une part, qu'elle s'est affaiblie dans les guerres et, d'autre part, que « plusieurs bonnes maisons et familles » ont rendu de bons services, « advertiz qu'il y a en notre roiaulme ung bon nombre de personnes non nobles, recommandables toutes fois de leurs vertus et quallitez, qui auroient à grande satisfaction et faveur d'estre honorez du tiltre de noble ». Moyennant bien entendu quelque argent[24]. L'année suivante, le roi fait répéter qu'il s'agit de « décorer et honorer du tiltre de noblesse quelque nombre de personnes non nobles, recommandables touttes fois de leurs vertus et quallitez[25] ». Toute mesure générale d'anoblissements est aussi équilibrée par l'annonce d'une recherche des faux nobles, car l'élévation des anoblis va de pair avec la punition des faux nobles, « les ung honorez et eslevez, et les autres abaissez et chastiez d'avoir abusé du tiltre de noblesse[26] ».

Mais la réalité, que la société ne peut que constater, est d'abord qu'il y a quantité de fraudeurs qui, pour un certain nombre, finissent par *gagner*. Elle est ensuite que la noblesse va aux plus riches et non aux meilleurs. Les députés aux états déclarent même, en 1658, dans leur 42e article, qu'il s'est « vendu [des lettres] à qui en a voulu, sans enqueste d'autre mérite que du moyen d'en payer la finance, qui souvent s'est vue au-dessous de celle d'une lettre de bulle de quelque métier ». Les nobles sont multipliables et la noblesse nouvelle n'est pas un état définitif, ni même héréditaire. La noblesse n'est plus un état de la personne et d'un lignage

24. Édit cité dans le Cahier d'octobre 1576, p. 242-246.
25. Cahier de novembre 1577, p. 292-295.
26. *Ibid.*

mais une franchise qui va et qui vient. La noblesse se remplit de gens indignes. On finit même par envisager un statut intermédiaire pour des espèces de nobles à moitié, ou à temps ! Si les états provinciaux peuvent réclamer, comme ils le font en mars 1579, « que tous les anoblissemens et affranchissemens faits de personnes roturiers » depuis une certaine date (en l'occurrence le décès du roi Henri II) « soient revocquez et declarez nulz [...] et les personnes par cy aprés imposées à la contribution des tailles ainsi qu'ilz estoyent en précédent[27] », c'est bien la preuve que la noblesse se reçoit ou se prend et puis se perd. Elle n'est pas (ou elle n'est plus) une qualité supérieure de la personne. De même, lorsque le roi crée des nobles « moyennant finance » en 1576, il s'agit de vendre un « franchissement et exemption de nos tailles [...] et toutes autres impositions qui se lèvent [...] par forme de taille ». La noblesse ne serait-elle que cela ?

C'est sans doute pourquoi la noblesse ancienne se défend. Les états dénoncent, au temps d'Henri III, les anoblissements « à tous propos » qui font « tort [...] à la Noblesse » où l'on met des « gens du tout indignes en leur rang[28] ». Au début du règne de Louis XIII, les états reprochent à la régente que les « lettres d'annoblissement [soient] achaptées en ceste Province par des hommes de basse condition et sans recommandation de mérite ». Ils déclarent que « cela tourne en oprobre et dérision, de veoir que, pour une petite somme d'argent [...] on confère une qualité qui ne se doibt acquérir que par générosité et vertu[29] ». Le flux d'anoblis amène l'assemblée provinciale à faire, en 1579 et 1581, la proposition d'un état intermédiaire car « S'il plaist [au roi] de prendre argent de tels roturiers pour les affranchir, [qu'il] luy plaise [aussi] mettre quelque [différence] entre les nobles et les affranchis ». Le dernier mot est important. Il signifie que l'on perçoit l'existence de deux noblesses : un statut noble entier et un statut de noblesse que l'on reconnaît être seulement un statut d'affranchi fiscal. Le trouble vient de ce que les deux catégories portent le nom de « noble[30] ». Deux ans plus tard, en 1583, la noblesse demande « que deffences soyent faites aus dessusdits de n'user plus de telles qualitez s'ils ne sont gentilshommes de race et de famille [mais] se contenteront ceux qui ont esté anoblis par argent de se qualifier affranchis pour leur temps seullement [...] sans qu'ils puissent user de ce terme d'Escuyer ny de noble[31] ». Les commissaires du roi abondent dans le sens des états provinciaux en considérant, en 1585, qu'il y a des « anoblissements [pour] très grandes considérations de mérites et services » et d'autres qui ne seraient donc qu'un affranchissement de l'impôt[32]. À défaut d'obtenir la révocation des anoblissements, les états demandent au moins « que tels anoblissements ne tirent à leur postérité [mais] qu'ils en joüiront leur vie durant seulement » (1581 et 1583). Le roi et ses commissaires prennent prétexte des plaintes des états pour promettre une réduction de l'étendue des anoblisse-

27. Cahier de mars 1579, p. 50.
28. Cahier de novembre 1581, p. 157-158.
29. Cahier de septembre 1612, p. 61-62.
30. Cahier de novembre 1581, p. 157-158.
31. Cahier de novembre 1583, p. 43-46.
32. Cahier de novembre 1585, p. 111-113.

ments, qui ont été vendus entiers et ne seraient plus que « pour le temps de leur vie seullement, sans qu'ils passent à leur postérité[33] ». Mais cette réduction de la noblesse vendue précédemment sert-elle à autre chose qu'à revendre une extension de la noblesse aux descendants floués ?

Les mêmes questions sont posées dans les années 1610 et 1620. Les états rechignent toujours à reconnaître le caractère vraiment noble des anoblis. Ils se plaignent aussi de plus en plus des « naturels taillables » de Normandie qui s'enfuient ailleurs pour « s'exempter de payer [la taille] aux paroisses dont ils seroient sortis ». Ces taillables se retirent « au Mayne, Bretaigne ou aux autres Provinces limitrophes » et, après trois ans, sont « entièrement deschargez de la taille de Normandie », après quoi ils reviennent mais pour ne pas être de nouveau enrôlés dans une paroisse ils font leur domicile « en l'une des villes franches ou amodiez[34] ». Nous arrivons alors à une formulation intéressante puisque pour les états de Normandie ces pratiques qui « affranchi[ssent] tous les riches taillables [...] *les [font] nobles* ou du moins leur donne[nt] un commencement de noblesse ». De telles péripéties durent jusqu'au règne de Louis XIV. Or, l'idée que la noblesse nouvelle est avant tout un statut d'exempté fiscal peut-il stigmatiser *seulement* les anoblis ? Le jeu d'argent pratiqué avec une noblesse qui s'obtient, est annulée, puis rendue, limitée, puis étendue, etc., peut-il avoir un effet contenu dans une seule partie de la noblesse ? Tout cela ne risque-t-il pas de finir par atteindre la noblesse entière ?

Le *procès des tailles* ne sera jamais conclu parce que les états provinciaux disparaissent vers 1660 et l'histoire fiscale et politique change au tournant des XVIIe et XVIIIe siècles. Mais l'historien peut penser qu'il valait mieux pour la noblesse (et plus généralement pour le maintien de l'ordre social ?) que l'on arrête de telles pratiques financières et surtout que l'on mette fin à ce *procès* fait à la noblesse normande (y compris par les nobles eux-mêmes !) en passant à de nouveaux impôts universels (comme la première capitation) ou réels (comme les dixièmes et vingtièmes). Ces impôts touchent, en effet, les biens des privilégiés mais sans du tout atteindre leur statut. Une telle évolution a pour avantage, pour l'ordre social, d'éloigner la (petite) noblesse normande de la question de l'affranchissement fiscal. Les controverses sur la taille étant apaisées, nous pourrions dire que la noblesse a pu se trouver confortée au XVIIIe siècle parce que l'on a cessé de discuter de ce qu'elle était. Mais l'on sait aussi que le XVIIIe siècle voit apparaître d'autres controverses.

Le cas très particulier des consentements de Mondeville, comme le cas très général des délibérations aux états provinciaux, montrent l'ambiguïté d'un *état* qui n'est ni très bien défini, ni définitif, entremêlé avec la franchise fiscale, l'office royal, la qualité de seigneur, voire l'honorabilité d'une bonne bourgeoisie *affranchie* et peut-être en cours d'anoblissement. L'essentiel de notre contribution au colloque

33. Cahier de mars-avril 1579, p. 349-351, de même en 1581.
34. Cahier de décembre 1626, p. 111-113.

consacré aux noblesses normandes (le pluriel est important!) est de montrer que le plus important de toute l'histoire de cette province aux XVIe et XVIIe siècles, à savoir le caractère inouï de sa fiscalité, recoupe aussi la question d'un état nobiliaire qui est exagérément défini par le système fiscal et pour lequel les notions de race et de vertu supérieures sont comme effacées par les intérêts matériels. Les historiens savent qu'il est efficace de poser une question simple pour entrevoir de bonnes réponses. Voici la nôtre.

S'il y a tant de nobles en Normandie, il faut bien que cela serve à quelque chose, alors : *à quoi sert-il d'être noble ?* Peut-être à accéder au paradis fiscal en laissant les autres souffrir et rôtir dans une province qui est l'enfer fiscal du royaume.

La noblesse du Cotentin aux armées au XVIIe siècle

Olivier TRÉHET

Le XVIIe siècle est marqué par de grandes mutations, tant pour l'armée et l'institution militaire en général que pour la noblesse. En effet, d'une part, depuis une vingtaine d'années, toute une génération d'historiens, tant français qu'anglo-saxons, a questionné le concept de « révolution militaire » pour répondre à une problématique plus générale sur la construction de l'État dit moderne [1]. Ainsi, pour les seuls règnes de Louis XIII et de Louis XIV, les publications de John A. Lynn [2], de David Parrott [3] et de Guy Rowlands [4] sont-elles désormais devenues incontournables. D'autre part, la noblesse française, un temps délaissée puis remise à l'étude par l'approche novatrice de Jean Meyer, fait l'objet d'un renouveau bibliographique important, avec les recherches de Jean-Marie Constant, de Laurent Bourquin et de Michel Nassiet entre autres, diffusées dans des synthèses récentes [5]. Pour la Normandie, c'est le travail de James B. Wood [6] sur l'élection de Bayeux, qui remonte à 1980 qui sert d'étude de référence.

Et la noblesse aux armées ? À la croisée de ces deux grands axes de recherche, les publications se font plus rares [7]. Car de fait les sources permettant des enquêtes systématiques sur l'engagement des gentilshommes dans les armées font défaut.

1. Voir la synthèse de Jean CHAGNIOT, *Guerre et société à l'époque moderne*, Paris, PUF, 2001, au chap. XI qui présente l'historique et la critique de ce concept.
2. John. A. LYNN, *Giant of the Grand Siècle. The French Army, 1610-1715*, Cambridge, Cambridge University Press, 1997.
3. David PARROTT, *Richelieu's Army. War, Government and Society in France, 1624-1642*, Cambridge, Cambridge University Press, 2001.
4. Guy ROWLANDS, *The Dynastic State and the Army under Louis XIV. Royal Service and Private Interest, 1661-1701*, Cambridge, Cambridge University Press, 2002.
5. On peut citer les ouvrages de Jean-Marie CONSTANT, *La noblesse française aux XVIe et XVIIe siècles*, Paris, Hachette, 1994 et de Laurent BOURQUIN, *La noblesse dans la France moderne (XVIe-XVIIIe siècles)*, Paris, Belin, 2002.
6. James B. WOOD, *The Nobility of The Élection of Bayeux (1463-1666). Continuity through Change*, Princeton, Princeton University Press, 1980.
7. On peut citer les articles d'André CORVISIER, « La noblesse militaire : aspects militaires de la noblesse française du XVIe au XVIIIe siècle », *Histoire sociale – Social History*, t. 11, n° 22, 1978, p. 336-355 et de Laurent BOURQUIN, « Les carrières militaires de la noblesse au XVIIe siècle : représentations et engagements », Josette PONTET, Michel FIGEAC et Marie BOISSON (éd.), *La noblesse de la fin du XVIe au début du XXe siècle, un modèle social?*, Biarritz, Atlantica, 2002, t. 1, p. 271-288.

Du moins avant le dernier quart du siècle. Au Service historique de la Défense, fonds de l'armée de terre (SHD) les dossiers personnels des officiers ne commencent guère avant 1690 (ils ont été étudiés entre autres par Guy Rowlands), les registres d'admission aux Invalides s'ouvrent en 1670 et les contrôles des régiments (tant d'infanterie que de cavalerie) ne sont disponibles qu'à partir du tout début du XVIIIe siècle[8]. D'où l'apport précieux des travaux d'Hervé Drévillon, proposant une synthèse récente, parue en 2005, contenant un chapitre intitulé « Noblesse au service, noblesse de service[9] ».

C'est dans ce cadre général que nous allons tenter de présenter l'engagement de la noblesse du Cotentin dans les armées au XVIIe siècle. Mais précisons tout d'abord le sujet car ce thème serait trop vaste pour tenir dans le cadre de cet article. D'une part, qu'entendons-nous par Cotentin au XVIIe siècle ? Il s'agit en fait de l'étendue couverte par le grand bailliage de Cotentin. La province de Normandie est alors divisée en trois généralités et en sept bailliages. La généralité de Caen n'en contient que deux : celui de Caen et celui de Cotentin. Le bailliage ou grand bailliage de Cotentin est lui-même subdivisé en six élections, du moins en 1640 : celles de Valognes, de Carentan, de Saint-Lô, de Coutances, d'Avranches et celle éphémère de Saint-Sauveur-Lendelin. Le bailliage de Cotentin couvre donc un espace plus vaste que le Cotentin au sens purement géographique, mais plus petit que l'actuel département de la Manche. Certes, l'élection de Saint-Lô s'étend dans l'actuel département du Calvados, mais le bailliage de Cotentin ne contient pas le pays de Villedieu, compris dans l'élection de Vire ni le comté de Mortain, possession des Orléans. D'autre part, nous limitons l'étendue chronologique de cette étude au deuxième tiers du XVIIe siècle. En effet, même encore dans les premières années du règne de Louis XIII les sources, y compris celles des archives départementales (de la Manche comme du Calvados) sont extrêmement lacunaires. Et, à partir des années 1670, l'institution militaire connaît de grandes mutations et impose alors à l'historien de nouvelles problématiques.

Tenant compte des problématiques actuelles et des sources disponibles, nous avons retenu les principaux temps forts et les grandes préoccupations de la noblesse aux armées, depuis le ban et l'arrière-ban, le départ et la campagne militaire elle-même, la recherche du fait d'armes et le service à l'étranger jusqu'aux soucis pour la parentèle et les assauts roturiers en vue de l'anoblissement.

Le ban et l'arrière-ban

C'est pour pallier le grave déficit de cavalerie face à l'armée espagnole que Richelieu a recours à la levée du ban et de l'arrière-ban en 1635 et 1636. Le déséquilibre des forces était, en effet, flagrant : David Parrott relève qu'en juillet 1636, à

8. André CORVISIER, *Les contrôles de troupes de l'Ancien Régime*, Vincennes, ministère de la Défense, Service historique des armées, 1968-1970, 4 vol.
9. Hervé DRÉVILLON, *L'impôt du sang. Le métier des armes sous Louis XIV*, Paris, Tallandier, 2005, dont le chapitre VII (p. 273-315).

5 000 cavaliers espagnols les Français ne purent opposer que 150 chevaux ! Aussi, le cardinal compte-t-il sur l'aide des gentilshommes du royaume, répondant à l'appel de ce vieux service féodal et censés se présenter avec tout l'équipement militaire nécessaire et à cheval bien sûr, comme il sied à leur rang. Le cardinal confiant en attend un renfort important : « Dans le 20e de ce mois, Ms d'Angoulesme et de La Force seront fortifiez du regiment de cavalerie de Matignon et de plus de 2 500 gentilshommes[10]. »

Qu'en est-il pour le bailliage du Cotentin ? La revue des gentilshommes est passée le 27 août 1635 à Coutances par le bailli René Le Cesne, seigneur de Pont-Rilly. On ne possède malheureusement pas la liste de ceux ayant répondu à la convocation, mais Gustave Dupont estime leur nombre à 800[11]. Combien ne s'y sont pas rendus, malgré les risques de confiscation du ou des fiefs ? Il n'est guère possible de le savoir. En revanche, là comme ailleurs, un certain nombre de gentilshommes se font remplacer pour ce service. Charles de Billeheust, sieur de Beaumanoir âgé de 20 ans sert ainsi pour son père et pour son oncle, âgés tous deux de près de 60 ans et Pierre Le Roy, sieur de Brée « *retenu au lit par maladie* » se fait remplacer par un autre gentilhomme Charles Lecomte, sieur du Bouret[12]. À Coutances, ces troupes du ban et de l'arrière-ban apprennent qu'elles vont aller rejoindre l'armée du duc de La Force en Lorraine ce qui, semble-t-il, entraîne quelques désertions… Quelques jours après le 27 août, les gentilshommes du Cotentin rejoignent ceux des autres bailliages de Normandie à Évreux. Et c'est le 15 septembre que le contingent normand arrive à Châlons-en-Champagne.

Mais l'optimisme initial de Richelieu va vite retomber face au résultat réel de cette levée. Ces gentilshommes se montrent turbulents, plutôt indisciplinés et très sourcilleux du respect de la hiérarchie nobiliaire et donc des droits au commandement ! Il est clair alors que pour eux la naissance prime sur la compétence. Même Louis XIII en est fort irrité. Il écrit ainsi le 4 octobre 1635 : « Quand on les veut envoyer seulement à trois heures d'ici […] ils disent tout haut qu'on les veut perdre et qu'ils s'en iront. […] Depuis hier, nous avons perdu huit à neuf cents chevaux de noblesse, quelles que harangues, promesses, flatteries, menaces que je leur aie pu faire[13] ! »

Et, de fait, d'une part les troupes levées lors du ban et de l'arrière-ban de 1635 sont beaucoup moins nombreuses que prévu, même si David Parrott ne peut donner de chiffres précis[14]. Le gentilhomme normand Henri de Campion, déjà en Champagne avec son régiment, se félicite quant à lui d'un « renfort de quinze cents gentilshommes de Normandie, bien montés et fort dorés[15] », mais peut-être la joie de revoir quelques compatriotes n'est-elle pas étrangère à ce tableau

10. D. PARROTT, *Richelieu's Army […]*, *op. cit.*, p. 63.
11. Gustave DUPONT, *Histoire du Cotentin et de ses îles*, Caen, Le Blanc-Hardel, 1870-1885, t. 4, p. 78. L'auteur n'indique pas sa source.
12. AD du Calvados, Fonds Petitville, 1 F 352 (1635).
13. Joël CORNETTE, *Les années cardinales. Chronique de la France, 1599-1652*, Paris, SEDES, 2000, p. 275.
14. D. PARROTT, *Richelieu's Army […]*, *op. cit.*, p. 63.
15. *Mémoires de Henri de Campion*, Marc FUMAROLI (éd.), Paris, Mercure de France, 1990, p. 81.

flatteur. D'autre part, comme le déplore Louis XIII, un certain nombre de ces gentilshommes s'en retournent chez eux bien vite ! Quelques certificats de service, dûment signés par le chef de corps et pieusement conservés dans des archives familiales en attestent. Celui de Charles de Billeheust, déjà cité ci-dessus, certifiant que ce gentilhomme s'est « trouvé avec armes et chevaux pour le service du roi [16] » signé par le bailli de Cotentin, Le Cesne, date du 7 octobre 1635... Il semble que dans tous les cas ces gentilshommes étaient rentrés chez eux pour la Saint-Martin (11 novembre).

Le cardinal va tout de même convoquer de nouveau le ban et l'arrière-ban l'année suivante, en 1636. Mais le degré de mobilisation de ces gentilshommes est encore plus faible et irrégulier d'une région à l'autre... sauf pour la Normandie ! La proximité des zones de combat (les Espagnols sont alors en Picardie) et la promesse faite par le duc de Longueville, gouverneur de la province, de ne pas servir au-delà des frontières du royaume y sont peut-être pour quelque chose. Toujours est-il que Louis XIII apprécie suffisamment le service rendu par ces gentilshommes normands pour leur écrire une lettre de satisfaction [17].

Pour ce qui concerne le Cotentin, peut-on essayer d'évaluer plus précisément le nombre de ces gentilshommes ? C'est paradoxalement pour la première moitié du XVIIe siècle que les documents sont les plus nombreux et précis pour recenser la noblesse. La recherche de noblesse de l'intendant Roissy date de 1598-1599 [18] et celle de d'Aligre de 1634-1635 [19]. Deux rôles de 1628 donnent la liste des gentilshommes, mais pour les seules vicomtés de Valognes et d'Avranches [20]. Une recherche a aussi été effectuée pour l'élection de Carentan en 1624 [21]. Enfin, un rôle exceptionnel, complet et très bien renseigné a été dressé en 1640 pour recenser les gentilshommes et surtout noter leur fidélité, un an après la terrible révolte des Nu-Pieds [22]. C'est ce dernier rôle qui va nous servir de base. Néanmoins, ces rôles n'étant pas exempts d'inexactitudes ou d'omissions, par exemple en ce qui concerne les enfants mineurs, mais en âge tout de même d'être armés, on ne donnera que des ordres de grandeur.

Pour les six vicomtés du Cotentin, on compte près de 1 500 gentilshommes majeurs en 1640. Sur ce total, seuls 380 sont recensés comme portant l'épée, soit 25 % du total. Ce chiffre est sans doute légèrement sous-estimé, à cause de renseignements parfois trop laconiques (comme la mention « de mesme »). On

16. Charly GUILMARD, *Mémoire généalogique sur la maison de Billeheust*, Valognes, chez l'auteur, 2007, p. 125.
17. Service historique de la Défense (dorénavant noté SHD) A¹ 30, f° 337, 27 novembre 1636. Lettre citée par D. PARROTT, *ibid.*, p. 64.
18. Publiée partiellement par René de BRÉBISSON, « États des nobles et des anoblis dans les neuf élections de la généralité de Caen, 1598-1599 », *Revue catholique de Normandie*, t. 24, 1915 (p. 423-428).
19. Gérard MAUDUECH, *Recherche de noblesse de d'Aligre (1634)*, publication multigraphiée, archives départementales de la Manche, s. d.
20. Copie manuscrite des deux rôles consultable aux AD de la Manche, 1 Mi 395, R 10, f° 31-45.
21. Hippolyte SAUVAGE, « La recherche de Paris intendant de la généralité de Caen, 1624 », *Notices, mémoires et documents* (de la Société d'archéologie et d'histoire de la Manche), t. 29, 1911, p. 31-58 et t. 30, 1912, p. 29-59.
22. Ce rôle a été publié dans les *Notices, mémoires et documents*, t. 11, 1893, p. 2-89.

peut donc corriger ce premier pourcentage et estimer les gentilshommes dans les armées à un tiers du total. Cette proportion est d'ailleurs presque identique pour chacune des vicomtés. Les autres gentilshommes sont soit pourvus d'un office de judicature, soit âgés, soit hommes « de repos » soit, le plus souvent, pauvres.

On peut essayer de comparer cette proportion de gentilshommes en armes avec celle d'autres régions. James B. Wood estime à 32 % le nombre de chefs de familles nobles de l'élection de Bayeux servant dans les armées en 1639[23]. En Champagne, Laurent Bourquin chiffre à 17,5 % le nombre de lignages de gentilshommes présents aux armées sous le règne de Louis XIII[24]. Pour le Cotentin, si l'on s'en tient aux gentilshommes recensés en 1639, pouvant parfois appartenir aux mêmes lignages mais sans compter leurs enfants, les taux varient, en fonction des vicomtés, de 15 à 27 %.

Toujours est-il que, pour conclure sur ce service féodal, le ban et l'arrière-ban ne jouent plus, dans les armées du XVIIe siècle qu'un rôle de plus en plus minime. Voire, comme le souligne John Lynn, un rôle « souvent plus tragique ou comique qu'héroïque[25] ».

Partir « servir le Roi »

Au XVIIe siècle, le prestige du « service du Roi » est toujours aussi grand chez les gentilshommes. Certes, le propos est à nuancer, car, comme l'écrit justement Laurent Bourquin, l'idéal chevaleresque est malmené lors des guerres de Religion. Cependant, il semble reprendre de la vigueur sous Henri IV et Louis XIII[26]. Une grande partie des gentilshommes désire donc partir à la guerre, mais le « service du Roi » coûte cher. Il exclut ainsi un grand nombre d'entre eux. Dans le rôle de 1640, de nombreux gentilshommes sont référencés « homme de peu », « peu riche », « homme de rien » ou « pauvre ». Pour la vicomté d'Avranches, ces quatre mentions renseignent près de 45 % des gentilshommes cités, auxquels il faudrait rajouter ceux indiqués comme « porte l'épée, pauvre » ou « porte l'épée, peu riche », sans doute à la limite de pouvoir s'armer pour partir à la guerre, ce qui fait monter le total à 55 % de la noblesse de la vicomté.

Car partir à la guerre, c'est aussi s'équiper. Les frais d'*équipage* sont certes moins élevés pour l'infanterie que pour la cavalerie, mais il faut aussi payer le voyage pour rejoindre son régiment. Toutes ces dépenses peuvent mettre le gentilhomme de petite fortune dans l'embarras. Dans un acte de 1636, Michel Simon, sieur du Buisson, de la vicomté de Valognes, remontre « qu'il est sur son partir pour aller au service du Roy [...] mais à raison qu'il luy est nécessaire d'avoir de l'argent pour s'équiper et ayder aux frais du voyage et qu'il ne luy en est point deub que par

23. J. B. WOOD, *The Nobility of the Election of Bayeux [...]*, *op. cit.*, p. 77-78.
24. L. BOURQUIN, « Les carrières militaires de la noblesse au XVIIe siècle : représentations et engagements », *La noblesse de la fin du XVIe siècle au début du XXe siècle [...]*, *op. cit.*, p. 280.
25. J. A. LYNN, *Giant of the Grand Siècle [...]*, *op. cit.*, p. 369.
26. L. BOURQUIN, art. cité, p. 273-277.

Jacques et Jean Goueslain, fermiers de l'intégrité de son bien[27] », il obtient d'eux l'avancement du paiement de leur fermage de 200 livres.

Et les frais liés à l'équipage peuvent être parfois bien plus lourds. Jean-Baptiste Le Prieur, fils aîné de maître Jean Le Prieur, sieur de Perruques, avocat à Valognes décide de s'engager en juillet 1642 dans le régiment protestant de cavalerie de Courtaumer appartenant à la famille de Saint-Simon en Sainte-Mère-Église. Il veut tenter l'aventure, côtoyer dans les combats et dans les camps la noblesse et peut-être ainsi pouvoir y accéder. Il vend donc une maison à Valognes pour 1 300 livres, dont il ne lui reste que 300 livres après avoir payé ses dettes. Puis il achète à crédit un cheval pour 120 livres et sans doute tout l'équipage nécessaire pour partir. Malheureusement pour lui, il est fait prisonnier à peine quatre mois plus tard, ayant perdu « armes et chevaux ». Il revient donc à Valognes dès le mois de novembre et vend tout ce qui lui revient de la succession de son père « pour faciliter les moyens de sa remise en équipage pour le service du roi[28] [...] ». Puis il repart à la guerre.

Pour attester de tous ces frais, les certificats de service délivrés par les commandants de compagnies ou de régiments portent souvent la mention « avec armes, chevaux et equipages ».

L'équipage est d'ailleurs la fierté et l'identité du gentilhomme. L'inventaire des biens de Jean Fabien, sieur de Beauval et de la Foidre près de Valognes, mort jeune à 35 ans en 1692 commence ainsi : « Et premièrement, la cavale sur laquelle le deffunt sieur de la Foydre montoit, de poil alsan, avec son équipage, pistolets, bottes, esperons, épées et fuzils[29] [...]. »

Les raisons de l'engagement militaire pour un gentilhomme, mis à part bien sûr la convocation du ban et de l'arrière-ban, sont multiples. On trouve tout d'abord de véritables lignées de gentilshommes vouées à la guerre. Parmi les lignages les plus importants du Cotentin, sans même parler des Matignon, on peut citer les Montgomery[30], seigneurs de Ducey près d'Avranches. Gabriel II (1565-1635) est capitaine de cinquante hommes d'armes, gouverneur de Pontorson et d'Argentan, chevalier des ordres du roi. Ses cinq fils ont tous porté les armes : dans l'armée comme Jean (colonel d'un régiment d'infanterie) ou Louis (général des troupes françaises au Danemark) ou dans le brigandage comme Jacques. Il en est de même à la génération suivante, née vers 1650, où Jean est maréchal de camp des armées du roi et Louis capitaine d'une compagnie de chevau-légers. Mais c'est aussi le cas d'autres lignages plus modestes.

27. « Inventaire du chartrier Simon du Buisson », *Publications multigraphiées* (de la Société d'archéologie et d'histoire de la Manche), fasc. 27, Saint-Lô, 1975, p. 22.
28. AD de la Manche, notariat de Valognes, acte du 7 novembre 1642 (cote 5 E 14594).
29. Inventaire cité par Claude Pithois, *Brix, berceau des rois d'Écosse*, chez l'auteur, 1980, p. 167.
30. Valérie Houlbert, *Arbre généalogique et notices biographiques de la maison des Montgomery*, publication multigraphiée (publiée grâce au programme Leader II de l'Avranchin), 1998, 2 vol.

Robert de Pracomtal[31] est lieutenant général civil et criminel au bailliage d'Avranches sous Henri IV. Ses deux fils Jean et Louis entrent dans la carrière des armes et s'engagent au service du duc de Longueville. Plusieurs certificats de service attestent de leur engagement lors de la guerre de Trente Ans. Louis a deux fils : Pierre, qui sert dans les Gardes françaises à la fin des années 1660, et François, garde du corps de Monsieur avant d'entrer au service du prince de Condé dans les années 1670, puis blessé en 1681. Enfin, Louis, le fils de ce François, est lui-même gendarme de la Garde du roi de 1694 à 1702.

Le métier des armes est vu comme un apprentissage nécessaire pour parfaire un honnête gentilhomme. Les carrières peuvent être ensuite fort diverses. Charles Bauquet (v. 1600-1658) sert d'abord dans les armées (on le trouve au siège d'Arras en 1640), puis il devient prêtre. De même, Robert Gombert (vers 1613-1676), originaire de l'Avranchin se destine tout d'abord à la prêtrise sous l'influence de son oncle curé. Son père l'envoie alors à Paris pour étudier la philosophie et la théologie. Mais là, sous l'influence de quelques amis, il change de vie, prend les armes, devient même une des meilleures épées de son temps et se bat plusieurs fois en duel. Finalement, à la mort de son oncle, il prend sa succession à la cure d'une paroisse en 1656 avant de fonder le séminaire d'Avranches en 1669 et de mourir en odeur de sainteté en 1676[32]. Enfin, on ne peut oublier de citer ici Charles Le Marquetel de Saint-Denis (1614-1703) plus connu sous le nom de Saint-Evremond. D'une famille de gentilshommes, il suit des études de droit, puis s'engage dans la carrière des armes auprès du prince de Condé et participe avec bravoure à la bataille de Rocroi et aux campagnes en Allemagne et en Flandre. Dans le même temps, réputé pour sa verve et ses créations littéraires il doit s'exiler en 1661 pour avoir critiqué la politique de Mazarin. Ces gentilshommes qui effectuent quelques campagnes dans l'armée du roi avant de quitter le métier des armes confirment ainsi de manière symbolique leur noblesse. David Parrott décrit d'ailleurs ce temps de service armé comme un *rite de passage*, marqueur déterminant pour le statut de gentilhomme[33].

Mais l'on sait aussi qu'un certain nombre de gentilshommes entrent dans le métier pour voir du pays, courir l'aventure, peut-être fuir la vie monotone au manoir ou tout simplement « pour le seul désir de la gloire ». Cette notion a déjà été suffisamment étudiée pour que nous n'ayons pas ici le besoin d'y revenir : le courage est la qualité centrale du code de l'honneur aristocratique pour accéder à la gloire[34].

---

31. Jean Durand de Saint-Front, « Les Pracomtal de Normandie », *Publications multigraphiées* (de la Société d'archéologie et d'histoire de la Manche), fasc. 31, 1978.
32. « Notice sur M. Gombert », *Revue catholique de Normandie*, 6e année, 1896-1897, p. 499-507.
33. D. Parrott, *Richelieu's Army [...], op. cit.*, p. 317.
34. Voir J. A. Lynn, *Giant of the Grand Siècle [...], op. cit.*, chap. viii, « The Culture of Command », p. 248 *sq.*, ainsi que les ouvrages faisant le lien entre l'idée de race et l'honneur chez les gentilshommes : Arlette Jouanna, *L'idée de race en France au XVIe siècle et au début du XVIIe siècle, 1498-1614*, Montpellier, université Paul Valéry-Montpellier III, 1981 ; Ellery Schalk, *L'épée et le sang. Une histoire du concept de noblesse (vers 1500-vers 1650)*, Champ Vallon, Seyssel, 1996 ; Kristen B. Neuschel, *Word of Honor. Interpreting Noble Culture in Sixteenth-Century France*, Ithaca, Cornell University Press, 1989 ; Jay M. Smith, *The Culture*

Enfin, on peut partir pour des raisons plus personnelles. Ainsi, on accompagne un ami, un parent à la guerre. Voire, on fuit la famille ! Philippe Le Fillastre, de Saint-Christophe-du-Foc dans la Hague naît vers 1615, mais sa mère meurt jeune et son père se remarie avec Gabrielle Ravalet de Tourlaville, famille au destin tourmenté. Héritier principal de son père, Philippe ne peut supporter l'animosité de sa belle-mère qui cherche à le déshériter au profit de ses enfants issus du second mariage. Il s'engage alors dans les mousquetaires du roi. Il sert dans quelques campagnes et participe au siège de Lens en 1648 où il est blessé. Il obtient alors un congé pour rentrer chez lui. Alors qu'il approche de ses terres, sa belle-mère ourdit un complot contre lui pour le tuer et s'en débarrasser ! Prévenu à temps, il la dénonce et Gabrielle Ravalet préfère se jeter par la fenêtre de son manoir plutôt que d'être arrêtée par la maréchaussée[35].

Le gentilhomme en campagne

Au XVIIe siècle, la guerre est encore essentiellement une guerre de siège. Un corps d'armée se déplace, attend du renfort, puis encercle les murailles d'une ville ou d'une forteresse en déployant les tentes du campement. Pour les deux camps, les conditions d'hygiène et de confort sont souvent déplorables, dégradées encore par le froid, la pluie, voire les épidémies ou la peste. Les assiégeants creusent des tranchées, font des brèches dans les murailles et attaquent des bastions. Avant l'assaut final ou la capitulation de la place, il faut parfois attendre six à dix mois.

Les gens de métier, gentilshommes ou roturiers, savent patienter plusieurs semaines pour mieux assurer leur victoire. Mais, surtout lors de la guerre de Trente Ans, le royaume aux abois en Picardie fait appel aux gentilshommes du ban et de l'arrière-ban de Normandie, province limitrophe. Or ceux-ci ne voient dans la guerre que l'occasion de faire quelque coup d'éclat, de se faire remarquer du roi, mus encore par l'idéal chevaleresque. Mais la dure réalité des combats est souvent bien loin de cette vision rêvée. Attendre plusieurs semaines avant de lancer l'assaut leur paraît bien long. Aussi, « quand les généraux virent que la noblesse se lassait de ne rien faire, dans un poste où l'on ne trouvait pas de subsistances pour de l'argent, et qu'un grand nombre cherchaient des prétextes pour retourner chez eux, ils résolurent de se porter vers Baccarat », rapporte un gentilhomme en 1636[36].

Les querelles entre gentilshommes éclatent alors facilement. Dans la première moitié du XVIIe siècle, les duels sont encore assez fréquents. Et sans même parler des duels, les querelles pour des questions de préséance sont monnaie courante. Le chevalier d'Isigny (Henri de Brécey, marquis d'Apilly en l'élection d'Avranches) est guidon (porte-étendard) dans la compagnie des gendarmes du duc d'Angennes qui

of Merit Nobility, Royal Service, and the Making of Absolute Monarchy in France, 1600-1789, Ann Arbor, The University of Michigan Press, 1996.

35. Léonce de PONTAUMONT, « Les olims de l'arrondissement de Cherbourg », *Mémoires de la Société académique de Cherbourg*, t. 13, 1879, p. 109.

36. *Mémoires de Henri de Campion, op. cit.*, p. 82.

participe au siège de Bergues en août 1646. Alors qu'il va pour abreuver son cheval, une dispute éclate entre lui et un autre gentilhomme pour avoir le seau d'eau en premier. La dispute dégénère et le chevalier d'Isigny reçoit un coup de pistolet dans la cuisse gauche, qu'il faut amputer. Il meurt des suites de l'opération.

Les campagnes militaires sont aussi l'occasion pour les gentilshommes, du moins quand ils le peuvent, de faire montre de leur richesse. En général, même le gentilhomme possessionné d'une simple sieurie ne part pas seul, il se fait souvent accompagner d'un ou de plusieurs serviteurs. On voit ainsi Jacques Simon, sieur de Claire en l'élection de Valognes partir à la campagne de Lorraine en 1635 accompagné de son serviteur, Louis Couldran, pourtant écuyer lui aussi, mais surnommé « le muet ». Mais le train de vie de la grande noblesse est bien supérieur. Aller à la guerre est d'ailleurs un moyen de mettre en scène la puissance (et donc le faste) de son rang. Charles de Matignon, lieutenant-général du roi en Basse-Normandie fit ainsi lors de la campagne de 1638 « de grandes dépenses et y mena grande noblesse ». On voit par là que les deux critères vont désormais de pair. La tente d'un grand seigneur se doit d'être luxueusement décorée et la qualité de son service de table signe sa richesse. Lors de la guerre en Flandre en 1656, le gouverneur de Valognes, Bernardin Gigault de Bellefonds, dit le marquis de Bellefonds, est lieutenant-général des armées du roi (grade le plus élevé dans l'armée, venant juste après les maréchaux de France). Il participe au siège de Valenciennes en juillet, mais l'armée française est elle-même attaquée par Condé alors passé aux Espagnols. C'est l'échec, il faut fuir rapidement et donc abandonner une partie de son équipage et de son matériel sur place. Le marquis de Bellefonds réussit à traverser l'Escaut à la nage pendant que ses serviteurs cherchent à sauver ce qu'ils peuvent ! Bussy-Rabutin présent au siège et confident de madame de Sévigné lui écrit dans sa lettre du 20 juillet 1656 :

> « Vous saurez donc, Madame, que le 16e de ce mois, à deux heures du matin, les lignes du maréchal de La Ferté furent attaquées par l'armée des ennemis et forcées sans résistance, hormis du côté des gardes françaises et de la marine, qui en firent beaucoup. [...] Le maréchal de La Ferté fut pris. [...] Toute l'armée de La Ferté a perdu son bagage, hormis Bellefonds, qui a sauvé sa vaisselle d'argent[37]. »

Enfin, des témoignages plus exceptionnels et beaucoup plus rares nous permettent de découvrir l'activité de quelques gentilshommes, du moins lorsque les troupes ne combattent pas. Sans généraliser son exemple, le témoignage d'Henri de Campion est ici très précieux. Gentilhomme normand de la région d'Elbeuf près de Rouen, il est lieutenant dans le régiment de Normandie lors de la guerre de Trente Ans. Ce régiment dont le recrutement est encore essentiellement normand au XVIIe siècle est dirigé jusqu'en 1635 par le sieur de Bellefonds, grand-oncle du marquis de Bellefonds. Il part en campagne avec ses livres dans sa charrette. Avec trois amis de son régiment, dont le capitaine de sa compagnie, il passe des heures à discuter ou à lire :

37. Madame de SÉVIGNÉ, *Correspondance*, Éd. Roger Duchêne, Paris, 1972-1978, t. 1, p. 38-39.

> « Après avoir raisonné ensemble sur les sujets qui se présentaient, sans dispute aigre ni envie de paraître aux dépens les uns des autres, l'un de nous lisait haut quelque bon livre, dont nous examinions les plus beaux passages, pour apprendre à bien vivre et à bien mourir, selon la morale, qui était notre principale étude. Beaucoup prenaient plaisir à entendre nos conférences, qui, je crois, leur étaient utiles, puisqu'il ne s'y disait rien qui ne portât à la vertu. Je n'ai point trouvé depuis de société si commode ni si raisonnable : elle dura les sept années que je servis dans le régiment de Normandie[38]. »

Ailleurs dans ses mémoires, on apprend quels sont ces auteurs de référence auprès des gentilshommes : Plutarque, pour apprendre à bien vivre, Montaigne pour apprendre à bien se connaître et Sénèque pour apprendre à bien mourir.

Le fait d'armes

La guerre, pour le gentilhomme du XVIIe siècle, est l'occasion de montrer sa bravoure, voire son héroïsme. L'esprit chevaleresque est encore bien ancré dans la noblesse. Mais la mort peut se trouver au bout de l'épée, ou alors c'est la blessure qui, si elle est grave, peut écarter définitivement le gentilhomme du champ de bataille. Olivier Morel, sieur de Saint-Cyr, près de Valognes, participe à de nombreuses campagnes dans les années 1620 et entre autres au siège de La Rochelle en 1628. Puis il est plusieurs fois blessé et doit se retirer à Valognes où il devient receveur des tailles.

Le fait d'armes victorieux peut donc servir de faire-valoir pour le gentilhomme qui recherche les honneurs et les faveurs du roi[39]. Comme l'écrit justement John Lynn : « Dans cette culture [nobiliaire] l'apparence comptait plus que le fait d'armes, et donc il ne suffisait pas d'être brave, encore fallait-il être vu et reconnu comme tel par ses pairs[40]. » C'est le cas particulièrement flagrant du marquis de Bellefonds, même si son exemple reste exceptionnel parmi les gentilshommes du Cotentin. Déjà en 1654 lors de la tentative de débarquement des troupes françaises dans la baie de Naples, Bellefonds se distingue en sautant le premier de son vaisseau à la mer, puis en chargeant seul les premiers cavaliers sur le rivage. Une douzaine d'années plus tard éclate la guerre de Dévolution (1667-1668). Louis XIV réclame au nom de sa femme Marie-Thérèse, fille du défunt roi d'Espagne Philippe IV, des villes et des territoires dans les Pays-Bas espagnols. L'Espagne refuse et la guerre débute au printemps 1667. Bellefonds y est lieutenant-général et s'y fait remarquer lors de la prise de Lille en août. Louis XIV le nomme alors gouverneur de cette nouvelle place forte du nord du royaume, mais le marquis refuse, préférant rester près du roi sur le champ de bataille ! C'est Charles de Batz, plus connu sous le nom de d'Artagnan qui est nommé à sa place. Louis XIV confie alors à Bellefonds

38. *Mémoires de Henri de Campion*, *op. cit.*, p. 106.
39. Voir l'article d'Hervé DRÉVILLON, « *Publier nos playes et valeurs.* Le fait d'armes et sa notoriété pendant la guerre de Trente Ans (1635-1648) », *La noblesse de la fin du XVIe au début du XXe siècle [...]*, *op. cit.*, t. 1, p. 289-308.
40. J. A. LYNN, *Giant of the Grand Siècle [...]*, *op. cit.*, p. 251.

le commandement de toutes les troupes d'avant-garde, entre Sambre et Meuse. C'est en se rendant à son nouveau poste en octobre 1667 que le marquis défait la garnison de Mons, bien que ses troupes soient inférieures en nombre. Louis XIV rapporte même le fait d'armes dans son journal :

> « Bellefonds, détaché de tous les autres, veillait sur les places qui étaient entre la Sambre et la Meuse, où il fit, dès son arrivée, une action très-remarquable, ayant avec huit cents chevaux défait quinze cents hommes des ennemis, qui avaient infanterie et cavalerie, et étaient épaulés d'un bois[41]. »

Après les quartiers d'hiver, la campagne reprend au printemps suivant et Bellefonds, de son propre chef prend l'offensive et s'empare, après cinq jours de siège, de la place forte de Genappe au sud de Bruxelles le 14 mars. Ce n'est certes pas une grande victoire militaire, mais le marquis va s'attacher à la rendre glorieuse. La *Gazette de France* du 24 mars 1668 publie, sur 3 pages, la relation de « La prise de Gennap, et de Benne-Laleu, par le Marquis de Bellefonds, Lieutenant général des Armées du Roy en Flandres ». Le marquis y est bien sûr campé dans le rôle de l'acteur principal. Après avoir pris la petite forteresse voisine de Braine l'Alleud, il fait le siège de Genappe jusqu'à la capitulation et la capture des prisonniers, dont des officiers et le gouverneur. L'armée de Bellefonds, quant à elle, déplore quelques tués et blessés dont Bellefonds lui-même « blessé périlleusement d'un coup de fauconneau qui luy a cassé le bras gauche au dessous de l'espaule ». Dans cette relation du fait d'armes, Bellefonds n'oublie pas de faire mentionner quelques-uns de ses proches qui servent avec lui : on apprend ainsi que « le sieur de Bouteville, frère du marquis de Sèbeville mestre de camp d'un régiment de cavalerie allemand, se signala à la tête de 40 dragons [...] ». Il s'agit de son cousin germain Henri-Robert, de la famille des Cadot, seigneurs de Sébeville dans les marais du Cotentin. Pour assurer la diffusion de son fait d'armes, le marquis de Bellefonds fait même imprimer à ses frais un feuillet reprenant tout le texte de la Gazette[42]. Certes cet exploit tombe bien mal, car Louis XIV avait conclu fin 1667 une trêve des combats jusqu'à la fin du mois de mars ! Qu'importe. Après ce fait d'armes, le marquis de Bellefonds ne cache plus son ambition d'être nommé maréchal de France. Une lettre du 14 juin 1668 du secrétaire d'État à la Guerre, Le Tellier, à son fils, Louvois, le confirme : « Le roi nous a dit que M. de Bellefonds a encore pressé sa promotion, essayant de lui faire marquer le jour qu'elle se feroit, à quoi le roi a dit qu'il n'a pas voulu entendre[43] [...]. » Et c'est finalement le 8 juillet 1668 que le roi crée trois nouveaux maréchaux de France, dont Bellefonds, qui est ainsi parvenu à ses fins. Ses lettres de provision de maréchal de France reprennent, sur plusieurs pages, toute sa carrière militaire, depuis le siège de Valognes en 1649 qui le distingua aux yeux du roi jusqu'à la campagne de 1667-1668, en passant par

41. Charles Dreyss, *Mémoires de Louis XIV, pour l'instruction du dauphin*, Paris, Didier, 1860, vol. 1, p. 273.
42. Nous avons pu en retrouver un exemplaire à la bibliothèque municipale de Toulouse, Fonds ancien, cote C 292 (65). Les citations du paragraphe en sont tirées.
43. SHD, A^1 222, lettre du 14 juin 1668 citée par Camille Rousset, *Histoire de Louvois et de son administration politique et militaire*, Paris, Didier, 1861-1863, vol. 1, p. 148.

celles de Champagne, de Catalogne, de Guyenne, de Naples et d'Italie du Nord, sans omettre ses ambassades extraordinaires à Madrid et en Hollande.

Servir à l'étranger

Tous les gentilshommes ne servent pas forcément aux frontières du royaume. Nous ne ferons tout d'abord ici qu'évoquer brièvement ceux qui servent dans la Royale. Bien sûr le plus célèbre est l'amiral de Tourville dont le père César de Costentin, est capitaine d'une compagnie de chevau-légers dans le régiment du cardinal de Richelieu. À 19 ans, Anne-Hilarion combat déjà en Méditerranée orientale contre les Turcs. En 1682 à 40 ans, il est lieutenant général des armées navales, puis vice-amiral en 1689 et maréchal en 1693. Il faut citer aussi le marquis d'Amfreville (vers 1640-1692) lieutenant général en 1688, le comte de La Luzerne, chef d'escadre en 1715 (il deviendra vice-amiral en 1741) et les nombreux commandants de vaisseaux : le chevalier d'Amfreville et les trois frères Cadot de Sébeville (dont un devient même chef d'escadre). Leurs états de service ont été donnés par M. Vergé-Franceschi dans le dictionnaire qui accompagne l'édition des mémoires de Philippe de Villette-Mursay[44]. Et, comme il le note fort justement, les Davy d'Amfreville et les Cadot de Sébeville illustrent « la puissance militaire du clan du maréchal de Bellefonds[45] ».

Il est à remarquer qu'un grand nombre de ces officiers de marine ont été admis dans l'ordre de Malte, même si le marquis d'Amfreville doit le quitter pour pouvoir épouser la fille du maréchal de Bellefonds. Il y aurait là d'ailleurs quelques pistes de recherches.

Une autre grande affaire qui amena plusieurs gentilshommes du Cotentin loin de leurs terres est la bataille de Saint-Gothard en 1664 (en Hongrie). Louis XIV accorde un secours de 6 000 hommes à l'empereur Léopold pour lutter contre les troupes ottomanes qui menacent dangereusement l'Empire. Il s'agit de cinq régiments d'infanterie, de quarante compagnies de cavalerie et de cent vingt gentilshommes volontaires, sous le commandement du comte de Coligny. Et c'est en partie grâce à eux que les Turcs vont être mis en déroute[46]. Parmi les gentilshommes du Cotentin, on peut citer le comte de Gacé, le marquis de Sébeville et le seigneur de Flottemanville. Le comte de Gacé est Charles de Matignon (1641-1674), petit-fils du lieutenant général de Basse-Normandie. Bernardin Cadot (1641-1711), marquis de Sébeville va revenir après la bataille auprès de l'empereur de 1681 à 1684 comme ambassadeur extraordinaire du roi de France. Il lui sauvera même la vie lors du siège de Vienne par les Turcs en 1683. Théodose-Trajan du Moncel (vers 1634-1710), seigneur de Flottemanville est issu d'une vieille famille de militaires. Capitaine de cavalerie, il est fait chevalier du Saint-Empire par l'empereur

44. Michel Vergé-Franceschi (éd.), *Mes campagnes de mer sous Louis XIV par Philippe de Villette-Mursay*, Paris, Tallandier, 1991.
45. *Ibid.*, p. 419.
46. Ferenc Toth, *Saint-Gotthard, 1664. Une bataille européenne*, Paris, Éd. Lavauzelle, 2007.

Léopold à la suite de la bataille de Saint-Gothard, distinction très rarement accordée à un étranger. Il peut alors rajouter à ses armoiries (de gueules à trois losanges d'argent) « une croix de Hongrie d'or, plantée sur une montagne à trois coupeaux de sinople et une couronne d'or au pied de la croix ». Il épouse en 1675 une des sœurs de Cadot de Sébeville.

Une autre catégorie bien particulière de gentilshommes du Cotentin qui servent à l'étranger est constituée des huguenots. Jusqu'à la guerre de Trente Ans, il existe encore des régiments français clairement identifiés comme protestants. C'est le cas d'au moins deux régiments formés de gentilshommes huguenots du Cotentin : le régiment de cavalerie de Courtaumer et celui de Montgomery. Jean-Antoine de Saint-Simon, de Sainte-Mère-Église, devenu marquis de Courtaumer en 1620, est autorisé à lever un régiment à son nom en 1629 pour aller servir en Hollande protestante. C'est au cours du siège de Bois-le-Duc restée fidèle au roi d'Espagne qu'il trouve la mort en septembre 1629. Mais son régiment continue à servir là-bas. Les Montgomery, comtes de Ducey, sont eux les plus puissants seigneurs protestants de la région d'Avranches. Plusieurs d'entre eux s'en vont combattre aux côtés de princes étrangers protestants, mais alliés du royaume de France. Louis de Montgomery est ainsi général des troupes françaises au Danemark en 1627. Ces troupes sont d'ailleurs composées pour l'essentiel de gentilshommes normands. Jean, seigneur du Breuil, frère cadet de Louis en fait aussi partie. C'est grâce à l'intervention des Suédois et de Montgomery que le roi Christian IV de Danemark peut éviter l'invasion de son pays par les troupes impériales et signer la paix de Lübeck en 1629. Ces gentilshommes ne vont pas rentrer chez eux et vont aller servir des princes allemands et le roi de Suède, Gustave-Adolphe, toujours contre l'Empire. L'engagement religieux des Montgomery est nettement affirmé, voire provocateur. Jean, seigneur du Breuil, va jusqu'à faire boire son cheval dans le bénitier de la cathédrale d'Avranches en 1649 ! Dans la seconde moitié du XVIIe siècle, les promotions militaires des huguenots sont désormais plus rarement accordées. Certains décident donc de partir définitivement à l'étranger. C'est le cas aussi évidemment des protestants restés fidèles à leur foi après la révocation de l'édit de Nantes. Ainsi, Jacques Richier, sieur de Cerisy et de Cambernon, se réfugie en Hollande et suit le prince d'Orange en Angleterre avec le grade de lieutenant dans une compagnie de réfugiés protestants français.

Là encore, il y aurait quelques pistes de recherches à explorer. Car si la plupart des études sur l'armée au XVIIe siècle contiennent des chapitres sur les régiments et les soldats étrangers servant pour le roi de France, bien peu se sont intéressés au rôle des gens d'armes du royaume servant à l'étranger.

Clientèle et parentèle

Partir à la guerre, que ce soit volontairement ou lors de la levée du ban, est souvent synonyme de fidélité de type féodal ou lignager. On peut ainsi, dans certains cas, reconstituer la pyramide féodale de certaines régions du Cotentin.

Madeleine Foisil l'a déjà analysée finement à l'échelle de la province de la Normandie[47].

Lorsque la monarchie française entre dans la guerre de Trente Ans, Charles de Matignon, comte de Thorigny, lieutenant général du roi en Basse-Normandie, « capitaine de cent hommes d'armes » passe en revue ses troupes à Rotz près de Caen au printemps 1635. Elles sont en fait composées de deux compagnies de gentilshommes à cheval, dont celle de La Luthumière. Nous avons pu en retrouver l'effectif complet aux Archives nationales[48]. Charles de Matignon, lieutenant général, est parent d'Henri d'Orléans, duc de Longueville et gouverneur de Normandie par sa femme Éléonore d'Orléans, tante du gouverneur. Cette alliance prestigieuse lui permet d'ailleurs de cousiner avec le roi. La compagnie de La Luthumière est celle de François de La Luthumière (1579-1658), baron de La Luthumière et de Brix, près de Valognes. Il est aussi gouverneur de Cherbourg et capitaine de la compagnie des gendarmes de M. de Matignon. Sa fille épousera quelques années plus tard, en 1648 Henri de Matignon, petit-fils du lieutenant général. On trouve aussi dans la même compagnie Jean de La Luthumière, sieur d'Yvetot, frère cadet du capitaine. Et, parmi les maîtres, nom donné aux cavaliers de l'époque, on relève plusieurs liens de parenté. Par exemple, Jacques d'Auxais, sieur du Breuil, qui est l'époux d'Avoye, la propre sœur du capitaine de La Luthumière.

La fidélité et les bons et loyaux services peuvent ensuite être récompensés par l'attribution de charges. En 1639, Jacques Le Hoult, sieur de la Guillonnière, est nommé lieutenant du gouverneur du Mont-Saint-Michel par Henri de Bricqueville, marquis de La Luzerne. Pour justifier cette nomination, le gouverneur du Mont-Saint-Michel se dit « asseuré de la fidélité dudit Le Hoult et de l'affection en son endroit pour l'avoir expérimenté en la cavallerie, du corps de laquelle il avoit longtemps esté soubs la cornette dudit seigneur marquis[49] ».

Avec l'amiral de Tourville, l'homme à la carrière militaire la plus brillante est le marquis de Bellefonds. Possessionnée dans les marais de Carentan, sa famille est alliée avec plusieurs puissantes maisons du nord Cotentin. Lors de la guerre de Dévolution (1667-1668), l'aide de camp de Bellefonds est le marquis de Villars. Pierre marquis de Villars (1623-1698), père du futur maréchal de Villars, a épousé la tante du marquis de Bellefonds en 1651 et sert donc son puissant neveu. Dans les troupes commandées par le lieutenant général, on trouve aussi Bernardin Cadot, marquis de Sébeville. Bernardin est le fils aîné de François, sieur de Sébeville (sa terre ne sera érigée en marquisat qu'en 1680 grâce aux brillants états de service de ses fils) et de Françoise Gigault de Bellefonds, autre tante du marquis. Agé de 26 ans seulement, Bernardin Cadot est lieutenant-colonel d'un régiment de cavale-

47. Madeleine Foisil, « La parentèle et la clientèle du duc de Longueville », Yves Durand (dir.), *Hommage à Roland Mousnier. Clientèle et fidélité*, Paris, PUF, 1981, p. 153-168.

48. Archives nationales, Archives du Palais de Monaco, J 46, microfilmé en 590 Mi 322.

49. Eugène de Beaurepaire, « Thomas Leroy et le manuscrit des Curieuses recherches [du Mont-Saint-Michel] », *Mémoires de la Société des antiquaires de Normandie*, t. 29, Caen, 1875, p. 682.

rie allemand. Son jeune frère, on l'a vu, le sieur de Boutteville, est personnellement cité lors de la prise de Genappe par Bellefonds. Quelques années plus tard, en 1674, le maréchal de Bellefonds choisit comme aide de camp Bon-Thomas Castel marquis de Saint-Pierre. C'est le frère de l'abbé de Saint-Pierre (de Saint-Pierre-Église dans le nord-est du Cotentin) et le fils de Charles marquis de Saint-Pierre et de Madeleine Gigault de Bellefonds, tante du maréchal.

La guerre peut donc être un moyen pour les gentilshommes de renforcer leurs liens de famille et la solidarité lignagère. Claude de Pilliers est le cousin germain de la mère d'Henri de Campion, gentilhomme normand déjà cité qui nous a laissé ses mémoires. Ce cousin est premier capitaine du régiment de Normandie, mais il perd à la guerre en 1635 son fils aîné qui était lieutenant dans sa compagnie. Le roi lui accorde alors en « récompense » une charge d'enseigne (correspondant au grade de sous-lieutenant actuel) avec permission de la vendre. Une telle charge vaut à l'époque quatre mille livres, somme élevée, mais il s'agit du régiment de Normandie, un des « six vieux » de l'infanterie et donc un des plus réputés. Claude de Pilliers la propose alors à son jeune petit cousin Henri de Campion pour seulement 2 250 livres « par rapport à notre parenté » écrit le mémorialiste, qui rajoute : « Et comme les vieux régiments, tels que celui dont je parle, étoient en une haute réputation, et regardés comme la véritable école de la guerre et le chemin le plus apparent de la fortune militaire, je n'hésitai pas de profiter de la bonne volonté de mon parent, me voyant sans appui[50]. »

L'anoblissement pour services militaires

Dans quelle mesure l'anoblissement est-il octroyé pour services militaires ? La réponse n'est pas simple. Essentiellement parce que les anoblissements peuvent l'être pour l'exercice d'une charge et pour plusieurs années passées dans les armées du roi. D'autre part, un roturier peut avoir servi dans une compagnie et acheter par ailleurs son anoblissement. Essayons tout de même de donner un ordre de grandeur. Pour cela, nous avons dépouillé le *Dictionnaire des anoblis normands (1600-1790)* publié par Gérard d'Arundel de Condé[51]. Il s'agit d'une recension des actes d'anoblissements enregistrés par la Chambre des aides de Normandie. De 1610 à 1715, on compte 182 actes concernant le Cotentin, soit 20 % des actes pour toute la Normandie sur la même période. Sur ces 182 actes, 146 sont des premiers anoblissements. De ceux-là, 47 % sont des anoblissements pour charges ou par achat, donc près de la moitié. Des anoblissements contre finances furent, en effet, octroyés par le roi (pour tout le royaume) : par l'édit de 1609 (pour un coût de 1 600 livres), par celui de 1636 et surtout par ceux de 1697 (500 anoblissements) et de 1702 (200 anoblissements). Les actes qui comprennent mention de services militaires, qu'ils soient ou non accompagnés de l'exercice d'une charge de judicature ou que ce soit à l'occasion d'un achat d'anoblissement, s'élèvent à

50. *Mémoires de Henri de Campion, op. cit.*, p. 67-68.
51. Gérard d'Arundel de Condé, *Dictionnaire des anoblis normands (1600-1790)*, Rouen, chez l'auteur, 1976.

44 % du total, soit juste un peu moins que ceux octroyés pour le seul exercice d'un office. À ces 91 % s'ajoutent 9 % d'actes avec la seule mention « pour services » qui ne permet guère d'en savoir plus… Les 36 actes restants sont donc des confirmations d'anoblissements[52].

En effet, l'anoblissement n'est jamais définitif au XVIIe siècle. Et Louis XIV est le roi qui, plus que les autres, a exercé une forte pression fiscale sur les anoblis. Déjà en 1646, un arrêt du conseil du roi ordonne que « dans la généralité de Caen, tous les anoblis depuis 1594 sauf ceux qui l'ont été pour services militaires seront compris dans les rôles de distribution des rentes[53] ». Sans parler de la grande recherche de noblesse de 1665-1666, dite de Chamillart pour la Normandie et destinée à faire condamner tous ceux qui, depuis 1606, ont usurpé la qualité d'écuyers, l'édit royal de 1664 révoque tous les anoblissements accordés depuis 1614[54] ! Les tracas sont donc nombreux pour beaucoup de nouveaux gentilshommes qui doivent alors représenter leurs preuves d'anoblissement et les certificats qui peuvent le justifier. S'ils sont confirmés dans leur anoblissement, ils doivent alors payer une taxe de maintenue ! Et presque toujours, un anobli confirmé après sa révocation de 1664 l'est pour services militaires dans les armées du roi. Nicolas d'Orange, sieur des Roches, de Cherbourg, lieutenant d'une compagnie de chevau-légers est anobli en mars 1653 pour services militaires. Il est révoqué en 1664, mais il continue néanmoins à servir. Il lui faut attendre février 1679 (pour quelles raisons ?) pour se voir confirmé dans son anoblissement. Et pourtant sa carrière militaire ne manque pas de panache : lieutenant général des armées du roi, maréchal général des logis de la cavalerie légère, gouverneur de Fougères aux portes de la Bretagne (1681), gouverneur des Invalides (1696), brigadier des armées du roi, chevalier de Saint-Louis (1694, pour cinquante années de services) puis commandeur dans le même ordre. Il est inhumé en 1705 dans le caveau des gouverneurs des Invalides.

Le service armé peut aussi sauver de la dérogeance un gentilhomme nécessiteux. Les Le Louey, sieurs de Beauchamps, de la vicomté de Valognes, ont acheté leur noblesse en 1543. Mais Guillaume Le Louey (décédé vers 1610) et son fils Thomas (décédé vers 1655) en sont tous deux réduits à exercer l'office de greffier en l'élection de Valognes pour survivre. Or cet office est dérogeant ! Aussi ne figurent-ils pas dans le rôle de la noblesse de Cotentin de 1640. Hervé, sieur du Ronceray, fils de Thomas, devient, lui, conseiller en la même élection. Il est sur le point d'épouser Françoise de Mons en 1646, lorsque sa future belle-famille semble lui faire quelques difficultés sur ses quartiers de noblesse. Il engage donc les procédures et se voit confirmé dans sa noblesse en février 1646 par lettres patentes, enregistrées à la cour des aides de Normandie en décembre 1648. Et comme justification, ces lettres de confirmation de noblesse portent que son grand-père Guillaume

52. En rappelant que toutes ces données ne sont pas exemptes d'approximations, car l'identification de certains gentilshommes manque parfois de précision.
53. Michel Le Pesant, *Arrêts du Conseil du Roi. Règne de Louis XIV. Inventaire analytique des arrêts en commandement*, t. 1 *(20 mai 1643-8 mars 1661)*, Paris, Archives nationales, 1976, p. 48.
54. Gérard d'Arundel de Condé, *id.*, voir l'introduction.

« venant à s'apercevoir qu'on luy pourroit objecter derogeance à sa qualité noble, à cause dudit exercice desdits greffes, il l'avoit quitté et repris à l'exemple de ses prédécesseurs l'exercice des armes, et avoit rendu ses services au Roy nostre très honoré seigneur et père, prèz de la personne de nostre très cher cousin le prince de Condé[55] ». En octobre 1646 Hervé Le Louey peut enfin épouser la demoiselle de Mons.

Et même jusqu'au milieu du XVIIIe siècle les vexations contre les nouveaux gentilshommes continuent, eux qui ont pourtant bien souvent déjà dépensé de fortes sommes pour être anoblis et qui ont servi dans les armées du roi. L'édit de septembre 1754 révoque ainsi tous les anoblissements depuis 1634 sauf à titre militaire ! Il faut donc de nouveau présenter ses pièces justificatives. C'est le cas de la famille Morel, déjà citée. Charles Morel de la Roguerie, le suppliant, résume bien à lui seul le regard des gentilshommes sur le « service du roi » :

> « [Il] ose dire, avec confiance, qu'il est peu de famille dont les services militaires et dans la magistrature soient multipliés et distingués depuis plus de deux siècles. Parmi les auteurs et collatéraux de son nom, descendants d'André Morel, son troisième aïeul, il s'en trouve plus de douze qui ont porté les armes au service de Sa Majesté, soit en qualité de capitaines ou de lieutenants de cavalerie, de dragons et d'infanterie, places qu'ils paraissent s'être disputés à l'envie les uns et les autres de remplir avec la plus grande distinction. Lorsque leurs blessures ou infirmités naturelles ne leur ont pas permis de continuer leurs services, ils n'ont pas été moins jaloux de remplir des charges dans la magistrature[56] [...]. »

Parmi les certificats de service qui justifient cette requête, on trouve ceux d'Adrien, chevalier de Saint-Louis et de Saint-Michel, de Théodore-André, décédé capitaine de dragons, du sieur Morel de Favencourt décédé lieutenant au régiment de Bourg-cavalerie en 1686, et des certificats de présence au ban et à l'arrière-ban du grand bailliage de Cotentin. En considération de ces services, l'acte de confirmation de noblesse des Morel est tout de même signé en 1758.

Au terme de cette étude, que peut-on retenir sur ces gentilshommes du Cotentin servant dans les armées au milieu du XVIIe siècle ? Dès la fin des années 1630, les levées du ban et de l'arrière-ban sont jugées inutiles, voire nuisibles pour la monarchie française entrée en guerre. Dès lors, les gentilshommes vont devoir s'engager pour partir servir le roi. Ceux qui peuvent soutenir cet effort financier sont estimés à 25 % du nombre total de gentilshommes du Cotentin dans la décennie qui suit. Aussi, dans la deuxième moitié du XVIIe siècle, cette région

55. Rémy VILLAND, « Analyse des papiers Le Gardeur de Croisilles et Le Louey conservés à Brillevast », *Publications multigraphiées* (de la Société d'archéologie et d'histoire de la Manche), fasc. 6, 1968, p. 61.
56. Remy VILLAND, « Inventaire du chartrier de la famille de Morel », *Publications multigraphiées* (de la Société d'archéologie et d'histoire de la Manche), fasc. 58, Saint-Lô, 1985, t. 1, p. 107.

va-t-elle fournir un nombre assez important d'officiers généraux[57] engageant dans leurs régiments des gentilshommes moins fortunés du Cotentin, voire de jeunes roturiers. Certains de ces derniers, après plusieurs années de service, moyennant finance et, ayant surmonté les obstacles liés à des édits d'anoblissements plusieurs fois annulés, peuvent enfin accéder au rang de gentilshommes.

57. En 1700 encore, l'intendant de Caen Foucault écrit, à propos de l'élection de Carentan qu'« il n'y a point de contrée de la Normandie, et peut-être du royaume, où plus de personnes de qualité et de distinction possèdent des terres et seigneuries ». Cité dans *L'intendance de Caen en 1700 : édition critique des mémoires pour l'instruction du duc de Bourgogne*, Pierre GOUHIER (éd.), Paris, Comité des travaux historiques et scientifiques, 1998, p. 224.

La guerre de course, un tremplin vers la noblesse au XVIIIe siècle?

Michel Aumont

Peu de temps après sa prise de pouvoir en 1661, Louis XIV entend entrer dans le concert des grandes nations maritimes, conscient que l'avenir se jouerait dans les colonies et sur les mers. À cet effet, la marine française doit impérativement vaincre ses rivales pour affirmer sa suprématie. C'est le début d'une série de conflits avec les puissances concurrentes que sont la Hollande, l'Espagne et surtout l'Angleterre. Les régions littorales françaises, où les ports et les chantiers maritimes se développent pleinement, prennent une importance nouvelle, car tous les gens de mer doivent participer à cet effort de guerre. Des structures d'encadrement des hommes sont mises au point afin de composer les équipages de la Royale (les « classes » dans le cadre de l'inscription maritime) et les institutions maritimes sont clairement redéfinies pour gérer efficacement cette mobilisation. La guerre de course est désormais fortement encouragée : chaque particulier peut combattre l'ennemi au nom du roi de France, s'il en a reçu l'autorisation de son Amiral. Cette activité est d'ailleurs appelée à se développer depuis la défaite de La Hougue, en 1692, car Louis XIV se détourne progressivement de la guerre d'escadre, qu'il juge trop coûteuse.

La guerre de course constitue pour les armateurs et les capitaines une entreprise où l'audace peut s'avérer lucrative. Au-delà toutefois de cet argument économique, l'espoir d'en retirer gloire et honneurs constitue une motivation tout aussi importante. À partir du règne de Louis XIV, les voies d'anoblissement en France passent très majoritairement par l'argent. Pour devenir nobles, certains achètent des charges, tandis que d'autres achètent directement des lettres de noblesse lorsque cela leur est permis. En payant de leurs exploits, les corsaires espèrent accéder à cet anoblissement, qui constituerait assurément la récompense suprême.

L'exemple granvillais servira de fondement à notre propos. Après une étude rapide des rapports entre la noblesse et la guerre de course, le suivi des carrières de quatre hommes représentatifs conduira à une réflexion sur les efforts consentis par les armateurs et les capitaines corsaires pour accéder à cet anoblissement. Pourquoi certains y parviennent-ils et d'autres non ? Sont-ils nombreux à obtenir satisfaction ?

Les nobles et la guerre de course granvillaise.

À la fin du XVIIe siècle, Granville figure comme le seul véritable port entre Saint-Malo et Honfleur, en dépit de son exiguïté[1]. Sa population – le port ne compte que 3 768 habitants en 1686 selon les estimations de Vauban[2] – voue son existence aux activités maritimes : la petite et la grande pêche. C'est au XVIIIe siècle que la cité bas-normande prend progressivement son essor en pratiquant de plus en plus intensément la pêche morutière à Terre-Neuve, au point de disputer la première place à Saint-Malo, sa célèbre voisine, et de devancer très nettement leurs concurrentes. Désormais, les gens viennent de loin, voire de très loin, pour embarquer sur les navires granvillais. Le quartier maritime de Granville, c'est-à-dire le bassin de recrutement des matelots, passe nettement pour le plus important de Normandie, et peut-être même de France.

À la différence d'autres ports, Granville s'adonne à la guerre de course, de façon intense, à chaque conflit depuis la guerre de la Ligue d'Augsbourg jusqu'en 1811. En raison de la modestie de son nombre d'armements, il ne prétend pas égaler Dunkerque et Saint-Malo, qui figurent à juste titre comme les deux grands pôles corsaires français métropolitains[3]. Il développe toutefois une activité constante et régulière, grâce à la détermination de ses principaux acteurs. Le port bas-normand se singularise par la taille imposante de certains de ses navires[4] qui permettent à leurs équipages de mener des campagnes brillantes en Manche ou au-delà (certains d'entre eux n'hésitent pas à descendre jusqu'au Portugal ou au Maroc). La ville connaît ainsi ses heures de gloire et ses héros. La guerre de l'Indépendance américaine constitue assurément la période éclatante de la course granvillaise, puisque Granville devient le troisième port corsaire de France métropolitaine par le nombre d'armements, mais aussi par le nombre de prises et par leur valeur totale, selon un état effectué par le secrétariat d'État à la Marine, à la fin du conflit[5].

Dans le port, l'on trouve des nobles qui s'activent professionnellement comme négociants armateurs ou comme capitaines, car le commerce maritime ne déroge pas[6]. Ils ne sont toutefois pas nombreux. Sans doute, n'est-il pas dans les habitu-

---

1. La construction du port de Cherbourg n'est entreprise qu'au milieu du XVIIIe siècle. Saint-Malo, habituée au grand commerce avec l'Amérique, est le premier port de France en armements.
2. Service historique de la Défense (désormais SHD), Armée de terre, V 4, art.8, section 1, Granville, carton 1, art. 31.
3. À titre de comparaison, Saint-Malo arme quinze à vingt fois plus de corsaires que Granville sous Louis XIV, quatre fois plus sous Louis XV, à peu près autant sous Louis XVI, et six fois plus pendant les guerres de la Révolution et de l'Empire. Les estimations concernant les Malouins proviennent des travaux d'Annick MARTIN-DEYDIER, *La guerre de course à Saint-Malo de 1681 à 1814*, thèse dactylographiée de 3e cycle d'histoire, Paris I, 1976, 544 p.; celles concernant Granville sont le fruit de mes recherches en cours dans le cadre d'une thèse de doctorat, soutenue en juin 2010 à l'université de Caen.
4. Certains navires peuvent jauger plus de 400 tonneaux, comme le *Granville* (530 tx) en 1756 ou le *Monsieur* (475 tx) en 1757.
5. Archives nationales (AN), Marine, F^2 74.
6. L'avocat René Josué Valin expliquait ce droit de la façon suivante : « Comme il ne se trouva pas d'abord dans le Royaume un nombre suffisant de navires pour une navigation vive et soutenue, le premier remède qu'imagina ce Prince (il s'agit de Louis XIV) fut de rendre un arrêt dans son Conseil de commerce, en date du 5 décembre 1664, par lequel, outre la compatibilité du commerce avec la noblesse, il offrit diverses récom-

des des gentilshommes normands de s'engager dans de telles activités, en raison du faible nombre de ports dans leur voisinage. Ce n'est pas le cas à Saint-Malo, puisque le port s'inscrit depuis plus longtemps dans une tradition maritime de haut niveau. Indiscutablement, en Basse-Normandie, il faut être né dans le milieu pour s'y intéresser activement. Ces nobles sont encore moins nombreux à s'intéresser à la guerre de course : seuls Gilles Claude de Poilvilain, sieur de Pierrepont, écuyer, qui commande le *Chevalier d'honneur* en 1708 et Jacques René Destouches de la Fresnaye, écuyer, d'abord second capitaine sur le *Conquérant* pendant la guerre de Succession d'Autriche (en 1745, 1746, 1747 et 1748), puis capitaine du *Comte de Marigny* en 1758, tentent l'expérience. Des nobles désargentés viennent aussi parfois tenter l'aventure en s'engageant comme volontaires sur les corsaires. Ils espèrent ainsi s'enrichir avec les parts de prise, sans déroger[7].

À vrai dire, la noblesse intervient fortement dans les armements corsaires, mais d'une autre façon : en achetant des parts d'actions dans les sociétés qui se montent à cet effet. Des personnages importants, ayant une charge importante en Normandie ou faisant partie de la Cour à Versailles, s'y intéressent activement, car les profits peuvent être conséquents. Certains appartiennent même à l'entourage du roi, tel « Monsieur », frère de Louis XVI[8].

Les capitaines corsaires et l'anoblissement

La grande majorité des capitaines corsaires est donc constituée de roturiers qui espèrent faire fortune et peut-être y rencontrer la gloire. Compte tenu de l'intérêt

penses à ceux qui bâtiraient des vaisseaux ou qui en achèteraient au-dessus de cent tonneaux, pour leur faire faire des voyages dans la mer Baltique, ou pour porter des hommes et des femmes dans nos colonies [...]. » : René Josué VALIN, *Nouveau commentaire sur l'Ordonnance de la marine du mois d'août 1681*, La Rochelle, J. Legier, 1760, t. 1, p. 14. Marcel Marion donne des précisions complémentaires : « Colbert a lutté vigoureusement contre le préjugé qui faisait du commerce quelque chose d'indigne de la noblesse. Un édit de 1669 déclare que "tous gentilhommes pourront entrer en société et prendre part dans les vaisseaux marchands [...] sans qu'ils soient censés déroger à la noblesse, pourvu toutefois qu'ils ne vendent point au détail". » Marcel MARION, *Dictionnaire des institutions de la France*, Paris, Éditions Picard, 1993, article « Commerce », p. 117.

7. Archives départementales du Calvados, C539. La correspondance de l'intendant de la généralité évoque ainsi le cas de l'un d'entre eux, sans toutefois préciser son nom, qui s'engage sur le *Monsieur* en 1779 comme lieutenant des volontaires parce qu'il est désargenté.
8. Bien entendu, la comptabilité tenue par les armateurs vis-à-vis des investisseurs ayant disparu pour d'évidentes raisons de discrétion absolue, règle intangible dans les affaires, il devient difficile de prouver formellement ces participations des nobles dans les armements corsaires. Toutefois, il va de soi que tous les Grands de la Cour, même les très proches du roi, avaient l'habitude de miser sur le succès de tel ou tel corsaire, de spéculer sur telle campagne qui leur paraissait susceptible de rapporter de grands profits. Tous les armateurs n'eurent pourtant pas le bonheur de voir leurs armements stimulés par l'arrivée d'aussi forts investissements. Les Granvillais connurent ces difficultés au début du XVIIIe siècle. Leurs navires, peu considérés et sans doute jugés trop petits, n'attiraient pas les capitaux de ces personnages riches et influents qui leur préféraient les Malouins, plus réputés. En revanche, pendant la guerre de l'Indépendance américaine, on peut penser que le Comte et la Comtesse d'Artois achetèrent des actions dans l'armement du *Monsieur* et de la *Madame* qui les désignaient clairement. De même, la correspondance entre l'armateur Anquetil-Brutière et le secrétariat de la marine (archives départementales du Calvados, C483) ne laisse aucun doute sur l'engagement financier de M. d'Aguesseau, conseiller d'État, fils cadet du grand chancelier, dans l'armement du corsaire granvillais qui portait son nom.

pris par la politique royale à la façade maritime et de l'engagement granvillais, l'on peut penser que certains d'entre eux obtiennent un anoblissement pour récompenser leurs mérites. Or il n'en est rien, puisque aucun n'y parvient. Par conséquent, deux questions viennent immédiatement à l'esprit. La première pose clairement le principe : les capitaines corsaires pouvaient-ils être anoblis ? La réponse est forcément positive, puisque Jean Bart, René Duguay-Trouin et Jean-Baptiste Ducasse le furent à la fin du règne de Louis XIV. Cependant, au-delà de ces trois célébrités, tout porte à croire que le nombre de ces capitaines anoblis fut très limité. Dès lors, l'on peut légitimement se demander si les capitaines roturiers qui se lançaient dans la guerre de course espéraient véritablement un anoblissement ? Ce n'est pas sûr, car ils savaient que pour pouvoir éventuellement en obtenir un, il leur fallait suivre un parcours très particulier, que le destin présentait rarement sous des auspices favorables à tout un chacun.

Tout d'abord, il fallait se faire remarquer du roi par des exploits et que le mérite fût éclatant. Or les occasions paraissaient rares, puisque les combats étaient peu fréquents : à Granville ou à Saint-Malo, 85 % des prises au minimum furent accomplies sans lutte[9]. D'ailleurs, l'armateur déconseillait fortement de se battre, car son intérêt et celui des sociétaires étaient d'abîmer le moins possible le navire corsaire (les réparations étant onéreuses) ainsi que sa prise (qu'il espérait revendre au meilleur prix possible). La logique de l'armateur l'emportant toujours sur l'intérêt personnel d'un capitaine audacieux, ceux qui recherchaient le combat étaient donc souvent écartés par les maisons d'armement. Si René Duguay-Trouin s'est permis de rechercher activement le combat, c'est parce que son armateur n'était autre que son frère et que celui-ci fermait vraisemblablement les yeux sur certaines actions que son sens des affaires désapprouvait. Sans doute, pressentait-il aussi que son jeune frère, fougueux et ambitieux, saurait tirer parti de son mérite après s'être fait remarquer du roi, ce qui profiterait indirectement à ses affaires. Parmi les 15 % maximum de prises granvillaises et malouines effectuées avec combat, l'opportunité de se distinguer pouvait, en dépit des recommandations de prudence de l'armateur, se présenter aux capitaines téméraires, s'ils ne perdaient pas la vie, puisque la violence pouvait faire rage.

Une fois remarqué, il fallait ensuite confirmer sa valeur, en acceptant diverses missions (protection d'un convoi de navires de commerce, approvisionnement des colonies, etc.), en devenant respectable, et enfin grimper les échelons de la hiérarchie sociale. Les plus méritants devenaient « corsaires du roi » dans des armements mixtes. À cet effet, le secrétariat d'État à la marine n'hésitait pas à confier des vaisseaux du roi, pourvus de canons, à des corsaires particulièrement compétents, à condition que des particuliers s'occupassent de l'armement. S'ils

9. Pour Saint-Malo, André Lespagnol reprend dans sa thèse les calculs effectués par le docteur Corre sur près de deux mille dossiers de prise; il estime la fréquence des combats à un pour vingt prises, soit à 5 % : André Lespagnol *Messieurs de Saint-Malo. Une élite négociante au temps de Louis XIV*, Rennes, Presses universitaires de Rennes, 1997, 2 vol., t. 1, p. 324. Pour Granville, la statistique varie quelque peu : selon les calculs effectués dans ma thèse, trente deux prises seulement sur un total de deux cent trente-huit précisément connues ont été accomplies par les armes, soit 13,4 %.

offraient satisfaction, ils recevaient d'autres missions et des récompenses, qui leur permettaient de gravir les échelons de la hiérarchie au sein de la Royale, mais aussi de la bonne société, avant de recevoir peut-être des lettres de noblesse.

Le Granvillais Jean Beaubriand-Lévesque y parvint presque, sous Louis XIV. Dans le groupe des capitaines corsaires de cette « seconde guerre de Cent Ans », il occupe une place essentielle par ses exploits et par son statut de corsaire du roi. Capitaine hors norme, excellent navigateur, doué d'une autorité charismatique, il est vite remarqué par Louis XIV, qui lui remet une chaîne en or en récompense de ses succès, alors qu'il n'est encore qu'un simple particulier granvillais qui pratique la guerre de course à partir de son port. Lorsque la décision est prise par le Gouvernement de privilégier la stratégie de périphérie au détriment de la stratégie directe dans la lutte contre l'Angleterre, en favorisant des armements corsaires à capitaux mixtes, il devient corsaire du roi. En 1695, le secrétaire d'État à la Marine Louis de Pontchartrain propose donc à Beaubriand-Lévesque de pratiquer la course avec un vaisseau de troisième rang du roi, le *Fortuné* (52 canons et 350 hommes), avec lequel il mène une belle campagne en réussissant trois prises et en coulant un vaisseau de guerre anglais de 54 canons. Satisfait, Pontchartrain le félicite, lui promet une récompense et l'envoie rejoindre l'escadre du marquis de Nesmond qui doit pratiquer la course dans la Manche avec cinq navires, dont le *François* de 48 canons, commandé par Duguay-Trouin [10]. De retour, Beaubriand-Lévesque repart en course du côté des Orcades en compagnie de Duguay-Trouin. La campagne s'avère encore heureuse, puisque les deux navires reviennent à Port-Louis à la mi-octobre avec trois prises (armées de 58, 56 et 38 canons) de la Compagnie anglaise des Indes, ce qui fait dire à Duguay-Trouin dans ses mémoires : « La richesse de ces trois vaisseaux produisit à mes armateurs plus de vingt pour un de profit, malgré les grands pillages que les équipages y firent [...] [11]. » En 1697, Pontchartrain confie à Beaubriand-Lévesque la mission de ravitailler Terre-Neuve. Au conflit suivant, dès septembre 1702, le Granvillais, qui s'est expatrié à Saint-Malo pour trouver des structures dignes de son ambition, redevient corsaire avec le brevet de « capitaine de frégate légère du roi », obtenu cette même année en récompense de son activité passée [12]. Il arme deux vaisseaux de Sa Majesté : le *Juste* de 1 000 tonneaux, monté de 56 canons, qu'il commande lui-même, et l'*Alcyon*, de 40 canons. Il est de nouveau l'unique armateur de ces deux vaisseaux qui pratiquent d'abord la course à Terre-Neuve, puis assurent la protection d'un convoi de terre-neuviers à leur retour [13]. Il semble que le négoce l'intéresse ensuite davantage, puisqu'en 1706 il arme un vaisseau de 650 tonneaux qu'il a fait construire l'année précédente à Saint-Malo : le *Philippe V*. Le fait qu'il finance lui-même la construction d'un tel navire nous laisse imaginer quelque peu l'état de sa fortune. Ce bâtiment est conçu « pour le voyage de la mer du

10. AN, Marine, B^2 106, f°87.
11. René Duguay-Trouin, *Mémoires*, Saint-Malo, Éditions l'Ancre de marine, 2000, p. 53.
12. AN, Marine, B^2 162, f° 580 et f° 646.
13. Archives départementales de Loire-Atlantique, B 4908.

Sud », c'est-à-dire le commerce interlope avec la côte pacifique de l'Amérique du Sud, vraisemblablement le Chili et le Pérou, comme le font les Malouins à cette époque. Parti de La Rochelle en juin 1706 avec 50 canons et 225 hommes, son navire fait malheureusement naufrage près du Cap-Vert, entre Gorée et le Sénégal, à la suite d'erreurs commises par les pilotes qui naviguaient à l'estime. Ayant rejoint la côte du Sénégal, ils sont capturés et maltraités par la population locale. Beaubriand-Lévesque tombe malade quelques jours, puis meurt le 26 septembre 1706. Son capitaine en second survit et revient à Saint-Malo faire son rapport[14]. Ainsi disparaît malencontreusement le corsaire dont la ville de Granville reste la plus fière de toute son histoire. L'on peut penser qu'il aurait pu être anobli au cours des années suivantes, comme le furent Jean Bart en 1694[15] et Duguay-Trouin en 1709[16], puisque le secrétaire d'État à la Marine, Jérôme de Pontchartrain, avait l'habitude de prodiguer tous ses soins aux officiers roturiers issus de la course et du commerce et qu'il récompensait ainsi parfois les plus méritants d'entre eux[17].

Un autre Granvillais mérite attention : Georges-René Pléville Le Pelley (1726-1805). Pourquoi ne fut-il pas anobli, lui qui termina sa brillante carrière comme ministre de la Marine, sous le Directoire, avec le grade de vice-amiral ? Certes, sa montée dans la hiérarchie n'est pas la conséquence directe de ses exploits corsaires, mais plutôt la reconnaissance de sa compétence et de son dévouement comme officier de port à Marseille. Il n'empêche que c'est la guerre de course, à Granville et à Marseille, qui lui permet de se faire remarquer du roi, et de recevoir par la suite diverses missions.

Né dans une famille de la bonne bourgeoisie maritime granvillaise, Georges Pléville Le Pelley embarque pour la première fois en 1739, à treize ans, sur un terre-neuvier. Bien qu'étant engagé comme volontaire, il effectue le travail d'un mousse, comme un simple fils de matelot. De 1740 à 1743, il continue son apprentissage dans divers armements qui le mènent au Canada et aux Antilles. C'est au cours de la guerre de Succession d'Autriche que commence son activité de corsaire, dès 1744, comme lieutenant sur un petit corsaire du Havre, puis comme premier lieutenant sur le premier corsaire à quitter le port de Granville, la *Françoise du Lac*. Cette campagne est malheureuse puisque le bâtiment est pris et que Pléville Le Pelley y perd sa jambe droite, emportée par un boulet de canon.

À son retour d'Angleterre, en août 1745, il entre provisoirement dans la marine royale comme « lieutenant de frégate pour la campagne », en embarquant à Brest comme lieutenant avec commission du roi sur la frégate du roi l'*Argonaute*, de 46 canons, commandée par son oncle, Tilly Le Pelley, intégrant l'escadre de Perrier de Salvert pour aller au secours de Louisbourg. Il est donc provisoirement « officier bleu ». L'année suivante, il est de nouveau nommé lieutenant de

14. Archives départementales d'Ille-et-Vilaine, 9B 477.
15. Michel Vergé-Franceschi, *Les officiers généraux de la Marine royale, 1715-1774. Origines-Conditions-Services*, Paris, Librairie de l'Inde Éditeur, 1990, t. 1, p. 225.
16. *Ibid.*, p. 186.
17. Michel Vergé-Franceschi, *La marine française au XVIIIe siècle*, Paris, SEDES, 1996, p. 69.

frégate pour la campagne, « chargé du détail et des signaux » sur le vaisseau du roi le *Mercure*, dans l'escadre de d'Anville[18]. Ces commissions n'étant valables que pour la durée de campagne, il embarque alors comme lieutenant sur deux corsaires granvillais : l'*Aimable Grenot*, puis le *Comte de Noailles*. Dans les combats, un boulet de canon emporte sa jambe de bois. Reçu capitaine au commerce en 1748, il commande désormais différents vaisseaux au commerce ou à la pêche à Terre-Neuve. Son mariage avec la fille d'un autre capitaine au commerce le fixe désormais à Marseille.

En 1755, Pléville Le Pelley est employé à porter des troupes dans l'expédition contre Minorque, sans doute avec une nouvelle commission de lieutenant de frégate pour la campagne. Il s'y fait remarquer par un général pour sa compétence dans la navigation et par le capitaine du port de Marseille pour son efficacité dans la préparation des armements. En 1756, la guerre ayant repris contre l'Angleterre, il reçoit plusieurs offres de commandement de corsaires (Granville, Saint-Malo et Marseille) mais il reste à Marseille pour prendre celui du *Colibri*, avec lequel il réalise huit prises. En 1757, il navigue de nouveau au commerce. Pour aller en Amérique, il intègre l'escadre de la Clue Sabran, partie pour Saint-Domingue et Louisbourg, où il se fait encore remarquer par sa compétence : « Dans mes navigations en temps de paix, mes camarades me regardoient comme grand manœuvrier. Icy, la Marine royale me qualifia de fin manœuvrier[19]. » Pourtant, en 1758, « à la demande de la Marine », c'est encore avec un brevet de lieutenant de frégate pour la campagne qu'il reprend du service pour commander une barque royale de 14 canons, l'*Hirondelle*. Il réussit encore plusieurs prises. Lors d'un combat, un autre boulet de canon emporte sa jambe de bois.

En 1762, il est admis cette fois définitivement dans la Marine royale avec un brevet de lieutenant de frégate « en pied », c'est-à-dire avec appointements. Dorénavant, il fait partie des officiers « entretenus ». Dans ses mémoires, Pléville Le Pelley affirme que cette admission se fit « sans demande[20] », ce qui signifie que cette intégration n'est pas le fruit d'une ambition personnelle, mais plutôt la conséquence des exploits remarqués à plusieurs reprises dans le passé par ses supérieurs, qui ont considéré que la Marine royale avait intérêt à intégrer en son sein un homme aussi compétent, en passant par ce qu'on appelle les « grades intermédiaires ». Il n'appartient donc plus désormais à la marine privée, qui le faisait naviguer au commerce ou en course.

Dès l'année suivante, en 1763, il est nommé capitaine de port en Martinique. En 1766, il est présenté au ministre de la Marine par M. de Pomban, commandant la marine à Toulon dans les termes suivants : « Voilà le seul officier intermédiaire que la Marine réclame. Je demande son avancement[21]. » Il obtient alors le grade

18. Georges-René Pléville Le Pelley, *Mémoires d'un marin granvillais*, Saint-Lô, collection patrimoine des Cahiers culturels de la Manche, 2000, p. 39.
19. *Ibid.*, p. 57.
20. *Ibid.*, p. 67.
21. *Ibid.*, p. 70.

de capitaine de brûlot et son affectation au port de Marseille, ce qui le place en quelque sorte dans l'antichambre du Grand Corps[22]. En 1769, il est admis lieutenant de vaisseau et de port. Il entre ainsi dans la catégorie des « officiers de port » et c'est tout naturellement qu'il prend la direction du port de Marseille en 1770. Cette année-là, il se fait remarquer en sauvant au péril de sa vie une frégate anglaise, échouée sur des rochers par la tempête. L'Amirauté anglaise le récompense et le roi de France le fait chevalier de Saint-Louis.

En 1774, il obtient le grade de lieutenant de vaisseau, mais les réformes de structures, prévues dans les ordonnances de 1776 par le secrétaire d'État à la Marine, Sartine, qui remanient la hiérarchie des officiers de port, nuisent quelque peu à son avancement : « Avant l'ordonnance de 1776, étant lieutenant de vaisseau et de port, j'étois à la tête des lieutenants de vaisseaux. Cette ordonnance porta mes camarades et moi à la queue de grade[23]. » La guerre de l'Indépendance américaine lui permet malgré tout d'être fait, en 1779, capitaine de vaisseau et de port à Marseille, ce qui le place désormais parmi les « officiers supérieurs » du Grand Corps. La paix revenue, Pléville Le Pelley fait partie des officiers appelés fréquemment à Versailles par le maréchal de Castries, nouveau titulaire du département de la Marine, désireux de réformer et de moderniser la Marine royale.

En 1789, lorsque la Révolution française éclate, il obtient son départ à la retraite avec le grade de capitaine de vaisseau. Si l'on considère son parcours de volontaire devenu officier bleu, on peut logiquement être admiratif dans la mesure où très peu de marins roturiers peuvent se vanter de terminer aussi honorablement leur carrière dans la Marine royale : « J'avois aussi la satisfaction d'être le seul officier des grades intermédiaires qui soit arrivé au grade de capitaine de vaisseau, commandant la Marine dans un port[24]. » La carrière de Pléville Le Pelley montre ainsi que l'accès au Grand Corps n'est pas impossible pour les officiers bleus, en dépit de la difficulté éprouvée parce qu'ils n'ont pas été gardes de la marine. Mais ce qui est déjà extraordinaire dans la carrière de Pléville Le Pelley devient alors exceptionnel avec la Révolution française, qui entend redistribuer les rôles aux compétents. Le Granvillais est rappelé dans la Marine pour devenir commandant de la division marine de Tunis en 1793, chef de division au ministère de la Marine en 1794, ministre de la Marine et contre-amiral en 1797, avant de devenir vice-amiral et de démissionner de son poste de ministre en 1798. En décembre 1799, il figure parmi les vingt-neuf membres du premier Sénat, dont il se retire définitivement par démission en 1801. En octobre 1803, il est l'un des premiers membres de la Légion d'honneur, ordre dans lequel il est élevé à la dignité de grand officier, en juin 1804.

22. On appelle « Grand Corps » l'ensemble des officiers d'épée au service de la marine, issus des gardes de la marine. On les appelle les « officiers rouges » (titulaires d'un grade ou d'une dignité en permanence) par opposition aux « officiers bleus », issus de la marine du commerce. Les premiers, de meilleure extraction, recevaient des commissions définitives et les seconds des commissions temporaires pour monter à bord des vaisseaux du roi.

23. G.-R. Pléville Le Pelley, *op. cit.*, p. 80.

24. *Ibid.*, p. 95.

Pourquoi un homme de cette valeur ne fut-il jamais anobli ? Les raisons relèvent assurément du contexte historique : il n'est pas question pour Pléville le Pelley, qui arrive au sommet de sa carrière dans les années 1780-1790, de revendiquer une appartenance à une noblesse brutalement contestée par la Révolution. S'y ajoute vraisemblablement le poids de la personnalité de Pléville Le Pelley. Celui-ci préfère avancer, semble-t-il, par sa compétence et trouver du plaisir dans les missions qu'on lui confie, à la recherche calculée d'une promotion sociale, bien qu'il soit sensible aux honneurs. C'est du moins ce qu'il affirme fièrement dans ses mémoires ; mais on peut s'interroger sur sa sincérité « rétrospective ». Il semble loin des intrigues qui pourraient lui permettre cet anoblissement. Il est vrai que la perte de sa femme, en 1780, et celle de son fils, en 1783, purent l'en dissuader. Sans doute, un embourgeoisement lui suffisait-il désormais.

Un rapide coup d'œil sur les carrières des corsaires français les plus réputés montre que, en réalité, l'anoblissement pour les capitaines était rarissime. Furent-ils nombreux à rejoindre Jean Bart, Ducasse et Duguay-Trouin ? Ni le Honfleurais Jean-François Doublet, ni le Nantais Jacques Cassard ne furent anoblis, malgré leurs exploits et leur célébrité sous Louis XIV. Le Malouin René Moreau, sieur de Maupertuis (1664-1746, père du savant), fut anobli en 1704 soi-disant pour ses exploits corsaires. N'était-ce pas plutôt parce qu'il était directeur de la Compagnie des Indes Occidentales de Saint-Malo ? Faute de preuve, on peut le penser. Sous l'Empire, Robert Surcouf lui-même, personnage autrement plus célèbre, ne fut jamais anobli, contrairement à la légende. Le titre de baron qu'on lui attribua au XIXe siècle fut tout simplement usurpé par ses descendants. Le mythe, qui s'appuie sur un fonds de vérité, déforme toujours la réalité.

À défaut d'anoblissement, que pouvaient alors espérer les capitaines corsaires ? Une chaîne en or récompensait les premiers exploits, du moins sous Louis XIV, puis une épée d'honneur distinguait les plus méritants. L'attribution d'une épée d'honneur semble fréquente : à Granville, Beaubriand-Lévesque, Robert Lair, Jacques Renaudeau, Thomas Hugon-Hautmesnil, Nicolas Guideloup, Adrien Langlois en bénéficièrent et d'autres encore vraisemblablement. À vrai dire, la reconnaissance attendue par les capitaines corsaires était surtout financière : outre une part du produit des prises, ils attendaient des gratifications fondées sur le nombre de prisonniers et de canons capturés, et éventuellement une pension. En 1776, Denis François Lemengnonnet adressa une demande de pension à Sartine, alors ministre et secrétaire d'État à la marine. Il fondait sa requête sur le fait que, lorsqu'il commandait le *Machault* (jaugeant 300 tonneaux), il avait accompli 34 prises, qui avaient procuré 495 prisonniers et 106 canons. En dépit d'une carrière brillante, ses espoirs furent pourtant vains : il n'obtint qu'une demi-pension. Et on peut se demander s'il reçut seulement une épée d'honneur.

Les armateurs corsaires et l'anoblissement

Si les capitaines corsaires ne pouvaient prétendre à un anoblissement, les armateurs semblaient, en revanche, y arriver plus facilement. Deux Granvillais furent ainsi anoblis par lettres de noblesse.

Le premier de ces anoblissements fut accordé, en 1777, au fils de Léonor Couraye, sieur du Parc, (corsaire mort précocement à 35 ans, en 1754, après dix années consacrées aux armements) « en récompense des services de son père qui, en effet, a bien mérité de l'État[25] ». La démarche peut étonner, voire choquer, le citoyen du XXIe siècle épris du mérite personnel : s'il en était un à être récompensé pour son activité, c'était bien le père et non pas le fils. Gardons-nous cependant de juger l'Ancien Régime avec des critères autres que ceux de son temps. À l'image du « roi qui ne mourait pas », la monarchie jouait, en effet, la continuité. Il n'était pas rare que des personnes méritantes demandent des récompenses de leurs services pour leurs enfants et que des descendants en obtiennent eu égard aux exploits de leur père ou de leur grand-père. S'exprimant sur ce sujet, Michel Vergé-Franceschi explique : « Le mérite, en quelque sorte réversible, est finalement récompensé [...]. Si l'effort peut être perçu comme individuel, la notion de récompense est perçue comme collective[26]. » Pendant ses dix années d'activité, le père, Léonor Couraye, sieur du Parc, a effectué 36 armements (6 pour la guerre de course et 30 pour la pêche morutière à Terre-Neuve). Après son décès, sa veuve et son fils arment 21 armements (dont un corsaire qui réalisa une seule campagne, brève et malheureuse en 1755) de 1755 à 1776, soit en 12 ans. En réalité, c'est surtout la mère qui continue les affaires, car le fils délaisse l'activité d'armateur pour lui préférer une charge de vicomte.

En 1776, « François Léonor Couraye, sieur du Parc, conseiller de Sa Majesté, vicomte en la vicomté de Granville, fils de Léonor François, négociant à Granville » fonde donc sa démarche, non pas sur les exploits de son père, puisque l'armateur restait à terre, mais sur le mérite de ses armements, leur importance, en insistant sur les dépenses et les revenus, et surtout les avantages que le Gouvernement en a tirés. Il rappelle alors que son père a pris la tête de la maison d'armement familiale, en 1744, à 25 ans :

> « Depuis 1744, il a été fait par la Maison du suppliant cinquante-sept armements considérables, ce qu'il justifie par l'État à l'attache; que les trois premiers que son père avoit dirigés contre les ennemis de l'État, ont fait vivre son pays dans les temps désastreux de la guerre. Les succès de ce citoyen ont donné l'émulation nécessaire au service du Roi et ont préparé les entreprises. Il a été en quelque sorte fondateur de plusieurs maisons de commerce devenues considérables. Le suppliant établit par un état à l'attache que le produit net de 28 prises sur les ennemis de l'État ont enrichi son pays de 1 million 843 034 livres 17 sols. En ajoutant à cette somme les frais d'armement, de relâche, le dixième de Son Altesse Sérénissime Monseigneur

25. AN, Marine, C7 75, f°21.
26. M. Vergé-Franceschi, *Les officiers généraux de la Marine royale* [...], *op. cit.*, t. 6, p. 2475.

l'Amiral, les frais de liquidation, etc., il se trouveroit que ce seul particulier a répandu près de trois millions aux dépens de l'ennemi, dans l'espace de quatre ans. Aucun de ses concitoyens n'a fait autant d'entreprises que le père du suppliant ; et aucun négociant du Royaume n'a encore égalé ses armements en guerre. Il n'est jamais sorti d'aucun port de France pour le compte du particulier, deux frégates de 40 pièces de canon chacune, telles que les Grand et Aimable Grenot. Le suppliant, fils unique de ce citoyen distingué a marché sur les traces de son père, autant qu'il lui a été possible ; il a contribué de concert avec la Dame sa mère aux efforts de la Nation dans la dernière guerre pour l'armement du Grand Gédéon, corsaire de 22 pièces de canon, qui malheureusement fut enlevé presque à la sortie du port, et il a continué des armements considérables pour les pêches[27] [...]. »

François Couraye du Parc n'oublie pas de joindre l'état des pertes subies par sa famille lors de la guerre de Succession d'Autriche et celle de Sept-Ans, dressé par le maire et les échevins. Il consiste en la perte de trois navires et d'une maison incendiée par les Anglais à Gaspé, au Canada. Le montant s'élève à 101 000 livres. Puis il en arrive au fait : « Le suppliant pourroit intéresser la justice de Monseigneur pour en obtenir l'indemnité des pertes qu'il a éprouvées contre la foi des Traités et la sûreté que le Roi doit à ses sujets, mais il est une récompense plus glorieuse à laquelle le Suppliant ose prétendre. » Il rappelle alors qu'aucun Granvillais « n'a encore joui [...] des encouragements que le Roi accorde au commerce », tandis que la ville pratique intensément la guerre de course, au point d'être « rivale de celle de Saint-Malo pour les armements en guerre et qui la surpasse pour le commerce des pêches[28] ». En parlant ainsi, le vicomte exagère incontestablement l'effort de guerre du port bas-normand, car celui-ci ne fut jamais en mesure de rivaliser avec son voisin breton ; en revanche, il est vrai que Granville lui disputait âprement la suprématie dans les armements morutiers. Or « ce commerce est précieux en ce qu'il forme les gens de mer qui sont la portion la plus essentielle des sujets de Sa Majesté et la plus difficile à remplacer[29] ». En clair, il explique que la pêche terre-neuvière prépare les meilleurs matelots et que le port pourvoit grandement la Marine royale dans ses besoins en hommes pour composer ses équipages. Indirectement, c'est rappeler l'effort fourni par sa maison d'armement dans la formation de ces matelots, recherchés par la Royale. C'est seulement à ce moment qu'il demande ouvertement son anoblissement.

À Versailles, l'on n'est pourtant pas dupe. Un billet non signé et non daté, joint au dossier (rédigé par Sartine ?) commente ainsi :

« La demande du sieur Couraye du Parc serait bien plus favorable s'il était commerçant comme son père, mais il a quitté cet état pour prendre une charge de judicature ; et quoiqu'il paraisse intéressé dans le commerce maritime que fait sa mère, il n'est pas dans la classe des commerçants à qui le Gouvernement se porte

27. AN, Marine, C7 75, f° 2. Cette lettre est écrite par François Léonor Couraye du Parc, qui, en la circonstance, parle de lui-même à la troisième personne du singulier.
28. AN, Marine, C7 75, f° 2.
29. AN, Marine, C7 75, f° 2.

à accorder des grâces pour les encourager à continuer le commerce. Il demande la récompense des services de son père qui en effet a bien mérité de l'État, mais le parti qu'il a embrassé ne le met pas à portée de rendre à l'avenir de pareils services, et les grâces qu'on accorde au commerce ont pour objet d'engager ceux qui les reçoivent à le continuer[30]. »

Malgré cela, le 22 mai 1778, Louis XVI signa son anoblissement :

« [...] voulant continuer au commerce la protection dont les rois nos prédécesseurs l'ont toujours honoré, et le feu roy, notre très honoré Seigneur et ayeul, ayant réglé en octobre mil sept cent soixante-sept qu'il seroit accordé des lettres d'anoblissement aux négociants qui auroient fait le commerce avec distinction, et notamment à ceux qui auroient confié leur fortune au danger des expéditions maritimes, le sieur François-Léonor-Couraye Duparc, notre Conseiller, Vicomte en la Vicomté de Grandville [...] Nous a paru mériter de participer à cette grâce pour les services que ses ancêtres et son père ont rendus depuis une longue suite d'années, et que la maison de la Dame Couraye du Parc, sa mère, dans laquelle il a la majeure partie de sa fortune, continue de rendre dans le commerce maritime ; considérant principalement que parmi cinquante-sept expéditions et armements faits depuis mil sept cent quarante-quatre par la maison dudit sieur Couraye du Parc, elle a équipé dans les deux dernières guerres plusieurs corsaires, dont deux de quarante pièces de Canon ; et que les prises, faites par ces corsaires, ont répandu l'abondance dans la province de Normandie, aux dépens des ennemis de l'État. Ces faits qui Nous ont été certifiés par l'intendant de la province et par le commissaire général ordonnateur du Havre, Nous ont déterminé à lui en témoigner notre satisfaction par des lettres d'anoblissement qui sont la récompense de ceux de nos sujets qui se distinguent par leurs vertus, par leur zèle, et par l'emploi de leur fortune et de leurs talents, pour le bien de l'État[31] ».

Cette décision peut étonner, puisque le fils n'envisageait pas de poursuivre la carrière de son père au négoce et à la guerre de course. Conscient de ce paradoxe, le ministère de la Marine voyait plutôt l'intérêt supérieur du Gouvernement à la veille d'une déclaration de guerre, comme il était précisé à la fin du billet non signé : « On peut dire en somme du sieur du Parc que si le Roy luy accorde la grâce qu'il demande, d'autres maisons de commerce seront encouragées par cet exemple, et qu'il est intéressant d'entretenir l'émulation[32]. »

Le Gouvernement n'avait pas tort car, quatre ans plus tard, un autre armateur Granvillais, Nicolas Deslandes, demanda lui aussi un anoblissement. Son intelligence, son ambition, sa compétence dans le négoce et sa connaissance du droit en avaient fait le premier armateur du port, en quelques années seulement. Il représentait aussi, aux yeux de tous, celui qui avait armé six corsaires pendant la guerre de l'Indépendance américaine, parmi lesquels deux imposants navires : le *Monsieur* de 475 tonneaux et la *Madame* de 390 tonneaux. Le premier avait

30. AN, Marine, C^7 75, f°21.
31. AN, Marine, C^7 75, f°22, Copie de la lettre d'anoblissement, datée du 22 mai 1778.
32. AN, Marine, C^7 75, f°21, billet non signé et non daté, joint au dossier.

capturé 19 navires (dont 12 corsaires), en deux campagnes, qui lui avaient procuré 129 canons et 539 prisonniers, avant d'être pris à son tour, en mars 1780, par deux vaisseaux de guerre anglais de 74 canons, le *Courageux* et l'*Alexandre*. Le deuxième avait capturé, en trois campagnes, trente-deux bâtiments (dont 9 corsaires) qui lui avaient donné 132 canons et 661 prisonniers. Tandis que l'armateur y avait gagné une fortune, les deux capitaines, Langlois et Guidelou, furent récompensés d'une épée d'honneur[33].

> « Ce n'est pas dans la course seulement que le sieur Deslandes s'est distingué, il a eu l'avantage de rendre des services d'un autre genre et non moins utile à l'État. En 1779, lors de l'expédition projetée contre l'Angleterre, il a fourni à Saint-Malo cinq de ses bâtiments pour le transport des troupes; trois autres bâtiments ont été employés à l'échange des prisonniers; il a actuellement douze navires marchands dont dix en activité, trois servent à l'approvisionnement du port de Brest, deux sont à Saint-Domingue où ils ont porté des comestibles, cinq feront nombre du premier convoy qui doit partir pour les colonies[34] [...]. »

Cet exemple résume ainsi toutes les activités possibles : le transport de troupes et de prisonniers, ainsi que l'approvisionnement des colonies en comestibles.

En 1782, sans attendre la fin de la guerre, Nicolas Deslandes présenta donc sa demande d'anoblissement, après dix ans d'activité. Pour ce faire, il sut habilement vanter son dynamisme, les résultats toujours brillants de ses entreprises malgré les nombreux obstacles évoqués précédemment, la construction de six corsaires ainsi que les nombreux services rendus gracieusement au Gouvernement (prêt de navires, transport de troupes et de prisonniers, ravitaillement des colonies, fourniture de onze mille feuilles de cuivre pour doubler les vaisseaux du roi, etc.), tout en faisant croire à son désintéressement[35]. Estimant qu'il avait suffisamment payé son anoblissement par ses services, la Cour donna rapidement satisfaction à l'armateur granvillais.

Dans les deux cas, celui de François Léonor Couraye du Parc et celui de Nicolas Deslandes, l'énormité des sommes d'argent engagées par les armateurs corsaires est clairement mise en avant, comme pour rappeler qu'ils ont déjà payé l'anoblissement qu'ils sollicitent. Ne pouvant pas vanter leurs exploits, comme les capitaines, ils montrent leur dévouement, officiellement désintéressé, et surtout l'importance de leurs activités, en rappelant habilement combien elles sont nécessaires au bien de l'État.

Au terme de l'évocation de ces quatre destins, une conclusion semble s'imposer. Au regard du petit nombre de ceux qui obtiennent satisfaction, la guerre de course ne constitue pas véritablement un tremplin vers la noblesse. Ceux qui tentent d'y parvenir en payant de leurs exploits, en réalisant des prouesses militaires, c'est-

33. AN, Marine, C^7 85, dossier Deslandes, pièce n° 1.
34. AN, Marine, C^7 85, dossier Deslandes, pièce n° 1.
35. AN, Marine, C^7 85, dossier Deslandes, pièce n° 1.

à-dire les capitaines, n'y trouvent que déception. En revanche, les armateurs qui prennent des risques dans les armements au commerce ou en course réussissent plus aisément leur anoblissement.

À la fin du XVIIe siècle, les nobles ne sont certes pas nombreux à Granville, mais au XVIIIe siècle, tandis que le port prend son essor, leur nombre progresse sensiblement, car les armateurs, forts de l'accroissement de leurs richesses et conscients de jouer un rôle croissant dans l'économie du pays, cherchent désormais à obtenir cet anoblissement. Ces négociants, qui arment habituellement pour Terre-Neuve, mais qui arment aussi en course en période de belligérance, recourent alors à diverses méthodes selon le contexte historique.

Sous Louis XIV, ils peuvent acheter des lettres de noblesse, lorsque cela est possible, comme Thomas Fraslin, sieur du Moncel. Celui-ci est « major de la bourgeoisie de la ville et ancien échevin[36] », lorsqu'il obtient son anoblissement, en août 1703. Officiellement, c'est l'un des deux cents anoblissements conférés à la suite de l'Edit de 1702, qui récompensait « ceux qui se sont le plus distingués par leur mérite, vertu et bonne qualité à leur emploi[37] ». En réalité, il s'agit plus sûrement d'un achat. Le Granvillais figure assurément parmi les armateurs corsaires de la guerre de la Ligue d'Augsbourg, bien que l'on ne puisse pas suivre précisément son activité, faute d'archives suffisantes. Il n'empêche que l'on voit mal en quoi la situation de « major de la bourgeoisie », c'est-à-dire le plus important des armateurs granvillais, suffisait à justifier pareille récompense.

Si l'on en croit Jean Meyer, la mort de Louis XIV marque une rupture dans le principe général d'anoblissement[38]. En 1715, la vente de ces lettres est supprimée ; la remise de lettres de mérite, décernées, soit sur l'initiative royale, soit sur sollicitation personnelle ou celle d'intercesseurs variés, la remplace désormais. Or pendant les trois décennies suivantes qu'aucune guerre ne vient troubler, les occasions de se distinguer sont rares pour les armateurs. En conséquence, certains Granvillais achètent des charges anoblissantes : Jean Quinette, sieur de la Hogue, est reçu conseiller secrétaire du Roi, maison, couronne de France et de ses finances en avril 1743, tout comme Jacques Ganne, sieur de Grandmaison, tandis que Jacques Le Marié, sieur des Landelles, est reçu conseiller secrétaire du Roi, maison, couronne de France, en la chancellerie près la cour du parlement de Flandre à Douai, où il ne se rend sans doute jamais. Cet anoblissement, parfois graduel, semble même leur convenir, puisqu'il les place à l'abri d'une éventuelle révocation des anoblissements qui n'auraient pu être confirmés par une lettre

36. BNF, Pièces originales 1239.
37. BNF, Pièces originales 1239. Il convient aussi de se référer à G. D'ARUNDEL DE CONDÉ, *Dictionnaire des anoblis normands*, Rouen, Arundel de Condé, 1975, p. 262.
38. Jean MEYER, *La noblesse bretonne au XVIIIe siècle*, Paris, Flammarion, 1972, p. 135-136. Dans sa thèse, Jean Meyer explique que « le XVIIe siècle se caractérise en France par une grande offensive, intermittente, contre l'accroissement numérique de la noblesse, au moment même où se développe la politique des offices » : J. MEYER, *op. cit.*, p. 28. En conséquence, l'anoblissement par agrégation diminue nettement, tandis que les anoblissements s'opèrent désormais essentiellement par l'achat de charges anoblissantes ou de lettres de noblesse, qui permettaient par ailleurs de satisfaire les besoins financiers des guerres.

patente du roi[39]. Peu après la guerre de Succession d'Autriche, Jean Teurterie, sieur des Cerisiers, achète donc une charge de secrétaire du roi en 1755, tout comme Gaud Leboucher, sieur de Vallesfleurs.

La situation change en revanche à partir des années 1760 avec l'œuvre réformatrice des ministres Choiseul (1761-1766), Choiseul-Praslin (1766-1770), son cousin, et Sartine (1774-1780). La mer et tout ce qui est en rapport avec elle font dorénavant l'objet d'un réel engouement, comme en témoignent certaines grandes missions scientifiques, le tour du monde réalisé par Bougainville en 1766-1768, la commande à Claude-Joseph Vernet de la plus belle collection de peintures marines qu'un roi ait passée[40], la publication des premières grandes biographies de grands marins français (*Éloge de René Duguay-Trouin* par Thomas en 1761, *Éloge historique d'Abraham Duquesnes* par Dagues de Clairfontaines en 1766) et celle de grands ouvrages faisant le point sur les connaissances marines[41]. Dans ce contexte très favorable, le roi publie un règlement pour encourager les entreprises océaniques : le fameux règlement d'octobre 1767, précisant qu'il serait accordé des lettres d'anoblissement aux négociants qui feront le commerce avec distinction, et notamment à ceux qui confieront leur fortune au danger des expéditions maritimes. Une fenêtre s'ouvre alors aux armateurs, tels que François Couraye, sieur du Parc, ou Nicolas Deslandes, qui savent vanter leurs mérites, ou ceux de leurs familles, pour gagner cet anoblissement par lettre patente.

39. Entre autres exemples, on peut citer celle de 1715 qui révoquait tous les anoblissements accordés depuis le 1er janvier 1689 qui n'avaient pas pu être confirmés.

40. Il s'agissait d'une série de 24 tableaux représentant les ports de pêche, de commerce et de guerre français. Vernet n'en réalisa finalement que 15, entre 1754 et 1765.

41. Jacques Nicolas Bellin, *Le petit atlas maritime*, Paris, chez l'auteur, 1764, 5 volumes ; Honoré-Sébastien Vial du Clairebois, *Encyclopédie méthodique, Marine*, Paris, Panckoucke, 1783, 4 volumes.

Le parlement de Rouen et le renouvellement des noblesses normandes (XVIIe et XVIIIe siècles)

Olivier CHALINE

Quelle place occupe le parlement de Rouen dans l'histoire des noblesses normandes du temps de Louis XIII à celui de la Révolution ? Répondre à cette question est moins simple qu'il n'y paraît, car, si le parlement est bien connu (plus d'ailleurs pour les XVIe et XVIIIe siècles que pour le second XVIIe), il n'en va pas de même des autres cours souveraines normandes (cour des Aides, chambre des comptes et bureau des finances) et nous ne disposons pas pour la Normandie d'une synthèse comparable à celle de J. Meyer sur la noblesse bretonne[1]. Dans une province qui compte de fortes densités nobiliaires, le parlement de Rouen a contribué de plusieurs manières complémentaires au renouvellement d'un ordre que le droit unifie, mais que tant de choses tendent à diversifier, voire séparer au point que l'on peut parler de noblesses[2]. Dès les premières années du XVIIe siècle, l'une d'elles tire, si ce n'est toujours son origine, du moins son prestige, du parlement. Examiner l'apport parlementaire à l'histoire des noblesses norman-

1. La célébration du Ve centenaire du parlement de Normandie en 1999 a permis la publication de deux ouvrages de référence qui permettent d'avoir une solide connaissance de cette cour souveraine : la synthèse d'Élisabeth CAUDE, *Le parlement de Normandie*, Paris, ministère de la Justice, 1999 et le recueil collectif publié par l'Association du palais du parlement de Normandie, *Du parlement de Normandie à la Cour d'Appel de Rouen, 1499-1999*, Rouen, 1999. La thèse de l'École nationale des chartes de Paul ROBINNE, *Les magistrats du parlement de Normandie à la fin du XVIIIe siècle (1774-1790)*, 1967, 2 vol., donne un tableau des familles indiquant leur degré de noblesse et l'origine de celle-ci. Voir aussi Olivier CHALINE, « Les parlementaires rouennais dans leur cité : rôle social et influence politique », Claude-Isabelle BRELOT (dir.), *Noblesse et villes (1780-1850)*, Tours, 1995, p. 31-38, et « Le parlement et Rouen aux XVIIe et XVIIIe siècles », Olivier CHALINE et Yves SASSIER (dir.), *Les parlements et la vie de la cité (XVIe-XVIIIe siècle)*, Rouen, 2004, p. 323-337. Sur la cour des aides et la chambre des comptes devenues en 1705 cour des comptes, aides et finances de Normandie, la bibliographie reste très réduite pour la période considérée ici. On trouvera le point de départ d'une étude avec l'inventaire de la sous-série 3 B des archives départementales de la Seine-Maritime dû à Marie-Christiane de LA CONTÉ, *Cour des aides (1440-1790)*, Rouen, archives départementales de Seine-Maritime, 2006. Il comporte une liste alphabétique des officiers des Aides et des Comptes. Quant au bureau des finances, il n'a pas attiré les chercheurs depuis le rapide ouvrage de Jean VANNIER, *Essai sur le bureau des finances de la généralité de Rouen*, Rouen, A. Lestringant, 1927. Toutefois, on dispose depuis peu d'un précieux instrument de travail avec l'ouvrage du comte d'ARUNDEL DE CONDÉ, *Les Anoblis par charges en Haute-Normandie de 1670 à 1690. Parlement, chancellerie, cour des aides, chambre des comptes, bureau des finances, conseil supérieur*, Paris, P. Du Puy, 2006.
2. Sur cette thématique, voir les réflexions de Michel FIGEAC, *L'Automne des gentilshommes. Noblesse d'Aquitaine, noblesse française au Siècle des Lumières*, Paris, Honoré Champion, 2002.

des conduit d'abord à dénombrer combien de familles doivent leur noblesse à la centaine de charges potentiellement anoblissantes de cette compagnie. Mais la question se pose aussi de la place prise dans la société normande par cette forme, nouvelle et judiciaire, de noblesse, intégrant des lignées roturières ou déjà nobles. Dès lors, on ne peut éviter de se demander si la haute robe parlementaire une fois en place fut un milieu fermé.

Des charges anoblissantes : une potentialité plus qu'une réalité ?

La première question est celle du rôle anoblissant des charges parlementaires. Combien de familles leur doivent leur noblesse ?

Il faut tout d'abord distinguer les charges possédées par les magistrats (présidents à mortier, différents types de conseillers, avocats généraux), de celles de chancellerie (garde du scel et secrétaires du roi). Celles-ci aussi sont anoblissantes, mais de manière plus rapide : 20 ans ou mort en charge, la noblesse étant transmissible à partir de la génération suivante[3].

En Normandie, le parlement confère donc la noblesse à ses magistrats de manière graduelle : 20 ans d'exercice ou mort en charge sur deux générations, si bien qu'à partir de la troisième, la noblesse transmissible est obtenue. De la sorte se trouvent combinés l'autorité du roi et l'agrément de la compagnie, puisque le futur magistrat doit y être reçu[4]. Il ne suffit pas d'avoir acheté un office et rempli les conditions d'âge et de compétence requises. Les prix des charges parlementaires s'élèvent jusqu'aux sommets des années 1660, puis connaissent une nette et durable diminution jusqu'au début du règne de Louis XVI qui voit une ultime remontée[5]. Au XVIIIe siècle, leur courbe se croise avec celle, ascendante,

3. Voir G. d'ARUNDEL DE CONDÉ, *op. cit.*, p. 173-221. Le nombre de charges de la chancellerie de Rouen a considérablement varié entre 1499 et 1790, selon les besoins et les expédients financiers de la monarchie. Les archives de la chancellerie ayant disparu, cela ne facilite pas le travail de reconstitution. Certaines charges existent à un moment donné, puis sont supprimées, d'autres sont créés ultérieurement. Au terme d'une patiente collecte des données, G. d'Arundel de Condé a pu dénombrer 105 charges de secrétaires du roi et deux de trésorier receveur et payeur des gages. Certaines avaient été transférées à d'autres provinces. Plusieurs, notamment celles de la fin du règne de Louis XIV, n'ont eu qu'un unique titulaire avant d'être supprimées.

4. Les magistrats du parlement ont fait l'objet de plusieurs travaux. Il y a tout d'abord les volumes dus à Henri de FRONDEVILLE, *Les présidents du parlement de Normandie (1499-1790)*, Rouen-Paris, A. Lestringant, 1953, *Les conseillers du parlement de Normandie au seizième siècle (1499-1594)*, Rouen-Paris, A. Lestringant, 1960, *Les conseillers du parlement de Normandie sous Henri IV et Louis XIII (1594-1640)*, Rouen-Paris, A. Picard, 1964, et avec Odette de FRONDEVILLE, *Les conseillers du parlement de Normandie de 1641 à 1715*, Rouen-Paris, Lestringant, 1970. Pour ce dernier ouvrage, posthume, voir les corrections apportées par Michel LE PESANT, « Le personnel d'une cour souveraine sous le règne de Louis XIV », *Bibliothèque de l'École des Chartes*, t. 29, 1971, p. 433-444. À la date de la réception du premier magistrat d'une famille, Henri de Frondeville donne autant que possible la généalogie de celle-ci. Il y a ensuite la thèse d'Hervé LE GUERN, *Présidents et conseillers au parlement de Normandie aux XVIIe et XVIIIe siècles*, Paris, EHESS, 1984, 6 vol. Quatre forment un répertoire des magistrats, les deux derniers livrant une synthèse des aspects social et démographique, puis des documents. À ces études, publiées ou non, s'ajoutent les listes établies récemment par G. d'ARUNDEL DE CONDÉ, *op. cit.*, liste alphabétique, p. 26-146, et par charge, p. 146-169.

5. On trouvera une étude précise de l'évolution du prix des offices parlementaires dans Roland MOUSNIER, *La vénalité des offices sous Henri IV et Louis XIII*, Rouen, Maugard, 1945, et pour la période immédiatement antérieure, dans Jonathan DEWALD, *The Formation of a Provincial Nobility. The Magistrates of the Parlement of*

des prix des charges de secrétaire du roi. Être anobli en une génération, et non en deux, a un coût.

Combien de charges anoblissantes trouve-t-on au parlement? Précisons que leur dénombrement n'est pas toujours aisé, car les listes nominatives incluent souvent des magistrats honoraires. La Grand chambre, qui a à sa tête le premier président (dont la charge n'est pas vénale) compte 2 présidents à mortier et 23 conseillers au XVIIe siècle, jusqu'à 28 au XVIIIe siècle. On y monte à l'ancienneté après être passé par les Enquêtes, si bien que le nombre de grands chambriers s'est logiquement accru en fonction de celui des magistrats des Enquêtes. La chambre des enquêtes a été dédoublée en 1680. Elle comptait 2 présidents et 45 conseillers en 1600, 57 après la suppression de la chambre de l'édit en 1669. Après 1680, chacune a 2 présidents, les conseillers étant répartis par tirage au sort entre les deux. Il y eut 5 conseillers clercs. La chambre des requêtes a 2 présidents aux Requêtes, 12 à 14 conseillers commissaires aux Requêtes. Parmi les gens du Roi, à côté du procureur général (dont la charge n'est pas vénale) il y a les 2 avocats généraux[6]. Toutes les charges ne sont pas remplies simultanément, car il y a toujours des vacances, plus ou moins longues. On peut considérer que le parlement comporte vers 1665 un peu plus de 110 charges anoblissantes et en 1790 environ 125.

Il serait plus exact de dire potentiellement anoblissantes. Car toutes ne sont pas, loin s'en faut, occupées par des roturiers ou des hommes en cours d'anoblissement graduel. D'ailleurs, la fonction du parlement n'est pas d'abord d'anoblir ses membres, mais de rendre la justice au nom du roi.

Examinons combien de magistrats roturiers et en cours d'anoblissement furent reçus dans la compagnie sur les deux siècles. La proportion de roturiers (1er degré de noblesse) est à peu près constante : 10 %, 9 % entre 1750 et 1790, mais il a manqué dix années à l'observation pour qu'elle se fasse sur la même durée[7]. Un tel pourcentage est similaire à ce qu'on remarque au parlement de Paris, mais deux fois moindre qu'à Besançon, tout en étant sans comparaison aucune avec le monopole nobiliaire établi depuis un siècle à Rennes[8]. Ceux qui en sont au

Rouen, 1499-1610, Princeton, Princeton University Press, 1980. Sur le temps du déclin qui survient à partir des années 1660, H. Le Guern, *op. cit.*, t. VI, tableaux 13 à 21. Une mise en perspective est possible, pour le XVIIIe siècle, sur le plan local avec la maîtrise de M. P. Dhaille, *Le prix des offices à Rouen dans la seconde moitié du XVIIIe siècle*, université de Rouen, 1970, et à l'échelle nationale avec la synthèse de William Doyle, *Venality. The Sale of Offices in Eighteenth-Century France*, Oxford, Clarendon Press, 1996.

6. Sur le parquet général, voir Olivier Chaline, *Godart de Belbeuf. Le parlement, le roi et les Normands*, Luneray, Bertout, 1996, et « Les gens du roi, "hommes du roi" ? Les parlements de Bretagne et de Normandie au XVIIIe siècle », Alain-J. Lemaître et Odile. Kammerer (dir.), *Le pouvoir réglementaire*, Rennes, Presses universitaires de Rennes, 2005, p. 223-240.

7. H. Le Guern, *op. cit.*, t. 5, p. 92-94. J. Dewald, *op. cit.*, p. 78, indiquait 10 % entre 1599 et 1618, mais seulement 6 % dans les deux décennies suivantes. Voir aussi les tableaux de chiffres 52 et 52 a, 53 et 53 a dans le t. 6 d'Hervé Le Guern.

8. François Bluche, *Les magistrats du parlement de Paris au XVIIIe siècle,* Paris, 1986, p. 40 ; M. Gresset, *Le monde judiciaire à Besançon de la conquête par Louis XIV à la Révolution (1674-1789),* Lille, 1975, p. 163-166 ; Jean Meyer, *La noblesse bretonne au XVIIIe siècle*, Paris, 1985, 2e éd., p. 929-937. À Grenoble, Clarisse Coulomb indique des proportions très variables selon le moment du siècle : 15 % avant 1750, plus que 4 entre 1750 et 1770, puis 30 lors du parlement Maupeou, encore 17 sous Louis XVI :

2e degré de noblesse (en admettant que leur père n'ait pas été anobli par lettres ou charge de chancellerie) forment environ 20 % avant 1750, mais plus que 11 % après[9]. En additionnant ces deux catégories qui représentent l'anoblissement graduel par charges (commencé au Palais comme dans une autre cour souveraine), on ne descend pas en dessous de 20 %, même après 1750. Dans cette ultime période aussi, on ne peut conclure à la fermeture sociale du parlement. La décision de 1777 de limiter le recrutement aux nobles et fils de maîtres doit être regardée pour ce qu'elle a été : une barrière mobile, abaissée devant les fâcheux, mais relevée quand on souhaite vraiment admettre quelqu'un qui ne remplirait pas toutes les conditions énoncées.

Au total, sur 190 années, combien de familles anoblies par les charges parlementaires? De 1600 à 1787, 428 familles ont donné à la cour 807 présidents et conseillers, auxquels il faudrait encore ajouter les gens du roi avec les substituts et les greffiers en chef, voire les notaires-secrétaires du roi. Il semble raisonnable de parler de 850 magistrats issus de 450 familles[10]. La plupart de celles-ci n'ont donné qu'un seul parlementaire, d'autres en fournissant plusieurs. Sur ces 428 familles, on peut considérer que le parlement n'en a véritablement anobli qu'une petite trentaine[11]. Mais un nombre un peu supérieur de familles doivent leur noblesse au parlement et à une autre cour souveraine, presque toujours normande[12]. Cela veut dire que, dans certaines de ces lignées de magistrats, il s'est produit un changement de cour d'une génération à l'autre, par exemple de la chambre des comptes vers le parlement. Au total, il n'y a qu'environ 70 familles ayant siégé au parlement qui doivent leur noblesse, en tout ou partie, aux charges anoblissantes de cette cour. C'est une proportion qui se situe plus près du sixième que du cinquième. Une chose est donc très nette : une large majorité des magistrats étaient déjà nobles à leur entrée en charge[13]. Pour leurs familles, l'origine de la noblesse était liée à une autre cour souveraine (Aides, Comptes), à l'obtention de lettres de noblesse, à l'achat d'une charge de chancellerie, aux dispositions de la charte des francs-fiefs de 1470. Mais il existe aussi des cas de noblesse ancienne, sans trace d'anoblissement. On en dénombre tout au long de notre période. N'oublions pas

Clarisse Coulomb, *Les Pères de la patrie. La société parlementaire en Dauphiné au temps des Lumières*, Grenoble, Presses universitaires de Grenoble, 2006, p. 47.

9. H. Le Guern, *op. cit.*, t. 6, p. 90.

10. G. d'Arundel de Condé dénombre, pour la période 1670-1790, 527 membres du parlement (présidents, conseillers, gens du roi, greffier en chef et notaires-secrétaires du roi).

11. On trouvera en annexe 1 la liste nominative de la vingtaine de familles repérées comme anoblies par des charges du parlement de Rouen. Notons que certaines d'entre elles semblent avoir disparu à peine la noblesse acquise (Damiens, Pigou ou du Resnel). L'annexe 2 indique, à partir de G. d'Arundel de Condé, les 29 familles qui, entre 1670 et 1790, ont achevé au parlement un anoblissement commencé ailleurs. Précisons enfin que 5 familles n'ont pas eu le temps d'achever le processus d'anoblissement, soit par résignation avant 20 ans en charge (Boullais de Flamanville), soit à cause de la Révolution (Carré des Marais, Chapelle de Courteilles, Mustel, et peut-être Roussel).

12. Cette noblesse est presque toujours graduelle, sauf dans le cas des quatre charges de notaires-secrétaires du roi.

13. Toujours pour la période 1670-1790, G. d'Arundel de Condé donne une proportion des anoblis, bien supérieure à celle qu'il met en évidence pour les gens des aides (45 %) et ceux des comptes (26 %), *op. cit.*, p. 12.

que, pour certaines familles, le processus s'est arrêté avant terme : un magistrat resté moins de 20 ans sans être mort en charge, ou sans postérité au Palais, voire sans descendance du tout[14].

Dans l'état actuel de nos connaissances, il n'est pas encore possible de mettre en perspective ce nombre de familles anoblies par le parlement assez nettement inférieur à cent pour les années 1600-1790 avec celui des Normands anoblis par charges pour la même période. Mais on peut effectuer la comparaison pour 1670-1790. G. d'Arundel de Condé indique qu'il y a eu 344 anoblis par charge en Normandie, ce qui est un peu supérieur aux 303 anoblis par lettres qu'il a dénombrés pendant ces mêmes années[15]. On ne saurait parler d'une différence considérable, mais remarquons que dans un peu plus de la moitié des cas d'anoblissement, il y a eu, par la réception dans un corps, une forme de cooptation nobiliaire. Nous sommes bien en présence d'un milieu spécifique, d'une noblesse de robe, tirant ou non sa noblesse des charges possédées, mais tenant sa puissance de son appartenance à la magistrature des cours souveraines.

Quelle place dans la société normande de cette nouvelle élite ?

Portant sur la période 1499-1610, la thèse de Jonatan Dewald est intitulée *The Formation of a Provincial Nobility*[16]. À partir des années 1600, de l'édit sur les tailles de 1600 qui exempte les officiers des cours souveraines, et de la Paulette de 1604 qui organise officiellement l'hérédité, le statut juridique et social de cette élite en formation depuis un siècle est désormais nettement défini. Il y a bel et bien une noblesse de robe ou d'offices. Messieurs prennent désormais toute leur place à côté des évêques, du gouverneur et de ses lieutenants généraux comme aussi des grands nobles possessionnés dans la province. Quelles sont les caractéristiques de cette élite ?

Elle est très majoritairement normande

C'est chose acquise dès le deuxième tiers du XVIe siècle, comme l'a établi Jonathan Dewald à partir des données fournies par Henri de Frondeville[17]. La proportion de horsains (d'étrangers à la province) qui se situait entre le tiers et

14. G. d'Arundel de Condé évalue à 2,6 % la proportion de magistrats n'ayant pas un premier degré complet (moins de 20 ans d'exercice) contre 12,2 l'ayant et à 1 % de deuxième degré incomplet contre 9 % ayant terminé leur anoblissement graduel (en étant demeuré plus de vingt ans ou mort en charge). Cela revient à dire que pour 15,8 % du total des magistrats l'anoblissement était demeuré inachevé.
15. G. d'Arundel de Condé dénombre 1098 anoblissements pour cette période (dont 678 pour la seule période 1600-1678), mais une partie d'entre eux sont en fait des maintenues ou des confirmations. Il faut aussi tenir compte du fait que survinrent deux révocations, celle de 1614 portant sur les anoblissements accordés depuis le premier janvier 1614, celle de 1715 sur ceux accordés depuis le premier janvier 1689. Il fallait donc avoir été excepté ou confirmé pour continuer de prétendre à la noblesse : G. d'ARUNDEL DE CONDÉ, *Dictionnaire des anoblis normands (1600-1790),* Rouen, 1975, p. 8, n. 3.
16. J. DEWALD, *op. cit.*
17. J. DEWALD, *op. cit.*, p. 71-73 ; H. LE GUERN, *op. cit.*, t. 5, p. 94 et les tableaux 54, 54 a, 54 b, 54 c et 54 d de son t. 6.

la moitié entre 1499 et 1528, se réduisit significativement ensuite, entre 10 et 15 % en moyenne. Une brève période fait exception : les années 1640, celles du parlement semestre dont les charges furent achetées précisément par des horsains (Parisiens ou d'autres provinces) : 53 % des nouveaux magistrats n'étaient pas normands[18]. Mais cela demeura un temps d'exception lié à l'extraordinaire en matière de finance. La proportion de horsains se réduisit même à 7 % dans la première moitié du XVIIIe siècle[19]. On peut donc conclure à la fois à la large prédominance des Normands comme à l'absence d'exclusivisme provincial.

Au Palais, Normand veut souvent dire né à Rouen. Si nous examinons les lieux de naissance dans la province des futurs magistrats (qui peuvent d'ailleurs avoir vu le jour hors de Rouen de parents déjà fixés dans cette ville), Rouen l'emporte entre 1529 et 1618, largement, puis à nouveau mais de manière beaucoup moins marquée, au XVIIIe siècle[20]. Le XVIIe siècle, à partir de 1619, voit davantage de magistrats nés ailleurs dans la province. On mesure bien par conséquent la symbiose entre le parlement et la société urbaine, comme le fait que la ville soit l'horizon de la réussite professionnelle pour d'assez nombreuses lignées de magistrats de la province. La cour peut apparaître, surtout après la disparition des états provinciaux au milieu du XVIIe siècle, comme la seule institution capable de défendre les intérêts normands[21].

L'assise foncière des magistrats est surtout haut-normande

Une telle caractéristique est déjà nette au XVIe siècle. Les parlementaires ont alors leurs propriétés, non seulement dans les environs de Rouen (comme les Maignart ou plus modestement les Godart), mais encore dans un cercle plus vaste dont la ville forme le cœur et qui inclut le pays de Caux, la vallée de la Seine et le Vexin normand[22]. Très peu de magistrats ont leurs terres dans le pays de Bray et sur les plateaux dès qu'on s'éloigne de la Seine vers le sud. Cet espace est en quelque sorte borné par les biens des Romé vers Le Havre, ceux des Groulart vers Dieppe, ceux des Jubert dans le Vexin et ceux enfin des Le Roux dans la basse vallée de l'Eure. Le premier président Groulart a ses biens vers Dieppe. Trois des quatre présidents à mortier de 1600 ont leurs terres dans cet espace : Bretel dans le pays de Caux (Grémonville et Lanquetot), La Porte dans le pays de Bray (près d'Argueil) et dans la vallée de la Seine (Vatteville, vers Pont-de-l'Arche), Maignart à Bernières dans le pays de Caux, aussi dans le Vexin normand (Beauficel et Bonnemare) ainsi qu'à La Rivière-Bourdet près de Rouen. Seul fait exception,

18. Ces années troublées ont été notamment étudiées par Madelaine FOISIL, *La Révolte des Nu-Pieds et les révoltes normandes de 1639*, Paris, PUF, 1970. Signalons aussi un Ph. D jamais publié à ma connaissance, celui de David Joseph. LANSKY, *Paternal Rule and Provincial Revolt in Seventeenth Century France : the Social Basis of the Fronde in Rouen*, Berkeley, University of California, 1982.
19. H. LE GUERN, *op. cit.*, t. 6, p. 98, tableau 54 d.
20. J. DEWALD, *op. cit.*, p. 73.
21. Pour le siècle suivant, voir H. de FRONDEVILLE, « L'esprit provincial au parlement de Normandie », *Revue des Sociétés savantes de Haute-Normandie*, 1956, 3, p. 27-39.
22. J. DEWALD, *op. cit.*, p. 186-190.

Anzeray de Courvaudon qui a ses terres à proximité de Caen. Le procureur général Le Jumel de Lisores a les siennes dans le pays d'Auge.

Au XVIIIe siècle, après un siècle d'enrichissement et d'expansion foncière au détriment de la paysannerie, mais aussi de certains lignages de la haute noblesse, le caractère haut-normand ne s'est pas fondamentalement modifié. Toutefois, l'entrée à la cour de familles bas-normandes, les héritages et les acquisitions ont étendu cette emprise parfois très loin de la Seine. Sur les 10 présidents à mortier de 1790, 4 ont leurs terres dans la généralité de Caen : Le Sens à Lion-sur-Mer et à Folleville, Lambert de Frondeville dans le pays d'Auge, Couvert de Coulons à Coulombs, Du Val de Bonneval dans le pays d'Auge. Les 6 autres ont les leurs dans le pays de Caux, le Roumois et la basse vallée de l'Eure. Cette dispersion accrue de la propriété parlementaire, foncière comme seigneuriale, parfois faite d'éléments très hétérogènes, va de pair avec une nette densification en Haute-Normandie. C'est le cas, à proximité immédiate de Rouen, mais encore dans le pays de Caux, comme sans doute aussi dans le Roumois, encore peu étudié. À l'est, les limites restent les mêmes à cause de la puissance foncière parisienne. Le magnifique château Renaissance de Mesnières-en-Bray est bien, un temps, à un parlementaire, mais c'est à un Parisien, le président Durey de Mesnières.

Du XVIe au XVIIIe siècle, les fortunes parlementaires se sont accrues, même si les disparités sont demeurées fortes à l'intérieur du groupe. Dès le XVIIe siècle, les lignées de présidents sont parvenues aux premiers rangs de l'opulence provinciale, certes vraisemblablement derrière celles de la noblesse de cour.

En quelques décennies, des années 1620 au début du règne personnel de Louis XIV, la haute robe, celle du parlement comme celle des Aides et des Comptes, se dote des signes inégalement visibles de son nouveau rang. En ville, où bien des magistrats d'origine rouennaise, possèdent des maisons de taille variable, les lignées de robe tendent à se dégager des paroisses du centre entre le Vieux Marché, le Palais, la cathédrale et la Seine pour se déployer dans un espace plus vaste au nord et nord ouest, mais toujours *intra muros*. Elles bâtissent de nombreuses « grandes maisons à porte cochère », plus souvent d'un modèle traditionnel et sans ostentation que semblables à ce qui se fait à Paris à pareille date. Même si quelques magistrats, pas nécessairement des parlementaires, bâtissent en pierre, la plupart préfèrent les colombages. Car les élites judiciaires rouennaises, à la différence de celles de Bordeaux ou d'Aix, privilégient leur maison des champs et non pas celle de ville[23].

Au XVIe siècle, peu de familles parlementaires possèdent une résidence rurale digne du nom de château. Les maisons des champs de Messieurs ne soutiennent pas encore la comparaison avec les vrais châteaux de la haute noblesse. Il faut mettre à part le cas des Le Roux capables de se faire bâtir dès la fin du XVe siècle

23. Sur ces questions, voir Olivier CHALINE (dir.), *Les Hôtels particuliers de Rouen*, Rouen, Société des Amis des monuments rouennais, 2003 (2e éd.), ainsi que « Les magistrats des cours souveraines et l'espace urbain rouennais, XVIIe et XVIIIe siècles », C. COULOMB (dir.), *Habiter les villes de cours souveraines en France (XVIe-XVIIIe siècles)*, Grenoble, Publications de la MSH Alpes, 2008, p. 39-53.

l'hôtel de Bourgtheroulde à Rouen et le château Renaissance de Boissey-le-Châtel, sans doute aussi celui disparu de Bourgtheroulde. La situation change au cours du XVIIe siècle[24]. On remarque quelques cas de rachats de châteaux appartenant à de la noblesse de cour ou lui ayant appartenu : dès 1579, les Romé de Fresquienne ont ouvert la voie en se portant acquéreurs de celui du Bec-Crespin vendu par Charles de Lorraine[25]. En 1656, une autre branche Le Roux rachète à un client du duc de Longueville le château Renaissance d'Acquigny possédé auparavant par les Laval, puis les Gondi. Mais d'autres lignées préfèrent construire de vastes châteaux au goût du jour : les années 1630-1640 sont celles des premiers grands chantiers dont la série a été ouverte par le premier président de la chambre des comptes, Nicolas Langlois de Motteville, sur sa terre cauchoise dès 1616-1622. Des parlementaires lui emboîtent le pas dans les décennies suivantes. Miromesnil est bâti par le conseiller Dyel, Grémonville par les Bretel, Le Bosmelet par les Beuzelin, puis La Rivière-Bourdet par les Maignart de Bernières, pour la somme de 150 000 livres tournois. Lorsque Gomboust réalise son plan de Rouen au milieu du siècle, plusieurs des châteaux représentés dans des vignettes appartiennent à des parlementaires, des gens des Aides ou des Comptes[26].

Déjà sous Louis XIII, les parlementaires forment un groupe nobiliaire sûr de sa prééminence dans la province. Les crises affectant la cour à plusieurs reprises, de la guerre de Trente ans à celles de la fin du règne de Louis XIV, ne remettent pas en cause cette position. Les magistrats forment un des groupes les plus riches et les plus cultivés de la province. De 1565 aux années 1680, le pouvoir royal nomme le plus souvent à leur tête, soit un Normand, soit quelqu'un qui a de nettes attaches sur place[27]. Il resterait à savoir comment et à quel moment les magistrats se sont émancipés des éventuels liens de clientèle vis-à-vis de la haute noblesse,

24. On trouvera des notices inégalement fournies dans Pierre Jamme et Jean-François Dupont-Danican, *Gentilshommes et gentilhommières en pays de Caux*, Paris, Morande, 1996 et dans Franck Beaumont et Philippe Seydoux, *Gentilhommières des pays de l'Eure*, Paris, Morande, 1999.

25. H. Le Guern, *op. cit.*, t. 5, p. 111-145.

26. Il a été récemment republié en fac-similé par Benoît Éliot et Stéphane Rioland, *Rothomagus Rouen 1655*, Rouen, [reprint] 2003. La vignette consacrée à La Rivière-Bourdet montre une demeure encore modeste, bien différente du vaste château bâti par Françoise Puchot, veuve du président Charles Maignart de Bernières, mort en 1632. Voir l'évocation de ses funérailles par le poète Hercule Grisel dans ses *Fastes rouennais* composés à partir de 1635, Edward Montier (éd. et trad.), *La Vie à Rouen sous Louis XIII. Les Fastes rouennais d'Hercule Grisel*, Rouen, 1940, p. 92-97.

27. Pour diriger une compagnie aussi normande, le pouvoir royal a nommé à plusieurs reprises des premiers présidents originaires de la province. Le premier est Jacques de Bauquemare en 1565. Claude Groulard lui succède de 1585 à 1608. Choisir un Normand peut nuire au service du roi si les attaches provinciales sont trop fortes. Mais avoir en place un homme qui inspire confiance à ses compatriotes et sait les prendre peut s'avérer précieux en temps de crise. Avec Alexandre Faucon de Ris commence une dynastie, horsaine mais rapidement intégrée, puisque Charles succède à son père et est ensuite remplacé par Jean-Louis. Après une interruption, il y eut encore un quatrième et dernier Faucon de Ris. Dans l'intervalle, il y eut une vacance de 1663 à 1670 pendant laquelle deux présidents à mortier tout à fait normands firent office de premier président, Robert de Franquetot, puis Alexandre Bigot, l'ancien frondeur. Colbert plaça ensuite un de ses parents et protégés, Claude Pellot. Après le dernier Faucon de Ris, disparu en 1692, les premiers présidents furent choisis parmi les présidents au parlement de Paris, ce qui fut de nouveau le cas sous Louis XVI. Mais en 1757, alors que croissaient les turbulences politiques, c'est un Normand (certes né sur les bords de la Loire) qui fut envoyé à Rouen : Hue de Miromesnil.

les gouverneurs comme les grandes familles de la province. À partir de 1602, MM. Le Roux se succèdent comme présidents à mortier. Le temps est loin où leur ancêtre, le premier de leur nom à être conseiller à l'Échiquier était un protégé de la comtesse d'Harcourt au XVe siècle. Leur postérité n'a jamais quitté la cour[28]. Aucune autre famille ne pouvait se targuer d'avoir été inséparable de l'histoire du parlement de 1499 à 1790[29].

La haute robe parlementaire est-elle fermée ?

Généalogies nobiliaires des lignages les plus en vue et préjugés historiographiques pourraient aisément nous faire imaginer une « caste » parlementaire, un milieu socio-professionnel clos et dominateur dont les membres seraient, à quelques exceptions près, tous cousins à force d'endogamie. Les charges s'y transmettraient d'abord de manière héréditaire.

Pourtant, la réalité réserve quelques surprises. Tous offices confondus, 219 magistrats sur 450 au XVIIe siècle, soit 48,6 %, puis 156 sur 357 au XVIIIe soit 43,7 %, furent les premiers de leur nom au Palais. Certes, plusieurs d'entre eux nous sembleraient peut-être moins nouveaux si on décortiquait leur parenté (grands-parents maternels ou éventuels beaux-pères). Mais, même réduite à un bon tiers, la proportion interdirait de conclure, sans autre forme de procès, à la fermeture du groupe.

Un examen plus poussé nous révèle ensuite que le pourcentage de magistrats premiers de leur nom varie selon le type de charge et selon la période considérée. On ne peut mettre sur le même plan des charges nombreuses (celles de conseiller lai) et d'autres plus rares (président à mortier ou conseiller clerc), celles qui sont les plus chères (les présidences) et celles qui sont les moins onéreuses (conseiller clerc ou conseiller commissaire aux requêtes). Les courbes de prix des unes et des autres ne sont pas interchangeables. À aucun moment entre 1600 et 1790, le parlement n'a été verrouillé par les familles qui y étaient entrées. Le pourcentage de nouveaux venus dans la compagnie est le plus élevé pour les années 1600-1649, qui s'achèvent par la création controversée du semestre, ainsi que pour celles après 1750. Le renouvellement accru qui se remarque alors n'est pas la conséquence de l'intervention autoritaire du pouvoir royal, mais celle d'un net recul de l'hérédité et la cause d'une cohésion moins assurée[30]. Ajoutons qu'une partie de ces magistrats premiers de leur nom au Palais sont aussi restés seuls de leur nom. Il y a eu une proportion non négligeable de lignées « en simple visite ». À cet égard, il n'y a pas

28. Voir la notice qui leur est consacrée par H. de FRONDEVILLE, *Les Présidents du parlement de Normandie*, *op. cit.*, p. 293-303.
29. Les Busquet de Caumont, demeurés conseillers, pouvaient presque égaler les Le Roux en longévité dans la cour (1542-1781), voir Robert BUSQUET DE CAUMONT, *Histoire économique et sociale d'une lignée de huit conseillers au parlement de Normandie : les Busquet de Chandoisel et de Caumont*, DES d'histoire du droit, université de Paris, s. l. n. d.
30. Olivier CHALINE, « Parlementaires bretons et normands au XVIIIe siècle. Deux élites provinciales », Josette PONTET, Michel FIGEAC, Marie BOISSON (éd.), *La noblesse de la fin du XVIe siècle au début du XXe siècle, un modèle social ?*, Atlantica, Anglet, 2002, p. 67-86.

de différence très marquée entre les conseillers clercs, par état sans postérité, et les autres catégories de conseillers.

Mesurons maintenant à l'inverse l'hérédité. Là encore, il faut examiner séparément les différents types de charges et les diverses périodes. L'hérédité peut prendre deux formes : selon que le père avait déjà le même type de charge (souvent la même charge) ou bien était déjà au parlement, mais occupant un autre type de charge. Logiquement, les présidences, plus prestigieuses, moins nombreuses et donc davantage convoitées, sont les plus sujettes à l'hérédité qui culmine véritablement dans la première moitié du XVIIIe siècle (80 % de fils de parlementaires). La « reproduction » est la plus forte dans cette période, mais il est rare qu'elle atteigne la proportion d'une charge sur deux. Ce n'est même jamais le cas pour les conseillers lais qui sont les plus nombreux. L'après 1750 est marqué par une véritable déroute de l'hérédité, ce qui ne correspond pas à l'idée de fermeture qu'on pourrait se faire. Les fils de parlementaires font autre chose, quand fils il y a... Si on ajoute au pourcentage de pères parlementaires (dans le même type de charge ou non) celui des pères magistrats dans d'autres juridictions normandes, on constate néanmoins la force de la domination robine : plus des deux tiers avant 1750, encore un peu plus de la moitié après. Il importe de préciser que l'hérédité au Palais n'implique pas que le fils occupe nécessairement la charge de son père. Il peut y avoir des transactions croisées entre familles.

La spécificité des quarante dernières années d'existence du parlement mérite d'être soulignée. On peut l'interpréter en termes de crise finale, ce qui a l'inconvénient d'être téléologique. On peut aussi parler d'une métamorphose de la compagnie et se demander quelle aurait été la suite de l'évolution. Après la stabilité de la composition du parlement dans le demi-siècle précédent, des changements profonds surviennent, qui entraînent une redéfinition des rapports entre le parlement comme milieu et les élites provinciales (nobles ou non). Le recul de l'hérédité montre une moindre aptitude du milieu à se perpétuer avec les mêmes familles. Miromesnil ne cache pas son souci de trouver des jeunes gens intéressés par le Palais et les difficultés qu'il rencontre. Il entre davantage de fils de magistrats d'autres juridictions normandes : de 20 % on passe à 29, parmi eux il y a beaucoup de fils de gens des Comptes et des Aides. Un nouveau *cursus honorum* se met en place pour l'accès au parlement de nouvelles familles[31]. Le pourcentage de fils de secrétaires du roi comme celui de fils de bourgeois marchands ou de négociants, déjà faible, ne bouge que faiblement, l'un vers le haut, l'autre vers le bas. Il n'en va pas de même pour le pourcentage de fils de militaires ou de nobles vivant sur leurs terres qui fait mieux que doubler : de 15,7 % à 33,1 %. À cet égard, la noblesse parlementaire se rapproche d'autres noblesses. Mais rien ne dit que ces nouveaux venus bien nés soient mieux accueillis au Palais que leurs collègues d'origine roturière mais judiciaire.

31. H. Le Guern, *op. cit.*, t. 5, p. 98-101 et t. 6, p. 128-131, tableaux 69, 70 et 71.

Car la compagnie reçoit toujours la même proportion de roturiers. Elle admet aussi davantage de rejetons de familles anciennement nobles[32]. Ces deux traits sont simultanés. Notons à ce propos que 5 à 6 degrés de noblesse n'ont pas le même sens en 1790 qu'en 1600. Rappelons que, déjà dans la première moitié du XVIIe siècle, on remarque des magistrats appartenant à de très vieilles lignées normandes, telle celle des Tournebu, seigneurs de Saint-Germain-de-Livet. D'autres éléments que j'ai développés ailleurs traduisent également les changements qui travaillent cette élite de l'intérieur : la raréfaction des présences simultanées de plusieurs membres d'une même famille, le retrait de lignées parfois anciennement établies dans la compagnie (ce qui ne veut pas dire nécessairement conversion vers l'épée), mais encore l'extinction biologique de familles, anciennes comme récentes et un taux de célibat qui s'élève.

Le résultat de tout cela est une moindre cohésion de la compagnie dans une période fort troublée, même si, pour les nouveaux venus, le mariage avec une fille de parlementaire continue d'avoir un rôle intégrateur. Une chose est sûre : dans le dernier demi-siècle de son existence, le milieu parlementaire n'était ni immuable ni fermé. Dans l'usure ou la disparition des lignées qui lui avaient donné son armature depuis un siècle ou deux, autre chose se mettait en place qui n'était ni la fusion des élites ni la réaction aristocratique, mais ressemblerait plutôt à la fameuse toile de Pénélope…

Pour conclure, il n'est pas inutile d'apporter quelques éléments de comparaison avec d'autres parlements. La prédominance de l'élément provincial se retrouvant partout, Rouen n'est pas plus fermé que d'autres cours. Dans la pratique, il n'y a pas d'exclusive envers les roturiers. La différence avec Rennes ou Aix est ici frappante. Mais un fils de négociant a très peu de chances d'entrer directement, contrairement à Bordeaux au XVIIIe siècle. La barrière sera ouverte ou fermée, selon qu'on a envie ou non de recruter la personne.

Mais, comme à Bordeaux, la forte présence des dynasties n'implique pas une fermeture du groupe. Il y a un apport constant de nouveaux venus, pris dans la roture (souvent judiciaire) comme dans la vieille noblesse (en général étrangère à la magistrature).

S'il y a au Palais des présidents opulents, et même à la veille de la Révolution, le Rouennais le plus riche (le président de Bailleul), le parlement de Normandie n'est certainement pas le parlement provincial le plus riche de France.

C'est une compagnie qui, même si elle le voulait, ne pourrait se fermer à cause des sorties et des extinctions de familles de plus en plus fréquentes au XVIIIe siècle, ce qui pose un réel problème de cohésion, de transmission des usages, et de recrutement, un problème qui existe aussi à Rennes après 1775 dans une compagnie exclusivement noble.

32. Les magistrats ayant au moins 8 degrés de noblesse forment 12 % des reçus entre 1700 et 1750, 20 % ensuite. H. LE GUERN, op. cit., t. 6, p. 90, tableau 52.

Ce qu'on peut d'ores et déjà entrevoir de la place de chaque parlement, et plus largement, de chaque ensemble provincial de cours souveraines, dans la configuration sociale propre au ressort concerné, s'avère à la fois évolutif et irréductible à un modèle unique.

Quatrième partie

Culture de la noblesse, noblesse de culture

Compères, commères : transmissions familiales et comportements sociaux au travers du parrainage des enfants de la noblesse bas-normande au XVIIIe siècle[1]

Étienne LAMBERT

Le sacrement du baptême, marque du salut du chrétien, est un acte religieux fondamental qui introduit le nouveau-né dans la communauté des baptisés. L'eau, l'huile et le sel lui confèrent cette dignité existentielle du chrétien présenté à Dieu et aux hommes. Mais bien qu'essentiellement religieux, il n'est pas que cela. Il représente aussi le moment de l'intégration officielle du nourrisson dans sa famille par le don du nom et des prénoms, reconnaissance familiale le rattachant à tout le poids symbolique et honorifique de ses aïeux, le désignant comme membre à part entière d'un lignage. Enfin le baptême est un acte social, car, l'état civil n'existant pas, c'est le baptême qui confère l'existence sociale en insérant légitimement le bébé dans la société humaine. Acte religieux, familial et social, le baptême est la première des trois grandes étapes de la vie chrétienne. La désignation d'un parrain et d'une marraine n'est donc pas anodine, elle est porteuse d'enjeux familiaux et sociaux. Ce choix des parents spirituels, un des éléments fondamentaux du baptême, est-il révélateur des comportements familiaux et sociaux de la noblesse bas-normande au XVIIIe siècle ? L'étude de 907 baptêmes d'enfants nobles nés dans les élections de Vire, Domfront, Argentan et Falaise a été menée à bien afin de répondre à ces interrogations.

Le baptême, un acte familial

Une famille relativement discrète

Le baptême crée un système de parenté spirituelle d'une telle force que l'on peut comprendre qu'elle soit d'abord recherchée à l'intérieur du cercle familial. Le tableau n° 1 montre la prégnance de ce choix familial, que ce soit pour le parrain ou la marraine, puisque cela représente à peu de chose près la moitié des baptêmes

1. Cette communication a été réalisée dans le cadre d'une thèse soutenue à l'université de Caen en novembre 2010, sous la direction d'André Zysberg et ayant pour titre : « Nobles du Bocage, nobles de la Plaine : étude sociale de la noblesse des élections de Vire, Domfront, Argentan et Falaise au XVIIIe siècle. »

(52,92 % des marraines et 48,73 % des parrains). Toutefois si la famille reste un recours fréquent, on peut constater aussi qu'elle ne constitue qu'une moitié des parrainages. Cette recherche interne au cercle familial noble reste cependant nettement inférieure à la pratique de la population globale. Ainsi à Bouafles, dans l'Eure, durant la période 1720-1792, la famille représente à peu près 80 % des parrains et marraines[2]. Nous n'atteignons ce pourcentage que si l'on considère le parrainage à l'intérieur de la noblesse (72,99 % des parrains et 74,43 % des marraines). La famille, à l'aune de nos résultats, figure donc un choix important, mais loin d'être exclusif, des parents vis-à-vis de leur nourrisson.

Statut[a]	**Parrain**	%	**Marraine**	%
Famille noble	417	45,98	456	50,28
Noblesse hors famille	245	27,01	219	24,15
Sous-total noblesse	**662**	**72,99**	**675**	**74,43**
Famille roturière	25	2,75	24	2,64
Tiers état	220	24,26	208	22,93
Total	**907**	**100**	**907**	**100**

a. Le clergé ne figure pas dans ce tableau, car les parrains et marraines issus de cet ordre ont été ventilés selon leur appartenance initiale au tiers état ou à la noblesse.

Tableau 1. – *Ventilation des parrains et marraines selon leur statut.*

Le baptême est ainsi un temps de consolidation du lien familial, en doublant la filiation génétique par une association spirituelle. Cette transmission familiale structure l'existence du lignage, puisque le baptême, à l'instar des mariages et des enterrements, provoque la réunion de la famille autour de cette nouvelle vie, porteuse de sa perpétuation.

La domination des aïeuls

Cette pratique familiale, comme le montre le tableau n° 2, lie le nourrisson aux générations qui l'ont précédé, chaînes inaltérables qui maintiennent la cohésion du lignage et de ses différentes branches par la transmission de la valeur et de l'honneur, mais qui aussi cimentent l'alliance des lignages paternels et maternels. Le parrain et la marraine sont ainsi pris dans la majorité des cas (54,7 %) dans la génération la plus ancienne, celle qui disparaîtra sous peu. À Vernon, dans l'Eure, il a été calculé qu'en moyenne les 2 631 enfants nés durant la période de 1760 à 1810 environ connaissaient, à leur naissance, 52,6 % de leurs grands-parents, avec

2. Jean-Pierre Bardet, « Angelots, famille, patrie : parrains et marraines à Bouafles (Eure) au xviiie siècle », Guido Alfani, Philippe Castagnetti, Vincent Gourdon (dir.), *Baptiser, pratique sacramentelle, pratique sociale (XVIe-XXe siècles)*, Saint-Étienne, Publications de l'université de Saint-Étienne, 2009, p. 167-184, p. 177.

des variations non négligeables (47,7 % pour le grand-père paternel et 58,3 % pour la grand-mère maternelle) et encore 10,4 % à l'âge de vingt ans, ce qui implique que les parents disposent d'un stock important de parrains et marraines issus de cette génération[3]. Le parrainage par les aïeuls constitue donc une pratique de survie symbolique d'une génération qui se perpétue via le nouveau-né en lui léguant ses prénoms et en lui donnant une identité. Là encore, le comportement de la noblesse se distingue de la population globale étudiée à Bouafles, où la génération 3 ne représente que 11 % des parrains et 6 % des marraines[4], alors que la génération 2 fournit 48 % des parrains et 54 % des marraines et la génération 1, elle, 41 % des parrains et 40 % des marraines.

Positionnement[a]	**Parrain**	%	**Marraine**	%
Génération 1	37	8,92	47	10,04
Génération 2	152	36,62	165	35,26
Génération 3	226	54,46	256	54,7
Total générations	**415**	**100**	**468**	**100**

a. Le positionnement générationnel est le suivant : la génération 1 est celle du nouveau-né et englobe ses frères, sœurs, cousins et cousines, la génération 2 est celle de ses oncles et tantes et la génération 3 celle des grands-pères, grands-mères, grands-oncles et grands-tantes.

Tableau 2. – *Positionnement générationnel des parrains et marraines.*

Ce système de corsetage générationnel du lignage, maintenant sa cohésion interne, est particulièrement clair dans le cas de celui des Dufour, présents dans la région d'Argentan. Sur 32 parrains et marraines référencés, 23 appartiennent au lignage, ces derniers se ventilant de la manière suivante : 2 pour la génération 1 (8,69 %), 6 pour la génération 2 (26,09 %) et enfin 15 pour la génération 3 (65,22 %).

La génération des oncles et tantes du bébé n'est responsable, elle, que d'un gros tiers des parrainages (36,62 % pour les parrains et 35,26 % pour les marraines). Les parents du bébé n'utilisent ce réservoir qu'après avoir épuisé celui des grands-pères, grands-mères, grands-oncles et grands-tantes. Enfin, très peu de parrains et marraines sont issus de la génération même du nourrisson, en tant que frères, sœurs, cousins ou cousines de cet enfant. Cette pratique est relativement marginale, autour de 9 %, et ne concerne qu'une infime minorité de famille, 25 couples sur les 375 étudiés, soit 6,66 %. Ce sont parfois des couples nouvellement installés dans la région, dont la famille est loin et le réseau amical n'est pas constitué. C'est le cas du couple formé par Louis de Sabatier de Folleirol, receveur général des aides à Domfront, et de sa femme Michelle-Françoise-Élisabeth Le Brun. Leurs deux filles nées à Domfront sont parrainées par les autres enfants du couple :

3. Vincent GOURDON, « Les grands-parents en France du XVIIe au début du XXe siècle », *Histoire, économie et société*, 1999, 18e année, n° 3, p. 511-525 (p. 515).
4. J.-P. BARDET, *op. cit.*, p. 179.

Marie-Louise, née le 9 novembre 1761, a pour parrain Jacques-Louis-César et pour marraine Marie-Thérèse, et Marie-Victoire-Élisabeth, née le 4 août 1763, a pour parrain Louis-Robert et pour marraine Marie-Élisabeth[5]. Ce sont souvent, de même, des cas isolés dans la masse des baptêmes familiaux. Ainsi sur les 16 baptêmes dépouillés pour le lignage des Dufour, un seul concerne cette génération : il s'agit de Rose-Élisabeth-Dominique Le Coefferel de Trémont, née le 30 août 1729 à Argentan, dont le parrain est Nicolas-François-Dominique Dufour de Cuy, son cousin issu de germain et la marraine est Julie-Élizabeth de Tirmois de Prétot, sa cousine germaine[6].

La prégnance de la génération la plus ancienne dans la transmission de la symbolique lignagère est incontestable, mais se fait-elle sur un pied d'égalité entre les différents membres de cette génération ?

Génération 3	**Garçon**	**Fille**	**Total**	**%**
Grand-père	93	86	179	37,13
Grand-mère	100	71	171	35,48
Grand-oncle	30	17	47	9,75
Grand-tante	49	36	85	17,64
Total	**272**	**210**	**482**	**100**

Tableau 3. – *Ventilation de la génération 3 selon la parenté avec l'enfant.*

Le tableau n° 3 montre, sans surprise, que ce sont les grands-parents qui sont choisis de manière préférentielle pour parrainer le nouveau-né (72,61 % des cas). Il s'agit, pour les parents, de continuer et affirmer la filiation biologique du bébé, l'insérer dans l'histoire familiale mais aussi de rendre hommage à leurs propres géniteurs et finalement de leur rendre de manière symbolique une partie de ce qu'on leur doit, la vie. Les grands-oncles et tantes fournissent une position de repli lorsque certains grands-parents sont déjà décédés. On voit tout de même que les grands-tantes sont deux fois plus fréquemment appelées à devenir marraines que les grands-oncles à devenir parrain. Peut-être est-ce dû au plus grand nombre de survivantes de cette génération ?

Les grands-parents dominent le parrainage dans cette génération, mais peut-on mettre en évidence une structuration particulière de ce dernier ? La question se posait de savoir si une branche du lignage était préférentiellement choisie. Aussi lors du dépouillement des baptêmes a-t-il été pris en compte l'appartenance des grands-parents à la branche maternelle ou paternelle.

5. Archives départementales de l'Orne (ADO), 3 E2 145/3.
6. ADO, 3 E2-006/4.

	Garçon		Fille	
Marraine	Nbre	%	Nbre	%
Grand-mère maternelle	61	61	44	61,97
Grand-mère paternelle	39	39	27	38,03
Total	**100**	**100**	**71**	**100**

Tableau 4. – *Ventilation des grands-mères marraines selon leur branche.*

	Garçon		Fille	
Parrain	Nbre	%	Nbre	%
Grand-père paternel	63	67,74	53	61,63
Grand-père maternel	30	32,26	33	38,37
Total	**93**	**100**	**86**	**100**

Tableau 5. – *Ventilation des grands-pères parrains selon leur branche.*

Les tableaux n°s 4 et 5 montrent de manière concluante qu'on ne donne pas le rôle de parrain et marraine au hasard. Le choix est déterminé par la branche à laquelle appartient le grand-parent. Le rôle de la marraine échoit à la grand-mère maternelle tandis celui de parrain revient au grand-père paternel. On renforce ainsi la symbolique de la transmission en rattachant l'enfant à la mère de sa mère et au père de son père. Ce n'est que lorsqu'il n'y a pas de grand-père paternel ou de grand-mère maternelle que l'on recrute son homologue de l'autre branche, ou bien lorsqu'un enfant précédent a déjà satisfait à cette exigence. En effet, les aînés sont très fréquemment portés sur les fonds baptismaux par leurs grands-parents. Cette situation de premier-né, porteur des espoirs du lignage, engendre une attention soutenue de la génération 3, et particulièrement de ses grands-parents. Sur 110 aînés répertoriés, le parrain est dans 80 % des cas le grand-père et 11,8 % un grand-oncle, et la marraine est à 60 % la grand-mère et 15,5 % une grand-tante. Ainsi, cette génération constitue 91,8 % des parrains et 75,5 % des marraines, alors qu'elle ne représente que 54,7 % des parrainages familiaux en général. À Bordeaux, dans une étude portant sur 18 familles des élites bordelaises ayant eu des enfants dans les années 1780, la génération 3 constitue la première source (66,17 %) des parrains et marraines des deux premiers enfants[7].

Cette sur-représentation dans le cas des aînés montre l'enjeu symbolique que constitue ce parrainage particulier. Associés spirituellement avec leur descendant, ils affirment ainsi leur prééminence dans la constitution de cette nouvelle cellule familiale, résultante de leur volonté d'alliance entre leurs deux lignages.

7. Stéphane Minvieille, « La place du parrain et de la marraine dans la vie de leur filleul(e). L'exemple des élites bordelaises du xviiie siècle », G. Alfani, P. Castagnetti, V. Gourdon (dir.), *op. cit.*, p. 243-260 (p. 250).

Cependant, le tableau n° 1 montre que les couples mixtes noble-roturière recourent très faiblement au lignage roturier pour parrainer leurs enfants (2,7 %). Pourtant les enfants issus de ces couples socialement mixtes sont nombreux (183 sur un total de 907, soit 20,17 %). La partie roturière de la famille est donc écartée, exceptés les grands parents qui sont quasiment les seuls à être retenus (22 grands-pères sur les 25 parrains et 21 grands-mères sur les 24 marraines). Dans le cas de ces enfants, c'est le lignage noble et les réseaux nobles des parents qui sont massivement utilisés (75,9 % des cas), suivis par le lignage roturier (13,7 % des cas) et enfin par le tiers état (10,4 % des cas).

Le baptême constitue donc un événement de premier ordre pour un couple noble. Le cercle familial s'élargit et une nouvelle génération apparaît, assurant la pérennité du lignage, préoccupation dominante de la noblesse[8]. Il n'est donc pas étonnant que la majorité des parrains et marraines soient recrutés dans le groupe familial, majoritairement dans la génération la plus ancienne, car la dimension de transmission générationnelle de l'honneur familial est bien présente au travers de cet acte religieux. Ce sont les grands-parents qui bénéficient de la préférence, la branche à laquelle ils appartiennent étant un facteur discriminant, le nourrisson ayant comme parrain son grand-père paternel et marraine sa grand-mère maternelle, grands-oncles et grands-tantes intervenant comme choix de moindre importance. Oncles et tantes parachèvent ce corsetage générationnel qui, en unissant spirituellement des individus, consolide les lignages et les enchaîne les uns aux autres. Ainsi le baptême constitue un moyen de renforcer les liens familiaux, entre individus et entre générations, et d'affirmer la solidarité du lignage.

Le baptême, un acte social

Constitution et renforcement de réseaux sociaux horizontaux au sein de la noblesse

Le tableau n° 1 montre que même si la famille est un recours important dans le recrutement du parrain et de la marraine, elle est loin d'être hégémonique. On trouve au deuxième rang la noblesse qui n'appartient pas à la famille (27,01 % des parrains et 24,15 % des marraines) et en troisième lieu, juste derrière, apparaît le tiers état (24,26 % des parrains et 22,93 % des marraines). Il existe donc une autre logique que la transmission générationnelle du lignage à l'œuvre au travers de ces baptêmes. La constitution de réseaux sociaux est, en effet, le deuxième axe fort révélé par l'examen des parrainages. Confier cette responsabilité à quelqu'un n'appartenant pas au cercle familial montre l'estime et le respect dans lequel on le tient, c'est donc une marque forte d'honorabilité. Le baptême d'un enfant est ainsi une occasion de renforcer les liens de bon voisinage, d'affirmer et d'élargir le champ d'influence de la famille, mais aussi un moyen de consolider les

8. Laurent Bourquin, *La noblesse dans la France moderne (XVIe-XVIIIe siècles)*, Paris, Belin, 2002, p. 95.

réseaux professionnels des parents[9]. Lorsqu'ils ne choisissent pas un membre de leur famille, les parents restent attachés en majorité au choix d'un parrain ou d'une marraine appartenant à leur ordre.

Statut	**Parrain**	**Marraine**	**Total**	%
Voisins	208	204	412	88,79
Religieux	16	0	16	3,45
Prestige	21	15	36	7,76
Total	**245**	**219**	**464**	**100**

Tableau 6. – *Ventilation des parrains et marraines nobles hors famille selon leur statut.*

Le tableau n° 6 révèle que, lorsque les parents du bébé cherchent un noble hors du lignage, ils choisissent à une écrasante majorité un parrain et une marraine dans leur proximité immédiate. En effet, à 88,79 %, ces parrains et marraines vivent dans la paroisse de résidence de leurs filleuls ou bien dans des paroisses avoisinantes. La jeune Marie-Charlotte de Caulincourt, fille de Louis-Armand de Caulincourt et de Marie-Louise-Françoise-Charlotte Philippe du Moncel, née à Argentan le 30 mars 1767, a pour parrain Charles du Bois de Belhôtel, d'Argentan, et pour marraine Marie-Charlotte-Henriette de Bardoul, de Fel[10]. Dans une société noble où la sociabilité s'exprime par de fréquentes visites chez les uns et les autres, l'existence d'un lien entre un filleul et ses parrain et marraine justifie de manière éprouvée la mise en place d'échanges réciproques, établit des ponts entre différents lignages vivant à proximité, ce qui peut déboucher sur des alliances futures. C'est dans ce cadre que peut s'inscrire le développement d'amitiés approfondies et consacrées par le parrainage. Ce cercle de sociabilité et de voisinage est horizontal, il se développe entre égaux. Un autre axe de formation de réseaux s'établit à partir de l'entourage professionnel du père, le baptisé permettant la cristallisation du réseau en rajoutant une dimension d'obligation spirituelle aux relations constituées par cet état. Ainsi Charles-François de Cheux, fils de Jean-Baptiste-François de Cheux, avocat au bailliage de Vire, et de Marie-Françoise Sonnet, né le 15 novembre 1737 à Vire, est parrainé par Charles du Hamel de Boisradier, ancien avocat du roi au bailliage de Vire[11]. De même, Marie-Claude-Angélique Le Coefferel de Trémont, fille de Claude Le Coefferel de Trémont, lieutenant général au bailliage d'Argentan, et de Françoise-Catherine-Renée Dufour de Bellegarde, née le 22 mai 1720 à Argentan, a pour marraine Marie-Catherine Le Couteux, épouse de Guillaume de Vigneral de Sevray, conseiller au parlement de Rouen[12].

9. On retrouve cette préoccupation dans les livres de raison foréziens, cf. Gérard Vallet, « Pratiques du baptême en Forez d'après les livres de raison (xvie – xviiie siècles) », G. Alfani, P. Castagnetti, V. Gourdon (dir.), *op. cit.*, p. 185-202 (p. 191).
10. ADO, 3 E2-006/8.
11. Archives départementales du Calvados (ADC), 4 E 8767.
12. ADO, 3 E2-006/3.

Un outil de promotion du lignage

Cependant, on constate parfois que le baptême entre dans une stratégie de patronage et de fidélité où le noble le plus puissant honore de son parrainage l'enfant de son protégé, qui voit ainsi sa valeur et celle de son lignage rehaussées par cette manifestation d'amitié d'un puissant personnage. Ce parrainage de prestige concerne 36 cas sur 464, soit 7,76 % des baptêmes où la noblesse hors famille joue un rôle. Plus la distance hiérarchique est grande entre le sollicitant, père de l'enfant, et le futur parrain, plus la faveur semble grande, voire inouïe, et la grâce descendue de Versailles rejaillit sur la famille exaucée. Ainsi Louis-Aignan de Bras de Fer, simple capitaine d'infanterie, peut obtenir pour sa fille Marie-Hélène, née le 27 janvier 1788 à Falaise, un parrain des plus prestigieux pour un militaire, puisqu'il s'agit d'Henry-Charles de Thiard de Bissy, lieutenant général des armées du roi, gouverneur de Brest, commandant en chef en Bretagne, premier écuyer du duc d'Orléans[13] ! Claude-Antoine Le Couturier de Saint Cierge, receveur des tailles de l'élection d'Argentan, présente au baptême son fils Pierre-Henry, né à Argentan le 28 juillet 1761, avec comme parrain Pierre Thiroux de Monregard, comte de Médavy et intendant général des postes du royaume[14]. Pour notre noblesse locale, tous les moyens sont bons afin d'intéresser un membre de la haute noblesse française, voire de la Cour versaillaise, à l'âme de leurs rejetons. Michel-Robert Le Courtois, récemment anobli par sa charge de notaire secrétaire du roi, profite de la parenté éloignée de sa femme Marie-Françoise Turgot de Cauvigny afin de justifier que sa fille Micheline-Françoise-Jacqueline, née le 12 mai 1739 à Falaise[15], soit parrainée par Michel-Étienne Turgot de Brucourt, conseiller d'État et prévôt des marchands de Paris[16]. Ce type de parrainage peut marquer l'intégration du père de l'enfant dans la clientèle d'un puissant personnage et favoriser ainsi sa carrière. C'est le cas de Joseph-Nicolas des Brosses, époux de Marie-Jeanne-Catherine Cureau, d'Argentan, qui fait partie de l'orbite des marquis et comte de Maillebois, membres distingués de la noblesse de Cour versaillaise. Lorsque le 08 octobre 1750[17] son premier enfant, Jean-Baptiste-Emmanuel-Nicolas, naît à Argentan, il n'est que lieutenant-colonel du régiment de Belfonds cavalerie, grade intéressant certes mais qui souvent est le point d'orgue de la carrière d'un militaire issu de la moyenne noblesse provinciale. Toutefois, le parrain de cet enfant n'est autre que Jean-Baptiste-François Desmaretz, marquis de Maillebois, Maréchal de France, Grand d'Espagne, maître de la garde-robe du roi, lieutenant général du Languedoc et gouverneur de Douai[18]. Cette reconnaissance de l'intérêt que la famille de Maillebois porte à Joseph-Nicolas des Brosses se poursuit avec

13. ADC, 4 E 3002.
14. ADO, 3 E2-006/7.
15. ADC, 4 E 2992.
16. François Bluche, *Les magistrats du parlement de Paris au XVIIIe siècle (1715-1771)*, Paris, Les Belles Lettres, 1960, p. 274.
17. ADO, 3 E2-006/6.
18. Michel Antoine, *Louis XV*, Paris, Fayard, 1989, p. 396.

le deuxième enfant, Marie-Yves, né le 19 février 1752 à Argentan, dont le parrain est alors Yves-Marie-Jean-Baptiste Desmaretz, comte de Maillebois, lieutenant général des armées du roi et maître de la garde-robe du roi[19]. Les effets ne se font pas attendre, puisque, lorsque Armande des Brosses naît le 21 février 1765 à Argentan, son parrain est toujours Yves-Marie-Jean-Baptiste Desmaretz, comte de Maillebois[20], mais entre-temps Joseph-Nicolas des Brosses a été promu d'abord au grade de colonel, puis au grade de brigadier des armées du roi, ce qui le met dans les rangs des officiers généraux. Le parrainage peut donc être un indice et un moteur d'ascension pour tout un lignage, car le favorisé, une fois atteints certains sommets, peut lui-même être source de promotion pour les autres membres du lignage. Un parrainage prestigieux peut faire toute la différence, pour un noble provincial, entre une carrière militaire et une très belle carrière militaire. Cette accumulation de signes d'honneur permet alors au lignage de se valoriser vis-à-vis des autres.

Création et consolidation de réseaux sociaux intégrant le tiers état

Toutefois, le couple noble peut être lui-même source d'honneur et de dignité en confiant la compaternité de son enfant à un membre du tiers état. Du point de vue du parrain ou de la marraine, être choisi pour ce rôle l'intègre dans le cercle domestique et amical des parents de l'enfant, symbole de distinction et d'honorabilité.

Il est clair, au vu du tableau n° 7, que le premier critère d'élection d'un parrain ou d'une marraine issu du tiers état est la proximité, à l'instar de la noblesse hors famille. En sortant de l'ordre, le couple prend des individus dans son environnement immédiat, habitants de leur rue, de leur quartier ou, à la campagne, des hameaux des environs. La différence sensible entre parrain et marraine s'explique par le fait que les hommes peuvent être ventilés beaucoup plus fréquemment selon leur profession, car ils sont sensibles à l'insertion de leur métier, qui fonde leur dignité, dans l'acte. Les femmes ne voient leur statut précisé que lorsqu'elles sont pauvres, domestiques ou bien « femme de ». On constate que les parrains sont le plus souvent issus des strates supérieures de la bourgeoisie locale, en premier lieu le monde des juristes où la noblesse est fortement présente. Cette prégnance du monde de la justice dans la compaternité des enfants de la noblesse montre que la constitution des réseaux professionnels entraîne l'intégration dans ces réseaux de nobles et de non-nobles ayant comme point commun leur appartenance à la sphère judiciaire. Ainsi Jacqueline-Louise-Marie-Françoise Guyon de la Fresnaye, fille de Roland-Jérôme Guyon de la Fresnaye, avocat à Argentan, née le 27 juillet 1732, se voit attribuer Jacques Lemière, élu de l'élection d'Argentan, comme parrain[21]. Sieurs et marchands forment un autre pôle caractérisé par une certaine aisance

19. ADO, 3 E2-006/6.
20. ADO, 3 E2-006/8.
21. ADO, 3 E2-006/4.

financière, la réussite leur permettant de se faire considérer comme suffisamment honorables pour être choisis comme parrain ou marraine. Jean Hélard, marchand d'Argentan, tient donc Antoine-Clair de Droullin de Tanques, fils de Charles-Antoine de Droullin de Tanques et Marie-Claire-Victoire Le Coifferel, sur les fonts baptismaux d'Argentan le 3 juillet 1770[22].

Statut	**Parrain**	**Marraine**	**Total**	**%**
Voisin[a]	39	112	151	35,28
Pauvre[b]	47	50	97	22,66
Domestique	26	25	51	11,92
Juriste	31	5	36	8,41
Religieux	24	0	24	5,61
« Sieur[c] »	16	1	17	3,97
Marchand	9	4	13	3,04
Receveur	3	1	4	0,94
Militaire	2	1	3	0,7
Artisan	2	0	2	0,47
Médecin	1	0	1	0,23
Sage-Femme	0	1	1	0,23
Poste	1	0	1	0,23
Bedeau	1	0	1	0,23
Indéterminé[d]	18	8	26	6,08
Total	**220**	**208**	**428**	**100**

a. Il a été comptabilisé comme « voisin » le parrain dont nous ne connaissons pas le métier, la marraine dont nous ne connaissons pas le métier du mari et que le prêtre rédigeant l'acte a déclaré être « de cette paroisse ».
b. Nous avons mis dans la catégorie des « pauvre » uniquement les parrains et marraines indiqués comme « pauvre » sur l'acte de baptême, en incluant deux « pauvre journalier ».
c. Nous n'avons trouvé aucun laboureur parmi les parrains et marraines, mais nous suspectons fortement ces « sieurs » d'être des laboureurs aisés, sans preuve absolue.
d. Les indéterminés sont ceux dont nous ne connaissons ni le métier ni le lieu de résidence.

Tableau 7. – *Ventilation des parrains et marraines du tiers état selon leur statut.*

Le clerc, un parrain logique

La décision de recourir à des religieux peut sembler normale ; en effet, ils sont les mieux placés pour remplir leurs obligations spirituelles. Cependant les membres du clergé issus du tiers état ne sont pas les plus fréquemment requis pour assumer cette compaternité.

22. ADO, 3 E2-006/8.

Religieux	Parrain	Marraine	Total	%
Tiers état	24	0	24	32
Famille	34	1	35	46,7
Noblesse hors famille	16	0	16	21,3
Total	**74**	**1**	**75**	**100**

Tableau 8. – *Ventilation des membres du clergé selon leur origine.*

On peut d'ores et déjà voir que les membres du clergé ne sont recrutés que comme parrain puisqu'il n'y a qu'une seule marraine issue de cet ordre, Geneviève de la Roque, abbesse de l'abbaye royale de la Blanche, qui est choisie pour le baptême de son petit-neveu Jean-Baptiste-Geneviève de la Roque, né à Domfront le 15 décembre 1727[23]. Ces parrains sont majoritairement issus de la noblesse et essentiellement de la famille. Les quelques religieux originaires du tiers état sont tous curés, c'est donc leur fonction qui a motivé la décision des parents. Quelle est la position de tous ces membres du clergé dans la hiérarchie ecclésiastique ?

Statut	Nombre	%
Clerc	3	4
Diacre	3	4
Prêtre	11	14,7
Curé	53	70,7
Abbé	4	5,3
Évêque	1	1,3
Total	**75**	**100**

Tableau 9. – *Répartition des membres du clergé selon leur niveau hiérarchique.*

On constate tout de suite que les ordres mineurs sont délaissés, les six personnes concernées étant toutes membres de la famille du baptisé et choisies à ce titre. L'écrasante majorité des parrains est curé, au minimum prêtre, ce qui correspond à ce qu'on peut espérer de mieux si on est issu de la noblesse provinciale. Le sommet de la hiérarchie n'est atteint que par 6,6 % des membres connus. Les quatre abbés et abbesse dirigent des abbayes locales, comme Armand de Cotte, abbé de Lonlay-l'Abbaye, parrain de César-Armand Racine, fils de François-Claude Racine, le 8 juillet 1722 à Domfront[24]. Le seul évêque trouvé est Armand Bazin de Bezons, évêque de Carcassonne, parrain d'Armande-Jeanne-Suzanne de Faulcon,

23. ADO, AC 145/3.
24. *Ibid.*

née à La Motte-Fouquet le 9 février 1775, fille de Jean-David de Faulcon et d'Armande-Marie-Gabrielle Bazin de Bezons[25], petite-nièce de l'évêque.

La domesticité, une proximité affective

À l'instar des voisins, le contact quotidien est à l'œuvre quant au choix des domestiques comme parrain ou marraine. Mais ne font-ils pas aussi partie de la Maison noble au sens large? La dimension affective n'est pas à ignorer, des liens d'amitié profonds pouvant se nouer entre deux êtres vivant sous le même toit depuis longtemps. Ainsi le recours aux domestiques n'est-il pas un choix par défaut, mais bien souvent une affirmation de la bonne entente entre maîtres et serviteurs, qui se connaissent parfois depuis l'enfance. Les domestiques constituent donc le troisième réservoir important (11,92 %) de parrains et marraines issus du tiers état. À chaque fois que les parents décident de confier cette responsabilité à leurs domestiques, le parrain et la marraine sont dans ce cas tous les deux domestiques, on n'accole pas un parrain noble et une marraine domestique ou l'inverse. Jacqueline-Rosalie Le Forestier d'Osseville, fille d'Alexandre Le Forestier d'Osseville, ingénieur du roi en chef, et de Jeanne-Gabrielle-Antoinette de Beaurepaire, née le 4 septembre 1744 à Vendeuvre, a pour parrain Jacques Louard, cocher de son père, et pour marraine Charlotte Lemarchand, femme de chambre de sa mère[26]. Cette relation maître-serviteur peut être si forte qu'elle est capable de supplanter la relation au lignage et ce dans n'importe quel niveau de noblesse. Le parfait exemple en est constitué par Nicolas-François-Camille-Dominique d'Orglandes. Celui-ci naît à Argentan le 10 février 1767, fils unique et posthume du comte de Briouze, unique héritier du comté de Briouze, son père et son grand-père paternel étant morts l'année précédente. On aurait pu s'attendre à ce que les nombreux membres survivants du lignage d'Orglandes, grands-oncles et grands-tantes, soient sélectionnés pour se voir confier le rôle de parrain et marraine de l'enfant, mais ce sont Charles Aumont, domestique, et Françoise-Catherine Basset, femme de chambre de sa mère Marguerite-Étienne-Françoise-Louise Dufour de Cuy, à qui sont confiés ces rôles[27]. Le fait qu'autant de domestiques soient choisis pour exercer cette fonction autorise à penser que la notion de Maison noble élargie reste encore très vivace dans les milieux nobles bas-normands au XVIIIe siècle.

Le phénomène du baptême mystique au XVIIIe siècle

Plus complexe est le recours, tout au long du XVIIIe siècle, aux roturiers pauvres (22,66 % des cas du tiers état). Phénomène non négligeable, puisqu'il concerne 5,18 % des parrains et 5,51 % des marraines, il ne s'agit pas, comme en Bretagne,

25. ADO, 3 E2-295/2.
26. ADC, 4 E 8502.
27. ADO, 3 E2-006/8.

d'une manifestation réservée à la plèbe nobiliaire rurale[28], car l'on trouve parmi les familles utilisant ce procédé celles de Pierre-René Marie du Rocher, lieutenant général du bailliage de Domfront, de Jean-François Pottier du Fougeray ou bien de Charles-Augustin Viel de la Graverie, gendarmes de la garde du roi, mais aussi celle de Jean-Hervé de la Mariouze, baron de Mombray et chevau-léger de la garde du roi. La quasi-totalité (90 %) des nobles prenant des pauvres comme parrain et marraine sont bien installés dans la vie, ont un métier (un tiers sont des militaires, officiers de surcroît, 20 % sont magistrats) ou bien (23 %) sont rentiers du sol sans difficultés particulières avec un revenu moyen de 2 000 à 3 000 livres, certains sont même seigneurs de paroisse. De plus c'est un phénomène essentiellement urbain, ne concernant que les deux villes de Vire et Domfront et leurs hôpitaux généraux (79 % des cas). À Bordeaux, une étude portant sur les élites (nobles, marchands, négociants, juristes, médecins) de la paroisse Saint André repère aussi au XVIIIe siècle ce parrainage des pauvres, mais à un degré moindre (46 sur 2 358 baptêmes, soit 1,95 %)[29], ce type de parrainage ayant de plus disparu entièrement dans la décennie 1780, alors que pour notre part on le retrouve toujours à la fin du XVIIIe siècle (4 cas dans la décennie 1780). L'interprétation de ce phénomène de baptême mystique[30] est donc délicate. Peut-être est-ce l'émanation d'une survivance locale de la piété tridentine de la noblesse, le recours aux pauvres manifestant une humilité christique ou bien l'espérance d'une protection symbolique. L'absence de livres de raison ou de lettres expliquant ce choix particulier nous contraint à l'ignorance sur ce point.

Toutefois deux cas de familles nobles recourant aux pauvres pour le parrainage de leurs enfants expriment une autre réalité : le déclassement et l'isolement social. Il s'agit des couples formés par Jacques de Cussy et Hélène Piel, résidant à Favières, et Pierre de Mannoury de Valingoux et Marie-Anne Le Prévost, habitant à Heurtevent. Dans les deux cas, les deux nobles ont épousé leur servante. Cette union, très déséquilibrée socialement, est sanctionnée par l'entourage familial et social. Les deux couples sont coupés du reste de la société noble et ne peuvent prétendre obtenir un parrainage de qualité pour leurs enfants, d'où le recours aux pauvres du voisinage.

En dehors de ce monde de la pauvreté exemplarisée, la noblesse n'utilise qu'accidentellement les services des couches les plus basses du tiers état. Ainsi il n'y a que deux artisans recensés et pour l'un d'eux sa situation de parrain résulte d'un événement exceptionnel. En effet, Catherine-Françoise de Mailloc, épouse de Jean de Vauquelin de Bois Roger, domiciliée à Croisilles, accouche prématurément de son fils François-Pierre le 21 janvier 1746 lors d'un séjour avec son mari dans

28. Michel NASSIET, *Noblesse et Pauvreté, la petite noblesse en Bretagne XVe-XVIIIe siècle*, Rennes, Société d'histoire et d'archéologie de Bretagne, 1993, p. 304.
29. S. MINVIELLE, « La place du parrain et de la marraine dans la vie de leur filleul(e). L'exemple des élites bordelaises du XVIIIe siècle », art. cité, p. 247.
30. Jean NICOLAS, *La Savoie au XVIIIe siècle. Noblesse et bourgeoisie*, Montmélian, La Fontaine de Siloé, 2003, p. 422.

la ville d'Argentan. Pris par surprise, le couple fait feu de tout bois et s'adresse à Jean Delaunay, tailleur d'habits, pour faire office de parrain.

Compaternité et commaternité sont l'enjeu et la résultante de différentes tendances au sein de la noblesse. Tout d'abord, la pérennité du lignage, sa cohésion et solidarité internes, exigent que la famille soit la première source de parrains et marraines (48,73 % et 52,92 %), essentiellement dans la génération la plus ancienne (54,7 %) qui est concentrée sur les premiers nés (91,8 % des parrains et 74,4 % des marraines). Lorsqu'on sort du cadre familial, la noblesse investit alors les membres de ses réseaux sociaux, amicaux et professionnels, en vue de les consolider. Elle reste toutefois à l'intérieur de l'ordre et dans une grande proximité spatiale. Le recours à des parrains issus du clergé ne déroge pas à cette tendance. Les parrainages de prestige, très minoritaires, s'inscrivent eux dans une stratégie de clientélisme à vocation carriériste, souvent efficace.

Le tiers état n'intervient qu'en troisième choix mais à un niveau important (24,26 % des parrains et 22,93 % des parrains), en trois axes relevant du contact quotidien avec ces individus : le voisinage et la domesticité d'un côté, les réseaux professionnels où s'insère la bourgeoisie locale de l'autre, et enfin le monde de la pauvreté dont la noblesse a une approche mystique.

La noblesse des élections de Vire, Domfront, Argentan et Falaise est ainsi assez originale dans ses choix. Elle se distingue, dans la sélection des parrains et marraines, de la population globale étudiée à Bouafles, par un moindre recours à la famille (50 % contre 80 %) et, à l'intérieur de ce choix familial, en sélectionnant d'abord les aïeuls (54,7 %) alors qu'ils ne représentent qu'une option très minoritaire (moins de 12 %) dans la population.

Pour notre noblesse locale, le baptême répond donc à deux exigences à peu près égales : renforcer les liens générationnels du lignage, mais aussi conforter, voire constituer, son réseau social local.

Les prénoms de la noblesse bas-normande (XVIIe et XVIIIe siècles)

Jean-Pierre LETHUILLIER

Traiter des prénoms de la noblesse, pour les XVIIe et XVIIIe siècles, c'est aborder une question qui paraît connue et qui ne l'est pas. Beaucoup de chercheurs ont pu se former une image à partir des prénoms de quelques familles de l'aristocratie, parfois de haut lignage, image souvent trompeuse lorsqu'il s'agit de saisir les usages d'une noblesse moins illustre, à l'échelon d'une province tout entière. Dans cette enquête au contraire, nous rejetterons un discours fondé sur l'étude de cas isolés : individus ou familles, mais aussi prénoms remarquables, extraits du corpus pour quelques commentaires, le reste tombant dans l'oubli et le silence : méthode trop fréquente quand il s'agit de prénoms, comme le cas des prénoms révolutionnaires en donne un exemple saisissant. C'est le système prénominal que nous essayons d'atteindre ici. Qu'on ne voie pas dans la formule la prétention à l'exhaustivité du corpus constitué, elle serait ridicule compte tenu du caractère incomplet des dépouillements réalisés. Le propos signifie simplement que nous visons comme un tout cohérent les trois registres qui décrivent les choix de prénoms, et surtout leurs mutations à travers les XVIIe et XVIIIe siècles : la longueur des prénoms, les répertoires culturels dans lesquels ils sont puisés, la hiérarchisation des corpus.

Il n'y a guère d'études qui aient abordé les prénoms de la noblesse pour une province, pour ces XVIIe et XVIIIe siècles. Il en existe en Bretagne et en Provence, pour le Moyen Âge et la toute première modernité[1], mais les conjonctures prénominales – et les sources – sont bien différentes. Sans attendre un plus ample travail, qu'il faut souhaiter, nous proposons ici une note de recherche, et quelques questions. La première d'entre elles porte sur la spécificité des corpus aristocratiques : existe-t-il des prénoms normands avec des variantes produites par la noblesse

1. Michel NASSIET, « Dévotions et prénomination dans la noblesse bretonne aux XVe et XVIe siècles », *Enquêtes et documents*, numéro spécial sous la direction de Marcel LAUNAY, « Église et sociétés dans l'Ouest atlantique du Moyen Âge au XXe siècle », t. 27, 2000, p. 115-132 ; « Quelques éléments de signification des modes de désignation de lignées au XVe siècle », *Sources travaux historiques*, n° 45-46, « Des noms et des hommes. L'homme et ses désignations des sociétés antiques à l'identifiant chiffré », 1996, p. 87-96. Pour la Provence, Florian MAZEL, « Noms propres, dévolution du nom et dévolution du pouvoir dans l'aristocratie provençale (milieu X^e^-fin XIIe siècle) », *Provence historique*, « Les prénoms en Provence », avril-juin 2003. Voir aussi les travaux dirigés par Monique BOURIN : *Genèse médiévale de l'anthroponymie moderne*, Publications de l'université de Tours.

locale, ou au contraire des prénoms de la noblesse, éventuellement adaptés aux usages de la province ? Cette problématique n'est pas celle des anthropologues, qui ont beaucoup œuvré en France sur la transmission des prénoms[2] : cette dernière est pourtant essentielle, s'agissant de la noblesse et de ses pratiques familiales et lignagères. C'est dire que l'ébauche proposée ici appelle des compléments.

Notre première tâche sera d'aborder quelques points de méthode, par souci de clarté, mais aussi parce qu'ils vont immédiatement nous porter à la reconnaissance de l'originalité aristocratique. Nous envisagerons ensuite l'allongement des prénoms et la hiérarchisation des corpus, puis les répertoires culturels et leur éventuel degré d'originalité par rapport au reste de la population.

Enjeux et difficultés d'une enquête

La période qui va du milieu du XVIIe au début du XIXe siècle, d'après les études conduites en Limousin, en Vexin et région parisienne, en Provence, en Hainaut[3], et celles naguère réunies par J. Dupâquier lors des entretiens de Mahler[4] en 1980, constitue pour l'histoire des prénoms en France un temps de changement que nous avons observé il y a quelques années en détail pour la Normandie, dans l'aire de l'actuel département du Calvados[5]. Le vieux système prénominal formé au Moyen Âge, qui n'a jamais été inerte, évolue : les prénoms s'allongent à deux, trois unités ou plus ; les répertoires se transforment. Dans les deux cas, la noblesse est incriminée, soupçonnée d'avoir joué un rôle initiateur, ce qui définit l'intérêt de notre propos. Deux textes brefs et presque parfaitement contemporains peuvent servir à isoler les questions. À entendre La Bruyère ou Jean-Baptiste Thiers, en effet, la noblesse est chargée de bien des péchés. Le premier dénonce les choix

2. On retiendra surtout le numéro spécial de *L'Homme, Revue française d'anthropologie*, « Formes de nomination en Europe », t. 20, n° 4, octobre-décembre 1980 et l'ouvrage dirigé par Jacques DUPÂQUIER, Alain BIDEAU, Marie Élizabeth DUCREUX, *Le prénom. Mode et histoire. Les entretiens de Mahler 1980*, EHESS, 1984. Voir en outre Françoise ZONABEND, « La parenté baptismale à Minot (Côte-d'Or) », *Annales ESC*, XXXIII, 1978, p. 656-676 ; « Jeux de noms. Les noms de personne à Minot », *Études rurales*, 1979, 74, p. 51-85 ; et Agnès FINE, *Parrains, marraines. La parenté spirituelle en Europe*, Paris, Fayard, 1994.
3. Dans le Bassin parisien, Jacques DUPÂQUIER, « Prénoms, parrains et parenté », *Mémoires de la Société historique et archéologique du Val-d'Oise et du Vexin*, LXIX, 1980, p. 55-87 ; Philippe DAUMAS, *Familles en révolution (1775-1825). Recherches sur les comportements familiaux des populations rurales d'Île-de-France, de l'Ancien Régime à la Restauration*, thèse de l'université de Rennes 2, exemplaire reprographié et CD-Rom, 2003. En Hainaut, Guy TASSIN, *Anthroponymie et changement dans une société villageoise. Les noms de personne à Haveluy au XVIIIe siècle*, Paris, L'Harmattan, 1997. Pour le Limousin, servant aussi de référence pour toute étude régionale, Louis PÉROUAS, Bernadette BARRIÈRE, Jean BOUTIER., Jean-Claude PEYRONNET, Jean TRICARD et le groupe Rencontre des historiens du Limousin, *Léonard, Marie, Jean et les autres. Les prénoms en Limousin depuis un millénaire*, CNRS, 1984. Enfin, pour la Provence, le numéro spécial de *Provence historique*, « Les prénoms en Provence », avril-juin 2003 et, particulièrement, Bernard COUSIN, « Prénommer en Provence (XVIe-XIXe siècle) », p. 193-224. Un passage en Angleterre s'avérera utile avec Scott SMITH-BANNISTER, *Names and naming patterns in England, 1538-1700*, Oxford, Clarendon Press, 1997.
4. J. DUPÂQUIER *et alii, op. cit.*
5. Jean-Pierre LETHUILLIER., *Idéologie et mentalités : l'essor de l'individualisme en basse Normandie, 1660-1850*, thèse de doctorat, Paris I Sorbonne, janvier 1993. Voir également John DICKINSON, « La prénomination dans quatre villages de la plaine de Caen, 1670-1800 », *Annales de Normandie*, mars-avril 1998, p. 67-104.

de prénoms que lui dicte son orgueil, choix qui nous font quelque peu sortir des normes chrétiennes :

> « C'est déjà trop d'avoir avec le peuple une même religion et un même Dieu : quel moyen encore de s'appeler *Pierre*, *Jean*, *Jacques*, comme le marchand ou le laboureur ? Évitons d'avoir rien de commun avec la multitude ; affectons au contraire toutes les distinctions qui nous en séparent. Qu'elle s'approprie les douze apôtres, leurs disciples, les premiers martyrs (telles gens, tels patrons) ; qu'elle voie avec plaisir revenir, toutes les années, ce jour particulier que chacun célèbre comme sa fête. Pour nous autres grands, ayons recours aux prénoms profanes : faisons baptiser sous ceux d'*Annibal*, de *César* et de *Pompée*... »

Suivent Lucrèce, Renaud, Roger, Olivier, Tancrède ; Hector, Achille, Hercule ; Phébus, Diane ; et, au sommet du ridicule, selon La Bruyère, *Jupiter, Mercure, Vénus, Adonis*[6].

Docteur en théologie et infatigable pourfendeur de bien des déviances, écrivant sur les cloches et sur les perruques, Thiers voit aussi dans l'usage de prénoms longs une « sotte vanité » :

> « La pluralité des noms de baptême est une nouveauté que nos pères n'ont pas connue, encore moins pratiquée avant le siècle où nous sommes, au plus celui qui le précède... Les gentilshommes sont les premiers qui ont commencé à avoir plusieurs noms... Cet abus s'est introduit dans le tiers état où, par une sotte vanité, on a affecté d'imposer deux noms aux enfants[7]. »

Les deux textes vitupèrent des comportements orgueilleux, des comportements qui distinguent, et chargent explicitement l'aristocratie, Thiers ajoutant une chronologie à sa diatribe. Ces dénonciations, portant l'une sur le choix des noms et l'autre sur leur longueur, contribuent à définir un modèle aristocratique. Sont-elles justifiées ? Il n'est pas simple d'en décider. Remarquons d'abord que La Bruyère vise les Grands et non la noblesse des provinces ; Thiers, curé de Champrond au diocèse de Chartres, puis de Vibraye au diocèse du Mans, adresse ses critiques acerbes à la noblesse en général et non à celle d'une province en particulier : généralisation qui ne tient pas compte de chronologies et d'évolutions différentes, comme dans le cas bien connu maintenant du Limousin.

Cherchant à évaluer ces critiques, nous butons sur trois difficultés : les petits effectifs de la noblesse ; la qualité inégale et en général insuffisante des recensions de prénoms ; enfin le comportement des nobles qui ne divulguent pas volontiers leurs prénoms.

Sur le premier point, nous n'entamerons pas ici la litanie concernant les sources, leur quantité, et la nécessité d'asseoir toute statistique sur des échantillons suffisamment fournis. Nous visons directement une particularité de l'étude

6. La Bruyère, *Les caractères*, « Des Grands » (23), 1688, 1690 pour cette maxime, Paris, Librairie générale française, 1973, p. 149.
7. Jean-Baptiste Thiers, *Traité des superstitions selon l'Écriture Sainte, les Décrets des Conciles et les sentiments des Saints Pères et des théologiens*, 1695, p. 129, 132.

des prénoms, étudiée naguère par Hugues Neveux[8], et justement dans le cas normand. Il faut un minimum de dépouillements pour qu'on prétende avoir découvert tous les éléments d'un corpus, réserve faite de l'apax pur et simple. Les chances de découvrir un prénom nouveau dans un corpus, massives au début de l'enquête, diminuent progressivement jusqu'à devenir négligeables ; au bout de cinq ou six centaines de prénoms dépouillés, on fait encore des découvertes, mais nous n'atteignons même pas cet effectif lorsqu'il s'agit de la noblesse au XVIIIe siècle, quelles que soient les sources.

Dépouiller les registres paroissiaux pour retrouver les actes de baptêmes n'est une stratégie opératoire que lorsqu'on cible un ou quelques lignages, guère plus. Lorsqu'on cherche à connaître une population entière à partir des mêmes registres paroissiaux, les effectifs nobles sont tellement minces qu'il est difficile de les traiter. Surtout, les registres ne donnent que des noms de baptême, qui ne sont pas interchangeables avec les prénoms usuels : les premiers, essentiels pour l'intégration dans la communauté des chrétiens, n'ont pas la même fonction ostentatoire que les seconds. Leur différence de longueur au XVIIIe siècle en fait aussi des objets historiques différents. Dans cette étude, ce sont ces derniers qui nous intéressent, par leur caractère démonstratif et la possibilité de former un modèle connaissable par les contemporains. Les relevés effectués par des associations de bénévoles, qui pourraient venir en renfort, extrêmement utiles en général, ne sont pas assez fiables compte tenu de nos objectifs – nous l'avons éprouvé en préparant ce travail – et de toute façon demeurent incomplets. L'intérêt d'une saisie rigoureuse et exhaustive des unités du prénom n'est pas perçu, parce que les enjeux de son allongement ne sont pas connus, pas plus que les modes de raccourcissement et de déformation des noms de baptême pour en faire des noms usuels. Les recensions faites par des érudits au XIXe ou au XXe siècle, ou bien sont absentes ou portent sur des segments sociaux particuliers[9] et, de toute façon, ne relèvent les prénoms que de manière aléatoire, comme le fait Frotier de la Messelière dans son enquête sur la noblesse bretonne[10].

Une autre voie conduit aux listes nominatives qui ont l'intérêt, justement, de faire appel aux prénoms usuels et, peu ou prou, permettent de réinsérer la prénomination noble dans celle du commun des mortels du XVIIIe siècle. Mais ces listes, constituées ou à constituer par l'historien, sont décevantes. Bienheureux celui qui, comme Michel Nassiet, a croisé, dans la Bretagne du XVe siècle, grâce à une série impressionnante de montres, les prénoms de plus de 6 000 nobles bretons ! Les documents disponibles pour les XVIIe et XVIIIe siècles n'ont pas la même richesse et

8. Hugues Neveux., « Les prénoms masculins à Caen (1568-1775) », *Annales de Normandie*, avril-juin 1981, p. 115-145. Voir également Bernard Cousin, art. cité, p. 200-201.
9. Gérard D'Arundel de Condé., *Dictionnaire des anoblis normands, 1600-1790,* Rouen, à compte d'auteur, 1975.
10. Les travaux d'Henri Frotier de la Messelière, *Filiations bretonnes*, paraissent en 5 volumes de 1912 à 1916, réimprimés en 1965, avec une addition de Jean Durand de Saint-Front en 1977. Voir aussi le fonds Frotier de la Messelière, sous-série 60 J, archives départementales des Côtes-d'Armor.

fournissent des nombres qui nous placent souvent au-dessous des seuils évoqués plus haut. *A fortiori* si l'on veut distinguer les noblesses les unes des autres.

Le comportement de la noblesse elle-même pose d'ailleurs un problème. En effet, s'il est encore d'usage de classer les taillables sur les rôles fiscaux dans l'ordre alphabétique des prénoms à la fin du XVIIe siècle, en Bessin par exemple, les nobles n'apparaissent sur les listes nominatives qu'avec leur titre ou une mention de seigneurie, et la plupart du temps sans leurs prénoms. Ainsi sont constitués les registres de la capitation des nobles que l'on conserve pour l'intendance de Caen à la fin du XVIIIe siècle[11]. Si les prénoms apparaissent le plus souvent pour la noblesse des campagnes de l'élection de Caen en 1789 (66 contre 35 cas de prénoms inconnus), les informations sont plus rares pour celle de la ville (respectivement 14 connus pour 62 inconnus) ; dans l'élection de Bayeux, 7 prénoms en tout et pour tout, et 25 pour les 7 élections qui font le reste de l'intendance. Le comportement, à vrai dire, n'est pas spécifique de la noblesse, il vaut aussi pour tous les notables, comme en témoigne la capitation des officiers de judicature. Remarque supplémentaire, qui vaut aussi pour les érudits du XIXe siècle : les prénoms féminins sont absents de ces listes.

Il faut les injonctions du roi pour que les témoins des enquêtes criminelles que nous avons dépouillées[12] permettent d'enregistrer un prénom usuel. Pour 20 636 témoins masculins[13], nous avons collecté entre 1660 et 1848, 297 prénoms usuels d'aristocrates. Bien entendu, nous ne trouvons pas toute la noblesse : la plus haute en est complètement absente, pour de multiples raisons qui tiennent aux lieux de résidence – et à la présence à la cour – comme au genre de vie et aux cercles de sociabilité, qui la distraient des cercles où se recrutent les témoins[14]. Ces dépouillements ont été complétés par des sondages sur les actes de baptême de plusieurs paroisses, et par un autre sur les registres de capitation de la noblesse. À partir de cet ensemble, et malgré les lacunes, il est possible de produire un travail qui n'isole pas les prénoms de l'aristocratie de ceux du reste de la population, et permet donc d'en comprendre les spécificités[15].

Reste encore une difficulté à identifier, qui porte sur une question de fond. Nous n'avons que peu de comparaisons interrégionales à proposer : Vexin et région

11. Archives départementales du Calvados, Capitation des nobles de l'intendance de Caen, 1789, C 4727.
12. Ce travail de dépouillement a été effectué dans le cadre de notre thèse de doctorat : J.-P. LETHUILLIER, *op. cit.* Neuf sondages ont été réalisés dans la série B des archives départementales du Calvados (bailliages de Caen, Saint-Sylvain, Bayeux, Vire, Falaise, Orbec, de la Vicomté d'Auge, de Honfleur ; haute justice de Vassy, ancienne et nouvelle justices de Condé-sur-Noireau ; évêché-comté de Lisieux) autour des années 1659, 1680, 1700, 1722, 1744, 1765, 1788 et, dans les archives contemporaines, 1817 et 1846 (cour d'assises du département du Calvados, série 2 U). Ces dépouillements couvrent l'ensemble du département du Calvados, les sondages du XVIIe siècle mordant sur l'actuel département de l'Orne, au sud de Falaise, alors que le pays d'Auge est mal représenté. Au XVIIIe siècle, les frontières de l'aire étudiée coïncident avec celles du Calvados.
13. L'utilisation des fiches des 10 157 témoins féminins aurait inutilement alourdi cette présentation : les effectifs des femmes de la noblesse étant particulièrement faibles, nous n'en aurions tiré qu'un maigre profit.
14. Les registres d'information criminelle permettent aussi d'atteindre les prénoms des deux sexes. Nous n'aborderons pas ici, cependant, pour ne pas alourdir l'exposé, les prénoms féminins.
15. Merci à Jean-Yves Laillier pour les informations et les suggestions qu'il m'a apportées.

parisienne, Limousin, Provence, Hainaut, sans compter les travaux bretons effectués par des étudiants de maîtrise à l'université de Rennes 2. Remarquons d'emblée que nos compagnons de galère éprouvent les mêmes difficultés pour cerner le prénom aristocratique, et la plupart du temps n'y consacrent que quelques lignes. Il apparaît surtout – et l'expérience bretonne a été pour nous éclairante – que les systèmes prénominaux sont très différents d'une province à l'autre, dans une France qui n'a pas encore achevé son processus d'unification culturelle. En Bretagne comme en Limousin, les prénoms renvoient parfois à des dévotions locales fortes : Yves ou Mathurin, Léonard ou Martial, etc., dont les traces cartographiques, en forme d'isolats, n'ont pas d'équivalent en Normandie ou en Vexin[16]. Le rôle des parents spirituels à l'époque des prénoms multiples n'est pas le même non plus, les corpus ne se hiérarchisent pas de la même façon. Or les prénoms de la noblesse, en Normandie en tout cas, ne sont nullement étanches à ces systèmes locaux, comme nous le verrons maintenant.

Morphologie des prénoms et hiérarchisation des corpus

Nous envisagerons l'un après l'autre ces deux thèmes qui signalent l'indubitable originalité aristocratique.

Allongement des prénoms

Le fait majeur est au XVIIe siècle l'apparition des prénoms multiples, à plusieurs unités. En réalité on rencontre des cas de ce type au XVIe siècle – ce que Thiers signalait, vraisemblablement en vertu de la connaissance qu'il a du Maine et de la Beauce – en très petit nombre, qui peuvent être liés à l'usage de donner deux parrains au garçon nouveau-né, ou deux marraines à la fille. Ce qui se produit au milieu du XVIIe siècle est différent, puisque l'innovation ouvre cette fois vers une évolution durable[17]. C'est bien un changement des habitudes qui est en cause, source peut-être d'un certain malaise, puisque le prénom composé, Jean-Baptiste, double par sa morphologie, mais simple par son origine, donc traditionnel, semble servir de cheval de Troie au véritable prénom multiple.

La noblesse est-elle à l'initiative ? Sur le terrain, les choses sont peu claires. Dans nos dossiers d'enquêtes criminelles, le premier prénom multiple de garçon noble est celui de Jean Jacques de Baillehache, vivant dans le bailliage de Caen, né en 1636 d'après l'âge qu'il déclare en 1686. Le suivant appartient à Jean Enguerrand Blanchard, de Falaise, né en 1650. C'est seulement avec les témoins nés à partir de 1665 que les prénoms multiples deviennent plus nombreux, pour

16. Voir les cartes spectaculaires du prénom Léonard en Limousin, L. PÉROUAS, *op. cit.*, p. 108 et 109.
17. L'usage est alors de n'avoir qu'un parrain et une marraine. Jules CORBLET, *Histoire dogmatique, liturgique, archéologique du sacrement du baptême*, Paris, V. Palmé, 1881, p. 205.

les nobles[18]. Au total cependant, ceux-ci n'apparaissent pas comme les premiers porteurs de prénoms longs : des ecclésiastiques ou des roturiers les ont précédés.

Cette chronologie correspond à des observations faites sur des registres paroissiaux. À Saint-Germain-de-Montgommery, près de Camembert dans le sud augeron, le premier prénom multiple est celui de Marie Marthe de Courseulles, née le 8 janvier 1656. Jusqu'au début de 1660, on compte huit baptêmes à prénoms doubles. Sept d'entre eux concernent – par les parents naturels, ou spirituels, ou les deux – les familles de Philippe de Courseulles, sieur de Capdehoulle, et de Jean Deshayes, écuyer, sieur de Boisbrun[19], qui sont liées entre elles. Dans un cas seulement – le troisième de cette série de huit baptêmes, en 1656 – il n'est pas possible, au seul vu des registres, d'établir un lien avec la noblesse locale. À Isigny, dans l'ouest du Bessin, le 9 octobre 1669, est célébré le baptême d'Henri de Bricqueville, âgé de dix ans sept mois et cinq jours, fils de Gabriel, marquis de Bricqueville : ses parrain et marraine sont Henri de Matignon, comte de Torigny, et son épouse, représentés par le frère et la sœur du jeune Henri : c'est le frère, représentant du parrain, qui porte un prénom double : Louis Gabriel. Six semaines plus tard, le 15 novembre 1669, a lieu une cérémonie de baptême plus imposante encore, pour une fille du marquis, née le 11 septembre 1667 et ondoyée en décembre de la même année : elle est célébrée par François de Nesmond, évêque de Bayeux, la marraine étant Catherine, épouse de Chamillart, « intendant en basse normandye »[20], le parrain Charles de Longanney, abbé de Franqueville et doyen en l'église cathédrale de Bayeux. Cette fois l'enfant porte un prénom double : Catherine Marguerite. Le recours au prénom double chez ces « hauts et puissants seigneurs » est donc habituel, mais pas systématique. Le 15 août 1667, on porte sur les fonts Gabriel[21], sans autre élément de prénom, fils de Bernardin de Méharenc, écuyer ; Gabriel aura une sœur, baptisée le 4 décembre 1669, appelée Éléanor. Inversement, dès 1656, le premier baptême à prénom double apparent sur le registre de la paroisse n'intervient pas dans une famille aristocratique, le parrain du petit Pierre Anselme Tison portant le même patronyme, Plançon, qu'un receveur du taillon à Carentan, qu'on retrouve un peu plus loin dans le registre, pour un autre baptême à prénom double. À Troarn, à l'est de Caen, la configuration est encore différente : le premier prénom multiple est de 1653 – il n'y a pas de registre conservé entre 1581 et 1653 ; il faut attendre 1665 pour en revoir un autre, et il n'y en a un, au moins, tous les ans, qu'à partir de 1673, la pratique ne devenant régulière pour les garçons qu'à partir de 1678. Dans cette contrée où le démarrage est tardif, le phénomène prend immédiatement une

18. L'âge est systématiquement indiqué. Pour 26 636 témoins masculins, il n'y a d'omission que pour 76 d'entre eux. Toutes les catégories d'âge sont représentées, seuls les mineurs sont peu nombreux. Voir J.-P. Lethuillier, *op. cit.*, p. 122-132.

19. Je remercie Jean-Marc Moriceau de m'avoir fourni une copie des dépouillements des registres paroissiaux qu'il a fait faire pour Camembert et Saint-Germain-de-Montgommery.

20. « Messire Chamillard » est ici Guy Chamillart (1624-1675), père du futur contrôleur général des finances.

21. Et non Gabriel Bernardin, comme il est noté sur les dépouillements publiés par le Cercle des généalogistes du Calvados, Cegécal.

ampleur considérable. Sur les 313 naissances des deux sexes entre 1685 et 1699, on compte 56 filles à recevoir un prénom multiple et 32 garçons, soit 28,1 %[22], ce qui dépasse largement les effectifs de la noblesse, de surcroît peu nombreuse ici.

Ces exemples appellent un travail plus exhaustif, mais, d'ores et déjà, les diatribes simplettes sur l'orgueil aristocratique de La Bruyère comme de Thiers ne nous suffisent plus. Il faudrait en particulier mieux connaître le poids des stratégies familiales qui donnent aux parents spirituels, choisis dans ou hors du lignage, un rôle plus ou moins important ; la volonté, dans ce milieu social comme dans d'autres, de se placer sous l'invocation de plusieurs saints intercesseurs ; les influences culturelles possibles, à travers les usages de la capitale sur ceux de la Normandie, de l'Italie sur la France[23].

	1	2	3	4	5
Noblesse titrée, chevaliers de Saint-Louis	44,3	36,1	16,4	3,3	***61***
Écuyers seigneurs, patrons d'une paroisse	45,5	27,3	27,3	0	***11***
Nobles officiers ou professions libérales	57,6	30,3	12,1	0	***33***
Écuyers	72,5	22,9	3,4	1,1	***262***
Autres	100	0	0	0	***9***
Ensemble de la noblesse	66,4	25,3	6,9	0,8	*376*
Office et professions libérales (niveau supérieur)	70,7	22,4	6,5	0,4	*263*
« Rentiers[a] »	82,3	16,8	1,2	0	*327*

1. Pourcentage de prénoms simples et composés (*Jean-Baptiste, Marc-Antoine, Philippe-Auguste*).
2 : Pourcentage de prénoms à deux unités.
3 : Pourcentage de prénoms à trois unités.
4 : Pourcentage de prénoms à quatre unités ou plus.
5 : Nombre de témoins.

a. Plus que la rente à proprement parler, le mot désigne d'anciens actifs assez fortunés pour se débarrasser d'une activité professionnelle au soir de leur vie.

Tableau 1. – *Emploi des prénoms multiples par les témoins des enquêtes criminelles (en %), XVIIe-XVIIIe siècles*

22. Par comparaison, pour 862 naissances au bourg d'Isigny dans le même laps de temps, 75 prénoms sont des multiples, soit 8,7 %. À Troarn, il n'est même pas question pour d'éventuels nobles de se distinguer par des prénoms à trois unités : le premier n'apparaît qu'en 1697.
23. Christiane Klapisch-Zuber., « Constitution et variations temporelles des stocks de prénoms », J. Dupâquier *et alii*, *op. cit.*, p. 37-47. Jean-Baptiste, prénom important lorsque les multiples apparaissent, est le patron de Florence.

Le cas de Troarn, cependant, ne peut cacher que, hormis le pays d'Auge[24], l'aristocratie conservera un rôle majeur dans ce phénomène d'allongement des prénoms. Dans nos listes de témoins, la mode des prénoms multiples, hors du pays d'Auge, ne dépasse guère pendant plusieurs décennies les cercles restreints des élites nobles et roturières et, au sein des élites, l'aristocratie semble jouer un rôle de modèle. C'est ce qu'enseigne le tableau précédent, construit à partir des cohortes de témoins qui ont déposé avant la Révolution[25]. Il se risque à distinguer, au péril des petits nombres, des strates différentes dans la noblesse.

Un feuilletage social se lit à travers ces sous-ensembles grossiers et approximatifs. La roture, même quand elle est riche et cultivée, ne parvient pas à suivre la noblesse : plus de prénoms simples, et très peu de prénoms vraiment longs. Les nobles qui se disent simplement écuyers, il est vrai, ne font pas mieux. L'identité des lignes « écuyers » d'une part, et « office et professions libérales de rang supérieur » d'autre part, fait songer aux stratégies d'imitation des comportements des nobles. Ce sont en réalité les deux premières lignes du tableau qui font saisir l'importance sociale du modèle prénominal aristocratique. La strate supérieure de la noblesse, celle de la cour, aurait peut-être formé un autre étage à l'édifice. Les ambiguïtés, observées plus haut pour le milieu du XVIIe siècle, au temps des tout premiers prénoms longs, disparaissent : que nos échantillons malgré leur modestie permettent un meilleur recul, ou que la noblesse se soit emparée définitivement d'une mode qu'elle n'a pas été seule à initier, celle-ci semble donner le ton au XVIIIe siècle.

On conçoit qu'à la Révolution, le prénom long ait eu mauvaise presse : pendant les mois de la Terreur à Falaise, ville de plus de 10 000 habitants à l'époque, nettement montagnarde et anti-fédéraliste, on compte peu de prénoms révolutionnaires ; mais dans le même temps, la part des prénoms longs s'effondre. Phénomène qui n'est pas propre à la Normandie, puisque nous l'avons observé, dans de meilleures conditions encore, à Rennes[26].

Hiérarchisation de corpus

Copié par les élites qui entourent la noblesse, le modèle – si modèle il y a – ne suffit pas à montrer l'originalité du comportement prénominal nobiliaire. Il faut, pour le comprendre complètement se pencher sur la hiérarchisation des corpus et plus particulièrement sur les unités qui disposent des fréquences les plus élevées.

---

24. J.-P Lethuillier, *op. cit.*

25. Les effectifs qui apparaissent sur le tableau intègrent les parents qui sont désignés par les témoins lorsqu'ils déclinent leur identité, mais qui n'ont pas eux-mêmes témoigné. On passe ainsi de 297 à 376 individus ; l'ajout, destiné à mieux asseoir la statistique lorsqu'on détaille les groupes de noblesse, ne change pas les proportions calculées sur les seuls témoins, lorsqu'on cherche à connaître la ventilation des prénoms selon leur longueur.

26. Jean-Pierre Lethuillier, « Prénoms et Révolution : enquête sur le corpus falaisien », *Annales de Normandie*, n° 4, octobre 1989, p. 413-436 ; « Les prénoms masculins à Rennes pendant la Révolution (1785-1805) », *Annales historiques de la Révolution française*, 2000, n° 4, p. 87-110.

De la fin du XVIIe siècle à la fin du XVIIIe, le poids cumulé des quatre unités prénominales « fondamentales[27] » (Jean, Jacques, Pierre et François) passe de 40,7 à 49,6 % en ville, et de 43,4 à 53,1 % dans les campagnes. Le siècle est donc le moment d'un processus long, mais puissant, au profit surtout de Jean et François. Cette poussée en avant n'est pas liée mécaniquement à l'allongement du nom : on aurait pu songer à l'emploi de Jean, par exemple, comme brique élémentaire à placer au premier rang des prénoms qu'on allonge. Or le phénomène est repérable dans les prénoms simples comme dans les plus longs. C'est donc un processus relativement autonome du premier. Il concerne toutes les catégories sociales et contribue notablement à diminuer l'originalité des prénoms usuels complets, Jean François revenant souvent.

Une seule catégorie échappe au mouvement : la noblesse. Si l'on considère les quatre unités évoquées ici, leur fréquence cumulée tombe de 43,8 % pour les nobles nés avant 1700 – ce qui nous place encore dans la norme observée par les autres groupes sociaux – à 33,5 % pour ceux qui naissent au XVIIIe siècle : nous sommes désormais hors norme quant au niveau atteint, et à contre-courant quant à l'évolution. La capitation des nobles de l'intendance de Caen, en 1789, qui privilégie l'élection de Caen, confirme l'essentiel de cette observation, malgré un niveau plus élevé, avec une fréquence cumulée pour les quatre de 38,3 %. Le plus remarquable, dans cette relative discrétion des fondamentales dans la prénomination noble, est la place médiocre de Jean. Jamais cette unité n'a été la plus répandue dans la noblesse, à l'inverse de toutes les autres catégories sociales. Ce trait apparaît dès le XVIIe siècle; seul le groupe mal cerné des « rentiers », paraît s'approcher du comportement aristocratique.

	Jean	**Pierre**	**Jacques**	**François**	**nombre total d'unités**
1	8,9	8,9	11,9	10,9	*108*
2	12,7	9,4	8,8	12,5	*267*
3	15,6	8,4	10,4	8,8	*231*
4	14,5	11,4	9,8	7	*456*
5	15,6	7,8	10,9	6,2	*1 048*
6	16,2	10,9	9,4	6,3	*542*
7	17,6	11	9,4	6,6	*930*

1 : Nobles. 2 : « Rentiers ». 3 : Officiers, professions libérales. 4 : Marchands. 5 : Artisans. 6 : Laboureurs. 7 : Domestiques, salariés, journaliers, maçons, pêcheurs.

Tableau 2. – *Hiérarchisation des quatre fondamentales (en %) dans les sondages de 1659, 1680 et 1700.*

27. C'est-à-dire qui ont joué depuis le XVIIe siècle, mais sans doute depuis bien plus longtemps encore, le rôle principal, par leur fréquence, dans les corpus de cette partie de la Normandie. Leur hiérarchie change dans l'Avranchin par exemple : à Avranches au XVIIIe siècle, François est l'unité la plus répandue. Voir S. ROUIL, *Les prénoms à Avranches aux XVIIIe et XIXe siècles*, mémoire de maîtrise, université de Rennes 2.

La fréquence de Jean n'atteint que 8,3 % dans le stock de témoins nobles nés avant 1700, reculant à 6,1 % pour ceux qui naissent après 1700. Il faut à cette unité le renfort de Jean-Baptiste pour ne pas être dépassée par Pierre et Jacques, puis au XVIIIe siècle, Charles et Louis. Dans tous les cas de figure, c'est François qui s'impose en tête du corpus.

On retrouve ici une partie des accusations de La Bruyère : le rejet de l'unité la plus fréquente est une manière subtile de se distinguer. Alors que les prénoms multiples sont éminemment visibles, c'est par une absence que les nobles se signalent ici. Elle conduit à une observation importante : pour presque toutes les catégories sociales, le poids des fondamentales, renforcées au XVIIIe siècle de Louis et Charles, diminue l'originalité des prénoms complets ; la noblesse, elle, prise dans sa globalité, allonge ses prénoms plus que tous les autres groupes et recourt de moins au moins aux unités les plus banales : ce cumul lui assure les prénoms les plus variés et un niveau de distinction individuelle (ou lignagère) et collective sans équivalent dans le système prénominal ancien. Il faudra poursuivre l'enquête. On aimerait en savoir plus sur la transmission des prénoms au sein des familles nobles pour mesurer le poids des réflexes lignagers dans cette évolution : le prénom long est apte à accueillir un plus grand nombre de références parentales ; or le respect des unités de prénoms léguées peut être à l'origine de l'évolution à contre-courant perçue pour les fondamentales. Il est possible aussi que les observations que nous avons faites répondent à une volonté de distinction accrue au XVIIIe siècle, en dehors de toute préoccupation lignagère.

Distinction n'est de toute façon pas rupture. Il importe de vérifier maintenant que les prénoms de la noblesse sont faits des mêmes matériaux que ceux du reste de la population, même s'il faudra apporter des nuances à ce constat.

Les corpus de prénoms de la noblesse

Nous avons dit plus haut combien il était difficile de constituer ces corpus, et le caractère insatisfaisant des volumes statistiques réunis.

L'analyse repose sur l'examen de la fréquence cumulée de plusieurs unités prénominales constituant un groupe. Ce qui fait sens, en effet, ce n'est pas une unité – les supputations sur les intentions de ceux qui ont donné le nom sont presque toujours inaccessibles à l'historien[28] – mais un ensemble d'unités rassemblées par deux critères au moins : d'abord l'existence de référents de même nature (saints, rois, etc.), ce qui est le plus simple ; dans bien des cas, cependant, il y a plusieurs référents possibles, et l'on peut discuter sans fin sur le rangement de telle unité dans tel groupe. Le deuxième critère permet de trancher dans plusieurs

28. Les sources autres que sérielles, mémoires ou livres de raison par exemple, apportent des éclairages sur la manière d'appréhender le prénom qu'on ne saurait négliger. Demeure cependant la part de l'inconscient, ou du non-dit, dans les choix opérés. Dans cette étude, nous nous limitons à l'approche sérielle et à l'examen des registres culturels à partir desquels les corpus sont construits, quelles que soient les motivations qui y conduisent.

cas : celui d'un destin commun, en terme d'évolution de fréquence à travers le temps. Prenons un exemple : Philippe. Cette unité renvoie à un apôtre, présent dans les calendriers diocésains. Philippe est aussi un nom de roi de France, et le père d'Alexandre le Grand ; or les références aux familles régnantes de l'Europe et du royaume ne progressent qu'à partir de 1760 en Normandie (en particulier pour Louis) ; c'est à la même date que les renvois à l'Antiquité classique se multiplient. Il se trouve que Philippe est en perte de vitesse à ce moment, de même que Thomas, André, Simon, etc. Philippe est donc pour nous un nom de saint, quand bien même nous avons trouvé un Philippe Alexandre fort suspect en 1789, pour un noble né en 1728. Il faut admettre que les chiffres produits ne sont que des ordres de grandeur. Il faut aussi, dans certains cas, donner sa langue au chat et se réserver la possibilité d'une discussion après établissement des statistiques. Ce que nous avons fait avec trois unités complexes et qui disposent de fréquences élevées : Alexandre, Joseph et, pour le XIXe siècle surtout, Victor. Nul doute qu'à la fin du XVIIIe siècle, leurs connotations historiques soient importantes, mais elles ont toutes les trois d'importantes références chrétiennes.

Les prénoms normands, comme ceux du Bassin parisien, Vexin en tête, entament un processus fondamental de renouvellement vers 1760. La marque essentielle, dans l'aire de nos dépouillements, est le recul du corpus purement chrétien. Il se fait au profit de noms qui, tout en conservant, pour la plupart d'entre eux, une valeur chrétienne, renvoient aussi à un domaine de l'Histoire ou au monde contemporain du XVIIIe siècle, notamment à travers les prénoms de monarques. En plus de ce recul, le stock de prénoms chrétiens connaît aussi un renouvellement interne, au détriment des noms qui évoquent la légende chrétienne et pour le plus grand profit de ceux qui ont une réelle épaisseur historique (ainsi les noms d'évêques fondateurs de diocèses). Secondairement, d'autres registres s'affaiblissent (les références à la Normandie ducale par exemple) alors que les noms à connotation morale, ou les noms féminins pour les garçons, entrent plus volontiers dans les prénoms complets[29].

Ce renouvellement est sensible immédiatement sur les registres paroissiaux, les noms de baptême enregistrant ces modes sans délai, dès les années 1760, mais il faut attendre la fin du siècle et surtout le XIXe siècle pour en trouver la trace dans les prénoms usuels, l'âge des témoins mesurant le décalage chronologique[30]. Pour une catégorie comme la noblesse, censée disparaître comme telle en 1789, il est donc difficile de suivre cette évolution à travers les prénoms usuels : 11 nobles seulement, nés à partir de 1760 figurent parmi nos témoins. Autant dire que le tableau en annexe n'est pertinent que pour la période antérieure à ce grand renouvellement amorcé vers 1760. La troisième colonne constitue un effort supplémen-

29. J.-P. Lethuillier, *op. cit.*, chapitre IX, « Une rationalité nouvelle ».

30. Les prénoms usuels anticipent parfois l'évolution, puisqu'il arrive qu'un individu ajoute à son prénom des unités qui n'étaient pas présentes au baptême ; cela ne suffit pas à annuler le retard des prénoms usuels sur les modes.

taire pour rassembler les prénoms usuels les plus tardifs mais, valant surtout pour la seule élection de Caen, elle n'est pas exactement comparable aux deux premières qui prennent en compte dans son entier le territoire de l'actuel département du Calvados.

Envisageons d'abord, pour nos témoins nobles, le recul des références chrétiennes. Le tableau montre que, parmi les références chrétiennes principales, le groupe de Jean (Jean, Jean-Baptiste, Jacques, Pierre) s'affaiblit, et pas celui de François (François, Charles, Louis). Ce sont donc les références néotestamentaires qui cèdent devant les noms renvoyant à des saints beaucoup plus tardifs, et à des rois de France : évolution annonciatrice des changements ultérieurs que les prénoms de tous les témoins vont enregistrer; mais la noblesse marche devant et donne au mouvement une énergie qu'il n'a pas ailleurs[31]. Du coup, le schéma proposé plus haut d'un comportement aristocratique tourné vers la distinction, rejetant les unités les plus fréquentes ailleurs, apparaît maintenant avec une plus grande complexité. Il pourrait traduire aussi une évolution des sensibilités religieuses.

Les autres références chrétiennes produisent certes des compensations au recul du groupe de Jean, et à celui des références diverses (qui comprenait les noms bibliques utilisés par les protestants). Le groupe de François, les acteurs du Nouveau Testament et les saints de toutes les époques chrétiennes y contribuent. Mais ce recul se fait aussi au profit des références historiques, quoique ce ne soit pas, pour l'essentiel, à travers les catégories qui vont constituer ultérieurement le cœur du changement (Antiquité, contemporains). Au contraire, ce sont les références les plus ambiguës, à commencer par Alexandre et Joseph, qui accroissent leur part. Apparaissent aussi, avec un temps d'avance sur les autres groupes sociaux, les noms féminins[32] et ceux à connotation morale. Au total, il n'y a pas de rupture et, du reste, en termes statistiques, les évolutions sont bien modestes, sans doute parce que nous ne saisissons que celles qui sont antérieures aux années 1760 : la plus notable demeure l'affaiblissement de Jean, Jacques et Pierre. La noblesse de l'élection de Caen semble beaucoup plus proche des attitudes anciennes : si cela n'est pas dû à l'hétérogénéité des sources, il faut incriminer des différences de comportement dans l'espace; le second ordre ne doit pas être détaillé seulement en fonction d'une hiérarchie des honneurs, mais aussi de ses horizons géographiques.

Au-delà de ces tendances qui façonnent le corpus, comparons les prénoms de la noblesse à ceux des autres témoins : nulle originalité remarquable n'apparaît; ce sont les mêmes catégories que nous lisons, les différences portant sur le poids relatif des principaux groupes, et renvoyant dans plusieurs cas à une antériorité de la noblesse dans l'évolution prénominale. Pour rendre lisibles leurs mouvements propres, il faut se débarrasser de la houle créée en tête du corpus : les mouvements,

31. Pour les autres catégories sociales, le groupe de Jean ne recule pas avant 1760 – il s'effondre ensuite – mais se contente de progresser moins vite que celui de François.

32. À l'inverse de ce qu'on observe en Bretagne, Marie est une rareté dans les prénoms usuels masculins en Normandie : inexistant avant 1760 dans nos listes, il ne représente que 0,1 % des unités prénominales comptées dans les sondages de 1765 et 1788, 0,4 % dans ceux de 1817 et 1848.

de sens contraire pour la noblesse et l'ensemble des témoins, qui affectent les références principales, affectent à la hausse ou à la baisse tous les autres groupes, qui ont des poids plus modestes. Pour restituer leur évolution propre, nous calculerons désormais les fréquences par rapport à un total qui exclut les références principales (celles que nous avons relevées dans l'ensemble du corpus figurant sur le tableau en annexe).

Ainsi, les références normandes, les prénoms des ducs surtout, importantes au XVIe siècle[33], sont en recul partout. Pour nos témoins citadins, on passe de 19,9 % à 14,5 % du XVIIe au XVIIIe siècle ; pour les ruraux, de 20,3 à 17,8 % ; mais la noblesse est allée plus vite : de 10,9 à 8,1 %. Les références chrétiennes, maintenues à un haut niveau pour l'ensemble des témoins (citadins et ruraux se différenciant peu), respectivement 68,5 et 71,1 % pour les XVIIe et XVIIIe siècles, ne sont plus qu'à 63,9 et 59,5 % pour la noblesse. Moins réceptive à ces influences anciennes, la noblesse fait meilleur accueil aux références historiques (autres que celles du duché) : moins de 7 % pour l'ensemble des témoins, sans évolution notable entre XVIIe et XVIIIe siècle, mais 24,1 et 26,5 % dans la noblesse ! Il est vrai, nous l'avons vu, que la part d'Alexandre et de Joseph dans la création de cette différence, est importante ; mais nous devons compter aussi avec Hercule, Hippolyte, Vercingétorix, Marc-Antoine, et, déjà, quelques Auguste. Ces références sont encore proches de la culture classique, attentive à la mythologie et à l'Antiquité, moins ouverte sur le monde contemporain que celles qui feront florès après 1760. Leur place dans le prénom noble ne surprend pas, bien au contraire : il est, somme toute, conforme à la culture de ce groupe social.

Au-delà de cette spécificité, les prénoms nobles sont peu différents de ceux des autres catégories sociales. Ainsi, les groupes de prénoms que nous rassemblerons sous le terme de « merveilleux chrétien » : archanges (les exploits de Michel sont bien connus en Normandie), personnages des évangiles apocryphes, et surtout saints auxiliateurs, ou dont l'histoire, souvent empruntée à Jacques de Voragine, est un véritable conte. C'est par excellence l'ensemble promis à la ruine après 1760, ce qui accroît son intérêt dans cette observation. Pour tous les témoins, citadins et ruraux, il représente 33,5 % au XVIIe siècle, références principales exclues, se maintenant même à 38 % au XVIIIe, avant l'inversion de la courbe. La noblesse partage une partie de ce goût du commun : les archanges et les saints auxiliateurs valent dans les mêmes conditions 28,7 puis 29,8 % du stock. Elle ne se tourne pas plus vers le groupe plus sérieux des références néotestamentaires, anges exclus : 14,5 % au XVIIe et 12,9 au XVIIIe, pour 18 % dans le reste de la population.

On ne saurait donc aller trop loin dans l'évaluation des différences entre la noblesse et les autres groupes : à partir d'un fonds commun, c'est surtout une différence de sensibilité qui s'exprime à travers les choix de prénoms ; mais, encore une fois, on aimerait pouvoir décortiquer les comportements nobiliaires, en distinguant des niveaux différents. C'est ce que nous avions espéré avec la capita-

33. Hugues NEVEUX, art. cité, et aussi « Du prénom Guillaume et des Normands au XVIe siècle », *Recueil d'études en hommage à Lucien Musset*, Cahier des Annales de Normandie, n° 23, p. 439-448.

tion. Dans l'élection de Caen, jouant avec de petits nombres, pour le gratin de l'aristocratie : chevaliers de Saint-Louis, seigneurs de paroisses, et noblesse titrée (56 unités prénominales seulement), on trouve plus de références historiques que de chrétiennes (12 contre 11), alors que pour la noblesse plus modeste, elles ne sont que 6 pour 23 noms chrétiens. Modestie des chiffres qui suggèrent des pistes de travail sans apporter de certitudes.

Il demeure, à l'heure de la conclusion, beaucoup d'interrogations. Les dossiers ouverts nous ont amenés à de nouvelles questions, réclamant des enquêtes plus fouillées. Pour une part cependant, une image s'est construite des corpus de prénoms nobles : ils sont plus longs, mais seules les strates les plus élevées parviennent à se distinguer de la petite noblesse et des élites roturières ; ils incorporent moins souvent les unités qui sont banales ailleurs, et cette manière insidieuse de se démarquer est, semble-t-il, plus discriminante. Globalement, la noblesse sait « utiliser » le prénom pour se distinguer du commun, même si les moyens d'y parvenir ne sont pas tout à fait ceux que La Bruyère appliquait aux « Grands ». Il n'en demeure pas moins qu'elle relève bien d'un univers et d'une conjoncture normande des prénoms, y imprimant sa marque par un accueil plus généreux des références à la mythologie et à l'Histoire : l'originalité aristocratique s'exprime par rapport aux structures locales de la prénomination sans être en rupture avec elles. Il faudra comparer ces résultats avec ceux qu'on pourra établir ailleurs, éventuellement dans d'autres structures prénominales, dans la mesure où celles-ci ne sont pas automatiquement transposables d'une province à une autre.

ANNEXE I

Les corpus d'unités prénominales de la noblesse (en % du total des unités prénominales)

	Témoins nés avant 1700[a]	Témoins nés à partir de 1700	Capités de l'intendance de Caen en 1789
Fondamentales – Jean, Jean-Baptiste, Jacques, Pierre – François, Charles, Louis	***56,8*** 31,8 25	***49,4*** 23,3 26,1	***53,4*** 30,6 22,8
Nouveau Testament	10,9	12,2	13,0
Saints	12,0	16,7	13,0
Références chrétiennes diverses	4,7	1,2	1,6
	27,6	***30,1***	***27,6***
Normandie	***4,7***	***4,1***	***5,2***
Mythologie, romans de chevalerie	1,0	2,0	-
Réf. historiques ou contemporaines	7,3	5,7	9,3
Alexandre, Joseph, Victor	2,1	5,7	1
	10,4	***13,4***	***10,3***
Prénoms à connotation morale	-	1,2	0,5
Prénoms féminins	-	0,4	2,1
Divers	0,5	1,2	1
Total des éléments du corpus	**192**	**245**	**193**

a. Les effectifs sont tels qu'il n'est pas possible d'envisager une observation chronologique plus fine.

ANNEXE II

Corpus des prénoms relevés pour les témoins nobles nés aux XVIIe et XVIIIe siècles[34]

Fondamentales
– Groupe de Jean : Jean (16, 15) ; Jean-Baptiste (4, 9) ; Jacques (23, 18) ; Pierre (18, 15).
– Groupe de François : François (23, 25) ; Charles (14, 20) ; Louis (11, 19).

Nouveau Testament
– Anges et archanges : Gabriel (6, 7) ; Michel (3, 7).
– Apôtres : André (1, 1) ; Philippe (4, 8) ; Thomas (3, 3).
– Apôtres et martyrs de l'époque de Paul : Barnabé (0, 2) ; Étienne (3, 0) ; Marc (0, 1) ; Paul (0, 2).
– Autres personnages des Évangiles (apocryphes compris) : Gaspard (1, 0).

Noms de saints
– Saints auxiliateurs, légendaires : Adrien (0, 2), Antoine (1, 8), Christophe (1, 0), Denis (0, 1), Eustache (1, 0), Georges (3, 4), Gilles (3, 4), Julien (1, 3), Nicolas (5, 2).
– Docteurs et pères de l'Église : Ambroise (1, 0), Augustin (0, 2), Dominique (0, 1), Isidore (0, 1).
– Autres saints : Benoît (0, 1), Bernardin (1, 2), Bertrand (1, 0), Claude (3, 5), Hervé (1, 2), Laurent (0, 2), Omer (1, 0).

Références chrétiennes diverses
– Noms vétérotestamentaires : Élie (1, 0), Gédéon (2, 0), Isaac (1, 0), Jérémie (1, 0), Samuel (1, 0).
– Divers : Anonyme[35] (1, 0), Emmanuel (1, 0), Esprit (1, 0), (Noël 1, 0), Toussaint (2, 0).

Références normandes
– Ducs : Guillaume (3, 4), Robert (5, 3), Richard (1, 0).
– Évêques : Germain (0, 1), Léonor (0, 1), Symphorien (0, 1).

Mythologie et romans de chevalerie
– Antiquité : Hippolyte (0, 1) ; Hercule (0, 1).
– Moyen Âge : Olivier (2, 3).

34. La grille a été constituée à partir d'un fichier d'environ 20 636 témoins masculins, et 304 unités prénominales (divers non compris). Elle a été simplement appliquée au corpus des prénoms de la noblesse (ici 55 unités différentes). Le premier chiffre indiqué entre parenthèses indique la fréquence relevée pour les témoins nobles nés avant 1700, le second concerne ceux qui sont nés après cette date.

35. Les enfants ne recevant de prénom qu'au baptême, ceux qui ont été préalablement ondoyés sont dits anonymes. Cet usage se confond parfois avec celui du prénom et les enfants ondoyés, puis baptisés, conservent alors « Anonyme » dans leur prénom complet.

Références historiques et contemporaines
- Antiquité : Auguste (1, 1), Gratien (1, 0), Marc Antoine (2, 0), Vercingétorix (1, 0).
- Byzance : Alexis (1, 0), Léon (0, 1).
- Moyen Âge : Henri (5, 5), René (5, 3).
- Contemporains : Ferdinand (0, 1), Frédéric (0, 1).

Références complexes
- Alexandre (3, 6).
- Joseph (1, 6).
- Victor (0, 2).

Prénoms à connotation morale
- Prénoms de saints ou de martyrs : Félix (0, 1).
- Autres : Aimé (0, 2).

Prénoms féminins
- Anne[36] (0, 1)

Divers
- Archibald (0, 1), Enguerrand (1, 0), Renout (0, 1). Illisible (0, 1).

36. Anne peut-être considéré comme un prénom masculin, mais, dans nos listes de témoins, il ne réapparaît dans le prénom masculin qu'au XVIIIe siècle, avec les autres prénoms féminins.

Noblesse et urbanisme au XVIIIe siècle : l'exemple de Bayeux

Christiane HUET

Présentation de la ville au XVIIIe siècle

Bayeux, cité épiscopale d'un peu moins de 10 000 habitants, située sur la voie royale n° 1, Paris-Cherbourg, est à sept lieues à l'ouest de Caen et à deux lieues des côtes de la Manche. Elle est traversée par la rivière de l'Aure du sud au nord. Son sol argilo-calcaire est favorable aux herbages complantés de pommiers et à l'élevage. Bayeux comprend quatorze paroisses, deux communautés d'hommes, quatre de femmes, un séminaire, un hôtel-Dieu, un hôpital général et un bailliage très actif. Elle est sous la tutelle de l'intendant de la généralité de Caen, représenté par le subdélégué de l'élection. Le gouverneur du château n'a qu'un rôle honorifique, le maire et les échevins administrent la cité. Celle-ci, très densément peuplée *intra-muros*, est entourée d'un rempart quadrangulaire de quatre cents mètres de côté, ce qui gêne son extension vers les faubourgs. Peu à peu, les nécessités de l'économie feront détruire les fortifications et le château situé dans l'angle sud- ouest de la cité *intra-muros*. Autour des murailles, jouxtant la proche banlieue agricole, s'étendent les faubourgs, dans un rayon d'une demi-lieue. L'économie est en osmose avec celle de la campagne proche ; les marchés hebdomadaires permettent d'échanger les objets nécessaires à la vie quotidienne. Beurres d'Isigny, poissons de Port-en-Bessin, miel, cire, charbon de Littry, volailles sont vendus chaque semaine et engendrent un intense trafic de charrois et une grande animation de chalands ; les foires annuelles attirent les marchands de toute la province. Artisans, commerçants, clients, domestiques, plaideurs, ecclésiastiques se côtoient chaque jour dans la cité. La population de la ville est nombreuse et diversifiée. Cependant, les activités tertiaires y sont le mieux représentées par les clercs religieux et les laïcs de la judicature. Vers les années 1770, les ecclésiastiques regroupent environ deux cents personnes (séminaristes et religieux compris), la noblesse quatre-vingt-dix familles et le tiers état la majeure partie de la population. À cette même date, mille cinq cents pauvres sont secourus par les œuvres[1].

1. Olwen H. HUFTON, *Bayeux in the late eighteen century, a social study*, Oxford, Clarendon Press, 1967.

Après des temps troublés, de 1725 à 1763 (disettes, guerre de Sept Ans, révoltes fiscales), le royaume retrouve une prospérité relative. L'économie plus dynamique nécessite de nouveaux aménagements urbanistiques. Les villes, encore marquées par les structures médiévales, évoluent grâce aux grands travaux impulsés par le pouvoir central, relayé par celui des intendants et des édiles locaux[2]. Les particuliers prennent aussi une part importante[3] dans ces modifications qui font évoluer le parcellaire de la ville[4]. Si la plupart des cités, en cette fin de siècle, sont touchées par les embellissements, dans certains cas des facteurs extérieurs favorisent les changements : ainsi, à Bayeux, la mise en place du conseil supérieur[5], après la suppression des parlements en 1771 (rétablis entre 1774 et 1775), draine vers la ville une population nombreuse (des magistrats de la noblesse de robe et leurs familles), soit environ quatre cents personnes. En 1778, le camp de Vaussieux, qui attire tous les grands noms de la noblesse d'épée et se déroule dans les environs de Bayeux, entre la ville et la mer, dynamise pendant quelques semaines les affaires de la cité et relance les chantiers en sommeil ; il en est de même lors des visites du comte d'Artois, puis du roi en 1786.

Dans le cadre des grands travaux d'urbanisme, les élites bourgeoises et nobles qui détiennent le capital participent au remodelage des villes par leurs investissements dans des opérations immobilières variées, plus ou moins importantes, parfois spéculatives[6]. Nous essaierons de voir dans quelle mesure la noblesse de Bayeux a joué un rôle dans la transformation des différents quartiers de la ville et comment elle a mis en œuvre, dans ses propres réalisations, les idées nouvelles liées aux embellissements et diffusées dans les sociétés de pensée qu'elle fréquente. Enfin, on se demandera si ces mutations du parcellaire bâti ont eu une incidence sur la répartition géographique de la noblesse urbaine après 1770.

La noblesse de Bayeux

Avant de tenter de répondre à ces questions, essayons de définir les particularités de cette noblesse. Qui sont ces nobles ? Sont-ils fortunés ou pauvres ? L'étude du vingtième[7], de la capitation, comme la valeur locative de leur maison ou le nombre de leurs domestiques, peuvent aider à saisir ces particularités. Où demeurent-ils ? Les écarts de fortune se reflètent-ils dans l'occupation de l'espace urbain ?

2. Jean-Louis Harouel, *L'Embellissement des villes. L'urbanisme français au XVIIIe siècle*, Paris, Picard, 1993.
3. Christiane Huet, *Bayeux au siècle des Lumières. Embellissements, urbanisme et architecture au XVIIIe siècle*, Paris, La Mandragore, 2001.
4. Jean-Pierre Bardet, *Rouen aux XVIIe et XVIIIe siècles. Les mutations d'un espace social*, Paris, SEDES, 1983.
5. Sont du ressort de ce conseil supérieur : Alençon, Argentan, Avranches, Bayeux, Caen, Carentan, Coutances, Domfront, Exmes, Falaise, Montreuil, Mortain, Périers, Saint-Lô, Saint-Sauveur-Le-Vicomte, Valognes, Vire.
6. C.-I. Brelot, *Noblesses et villes, 1780-1950*, Actes du colloque de Tours, 17-19 mars 1994.
7. ADC, C 5308, le vingtième de 1751 à 1771, 83 feuillets pour Bayeux. Et ADC, C 5311, le vingtième pour 1782.

Qui est cette noblesse ? Issue parfois de l'épée mais le plus souvent de la robe, sa fortune vient surtout de la rente foncière, des fieffes[8] ou parfois de pensions octroyées par le roi sous forme de douaire, comme c'est le cas pour la baronne de Wimpfen en 1779 qui recevra 4000 livres si elle survit à son époux, Félix de Wimpfen, seigneur de Saint-Germain-de-la-Lieue, maréchal des camps et armées du roi. La noblesse achète, loue, vend, bâtit de grandes propriétés. Beaucoup de nobles bayeusains détiennent des pouvoirs politiques, économiques et sociaux dans la cité ou en Normandie. Des officiers, des magistrats, des grands propriétaires concentrent en leurs mains l'essentiel du patrimoine urbain foncier (environ 12 % à 13 % sont détenus par 5 % des nobles et du clergé à Bayeux vers 1782) et exercent des fonctions plus ou moins importantes. Nous avons choisi des familles emblématiques et nous nous contenterons de signaler rapidement les autres par quelques caractéristiques propres. Parmi les plus riches, nous notons Robert de La Londe de Pontécoulant, conseiller-maître en la cour des comptes, aides et finances au parlement de Normandie, qui achète, en 1770, à la famille Hélyes de Bompart, le manoir de la Lombarderie, paroisse Saint-Patrice. Il passe l'été dans son château de Tour. Pierre-Augustin de Boran, marquis de Castilly, gouverneur de la ville et du château d'Avranches, lieutenant du roi en Normandie, a fait construire, vers 1730, l'hôtel de Faudoas (du nom de son gendre, Antoine de Faudoas, marquis de Canisy), paroisse Saint-Sauveur. Aux beaux jours, il réside à Castilly. Henri-Geoffroy-Cyrus, marquis de Bricqueville, seigneur des bourgs et hameaux d'Isigny, officier des dragons, est marié à la fille de Jacques d'Harcourt, marquis d'Olonde, vivant à Valognes. Bricqueville a commandité un grand hôtel, rue Saint-Sauveur, bâti vers 1780. La famille y demeure, partageant ses séjours entre son château d'Isigny et ses hôtels à Paris, dont la plupart sont loués. Le marquis de Bezons et Maisons, Jacques-Gabriel-Alexandre, capitaine des dragons au régiment de la reine, habite paroisse Saint-Sauveur. Il est le gendre de Gabriel Moisson de Vaux, lui-même ancien officier au régiment de cavalerie Dauphin-Étranger et passionné de botanique ; il mettra en place le premier jardin des plantes à la Révolution, d'abord à l'hôtel du doyen, puis dans sa propriété, paroisse Saint-Vigoret.

Tous ces nobles sont considérés comme nantis, il suffit de regarder leurs capitations[9]. La plupart sont imposés à plus 200 livres, comme Faudoas à 450 livres, ou la comtesse de Campigny[10] à 325 livres. Elle vit dans son château éponyme, mais se rend en villégiature régulièrement à Bayeux, dans son hôtel de la paroisse Saint-Malo. Guillebert de La Rivière Vaucelles a acheté un grand hôtel en 1759, rue Saint-Patrice, et paie 285 livres de capitation. Il en est de même pour Bauquet de Granval, magistrat lieutenant-général au criminel, qui habite paroisse de la Poterie, rue des Bénédictines, et pour le président du bailliage, Jean-Baptiste-Antoine-Bernardin-Eudes de La Jumellière, ancien lieutenant au

8. Biens loués, le plus souvent, sous forme de contrat emphytéotique.
9. ADC, C 4547, capitation pour 1787.
10. Adélaïde Solignac de La Mothe Fénelon, mariée à Bon-Louis de Campigny, officier aux gardes françaises.

régiment Royal Artillerie de Strasbourg, domicilié rue des Ursulines, paroisse Saint-Sauveur. Nous pouvons noter que les quatre-vingt-douze familles nobles de Bayeux sont imposées à 4881 livres pour la capitation de 1775 et que la recette la plus importante provient de l'impôt levé sur la paroisse Saint-Sauveur, qui concentre à elle seule 2316 livres, soit 47,6 % du total. Trois autres paroisses arrivent loin derrière : Saint-Patrice avec un total de 953 livres, Saint-Malo avec 401 livres et Saint-Loup avec 258 livres. Les plus faibles capitations sont celles des paroisses Saint-Martin et de la Madeleine, respectivement de 75 et 70 livres, ce qui peut s'expliquer par le fait que ces paroisses sont avant tout réservées aux artisans et commerçants pour la première, aux teinturiers pour la seconde (laquelle est située en outre au-delà du rempart) et par le fait que peu de nobles riches y ont élu domicile. Saint-Sauveur concentre, en effet, le plus grand nombre de nobles nantis, comme en témoignent les grands hôtels qui subsistent dans les rues de cette paroisse. Selon El Kordi[11], en 1775, 12 % des nobles, paroisse Saint-Sauveur, sont redevables d'une capitation supérieure à 100 livres et, en 1787, 7 % d'entre eux paient entre 200 et 300 livres de capitation. L'examen du vingtième conforte notre appréciation et recoupe ces informations. Si Pierre de Castilly, pour 500 livres de revenus, paie 25 livres, Isaac de Petit Cœur de Saint-Vast[12], pour 90 livres, ne doit que 4 livres 10 deniers et Pierre de Royville, pour 100 livres, 5 livres. Les familles les plus imposées se concentrent, au moins jusqu'en 1775, *intra-muros* ou à proximité immédiate, paroisse Saint-Patrice. La valeur locative[13] supérieures à 300 livres, en 1784, de certaines résidences permet de pointer du doigt les mêmes familles ou apparentées. L'hôtel détenu par Bonaventure-François Crespel, ancien lieutenant au bailliage, est évalué à 450 livres, celui de Guillebert de la Rivière Vaucelles à 600 livres ; l'hôtel de l'apothicaire, Tillard des Acres, rue des Bouchers, est loué pour cette somme à deux locataires, dont Mademoiselle d'Albignac. En étudiant le nombre de domestiques au service des familles nous retrouvons les mêmes écarts : Couvert de Coulomb en emploie cinq, Guillebert de Vaucelles sept, six pour Augustin-Alexandre de Saffray, capitaine au régiment Royal Cavalerie et gouverneur pour le roi du port et de la ville d'Isigny. Ce dernier est marié à Marguerite-Victoire de Bailleul, la sœur de la baronne de Wimpfen[14], et demeure paroisse Saint-Sauveur. Quant à Petit Cœur de Saint-Vast, il ne dispose que de trois serviteurs.

Tous les nobles ne sont pas riches, certains même sont nécessiteux, ainsi en est-il des veuves sans douaire qui ont dû refuser la succession de leur époux, trop endetté. Des célibataires sans mari et de pauvres écuyers cherchent également du secours auprès des instances caritatives. Nous les mentionnerons sans nous y attarder, car ceux-là n'ont aucun impact sur l'évolution de l'urbanisme, leurs revenus

11. Mohamed El Kordi, *Bayeux aux XVIIe et XVIIIe siècles : contribution à l'histoire urbaine de la France*, Paris, La Haye, Mouton, 1970, avec la collaboration du CRHQ (université de Caen/Basse-Normandie).
12. Lieutenant général des armées du roi. Il habite rue Saint-Sauveur.
13. ADC, C 5312, maisons à imposer en 1784.
14. Médiathèque de Bayeux, Ms. 338, Famille de Wimpfen.

étant trop faibles pour leur permettre des investissements importants dans l'immobilier[15]. En 1788, environ 33 % des nobles paient une capitation inférieure à 20 livres et un peu moins de 65 % sont taxés entre 21 et 100 livres, cela pour 88 foyers nobles et une somme totale de 6013 livres. Il semblerait aussi que les plus titrés et les plus riches du second ordre se soient installés au cœur de la ville *intra-muros*, alors que les autres se concentrent davantage à la périphérie. Il faut nuancer ce propos selon les périodes, parce qu'après 1774, beaucoup de nouveaux immeubles s'édifient dans les faubourgs. Ils sont commandités par la noblesse, qui souhaite des espaces aérés ; aussi se fait-elle construire des maisons orientées au midi, lumineuses et saines, répondant aux poncifs en vogue chez les architectes des Lumières, au milieu de parcs et de jardins, tel Adrien Fréard du Castel, dans la paroisse Saint-Loup, au sud de la cité. Nombreuses sont ces familles, liées entre elles, qui possèdent des propriétés, terres et châteaux, dans toutes les villes de la généralité et dans les environs de celle-ci, à Valognes, à Isigny ou à Bayeux, sans compter d'autres biens dans toute la France apportés par mariage ; ainsi en est-il des La Tour du Pin et des familles d'Harcourt, de Wimpfen, d'Albignac et de Bailleul. Au XVIIe et début du XVIIIe siècle, cette noblesse avait multiplié les dons caritatifs, aménageant à ses frais des couvents comme les Levallois d'Escoville (en faveur des Bénédictines), Françoise d'Harcourt Beuvron (pour les Ursulines) ou Duvigney, procureur du roi en l'élection sous Louis XIV, bienfaiteur des sœurs de la Charité. Leur action avait déjà contribué à modifier les grands espaces des faubourgs. Au XVIIIe, la noblesse délaisse les investissements caritatifs et s'oriente davantage vers les affaires privées. Beaucoup de nobles partagent les idées nouvelles, diffusées dans les loges maçonniques de Bayeux et de Valognes. Lors des tenues, ils peuvent rencontrer l'architecte géomètre de la généralité, Lefèvre, lui-même franc-maçon, et ainsi discuter des projets urbanistiques, sans que ces interventions revêtent un caractère officiel, puisqu'ils sont entre Frères et peuvent parler librement. C'est un Bricqueville qui anime la loge aristocratique de *La Constance* à Bayeux. Peu à peu, les idées du siècle des Lumières imprègnent la noblesse, qui y est attentive et s'en inspire pour construire ou réaménager des propriétés urbaines, donnant un nouvel aspect à des quartiers naguère différents. La noblesse peut se permettre de telles dépenses parce qu'elle dispose de grandes fortunes foncières et que la rente des revenus des terres affermées reste élevée. Les Bricqueville, les Wimpfen, les Bailleul, les d'Harcourt ou les d'Albignac[16] font partie de ses membres les plus nantis. La construction d'un hôtel de taille moyenne, dans des villes telles que Bayeux,

15. Selon Edmond de Laheudrie (E. Le Tual de Laheudrie, *Bayeux et le Bessin*, Bayeux, Colas, 1945, p. 277), les sœurs Marie-Madeleine, Suzanne, Claude et Jeanne d'Estrevaux, bien que de bonne noblesse, n'ont pas trouvé de mari, car réputées pauvres. Elles habitent une petite maison dont elles sont propriétaires, paroisse Saint-Vigoret, rue Larcher. Jean-Jacques de Roucherolles, également pauvre, vit dans cette même rue. Nous connaissons d'autres nobles désargentés, ainsi Marie Hébert d'Orval, dont le petit-neveu qui a acheté le grand hôtel Saint-Jean a lui aussi une fortune médiocre. Augustin de Parceval vit modestement place Saint-Patrice, ainsi que le sieur Le Barbey d'Aulney, paroisse Saint-Jean. Jean-Charles de la Mare, seigneur de Longueville, qui s'est fait construire un superbe hôtel, rue des Augustins, est, cependant, criblé de dettes.

16. Pierre-Jean Lévi d'Albignac est lieutenant-colonel au régiment des dragons de la reine ; il est marié à Gabrielle de Bailleul, sœur de la baronne de Wimpfen, et habite rue Saint-Sauveur.

Valognes ou Falaise, requiert, en effet, des débours supérieurs à 15 000 livres, ce qui suppose des revenus élevés. Beaucoup des membres de cette noblesse possèdent de grands hôtels[17], dans une ou plusieurs villes, qu'ils louent ou parfois échangent ou vendent. En outre, la plupart du temps, ils sont propriétaires de châteaux[18], résidences estivales, la maison urbaine étant surtout utilisée l'hiver. Chacune de ces bâtisses est réaménagée au XVIIIe selon le goût du jour et dotée du dernier confort, ainsi que garnie de meubles et d'objets signés par les plus grands maîtres.

Rôle de la noblesse dans le développement de l'urbanisme

Dans quelle mesure la noblesse contribue-t-elle, au XVIIIe siècle, à l'évolution de l'urbanisme et au remodelage des petites villes ? Au XVIIIe, la nécessité se fait pressante, dans de nombreuses cités du royaume, de détruire le corset de pierre qui les enserre et de supprimer l'espace castral afin de s'étendre vers les faubourgs pour dynamiser l'économie et répondre aux nouveaux principes des embellissements de l'époque.

L'abatie (la destruction) des remparts est la grande affaire des villes françaises, imitant en cela ce qui s'est fait à Paris dès le XVIIe siècle. À Bayeux, comme à Falaise, on envisage leur suppression pour faire passer de nouvelles voies et faciliter la circulation qui se fait difficilement au travers de portes étroites et, le plus souvent, dangereuses parce que mal entretenues. Ces portes occasionnent fréquemment des accidents. Le rempart proprement dit, le plus souvent délabré, est délaissé par le roi en raison des coûts générés par son entretien, qui ne semble plus nécessaire puisque les incursions de l'ennemi se raréfient. Aussi, depuis longtemps, des portions de murailles et de fossés ont-elles été fieffées par des particuliers, sous forme de baux emphytéotiques, contre des loyers plus ou moins élevés. Les pouvoirs publics saisissent cette aubaine, puisque le bien est entretenu par le locataire. Toutes les couches sociales profitent de l'opportunité d'agrandir ainsi leur jardin, d'ouvrir une porte, de réaliser une terrasse. Nous en avons noté de nombreux exemples à Bayeux, y compris dans la noblesse. Ainsi, M. de La Rivière, écuyer, sieur de Hérils, prend à fieffe (en location) « un bout de fossé en arrière d'une maison qu'il possède paroisse Saint-André, en arrière de la tour ronde de derrière sa maison, jusqu'à la fieffe du sieur Guérin, au droit du seigneur de Gratot contre 60 sols[19] ».

L'espace castral, quant à lui, intéresse tous les habitants de la ville, riches et pauvres. Les uns veulent faire du profit en achetant des terrains *intra-muros*, les autres souhaitent travailler à la démolition par le biais des ateliers de charité, ce qui leur permettra de survivre. Le château est propriété de l'État, le gouverneur y représente le roi mais sans pouvoir réel. Couvert de Coulomb ne peut donc rien

17. En 1774, à Bayeux, sur 1314 maisons recensées, 13 % relèvent de la grande propriété nobiliaire.

18. Le marquis de Bezons possède un château à Tracy, le sieur de Pontécoulant à Tour, le marquis de Faudoas à Castilly. Marie de Marguerie, veuve de Charles de Bricqueville, propriétaire du château d'Esquay, dispose d'un pied-à-terre, rue Franche. La famille Bricqueville-Langalerie, établie rue des Augustins, vit l'été au château de Guéron, la famille de Wimpfen, à Saint-Germain-de-la-Lieue.

19. Registre de l'hôtel de ville de Bayeux, DD 2, f°s 23-35.

entreprendre sur le château sans l'accord du pouvoir central. À Bayeux, dès 1733, le roi donne l'autorisation d'abattre la forteresse, mais la démolition ne commence qu'en 1773. Dès lors, les terrains suscitent les convoitises de l'administration qui pense y construire, non seulement des locaux mieux adaptés aux fonctions de la mairie, du bailliage, des prisons, mais aussi des promenades. De nombreux particuliers se portent acquéreurs pour acheter des espaces à lotir ou des pierres afin de réaliser des opérations intéressantes. Quelques promoteurs tentent d'obtenir des parcelles et les tractations se multiplient entre l'intendant, le maire, le gouverneur et les acheteurs potentiels. La noblesse se lance également dans la course aux terrains bien placés.

La noblesse profite, à Bayeux, des opportunités qui lui sont offertes par les contingences politiques ou militaires qui accélèrent les transformations urbaines. La suppression des parlements et la mise en place des conseils supérieurs par le roi, en 1771, dont Bayeux est bénéficiaire, engendre, dans la ville, un afflux de population important. Les magistrats plus ou moins fonctionnarisés, issus de la noblesse de robe, souhaitent des logements confortables pour leur famille et leur domesticité. Évidemment, les prix de l'immobilier grimpent. Les locations et les constructions nouvelles fleurissent. Nombreux sont les particuliers qui réaménagent leur maison pour les louer au plus fort prix. Les achats de terrains et d'immeubles, comme la construction de maisons, s'intensifient ; la ville est en chantier. La chute est rude lors de la suppression du conseil de Bayeux en 1775.

Le camp de Vaussieux, mis en place pour intimider les Anglais dont on craint le débarquement, attire la grande noblesse d'épée[20], à Bayeux et dans les environs, durant ces quelques semaines qui vont suffire à relancer le marché immobilier des locations de propriétés et susciter un regain d'intérêt pour les affaires, ventes de terrains, rénovations et même constructions de bâtiments commandités par Verdale, sieur de Marigny, et Wimpfen. Beaucoup de beaux hôtels datent de ce dernier tiers du XVIIIe. Les membres les plus éminents de cette noblesse sont alliés aux familles résidant à Bayeux, ce qui peut expliquer l'engouement pour la ville ; c'est le cas du baron de Wimpfen, qui épouse une demoiselle de Bailleul de la paroisse Saint-Sauveur. Si la tenue de ce camp a coûté cher au royaume, la cité en a retiré des revenus substantiels, même si quelques-uns des bailleurs n'ont pas été payés de leurs locations, parce que cette société dépensait et se divertissait beaucoup en organisant régulièrement fêtes et bals dans les châteaux proches ou dans les hôtels de Bayeux, tel celui de Faudoas.

Les grandes opérations urbanistiques menées par les pouvoirs publics confrontent parfois les particuliers à des coupes douloureuses dans leur bâti, vers 1760-1770. La noblesse n'y échappe pas. Ainsi, à Bayeux, certains donnent leur accord sans problème, tels les propriétaires de la Caillerie (Prével de la Caillerie et Douesnel) ou ceux de la Lombarderie (Subles de Bompart, puis Pontécoulant), ce

20. Outre le général de Wimpfen déjà cité, nous relevons les noms du M. de Broglie qui commande le secteur, celui du M. d'Harcourt, du marquis de la Rivière, du comte de Rochambeau, mais aussi des dames qui les accompagnent, la comtesse de Matignon, la princesse de Beauvau.

qui facilite l'alignement de la rue Saint-Patrice. Le sieur de Hérils, paroisse Saint-André, et le sieur de La Rivière Vaucelles, paroisse Saint-Patrice, ont dû accepter l'amputation d'une partie de leur propriété pour raison d'alignement, ainsi que la comtesse de Campigny, qui s'est résolue à accepter la réduction de son grand hôtel, paroisse Saint-Malo, permettant l'élargissement de la voie principale[21]. Plus tard, la comtesse s'opposera, cependant, à la destruction de la porte Arborée, sur laquelle sa famille avait des droits, mais elle perdra son procès contre la ville. La porte fut démolie en 1789 et l'accès rendu plus facile pour les charrois de ce côté sud de la cité. Les visites de la famille royale dynamisent l'immobilier et entraînent des remaniements de voirie au détriment de quelques grandes propriétés nobiliaires, comme celle de Pierre de Royville, construite à la fin du XVIIe et remaniée au XVIIIe, en bordure d'un chemin élargi, paroisse de la Poterie, devenu rue Royale, après le passage de Louis XVI en 1786.

Certaines décisions de particuliers modifient la physionomie de tout un quartier médiéval : ainsi Bonaventure Crespel, avocat et maire, demeurant rue Franche, achète vers 1730 et détruit un peu plus tard tout un ensemble de vieilles maisons sur rue des XIVe et XVe siècles, peut-être à pans de bois, comme celles qui subsistent à côté, qui masquaient l'avant de sa propriété. Il acquiert et supprime la venelle qui la contournait, reliant les rues Franche et Saint-Martin, et restaure, en fond de parcelle, le logis arrière sur lequel il plaque une façade XVIIIe. La nouvelle bâtisse se compose d'un avant-corps central sommé d'un fronton triangulaire, le tout flanqué de deux petits retours. Un bel hôtel élégant remplace ainsi les deux maisons. Les seuls témoins de la construction primitive sont les plafonds du rez-de-chaussée plus bas que ceux des hôtels semblables. L'accès se fait désormais par une allée mettant en valeur la partie médiane de l'édifice. Cette opération assez ambitieuse est rare car coûteuse. Rue de la Maîtrise, à la fin du XVIIe, Morel de Carbonnière, à partir d'une vieille masure au fond d'une cour humide, avait fait reconstruire un superbe immeuble de style Louis XIII. Puis, vers le dernier tiers du XVIIIe, les dépendances sont aménagées en logement et forment une aile nouvelle, en raison du comblement des fossés de la place du château et du lotissement de l'espace ainsi obtenu, la sortie n'étant plus possible de ce côté. Deux nouvelles maisons sont bâties, modifiant légèrement l'aspect de l'entrée de la rue, par ailleurs, resté très médiéval.

Au XVIIIe siècle, les évêques de Bayeux, tous issus de la grande noblesse[22], ont également investi leurs fonds propres pour améliorer la ville, outre les opérations caritatives habituelles des évêques, telles que les a pratiquées Mgr de Nesmond. Il a financé de ses deniers la construction de l'hôpital général, paroisse Saint-Jean, et du séminaire derrière l'hôtel-Dieu, à la fin du XVIIe et au début du XVIIIe. D'autres, plus tard, comme Mgr. de Rochechouart, ont contribué à la rectification de la rue Larcher en négociant une partie de ses droits. Quant à Mgr de Cheylus, il n'hésite

21. ADC, C 3508, Plan de la grande traverse.
22. Nesmond (mort en 1715), Paul d'Albert de Luynes (1729-1753), Rochechouart (1753-1771), Cheylus qui est chassé de Bayeux par la Révolution et quitte la ville en 1791.

pas à payer, en 1780, le pavage de la rue Saint-Laurent, en plus des 100 000 livres qu'il a données afin de réaliser l'institution, achevée en 1786, pour l'éducation des jeunes garçons dans ce quartier.

La noblesse réalise-t-elle, dans les villes moyennes de province[23], des opérations immobilières spéculatives d'envergure, à l'instar de ce qui se passe dans les cités plus importantes ? Au XVIIIe, un groupe nouveau surgit en même temps que se développent les grands travaux publics, celui des profiteurs et des promoteurs. Pouvons-nous, à cette époque, évoquer la promotion telle qu'elle existe à Paris vers 1770, orchestrée par les princes ou le haut clergé, par exemple Chaussée-d'Antin et faubourg Poissonnière ? À Bayeux, comme dans la plupart des villes de province, moyennes ou petites, l'action se fait plus discrète et la plupart de ceux qui font des affaires profitent d'une opportunité pour obtenir plus facilement les marchés d'adjudication : liens de parenté, conjoncture économique favorable, vente de biens conventuels, événements tels ceux que nous avons décrits précédemment.

La suppression des fortifications, la multiplication des places à programme suscitent des convoitises et la noblesse, comme les autres particuliers, est intéressée par la spéculation ; elle fait même des propositions, plus ou moins acceptées. Elle souhaite l'achat de grandes parcelles lors de la destruction du château, elle achète des terrains dans les faubourgs qu'elle fait bâtir parfois pour les louer. Ainsi, le 24 mars 1775, M. de Malherbe, major du régiment de cavalerie de Bourgogne, chevalier de l'ordre de Saint-Louis, écrit à propos des terrains du château de Bayeux à Mgr de Beaumont, intendant général des finances et domaines de sa Majesté, et lui réclame l'emplacement du vieux château, du fossé, de l'esplanade, pour combler le fossé, aplanir les terrains, récupérer les matériaux et bâtir. À cette occasion, il rappelle au roi la fidélité de sa famille à la monarchie et son ancienneté[24]. Il propose pour cette opération une redevance annuelle de 200 livres. Les demandes de particuliers sont nombreuses. Le 14 octobre 1779, plusieurs personnes envoient une requête à l'intendant concernant les terrains du rempart, qui « s'étendent de la propriété Faudoas jusqu'au jardin de Maheust, afin de prendre en écharpe les terrains place du Château ». Bourgeoisie et noblesse de robe se sont unies dans cette demande. On note le nom de Tassigny des Longsprés parmi les pétitionnaires qui envisagent « un loyer de 6 livres la vergée de quarante perches[25] ». Une fois encore il s'agit de modestes opérations.

23. Jean-Claude PERROT, *Genèse d'une ville moderne, Caen au XVIIIe siècle*, Paris, La Haye, Mouton, 1975.
24. ADC, C 1084. Voici ce qu'il écrit : « Environ deux cents arpents [...] sont couverts de matériaux démolis encore sur le terrain dans un total abandon [...] ne produisant rien au roi [...] le sieur de Malherbe a l'honneur de supplier Mgr de lui faire accorder la propriété de l'emplacement du vieux château [...]. » Et M. de Malherbe précise, afin de négocier au mieux le prix : « Il y a beaucoup de frais à faire au remblais de ce fossé et aux démolitions qui restent à faire, pour mettre en état de valoir quelque chose. » Il ajoute à propos de sa famille : « Qui dans tous les temps n'a cessé de donner à son roi des preuves de son zèle et de son attachement. »
25. ADC, C 1083, À propos des prix, nous relevons, en 1781, pour les terrains du château et du rempart, des évaluations variant de 5 livres la toise au niveau de la porte Arborée vers le faubourg méridional, à 40 livres rue du Pont-aux-Vaches au milieu de la grande traverse, mais 13 livres seulement vers le faubourg Saint-Patrice, soit une moyenne de trente livres pour les terrains proches de la rue principale.

Conséquences sur l'évolution de l'urbanisme et sur la géographie de l'habitat noble

À Bayeux, la noblesse se regroupe dans certains secteurs, d'abord en centre-ville, puis, vers le dernier tiers du XVIIIe, une partie d'entre elle migre vers les faubourgs, favorisant leur lotissement et le peuplement de ces quartiers naguère délaissés. Mais, *intra-muros*, des remaniements de propriétés donnent à la ville une physionomie plus moderne.

Le rôle de la noblesse est très important dans le nouvel urbanisme de la ville, rénovation des bâtis ou constructions neuves contribuent à modifier le tracé des rues ou l'aspect des faubourgs. Quelles sont les conséquences de ces transformations sur le parcellaire de la cité ? *Intra-muros,* à Bayeux, les édifices sont pour la plupart antérieurs au XVIIIe siècle et le plus souvent remaniés en fonction des travaux entrepris par la ville ou selon la volonté des commanditaires souhaitant améliorer leur fonds en le mettant au goût du jour. Paroisse Saint-Sauveur, nous constatons ces mutations par les styles qui se chevauchent dans plusieurs maisons. Des traces de colombages du XVe subsistent jusqu'à nos jours. En outre, de nombreux bâtiments montrent des parties Renaissance très imbriquées dans des constructions plus récentes. Rue Saint-Sauveur, l'hôtel Subles de Bompart présente des portions architecturales de l'époque Renaissance et d'autres renvoient à celle de Louis XIII. Nous pouvons également noter des caves du XIIIe et des tours du XVe. Il en était de même dans l'un des hôtels[26], à l'entrée de la rue, détruit après la dernière guerre. En revanche, deux hôtels, Faudoas et Bricqueville[27], datent entièrement du XVIIIe. Leur réalisation a entraîné une transformation importante du parcellaire et du bâti dans ce secteur. En effet, suite à leurs travaux, la rue Saint-Sauveur est rectifiée, élargie, les passages vers les petites ruelles adjacentes privatisés. La rue sous le mur disparaît, ainsi que les constructions adventices qui cachaient le rempart. L'hôtel de Faudoas, vers 1730, s'appuie sur la muraille de la ville qui est utilisée par l'architecte Jacques Moussard (1680-1750) pour servir de grande terrasse, au premier étage. À l'avant, une vaste cour donne sur la voie. À l'arrière, le bâtiment surplombe les fossés asséchés et plantés. Les remises aux carrosses et les dépendances sont au nord, les caves en sous-sol. Le second édifice date du règne de Louis XVI, le rempart arasé est transformé en jardin. Le commanditaire le plus vraisemblable est sans doute Cyrus de Bricqueville, vers 1780. Esprit fort, très marqué par les idées nouvelles et la franc-maçonnerie, son hôtel est vaste, clair et bien exposé.

La paroisse et la rue Saint-Sauveur abritent de nombreux aristocrates dont la plupart sont alliés par des unions matrimoniales. Félix de Wimpfen, les Bailleul, les Albignac, les Bricqueville et les Faudoas sont apparentés et occupent 80 % des plus grandes demeures d'un même ensemble spatial. Des portes et des passages

26. P. Lauvrière, « Bayeux qui disparaît, les hôtels bayeusains », *Société des sciences, arts et belles lettres,* vol. 22, 1952, p. 25-35.
27. Bricqueville ou la Tour du Pin.

ouvrent sur les propriétés des uns et des autres lorsqu'elles sont du même côté de la rue. La rue Saint-Sauveur a bénéficié des travaux engagés par la noblesse pour construire ou améliorer son habitat; en même temps, la ville a pu en profiter pour modifier la voirie et la redresser, supprimer le rempart et les fossés. La rue voisine des Ursulines a conservé, quant à elle, son tracé médiéval et ses grands hôtels du XVIIe (Campigny, Marguerie) n'ont subi que des rénovations intérieures. La noblesse d'épée semble rassemblée rue Saint-Sauveur. La noblesse de robe affectionne plutôt les rues de la Juridiction et des Ursulines. Selon M. El Kordi, 59 % de la noblesse demeure paroisses Saint-Sauveur, Saint-Malo, Saint-Patrice.

Les espaces en centre-ville sont chers et surtout ne permettent pas aux passionnés de nature de disposer de grands espaces à transformer en parcs et jardins. Aussi beaucoup de nobles s'orientent-ils vers l'achat et le lotissement de terrains mis en vente par les chanoines de Saint-Augustin, rue des Bouchers (Augustins). Le faubourg nord se peuple peu à peu grâce aux ventes commencées en 1773. La noblesse et la bourgeoisie édifient bientôt de beaux hôtels dotés de grands parcs[28]. Les familles d'Hérouville, de Longueville, de Bricqueville-Langalerie, Tillard des Acres, Le Tual du Manoir font édifier des maisons neuves. En 1736, le plan de Outhier présente une rue des Augustins dont le côté nord est bâti de modestes constructions des faubourgs. Il en subsiste encore quelques exemplaires vers l'entrée ouest de la voie au carrefour de la rue Cabourg. Frédéric Pluquet[29] écrit, en évoquant ces faubourgs : « Ils étaient tristes et solitaires, les rues étroites et fangeuses; un vaste herbage occupait tout un côté de la rue des Bouchers. » Après 1773, cet espace désert se peuple; le côté septentrional est le premier loti, puis, rapidement, un long ruban de propriétés jointives s'étire du côté méridional de la rue, avec des maisons dont les jardins à l'arrière donnent sur l'extérieur des remparts. À la fin du XVIIIe, la rue est complètement bâtie. Les trois quarts des hôtels sont déclarés neufs sur les plans et appartiennent à la noblesse. Murs, façades, cours et porches remplacent les vertes prairies. Les immeubles bordent la voie sur 10 à 30 toises de façade et s'élèvent sur deux étages, sauf l'immeuble Tillard des Acres sur trois. Leurs décors sont sobres; parfois les clefs des fenêtres bénéficient de bas-reliefs. Dans certains hôtels, des balcons doivent à des ferronniers, maîtres d'art, leurs magnifiques volutes : Tillard des Acres et Bricqueville-Langalerie.

Le faubourg sud bénéficie de quelques grandes bâtisses construites par des amateurs de jardins qui vont dessiner des parcs à l'anglaise, les planter d'espèces d'arbres rares dont certains subsistent jusqu'à nos jours. Ainsi, vers 1760, Raoul Adrien Fréard du Castel[30] fait construire un grand hôtel éponyme, rue de la Cambette, aux lignes classiques sobres et régulières, orienté au midi. Cette propriété occupe un espace immense jusqu'au By-Pass actuel. Quant à l'hôtel d'Auxais (famille apparentée à Rogier du Vigney) qui lui fait face de ce côté, il

28. ADC, C 3509, plan de la rue des Bouchers.
29. Frédéric Pluquet, *Essai historique sur la ville de Bayeux et son arrondissement*, Caen, T. Chalopin, 1829, p. 110.
30. Il a laissé un essai intitulé « *L'École des jardins* », publié en 1764.

s'étend également vers la rue Saint-Loup. Il a été construit, entre 1775 et 1777, pour Tillard des Acres qui l'a mis en location. Cet immeuble perpendiculaire à la rue présente sa façade au sud. Invisible de la rue, il est caché derrière ses hauts murs. Le faubourg sud était assez peuplé et les maisons de faubourg, les échoppes et les auberges s'alignaient jointives le long de la voie. C'est l'entrée de la ville pour les voitures qui viennent de Saint-Lô, secteur beaucoup plus animé que le faubourg nord. Ici, les constructions nobles ont pris les terrains agricoles, plus ou moins bons, car marécageux, rue de la Cambette, ou vacants, rue Saint-Loup, pour bâtir leurs propriétés et ont ainsi contribué à urbaniser de nouveaux espaces. À l'est, la famille Le Bègue de Germigny fait bâtir à la fin du siècle, en 1791, une grande propriété qui ouvre sur un ensemble de trois jardins en terrasses. Gabriel Moisson de Vaux lotit aussi un espace vacant, paroisse Saint-Vigoret, afin de disposer d'un grand parc.

Ces demeures reflètent l'art de vivre d'un groupe social qui partage les mêmes idéaux, répondant aux préceptes d'hygiène et de confort préconisés par les traités d'architecture et le siècle des Lumières. Mais ici, point d'audace à la manière de Ledoux ou de Boullée, les lignes restent classiques et pures sans fioritures. L'hôtel de Tillard des Acres, loué par Mademoiselle d'Albignac est le seul, dans le quartier nord, à présenter une façade aux fenêtres décorées de clefs sculptées et aux balcons en ferronneries de qualité. L'intérieur de ces maisons bâties au XVIIIe propose des pièces plus petites, des plafonds moins hauts, dont les poutres et les solives sont dissimulées par du plâtre parfois stuqué de sculptures. Le salon de compagnie et les salles à manger apparaissent sur les plans, les cuisines, dépenses, réserves sont reléguées dans les caves à demi enterrées. Les chambres à alcôve communiquent avec une garde-robe ou un boudoir, parfois avec une pièce de bains, elles sont desservies par des corridors respectant l'intimité de chacun. Les chambres ne sont plus en enfilade. Certaines maisons, comme l'hôtel de Pierrepont, rue Franche, présentent des lieux à l'anglaise dissimulés dans les escaliers. Les espaces réservés aux domestiques sont distincts de ceux des maîtres et des enfants. Les cheminements à l'intérieur de la maison prévoient deux escaliers. Les fenêtres doivent se faire face pour permettre à l'air de circuler, elles sont garnies de volets intérieurs qui reprennent les motifs des boiseries et des trumeaux surmontant les portes. Les cheminées sont prévues dans toutes les pièces, les rez-de-chaussée sont surélevés par un perron de cinq à sept marches pour éviter l'humidité et les immeubles souvent orientés au midi, à partir de 1750. L'architecture de ces bâtisses provinciales reste assez classique ; les plans massés sont rares ; on privilégie le plan en U présentant un léger avant-corps encadré par deux ailes entre cour et jardin. Les étages sont délimités par des bandeaux en pierre, les fenêtres et les lucarnes disposées avec régularité de part et d'autre de l'avant-corps, les frontons triangulaires ou semi-circulaires le couronnent au niveau du toit.

Dans la plupart des cités, les embellissements du XVIIIe modifient sensiblement la physionomie des quartiers, grâce à une nouvelle occupation de l'espace. Les particuliers achètent et lotissent des terrains. La noblesse se fait construire de vastes propriétés dans les faubourgs, devenus attractifs en raison de la taille des parcelles qui permet d'organiser des parcs arborés. Si les grandes villes[31] ont évolué de manière significative[32], il n'en est pas de même pour les cités plus modestes. Bayeux, Valognes ou Falaise n'ont subi que des remaniements partiels : on répare, on rénove, parfois on construit. Peu de grands desseins touchent les quartiers *extra-muros* ; on ne constate pas de grands bouleversements ; aucun quartier n'est créé *ex nihilo*, sauf ceux qui s'installent le long d'une voie, ainsi rue des Augustins (des Bouchers) à Bayeux. Les modifications urbaines portent donc sur des ensembles limités pour les particuliers. Quant aux réalisations d'édifices publics, elles répondent simplement aux besoins économiques de la cité.

Mais, dans cette évolution urbaine, la noblesse a joué un rôle important en raison des constructions qu'elle a réalisées et du mouvement qu'elle a impulsé. En effet, chaque changement apporte sa pierre à l'édifice et peu à peu Bayeux prend l'aspect d'une ville plus rationnelle, aux artères larges bordées de maisons à la modénature semblable, dont l'architecture XVIIIe est parfois plaquée sur un bâti plus ancien. Les remparts ont complètement disparu de la vue, ont été plus ou moins intégrés dans les nouveaux bâtis ou démolis ; la rue des Bouchers, bordée de beaux hôtels de chaque côté, est devenue une grande artère, est-ouest, doublant la voie principale. Les traces de ces bâtis nobiliaires ont, plus généralement, profondément marqué les centres des villes petites et moyennes et leurs rues se ressemblent dans leur conception, alignant jointivement un ruban de bâtisses aux caractéristiques identiques. Nous retrouvons les mêmes principes d'organisation à Mortagne-au-Perche, à Valognes, à Coutances ou à Bayeux, même si les matériaux de construction diffèrent selon la région.

---

31. Christiane HUET, *Espaces urbains et patrimoine bâti, clefs pour l'étude de la ville,* Paris, La Mandragore, 2006.
32. Pierre LELIÈVRE, *L'urbanisme et l'architecture à Nantes au XVIIIe siècle,* Nantes, Durance, 1942.

Figure 1. – *Plan de Outhier (détail), 1736.*

Figure 2. – *Plan de Peschet, paroisse Saint-Sauveur en 1816.*

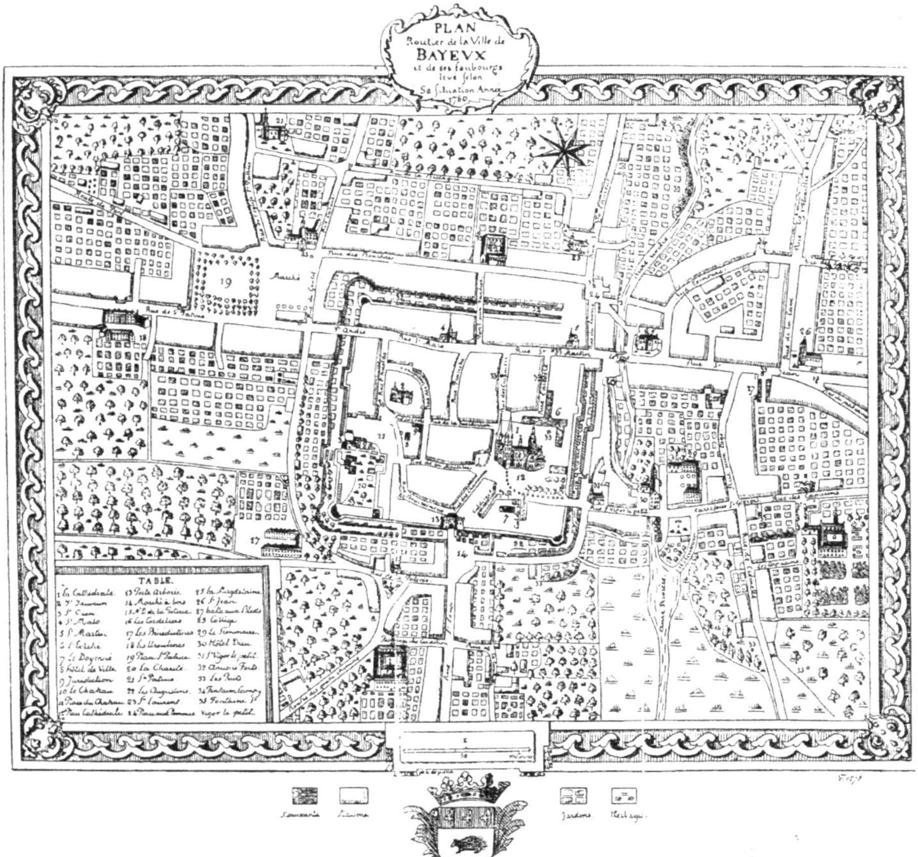

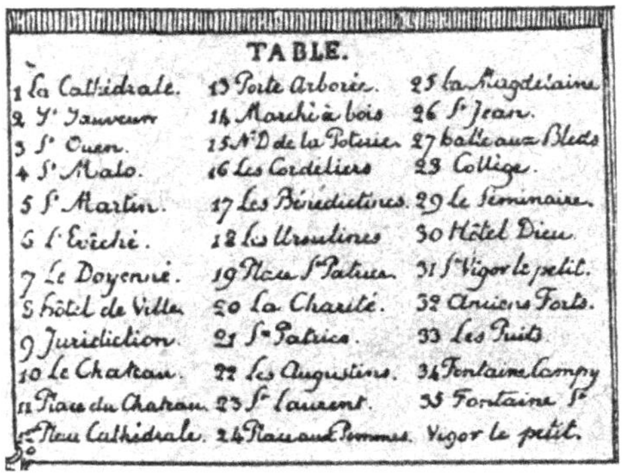

TABLE.

1 La Cathédrale.	13 Porte Arborée.	25 la Magdelaine
2 St Sauveur	14 Marché à bois	26 St Jean.
3 St Ouen.	15 N.D de la Poterie.	27 halle aux Bleds
4 St Malo.	16 Les Cordeliers	28 College.
5 St Martin.	17 Les Bénédictines.	29 le Séminaire.
6 l'Evêché.	18 les Ursulines	30 Hôtel Dieu.
7 Le Doyenné.	19 Place St Patrice.	31 St Vigor le petit.
8 Hôtel de Ville.	20 La Charité.	32 Anciens Forts.
9 Juridiction.	21 St Patrice.	33 Les Puits.
10 Le Chateau.	22 Les Augustins.	34 Fontaine Campy
11 Place du Chateau.	23 St Laurent.	35 Fontaine St
12 Place Cathédrale.	24 Place aux Pommes.	Vigor le petit.

Figure 3. – *Plan routier de 1780.*

Les noblesses normandes et la franc-maçonnerie[1] : diversité des cultures et culture de la distinction au XVIIIe siècle

Éric SAUNIER

C'est une réflexion sur le sens qu'il convient de donner à la diversité des comportements de la noblesse normande au XVIIIe siècle que nous proposons à travers ce panorama sur les pratiques manifestées par les aristocrates, qui furent admis dans l'une des 70 loges et ateliers de perfection[2], ayant travaillé de façon plus ou moins éphémère en Normandie entre 1740, date de l'émergence[3] de cette forme de sociabilité dans cette province, et la crise révolutionnaire, pendant laquelle la vie des loges normandes allait entrer en sommeil[4].

---

1. Les développements qui suivent sont issus de l'exploitation des sources relatives aux loges maçonniques de Normandie. Celles-ci sont précisément indiquées à la fin de l'ouvrage issu de notre thèse : Éric SAUNIER, *Révolution et sociabilité en Normandie au tournant des XVIIIe et XIXe siècles : 6 000 francs-maçons de 1740 à 1830*, Rouen, Presses universitaires de Rouen, 1999, p. 493-502. S'agissant de l'exploitation des sources maçonniques, on rappellera utilement, au-delà de la Normandie, que celles-ci sont aisément accessibles, malgré la réputation de discrétion de cette « société à secrets ». En dehors des dépôts d'archives familiers aux historiens, souvent pauvres, et de quelques fonds des bibliothèques municipales, trois fonds aisément consultables permettent de cerner la vie et le recrutement des loges françaises : le fonds maçonnique de la Bibliothèque nationale de France, né du classement par Bernard Faÿ dans le cadre de la politique antimaçonnique du régime de Vichy, qui rassemble les dossiers des loges, entre les temps de développement de la franc-maçonnerie et le milieu du XIXe siècle (les pièces concernant la vie des loges à partir du milieu du XIXe siècle sont en général déposées au siège du Grand Orient de France rue Cadet), les fonds privés des loges et, depuis 2002, le fonds constitué à la bibliothèque du Grand Orient de France à partir des archives maçonniques venues de Russie. Ces dernières ont pour intérêt, à la différence des papiers de la BNF, d'ouvrir à la connaissance du quotidien des loges.
2. On compte, dans la Normandie du XVIIIe siècle, 59 loges dites « bleues » (ces loges rassemblent les Frères initiés aux trois premiers grades de la franc-maçonnerie : Apprenti, Compagnon, Maître) et 10 ateliers de perfection (ils accueillent les Frères qui, désireux de parfaire leur parcours initiatique, ont été initiés aux degrés supérieurs aux trois premiers grades). La liste exhaustive des loges et chapitres de hauts grades normands est indiquée dans le volume 3 de notre thèse : Éric SAUNIER, *Révolution et sociabilité en Normandie au tournant des XVIIIe et XIXe siècles : 6 000 francs-maçons de 1740 à 1830*, thèse de doctorat, Rouen, 1995, t. 3, p. 1-40.
3. Sur la naissance de la franc-maçonnerie en Normandie, près de Falaise, et les activités du premier cercle d'initiés réuni autour de Louis-François de Sérant de Saint-Loup, voir la version publiée de notre thèse : É. SAUNIER, *op. cit.*, p. 45-50.
4. À l'exception de la franc-maçonnerie havraise. Sur l'activité de celle-ci sous la Révolution, Éric SAUNIER, « Réaction politique et lieux de sociabilité en l'an III : l'exemple de la franc-maçonnerie havraise », Michel VOVELLE (dir.), *Le tournant de l'an III. Réaction et Terreur blanche dans la France révolutionnaire*, Paris, CTHS, 1997, p. 411-425.

Dans le cadre d'une thèse d'histoire sociale sur 6 000 francs-maçons qui furent initiés en Normandie entre 1740 et la Révolution des Trois Glorieuses, l'étude des pratiques sociales de plus de 400 francs-maçons porteurs de la noblesse[5], soit près du quart de la population maçonnique initiée en Normandie sous l'Ancien Régime, révèle, en effet, l'existence de très fortes disparités de sensibilité culturelle. Elles s'expriment tant par les écarts de présence dans les loges que par les différents comportements que ces nobles y développèrent. Ce constat est important car le prisme maçonnique, malgré les limites liées à l'urbanité et à l'élitisme de cette forme de sociabilité qui éloigna du Temple les petits nobles, présente l'avantage de la représentativité, une représentativité due à sa « plasticité[6] » structurelle et idéologique, qui contribue à faire de la noblesse maçonnique un microcosme de la noblesse profane.

Toutefois, malgré l'importance de ce constat d'une différence de culture, dont il convient de présenter les formes d'expression, notre recherche sur les pratiques des nobles francs-maçons révèle un second aspect d'un intérêt supérieur.

En montrant, sous des formes diverses, une commune propension à la Distinction au sein d'une société qu'ils jugeaient à l'évidence comme s'étant trop démocratisée, la noblesse initiée fut, en effet, loin de voir s'affaiblir sa conscience d'appartenir à un groupe uni par le privilège. Latent depuis les débuts du fait maçonnique en Normandie, ce désir de distinction s'affirma avec force dans la réaction adoptée par les nobles francs-maçons face aux politiques conduites par le Grand Orient de France puis par le Grand Chapitre Général, deux organismes constitués, entre 1771 et 1773 puis entre 1782 et 1784[7], pour réguler une société maçonnique qui, des ateliers « bleus » au monde des hauts grades, avait été victime de son succès. À l'occasion de ces deux moments importants, qu'ils furent initiés dans les villes de la vallée de la Seine, dans lesquelles ils furent une force d'appoint dans des ateliers que dominait la roture, ou dans les villes bas-normandes, dans lesquelles ils étaient plus souvent en position dominante, les nobles maçons normands adoptèrent tous des pratiques distinctives, témoignant d'un

5. Notre enquête a permis de recenser 421 appartenances nobiliaires, ce qui représente 21,3 % du recrutement maçonnique de l'ensemble d'une province qui a rassemblé 2101 maçons entre 1740 et 1789. En raison des tableaux manquants et des imprécisions concernant la sociologie des loges de la première Grande Loge de France, organisme qui précéda le Grand Orient de France entre 1728 et 1773, ces chiffres sont à considérer comme des données minimales (É. SAUNIER, *op. cit.*, p. 437).

6. Sur ce sujet, voir l'étude classique de Maurice AGULHON, *Le cercle dans la France bourgeoise, 1810-1848. Étude d'une mutation de sociabilité,* Paris, A. Colin, 1977, p. 59-65. Signalons que, malgré la « plasticité » des loges, d'autres groupes sociaux et culturels qui y sont présents montrent, à l'instar du clergé, un fort particularisme. Cf. Éric SAUNIER, « Les jansénistes et la franc-maçonnerie ou le réceptacle d'une spiritualité inquiète », Sylvie CROGIEZ-PÉTREQUIN (éd.), *Dieu(x) et Hommes [...] : mélanges en l'honneur de Françoise Thelamon,* Rouen, Publications des universités de Rouen et du Havre, 2005, p. 477-485.

7. Pour une approche synthétique des conditions dans lesquelles eurent lieu ces deux événements, cf., pour la fondation du Grand Orient de France, Pierre CHEVALLIER, *Histoire de la franc-maçonnerie française,* t. 1 : *La maçonnerie, école de l'Égalité (1725-1799),* Paris, Fayard, rééd. 1988, plus particulièrement chap. IV (p. 149-194) ; pour la naissance du Grand Chapitre général, Pierre MOLLIER, « Le Grand Chapitre général de France et la fixation du Rite français, II, la fixation des cinq ordres français par le Grand Chapitre général de France », *Renaissance traditionnelle*, n° 106, p. 73-102, et « Grand Chapitre général », Éric SAUNIER (dir.), *Encyclopédie de la franc-maçonnerie,* Paris, Hachette, 2008, p. 347-348.

sentiment d'appartenance à une élite et d'une propension à reproduire en loge les préséances inhérentes à la société d'ordres. C'est là un constat qui permet de souligner les préventions dont doit faire preuve l'historien face à l'idée de conclure à la perte du sentiment d'appartenance au monde des privilégiés, idée qui pourrait découler d'un regard sur une diversité de pratiques qui, *in fine*, est peu surprenante si l'on considère la capacité de la sociabilité maçonnique à s'adapter au cadre sociétal dans lequel elle évolue.

Noblesse et franc-maçonnerie en Normandie : un observatoire de choix

Dans le cadre de cette réflexion sur les sensibilités nobiliaires, il est nécessaire de souligner l'intérêt de l'observatoire maçonnique, malgré la négligence dont ont fait longtemps preuve les historiens à son égard[8]. La valeur de ce prisme tient dans sa capacité à constituer, à l'exclusion des groupes les plus modestes qui ont été laissés à la porte du Temple, un microcosme de la société d'Ancien Régime et cela, malgré l'impression initiale que peut laisser un premier regard sur les données statistiques générales et sur l'implantation des loges.

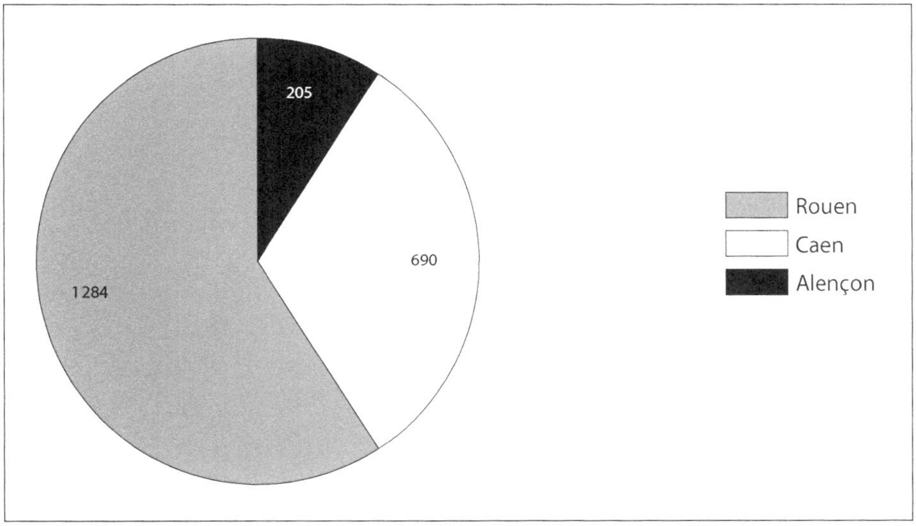

Graphique 1. – *Franc-maçonnerie et généralités en Normandie : une démographie déséquilibrée.*

8. Le seul ouvrage ayant proposé une approche générale sur le fait maçonnique en Normandie est le livre publié par le maçon Hilaire-Pierre de Loucelles en 1875 : H.-P. de Loucelles, *Histoire générale de la franc-maçonnerie en Normandie de 1735 à 1875*, Dieppe, Delevoye, 1875. Il s'agit d'une simple recension des loges accompagnée de brèves présentations souvent fautives.

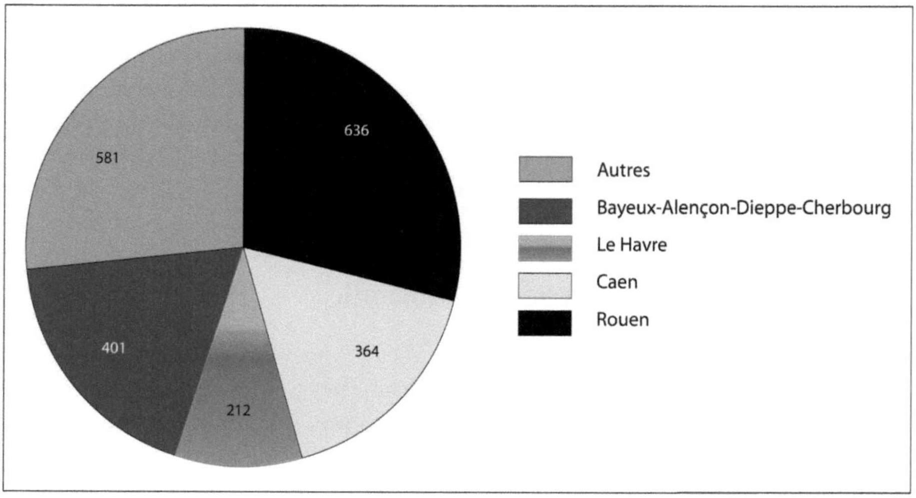

Graphique 2. – *L'urbanité du fait maçonnique.*

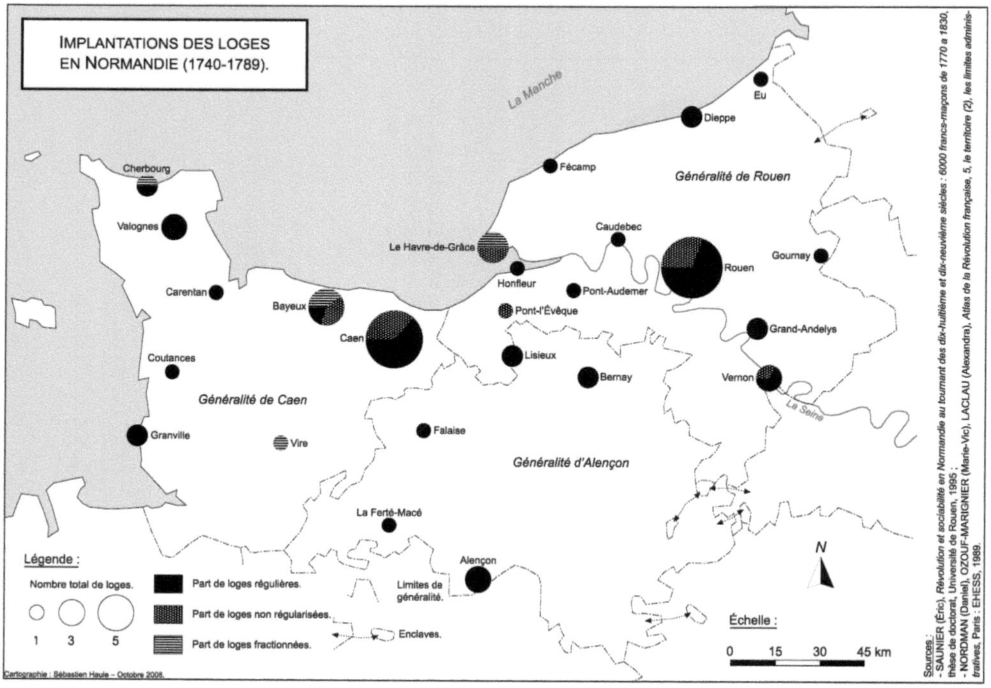

Carte 1. – *Implantation des loges en Normandie (1740-1789).*

La démographie maçonnique normande montre, en effet, deux forts déséquilibres. Le premier réside dans la surreprésentation de la généralité de Rouen[9] (59 % du recrutement général), où se localisent trois des quatre villes normandes les plus importantes (Rouen, Le Havre et Dieppe). Le second déséquilibre résulte de cet état de fait : c'est la surreprésentation des implantations dans les zones très urbanisées, la ville de 3 000 habitants constituant le seuil minimal pour voir s'épanouir durablement l'activité maçonnique[10]. Cette urbanité, qui est, avec la barrière sociale empêchant l'accès aux loges des groupes sociaux inférieurs à la petite bourgeoisie boutiquière, la limite principale à sa capacité à refléter la structure de la société française à l'époque des Lumières[11], explique non seulement la domination de la généralité de Rouen[12], mais aussi la « macrocéphalie » de la capitale normande et le poids écrasant du « triptyque Rouen-Le Havre-Caen » (55 % du recrutement).

Inhérents à l'ensemble de la société maçonnique normande, ces déséquilibres affectent la représentativité de la noblesse maçonnique, dont l'histoire s'inscrit dans celle de l'évolution du « cadre civilisationnel urbain[13] » du XVIIIe siècle. Les quelques incursions dans le monde rural, si spectaculaires soient-elles, comme l'émergence d'un atelier maçonnique dans le village de Trois-Monts[14], restent des épiphénomènes sans lendemain, liés à l'initiative de quelques nobles désireux de s'éloigner de loges urbaines[15] où s'épanouissait un type de sociabilité maçonnique moins en phase avec les aspirations de ces adeptes d'une sociabilité de cénacle.

Toutefois, si elles permettent de rappeler les limites à donner à nos conclusions, les données statistiques et la géographie des implantations permettent aussi de mettre en évidence la relative représentativité de la société maçonnique. On doit, en effet, souligner la densité du maillage maçonnique, cette densité découlant de l'aptitude de cette forme de sociabilité à essaimer, à l'exception notable d'Avranches et d'Évreux, dans les villes moyennes et même dans des cités très modestes (Eu, La Ferté-Macé). Touché tardivement par une dynamique qui lui permet de dépasser le cadre de « la grande ville », le Cotentin, où la sociabilité maçonnique parvient à s'imposer non seulement à Cherbourg, mais aussi à Valognes (où

9. Pour mémoire, la population de chacune des généralités avant la Révolution française est la suivante : Rouen, 740 000 habitants, Caen, 650 000 habitants et Alençon, 500 000 habitants.
10. Sur la relation entre l'urbanisation et la densité des implantations maçonniques, É. SAUNIER, *op. cit.*, p. 87-90.
11. É. SAUNIER, *op. cit.*, p. 113-119.
12. Celle-ci est, avec un taux d'urbanisation de 21 %, la seule généralité à présenter une urbanisation importante. Elle s'exprime fortement dans le développement d'un chapelet de villes moyennes situées à proximité de Rouen et tout au long de la vallée de la Seine.
13. Sur l'emploi de cette expression adaptée à la franc-maçonnerie, voir la conclusion de notre thèse : É. SAUNIER, *op. cit.*, p. 431-434.
14. Éric SAUNIER, « Une loge maçonnique à Trois-Monts (1786-1788) : l'intrusion d'une forme de sociabilité urbaine en milieu rural », *Le monde rural en Normandie. Annales de Normandie. Série des Congrès des Sociétés historiques et archéologiques de Normandie,* vol. 3, Caen, musée de Normandie, 1998, p. 291-304.
15. Caen, avec 38 000 habitants, se situe à quelques kilomètres au nord de Trois-Monts.

émergèrent trois loges[16]), puis dans les petites villes de Carentan (1788) et de Coutances (1789), témoigne de manière prégnante de la capacité de cette forme de sociabilité, malgré les affinités soulignées avec le monde du négoce[17], à s'insérer dans tous les interstices de la société d'Ancien Régime, en raison d'une facilité d'accès, liée à la cohabitation entre démarche spirituelle et activités ludiques, et d'une souplesse structurelle qui permettait à un petit nombre de Frères de faire naître une loge[18]. Sur le plan institutionnel, la légèreté de « l'appareil » mis en place par la Grande Loge de France, fondée à une date (1728) où la maçonnerie restait un fait parisien et élitaire, a d'ailleurs permis, malgré la volonté des dignitaires, l'éclosion de « micro-sociabilités internes », dont la Normandie fut riche[19]. Elles contribuèrent à dilater l'espace social des francs-maçons. Idéologiquement, le référentiel de valeurs mythiques (l'égalité, la fraternité) énoncées par la franc-maçonnerie, la liberté donnée aux initiés dans la méthode symbolique et dans les pratiques langagières[20], qui permettait à chaque maçon de venir chercher en loge ce qu'il voulait y trouver, facilitaient également l'irrigation du fait maçonnique dans tout le corps social, une irrigation qu'amplifia l'adaptation religieuse dont fut l'objet, dans le royaume de France, cette forme de sociabilité, née dans le cadre singulier de l'Angleterre de la fin du XVIIe siècle[21]. On doit d'ailleurs souligner que, si la diffusion du fait maçonnique en Normandie a obéi à une logique « descente sociale », à partir de la naissance du Grand Orient de France (1771-1773), le fait maçonnique fut, avant ce moment fondateur, un fait social qui se diffusa à partir de l'initiative de noyaux socioculturels fort variés[22], sur la base de relations familiales et professionnelles auxquelles n'échappa pas sa composante nobiliaire[23].

La noblesse maçonnique normande, qui s'est initialement organisée, comme ce fut le cas à Paris[24], sous la forme de cénacles, dont la loge pionnière réunie autour de Louis de Sérant de Saint-Loup peut être considérée comme l'archétype, n'a pas échappé à ce phénomène d'irrigation.

---

16. Avant *L'Union Militaire* et *L'Unité*, loges respectivement fondées en février 1787 et en mai 1788, s'est implantée une loge dont l'histoire reste mal connue : *Saint-Jean des Fidèles Cosmopolites* (tableau de 1779).
17. Sur ce sujet, Daniel ROCHE, *Les républicains des lettres*, Paris, Fayard, 1988.
18. Rappelons qu'il faut sept maîtres pour procéder à la naissance d'une loge.
19. Plus de 40 loges militaires sont passées en Normandie entre 1740 et 1789. Deux « loges d'adoption » (ateliers ouverts aux femmes) ont travaillé dans les orients de Dieppe et de Caen et nombre de loges « irrégulières », rassemblant une population composite, émergèrent régulièrement à partir de 1740 dans cette province : É. SAUNIER, *op. cit.*, p. 93-119.
20. Éric SAUNIER, « Franc-maçonnerie et Révolution française : une nouvelle donne historiographique », *Cahiers d'histoire*, 87, 2002, p. 121-136.
21. François Labbé a montré la manière dont la franc-maçonnerie française, dans le cadre de la rédaction des règlements de 1738, s'était adaptée à la réalité politique et religieuse d'une monarchie absolue ayant opté pour la voie de la révocation de l'édit de tolérance, François LABBÉ, *Le message maçonnique au XVIIIe siècle. Contribution à l'histoire des idées*, Paris, Dervy-Livres, 2005.
22. L'étude que nous avons menée sur 33 sociétés maçonniques actives entre 1740 et 1771 montre que les premières loges normandes sont nées à l'initiative de cinq noyaux socioculturels : les négociants, les nobles, mais aussi les moines, les artistes et les officiers royaux, É. SAUNIER, *op. cit.*, p. 87-93.
23. À l'instar des autres groupes sociaux, le recrutement de la noblesse maçonnique s'opère, pour 20 % de ses membres, sur la base d'une relation familiale.
24. C'est le cas des deux loges *Saint-Thomas* qui émergèrent dans la capitale au milieu des années 1720.

C'est ce que montrent la répartition géographique et l'appartenance socioculturelle des nobles de cette province.

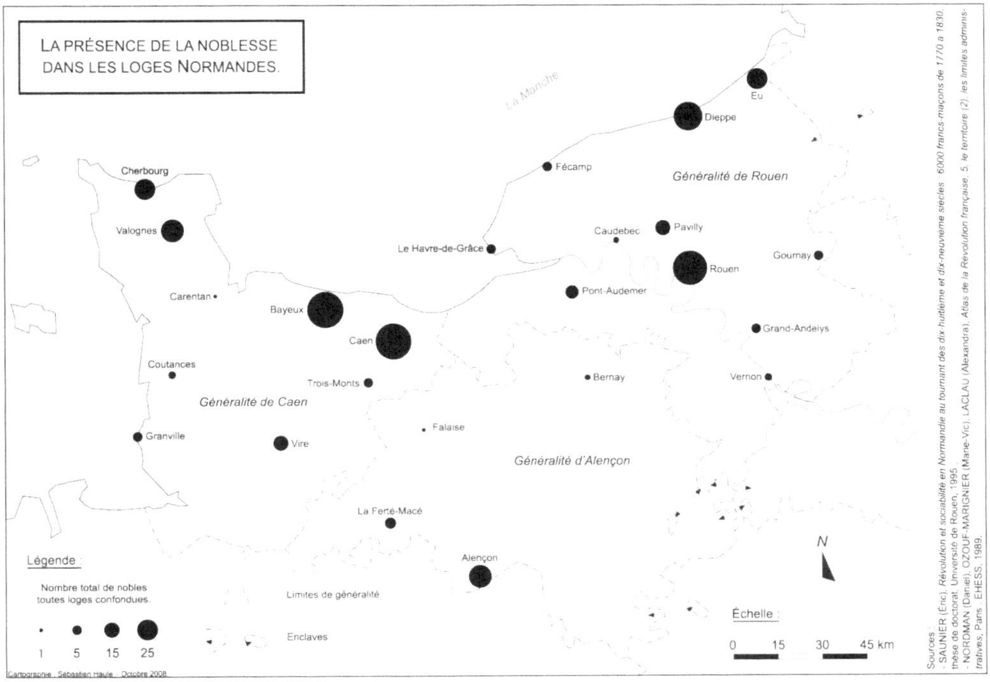

Carte 2. – *La présence de la noblesse dans les loges normandes.*

La carte que nous avons établie de la présence des nobles francs-maçons dans les orients normands montre, au-delà de la domination de quatre zones (l'axe Caen-Valognes, les binômes Rouen-Pavilly et Dieppe-Eu, et un isolat à Alençon)[25] fortement aristocratisées qui rassemblèrent les deux tiers de la noblesse maçonnique, la remarquable capacité de diffusion du fait maçonnique dans la noblesse normande, puisque les 421 aristocrates identifiés ont travaillé dans 23 villes différentes (annexe I).

L'étude des appartenances socioculturelles des nobles francs-maçons permet, quant à elle, de souligner la variété des conditions, les seules spécificités nobiliaires tenant aux limites générales affectant la sociabilité maçonnique qui, roturière ou aristocratique, fut non seulement une forme de sociabilité urbaine, mais aussi un lieu qui attira, même parmi ses composantes les plus huppées, « une élite de l'élite ». De ce point de vue, la noblesse maçonnique n'a pas échappé à cette règle et cela, tant sur le plan des positions socio-économiques que de ses pratiques

25. La zone allant de Caen à Valognes rassemble 164 initiés, les binômes Rouen-Pavilly et Dieppe-Eu, respectivement 72 et 64 et le bastion d'Alençon, 27.

culturelles[26]. Sur ce dernier point, on rappellera la sensibilité élitaire de la noblesse maçonnique dans la constitution de ses bibliothèques ou dans la propension des loges à dominante nobiliaire à mettre en place des formes de sociabilité ouvertement aristocratiques[27].

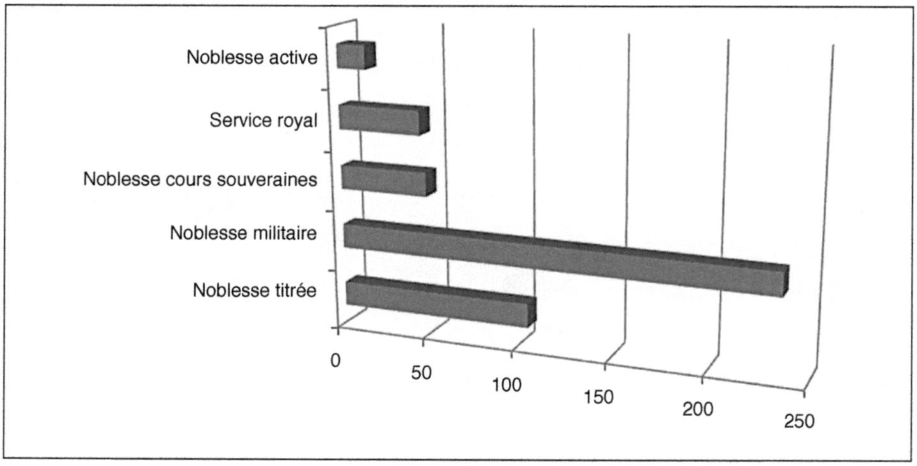

Graphique 3. – *Les appartenances nobiliaires.*

Bénéficiant de l'attraction que provoque, parmi les nobles, le célèbre discours de Ramsay en 1736[28], de la prolifération des systèmes de hauts grades, qui portaient une idéologie chevaleresque, puis du succès de la franc-maçonnerie templière, le pouvoir de diffusion du fait maçonnique au sein de la noblesse normande se concrétise nettement dans l'émergence de trois modèles d'affiliation.

Le premier, le modèle initial, est celui que constituent les cénacles aristocratiques, lesquels sont une sorte de copie provinciale des loges de cour que mit en place la haute noblesse dans les capitales européennes[29]. On doit ici souligner la force de ce modèle d'affiliation nobiliaire dans la province de Normandie, favorisée par le grand nombre de ses nobles et par l'importance qu'y occupe la haute noblesse, l'un des intermédiaires principaux pour diffuser cette forme de sociabilité. Outre

26. É. Saunier, *op. cit.*, p. 215-243.

27. À Alençon, l'évolution de la loge *Les Cœurs zélés* est des plus significatives. Éteinte en 1783, cette loge nobiliaire, animée par les Frères Costé de Vaugourdon et Costard de Bursard, a constitué l'ossature du cabinet littéraire qui émerge à Alençon en 1782 : Éric Saunier, *La franc-maçonnerie en Alençon et dans l'Orne. 250 ans de fidélité aux libertés en pays normand*, 2003, p. 12.

28. Le discours prononcé, le 26 décembre 1736, par le chevalier André-Michel Ramsay (1686-1743) à l'intention des catholiques jacobites lie l'histoire du peuple élu et celle de la maçonnerie primitive jusqu'à la destruction du temple en 70 par Titus ; il joue un rôle important dans le développement des hauts grades, plus en raison de l'affadissement du recrutement qu'il dénonce, que de ses références à l'Écosse, dont le lien avec le développement des grades dits écossais reste aléatoire.

29. Pierre-Yves Beaurepaire, *L'espace des francs-maçons. Une sociabilité européenne au* XVIII*e siècle*, Rennes, Presses universitaires de Rennes, 2004, p. 113-136.

la loge pionnière fondée par Sérant de Saint-Loup autour de Falaise, le « cénacle maçonnique » fut, en effet, le cadre d'épanouissement de la loge *Les Cœurs Unis par excellence,* dirigée par le marquis de Bricqueville à Bayeux entre 1747 et 1781, de *Saint-Philippe de la Concorde,* un atelier qui travailla à Lisieux dans les années 1770 sous l'égide de Philippe de Beaumont[30], puis, après la naissance du Grand Orient de France, de *La Parfaite Union* d'Eu, de *L'Union Rurale* de Trois-Monts et de *Raoul* (loge fondée à Pavilly en 1784 par des membres du parlement de Normandie). L'évocation de ce dernier cénacle maçonnique composé de parlementaires montre également la propension de ce modèle à irriguer l'ensemble des noblesses.

Un second modèle est constitué par des loges plus étoffées dans lesquelles la noblesse était la composante majoritaire (*Les Cœurs Zélés* à Alençon, *La Constance* à Bayeux) ou, s'agissant des ateliers implantés dans les plus grands centres maçonniques, dans lesquelles elle constitue une forte minorité. C'est le cas des ateliers *Les Bons Amis* et *La Céleste Amitié* à Rouen, *Les Cœurs Sans Fard et La Constante Amitié* et de *Thémis* à Caen, *Les Cœurs Unis* à l'orient de Dieppe et *La Fidèle Maçonne* à Cherbourg. Ce mode d'affiliation prévaut aussi dans les villes disposant d'un faible d'un potentiel nobiliaire (*Saint-Jean de Dieu* à Vernon, *La Persévérance* de Pont-Audemer, etc.).

Un dernier mode d'agrégation nobiliaire est celui des loges où la noblesse forme une force d'appoint, due à des entrées occasionnelles (*L'Ardente Amitié* et *La Parfaite Égalité* à Rouen) ou, comme ce fut le cas à Alençon[31], à la recomposition du dispositif d'organisation de l'orient qui implique de nouveaux rapports de force parmi les francs-maçons.

On doit également observer, à côté de la variété des modes d'affiliation nobiliaire, le très fort investissement des noblesses dans la vie des ateliers. Il transparaît dans le grand nombre de vénérables aristocrates (annexe II) et dans la variété de leurs conditions sociales. À côté de la propension de la noblesse active à exercer des responsabilités dans les loges, qui a valeur de confirmation[32], l'étude de l'engagement maçonnique des nobles normands permet de mettre l'accent sur le rôle déterminant que jouèrent les noblesses parlementaire et militaire dans la direction des travaux maçonniques[33], les loges et chapitres installés à Pavilly et à l'orient de Valognes devant, par exemple, presque exclusivement leur vitalité à l'activité du

30. Ces deux loges, qui ont laissé peu de traces sur le plan du recrutement sociologique, sont absentes du tableau général présenté en annexe I, lequel ne prend en compte que le personnel des loges fondées à partir de 1774.

31. L'extinction de la loge *Les Cœurs zélés* en 1783, majoritairement nobiliaire, liée à la mise en place du cabinet littéraire, intervient au moment où la loge concurrente, *Saint-Christophe de la Forte Union*, majoritairement roturière, voit ses effectifs s'accroître. Une partie de la noblesse maçonnique initiée au sein des *Cœurs zélés* décide alors de rallier la loge précédente et lui fournira deux vénérables : Costard de Bursard et Lesueur de Petiville.

32. Guy Chaussinand-Nogaret, *Gens de finance au XVIIIe siècle*, Paris, Complexes, 1993, p. 121-141.

33. C'est le cas notamment pour quatre nobles actifs : l'échevin havrais, Jacques Lestorey de Boulongue, l'un des principaux animateurs de *La Fidélité* au milieu des années 1760, le directeur de la manufacture des Glaces située dans les faubourgs de Cherbourg, Guillaume Dupuy de Saint-Julien, membre du Grand Chapitre général et cheville ouvrière de l'action engagée par les premiers maçons cherbourgeois lors de l'émergence de *La Fidèle Maçonne* (1783), et surtout de Charles Rondeaux de Montbray et du richissime négociant,

président à mortier Esprit-Marie Leroux d'Esneval et de Bernard Hue de Caligny, à la tête de leur loge et chapitre de hauts grades. On soulignera ici, s'agissant de la noblesse d'épée à laquelle appartient Hue de Caligny, le rôle de premier plan qu'elle joua dans la naissance des loges de Valognes, de Caen, de Dieppe et d'Eu à l'occasion du passage des ateliers militaires[34].

La variété des orientations politiques prises par la noblesse maçonnique normande, la Révolution arrivant, sera la conséquence logique du pouvoir de séduction exercé par la sociabilité franc-maçonne sur la noblesse urbaine normande, une constatation qui accroît l'intérêt des pratiques culturelles remarquées à travers le prisme de la franc-maçonnerie[35].

Le prisme maçonnique, lieu d'expression de pratiques culturelles différentes...

La première de ces constatations est la tendance de la sociabilité maçonnique à exprimer, en faisant émerger deux types de relation sociale dans un même lieu de sociabilité, une différence de culture entre les aristocrates ayant maçonné dans les orients de la vallée de la Seine et ceux qui furent initiés dans les villes maçonniques situées dans ses marges.

L'écart de place occupée par les nobles, dont rend compte la carte 3, qui prend en compte la représentation du groupe dominant dans les centres maçonniques, est à la fois la source et l'expression de la « sociabilité duale » que masque la reconnaissance d'une même autorité (le Grand Orient de France) et d'une commune appartenance à l'ordre des francs-maçons. Le contraste est, en effet, saisissant entre l'aristocratisation du recrutement des loges des villes de l'Ouest normand, dans lesquelles la proportion de la noblesse dépasse parfois 30 % (Vire, *La Victoire*), voire 50 % (comme c'est le cas à Bayeux avec 57 %, et à Valognes, 63 %), ainsi que ses marges orientales (*Les Cœurs Unis* à Dieppe et *La Parfaite Union* à Eu comptent respectivement 44 et 43 % de nobles parmi leurs membres), et la sociabilité d'essence roturière qui s'impose dans les villes de la vallée de la Seine, dans lesquelles la sociologie des loges s'avère plus conforme à celle qui sous-tend le schéma de réflexion de Jürgen Habermas[36]. Au Havre et à Rouen, cette sociabilité roturière revêt l'aspect précis d'une sociabilité négociante, les notabilités économiques s'imposant comme l'élément dominant d'ateliers où les nobles sont faiblement représentés[37].

Louis-Emmanuel Midy d'Andé, qui dirigèrent les travaux du chapitre de hauts grades rouennais *Les Chevaliers réunis*.

34. Les deux loges du Cotentin, *La Fidèle Maçonne* (Cherbourg) et *L'Union Militaire* (Valognes), *Les Cœurs Unis* (Dieppe) et *La Parfaite Union* (Eu), ainsi que la loge de Caen *La Constante Fabert*, ont été installées après le passage de loges militaires dans ces villes (É. Saunier, *op. cit.*, p. 100).

35. Sur la division politique de la noblesse maçonnique lors des états généraux et sa capacité à refléter la diversité des positions face à la question des privilèges, É. Saunier, *op. cit.*, p. 315-318.

36. Jurgen Habermas, *L'espace public. Archéologie de la publicité comme dimension constitutive de la société bourgeoise*, Paris, Payot, trad. 1978.

37. Au Havre, les élites économiques, armateurs et capitaines de navire, représentent 39 % du recrutement roturier des loges *L'Aménité* et *La Fidélité*, celles-ci s'ouvrant faiblement au clergé et à la noblesse. À Rouen,

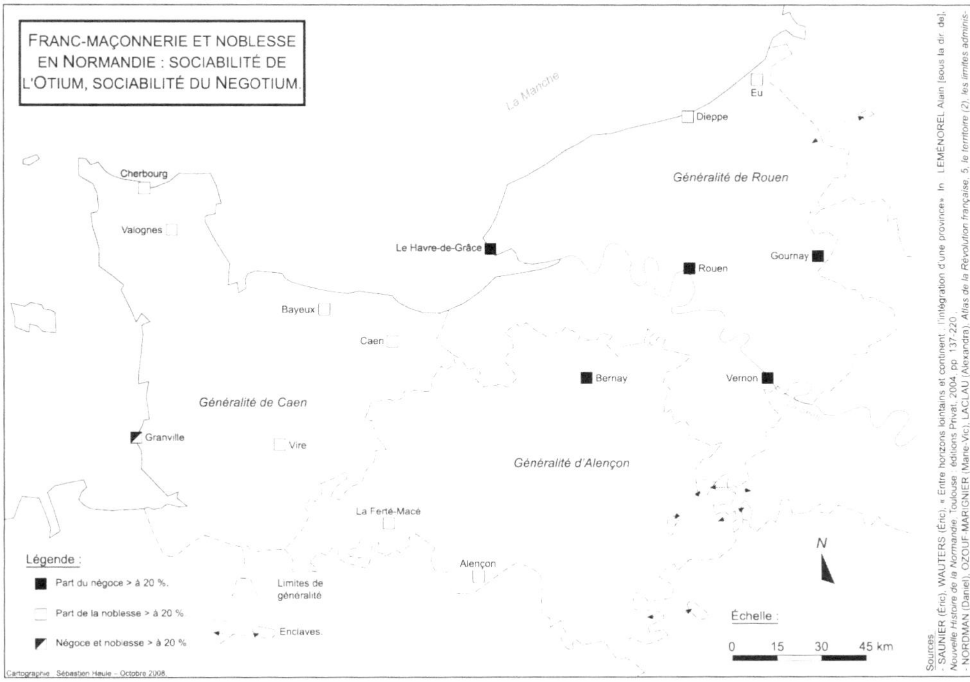

Carte 3. – *Franc-maçonnerie et noblesse en Normandie : sociabilité de l'*Otium, *sociabilité du* Negotium.

Cet écart de recrutement, s'il surprend assez peu, n'est pas sans effet sur le plan des pratiques développées par les nobles et c'est essentiellement en raison des différences caractérisant celles-ci que l'on doit parler de l'émergence de deux formes de sociabilité distinctes. L'étude des pratiques maçonniques montre, en effet, que les ateliers où la noblesse entre en nombre revêtent, comme l'indique l'étude des effectifs réellement présents lors des tenues, l'aspect de cénacles rassemblant de petits groupes, dont on sait qu'ils marquent l'appartenance à un mode de relation sociale d'essence aristocratique[38]. C'est le cas à Bayeux (*La Constance*), à Alençon (*Les Cœurs Zélés*), à Valognes (*L'Union Militaire*) et à Vire (*La Victoire*), la force de ce type de relations sociales dans les villes de l'Ouest contaminant le mode de fonctionnement de certains ateliers roturiers, comme ceux de Coutances (*Les Cœurs Sans Fard*) et de Carentan (*Les Cœurs Unis*).

la noblesse, avec 72 membres, rassemble moins de 20 % des francs-maçons (12,3 %) alors que la part du négoce atteint 44 % chez les francs-maçons roturiers.

38. L'étude de la présence des maçons lors des tenues est nécessaire pour rendre compte du type de sociabilité que constitue la franc-maçonnerie en raison de la propension des Frères à augmenter les effectifs sur les tableaux de loge. Sur le fonctionnement de la sociabilité aristocratique et la notion de cénacle, Daniel Roche, *Les républicains des lettres*, *op. cit.*, p. 159-205.

Cette forme de sociabilité qui témoigne de la prégnance de la culture de la mondanité[39] rencontre, en revanche, peu de succès dans la Normandie orientale où, à l'exception d'Eu et de Pavilly, la montée en puissance du négoce a donné naissance[40] à une forme de sociabilité maçonnique plus ouverte. Face au cénacle où prédominent les activités récréatives et ludiques, les loges séquaniennes virent s'épanouir une forme de sociabilité sensible à une culture utilitariste, dont la participation des francs-maçons rouennais aux travaux de la Société libre d'émulation et des frères de *La Constance Éprouvée* à ceux de la société d'agriculture d'Évreux sous l'Empire[41] marquera l'aboutissement[42].

Le fait que la noblesse maçonnique évolue dans des cadres de vie aussi différents donne naissance à des pratiques opposées face à la demande sociale croissante émanant des bourgeoisies urbaines sous le règne de Louis XVI. Dans les ateliers les plus marqués par la présence nobiliaire, les préventions sociales s'expriment sans ambiguïté lors des conflits entre les loges les plus huppées et les ateliers de composition plus modeste qui ont le soutien du Grand Orient de France, lequel était désireux de voir récompenser, par une croissance de ses effectifs, les efforts engagés lors de la réforme des années 1771-1773. Le dossier volumineux que constitue *La Constance* de Bayeux pour justifier ses refus successifs d'accepter la reconnaissance d'une seconde loge montre clairement la propension de ces loges nobiliaires à refuser de voir initier les « détenteurs de professions subalternes[43] ».

À Rouen, dans un orient où la pression de la boutique a permis de faire descendre le fait maçonnique à partir des années 1780, la noblesse initiée montre, pour sa part, une autre attitude. Si cette attitude distinctive est due à l'existence de rapports de force différents dans les loges, elle témoigne de la mise en place de comportements opposés qui influencèrent le discours et les pratiques culturelles de ces frères.

39. Sur cette résistance, Antoine Lilti, *Le monde des salons. Sociabilité et mondanité à Paris au XVIIIe siècle*, Paris, Fayard, 2005.

40. Cette montée s'exprime notamment dans la reconnaissance de deux loges rouennaises ouvertes à la boutique en 1784 (*La Paix Écossaise*), puis en 1785 (*La Parfaite Égalité*) et dans l'émergence d'un atelier irrégulier à Vernon dirigé par un frère servant (*Saint-Jean-Baptiste*) en 1786.

41. É. Saunier, *op. cit.*, p. 243-259 et 293-315.

42. M. Agulhon, *op. cit.*

43. Sur le dossier et l'attitude de cette loge, É. Saunier, *op. cit.*, p. 303-315. La politique de résistance de *La Constance* dure six ans, de 1781 à 1787. En 1781, à l'initiative d'un modeste étudiant en droit, Nicolas Brard-Duclos, deux coiffeurs (Clément Delaunay et Guitton Lacroix) et deux avocats (Vimard et Lepesqueur de Conjon) tentent de rallumer les feux du vieil atelier des *Cœurs Unis*, éteints en raison du décès du marquis de Bricqueville, et de placer leurs travaux sous l'égide du Grand Orient de France. *La Constance* parvient à repousser la demande de cet atelier, puis celle des Loges *Union de Thémis* et *Saint-Charles de la Bonne Union* (dont les cadres sont ceux du premier atelier récusé), jusqu'en septembre 1787 et cela, non sans avoir envoyé son vénérable, Olivier Léonard de Rampan, plaider la cause de l'atelier aristocratique auprès du duc d'Orléans, Grand Maître du Grand Orient de France. Parmi les protagonistes de ce conflit figure Charles Lepesqueur de Conjon qui quitta Bayeux en 1791 pour Rouen et fonda *Le Flambeau du républicanisme*, journal de tendance hébertiste en l'an II. Sur sa carrière maçonnique, cf. l'article qui lui est consacré dans É. Saunier (dir.), *Encyclopédie de la franc-maçonnerie*, *op. cit.*, article « Grand Chapitre général », p. 490-491.

Dans un cadre où même la correspondance des loges les plus huppées, tel *Raoul* à l'orient de Pavilly, montre l'acceptation de l'égalité mythique[44], la noblesse maçonnique accepte de travailler dans des ateliers dans lesquels le vénéralat est exercé par des négociants et des robins roturiers[45], jugés plus capables pour gérer le quotidien de loges au recrutement démocratisé et pour établir des relations avec les ateliers les plus récents qui, à l'instar de *La Paix Écossaise* et de *La Parfaite Égalité,* confièrent le maillet à de modestes chirurgiens[46]. On soulignera enfin que les loges rouennaises qui se sont ouvertes à la noblesse (*La Céleste Amitié, Les Bons Amis, La Parfaite Union*) n'ont pas mis en place la politique d'endiguement, face aux demandes émanant de nouveaux ateliers bleus, qui fut celle de leurs homologues bas-normandes. Elles ont préféré opter pour une stratégie habile, utilisant le rôle de régulation qui leur fut offert par l'obédience pour mettre fin aux luttes et scissions qui jalonnaient la vie de ces nouvelles loges[47] dans le but de maintenir des digues sociales jugées infranchissables[48].

Cet écart de culture influence également la manière dont les nobles agissent dans l'organisation des villes maçonniques[49]. En effet, on remarque que dans les villes moyennes dans lesquelles, à l'exception de Dieppe (*Les Cœurs Unis*) et de Cherbourg (*La Fidèle Maçonne*), un « système d'organisation binaire » semble la règle, l'attitude de la noblesse maçonnique entraîne un séparatisme des ordres qui est exacerbé dans les villes de l'Ouest. Alors qu'un premier atelier voit dominer un groupe de nobles, le plus souvent en position majoritaire (*L'Union Militaire* à Valognes, *La Constance* à Bayeux, *Les Cœurs Zélés* à Alençon), une seconde loge de naissance plus tardive rassemble presque exclusivement la roture. C'est le cas

44. Sur le discours du conseiller au parlement de Gressent, orateur de la loge pavillaise en 1784, É. Saunier, *op. cit.*, p. 303-315.

45. *La Céleste Amitié* a compté parmi ses vénérables deux aristocrates : le gouverneur de Caudebec-en-Caux, Picquet de la Houssiette, et le négociant anobli, Louis-Emmanuel Midy d'Andé. On remarque toutefois que le vénéralat fut le plus souvent confié à des roturiers, officiers royaux (Jean-Pierre Borel et Prosper Robert) ou négociants (Jean-Baptiste Payenneville, premier vénérable de cette loge). La loge *Les Bons Amis* eut comme unique vénérable un roturier : le procureur et avocat au parlement, François-Noël Anquetin de Beaulieu (futur procureur syndic du département de Seine-Inférieure durant la Révolution). Quant à la dernière loge ouverte à la noblesse, *La Parfaite Union*, elle ne transmit le vénéralat à un porteur du privilège qu'à la fin de son histoire. Le président à mortier du parlement de Normandie, Esprit-Marie Leroux d'Esneval, occupa, en effet, le premier maillet en 1787, les vénérables, entre 1778 et 1787, étant un petit officier royal (Louis Durand), un notaire (Joseph Lambert), un négociant (Alexandre Lambert) et un comédien (Nicolas Aillet).

46. Le vénéralat de *La Paix écossaise* fut le monopole de deux chirurgiens de l'Hôtel-Dieu : Michel Pecquet et Jacques Gamare. Le premier fut également le premier vénérable de *La Parfaite Égalité.*

47. *La Parfaite Égalité* est née à l'initiative de Michel Pecquet, ancien vénérable de *La Paix Écossaise.* Sa gouvernance contestée au sein de *La Paix Écossaise* semble avoir été tout aussi abrasive à *La Parfaite Égalité* dont il fut exclu en 1787 au profit du directeur de la monnaie Jean-Dominique Lambert.

48. En 1789, une loge sous le nom de *L'Accord parfait* demanda sa régularisation. Elle fut refusée en septembre après que le Grand Orient ait consulté les loges *La Céleste Amitié* et *La Parfaite Union. L'Accord Parfait* était majoritairement composé de musiciens qui avaient animé les travaux de ces deux loges élitaires en leur qualité de membres de la colonne d'harmonie.

49. Sur ce point que nous considérons comme fondamental dans la critique qu'il convient de faire de la thèse de la fusion des élites dans les loges maçonniques durant la période pré-révolutionnaire, cf. É. Saunier, « Enquête sur le complot maçonnique (ou la franc-maçonnerie est-elle à l'origine de la Révolution française ?) », *Les francs-maçons*, Paris, Tallandier, p. 61-79.

de *L'Unité* à Valognes, de *Saint-Charles de la bonne union* à Bayeux, de *Saint-Christophe de la forte union* à Alençon. Or, dans la Normandie séquanienne, ce processus de partition entre deux ateliers existe mais obéit à une logique différente, d'où émerge le rôle des conflits entre les personnes (Le Havre)[50] et la nécessité d'organiser l'espace maçonnique au mode de vie original de l'un de ses noyaux de recrutement (Bernay)[51].

Dans les grands orients dans lesquels la démographie maçonnique oblige à mettre en place un « système ternaire », les positions de la noblesse s'avèrent également différentes. À Rouen, au sommet, trois loges captent la noblesse initiée : *La Céleste Amitié, La Parfaite Union, Les Bons Amis.* À la base, la boutique et la basoche font une entrée au sein de *La Paix écossaise* et de *La Parfaite Égalité,* lesquelles renforcent, à partir du milieu des années 1780, les positions de *La Parfaite Harmonie* qui était jusqu'alors la seule représentante d'une franc-maçonnerie démocratisée. Au centre de ce dispositif très polarisé socialement se situe *L'Ardente amitié,* une loge qui rassemble une population composite allant d'une minorité de nobles à la bourgeoisie moyenne. Pour cela, elle est « un entre-deux maçonnique » dans lequel on peut remarquer qu'une partie de la noblesse accepte de maçonner avec l'élite de la boutique, sous les ordres de Jean Mathéus, un négociant étranger, protestant de surcroît.

À Caen, si la structure maçonnique s'organise sur des bases identiques, les pratiques nobiliaires diffèrent sensiblement. Au sommet, *La Constante Amitié et les cœurs sans fard* et *Thémis* rassemblent, dans cette ville, la quasi-totalité des membres du second ordre[52] et, à la base, *La Constante Fabert* montre la poussée démocratique des années 1780, imposée à Rouen par *La Paix écossaise* et par *La Parfaite Égalité.* Comme dans cette ville, un « entre-deux » émerge. Il s'agit d'*Union et Fraternité,* un atelier où maçonne le haut négoce protestant.

Toutefois, s'il joua bien le rôle de *L'Ardente Amitié*[53], à la différence de cette loge dans laquelle une partie de la noblesse côtoie la roture[54], *Union et Fraternité*

50. Un conflit permanent oppose les futurs frères de *La Fidélité* et de *L'Aménité* depuis le milieu des années 1760.

51. La franc-maçonnerie à Bernay est séparée en deux loges : *La Parfaite Charité* et *Les Amis de la vertu.* Cette dernière présente la particularité de s'être largement ouverte, à l'initiative de son fondateur, Marc Decourdemanche, aux Bénédictins de Saint-Maur de l'abbaye du Bec-Hellouin.

52. *La Constante Amitié et Cœurs Sans Fard réunis* compta 48 nobles parmi ses 106 membres et *Thémis* 24 sur 61. À Rouen, les nobles rassemblèrent respectivement 31, 23 et 19 membres parmi les 109, 129 et 105 maçons que comptèrent respectivement *La Céleste Amitié, La Parfaite Union* et *Les Bons Amis.*

53. Sur la composition de cette loge caennaise qui compta parmi ses vénérables le futur conventionnel, Gabriel Decussy, et le banquier, Signard d'Ouffières, cf. « Protestantisme et franc-maçonnerie en Normandie au temps de la transition révolutionnaire (1750-1830) », *Protestantisme et franc-maçonnerie : de la tolérance religieuse à la religion de la tolérance ?* Paris, Éd. maçonniques de France, 2000, p. 169-182. *Union et Fraternité* joue, à Caen, de manière originale, le rôle de « loge socialement intermédiaire » entre les deux loges nobiliaires (*La Constante Amitié et les Cœurs Sans Fard réunis* et *Thémis)* et l'unique loge démocratique *(La Constante Fabert).* Cet atelier, en rassemblant l'immense majorité des francs-maçons de confession protestante de la ville, concentre, en effet, un milieu d'hommes appartenant aux bourgeoisies du négoce et des offices royaux dont les positions économiques se situent entre celles de la plupart des membres des deux groupes précédents.

54. Au sein de *L'Ardente Amitié,* on remarque la présence de quelques frères nobles (Étienne Tirebarbe d'Aubermesnil, Charles Rondeaux de Montbray, Louis Grandouet de la Fieffe, Fleury de Bosc Roger et

ne fut fréquenté par aucun noble et cela, malgré l'opulence des membres de cette loge, qui constituera l'ossature du Comité insurrectionnel mis en place à Caen à partir du printemps 1793.

... et d'une culture de la distinction

Malgré ces comportements contrastés liés à la nécessité de s'adapter à des cadres sociétaux différents, l'émergence du Grand Orient de France, associée à la nécessité de mettre en conformité un appareil administratif obsolète avec les exigences d'une croissance démographique remarquable et d'adapter ses règles de fonctionnement aux valeurs d'égalité des droits que portaient les francs-maçons, allait être, dans le contexte de troubles institutionnels qui touchèrent la Normandie entre 1774 et 1778, le premier moment durant lequel les nobles francs-maçons manifestèrent leur désir d'être considérés comme étant « la tige ancienne et respectable[55] » de l'ordre des francs-maçons (J. de Maistre).

Confrontés aux émissaires du Grand Orient de France, Alexandre-Gui Pingré[56] (dans la vallée de la Seine) et l'abbé Saurine (dans les orients de l'Ouest), qui étaient chargés de reconstituer les loges normandes et d'assurer le lien entre celles-ci et le Grand Orient de France, les ateliers nobiliaires tentèrent, en effet, face à la confusion que suscitait le grand nombre de loges qui voulaient être régularisées à Rouen et à Caen[57], de profiter de cette occasion pour rétablir en loge les préséances de la société d'ordres. Pour parvenir à leur fin, la volonté de voir reconnaître l'atelier qu'ils fréquentaient comme mère-loge, statut qui permettait à la loge reconnue la plus ancienne de jouer un rôle de régulation face aux nouvelles demandes d'agrégation à la franc-maçonnerie, allait être l'instrument principal de cette politique. Or, dans le cadre de cette tentative, les loges nobiliaires de Rouen (*La Céleste Amitié* et *La Parfaite Union)* et de Caen (*Les Cœurs Sans Fard* et *Thémis)* communièrent autour d'une même attitude. Malgré la plus grande ancienneté avérée de loges moins huppées, toutes ces loges firent de ce combat l'instrument de manifestation de leur désir de distinction[58]. Parvenues à leur fin, les deux loges rouennaises lancèrent même quelques offensives destinées à contrer la montée des

---

Alexandre de la Porte), qui refusèrent l'élitisme social ayant motivé l'émergence des *Bons Amis*, loge qui est une émanation, en 1782, de la précédente. Signalons que dix nobles rouennais ont également fréquenté les tenues de *La Parfaite Égalité*.

55. Sur ce sujet, voir la célèbre lettre écrite par Joseph de Maistre à Vignet des Étoles, en avril 1793.

56. Chanoine génovéfain et Second Surveillant du Grand Orient de France, Alexandre-Gui Pingré fut affilié aux loges de Rouen et du Havre durant le temps de sa mission. Sur ce personnage, cf. É. Saunier (dir.), *Encyclopédie de la franc-maçonnerie*, *op. cit.*, article « Pingré », p. 666-667.

57. À Rouen, comme à Caen, six loges pouvaient prétendre être régularisées par la nouvelle obédience.

58. La situation est particulièrement édifiante à Rouen. Malgré la plus grande ancienneté des travaux de deux loges, *La Parfaite Harmonie* et *L'Ardente Amitié*, ce sont *La Céleste Amitié* et *La Parfaite Union*, loges constituées en novembre 1777 et mars 1778, installées les 26 et 31 mai 1778, qui deviennent les mère-loges de cet orient.

loges démocratiques[59] qu'elles avaient dû accepter sous la contrainte d'un rapport de force défavorable.

C'est, cependant, quelques années plus tard que l'action de la noblesse maçonnique rouennaise allait lui permettre, à l'occasion de la mise en place des ateliers de hauts grades, de confirmer cet élitisme culturel dont l'objectif était de séparer la franc-maçonnerie en deux corps.

Dans un contexte d'affinités entre noblesse et hauts grades[60], des affinités dont témoigne la forte implantation des chapitres dans l'Ouest normand[61], l'action des Frères de Rouen, ville où se regroupait le noyau le plus important « d'Écossais » et où les dangers qui motivèrent la tentative du Grand Orient d'unifier les systèmes de hauts grades (liée à l'avancée de l'illuminisme et à la mise en place de systèmes concurrents[62]) étaient exacerbés, se caractérise par une intransigeance sociale dans ses pratiques. Cette attitude tranche avec la relative tolérance que les Frères manifestaient alors dans les loges bleues.

Les nobles de *Raoul*, de *La Parfaite Union* et de *La Céleste Amitié* ont, en effet, mis la main sur la franc-maçonnerie des hauts degrés et cela, en dépit d'une diffusion originelle dans l'ensemble du corps maçonnique[63]. Sous la houlette de Louis-Emmanuel Midy d'Andé et de Charles Rondeaux de Montbray, deux nobles actifs de *La Céleste Amitié*, ils mirent en place une politique de recrutement au sein du nouveau chapitre, *Les Chevaliers réunis,* dont le résultat fut édifiant. *Les Chevaliers Réunis* rassemblèrent, en effet, une majorité de nobles (25 sur 46) et parvinrent à réserver presque exclusivement l'entrée du temple aux membres des loges les plus huppées (40). En facilitant, peu après, la reconnaissance du chapitre *Raoul et La Parfaite Union,* dont la moitié des membres (16 sur 32) étaient porteurs du privilège et dont la direction était confiée au président à mortier Leroux d'Esneval, ils achevaient de faire des hauts degrés l'affaire d'une noblesse maçonnique rouennaise en mal de distinction.

---

59. À Rouen, on doit souligner que la reconnaissance du cénacle nobiliaire de Pavilly, *Raoul*, intervient en 1784, soit l'année même de la constitution de *La Paix Écossaise*, la première loge rouennaise porteuse d'un recrutement démocratique.
60. Notre étude a montré la propension des hauts grades à progresser en fonction du statut social de l'initié. 44, 6 % des nobles sont ainsi porteurs d'un grade supérieur au 3e, alors que le pourcentage descend à 33,8 % parmi les représentants du tiers. Pour une approche d'ensemble, É. Saunier, *op. cit.*, p. 272-273.
61. Huit chapitres de hauts grades ont émergé en Normandie entre 1784 et 1789, dont six se situent hors de la sphère des loges de la vallée de la Seine. Ce sont *Saint-Christophe de la Forte union* à Alençon, *Les Cœurs Unis* à Dieppe (1786), *La Parfaite Union* à Eu (1787), *Thémis* à Caen et *La Fidèle Maçonne* à Cherbourg (1788), enfin *L'Union Militaire* à Valognes (1789). Dans la vallée de la Seine, se trouvent les deux chapitres rouennais, *Les Chevaliers réunis* et *Raoul et La Parfaite Union*, ainsi que le chapitre *L'Aménité*, fondé à l'orient du Havre au printemps 1789.
62. Le danger illuministe est porté à Rouen par le docteur Rouelle qui fut initié au sein de *La Céleste Amitié.* Quant à la menace des systèmes de hauts grades concurrents, la diffusion du Rite Hérodom de Kilwinning, à partir de *L'Ardente Amitié*, fait de Rouen, avec Marseille, où la Mère-Loge Écossaise rayonne à partir de *Saint-Jean du Contrat Social*, l'orient de province le plus menacé.
63. Ce phénomène émerge particulièrement à l'occasion de la naissance des *Chevaliers Réunis*, premier chapitre de hauts grades rouennais qui dut écarter la concurrence potentielle d'un cercle de maçons appartenant au monde de la boutique, réuni autour du frère Marsollet.

Plus symptomatique encore : alors qu'ils avaient fait preuve de tolérance face à la demande sociale émanant des loges bleues, les nobles francs-maçons de Rouen adoptèrent, s'agissant des hauts grades où se jouait, selon eux, le pouvoir réel, une politique intransigeante qui allait éclater durant « l'affaire Mathéus », un épisode qui mobilisa les relations entre l'orient de Rouen et le Grand Orient de France entre 1787 et 1790. Les Écossais des *Chevaliers Réunis* furent, en effet, les principaux artisans de la démolition de *L'Ardente Amitié,* la loge qui était le point d'appui du développement d'un système de hauts grades original, le Rite Hérodom de Kilwinning[64], et dont le tort principal avait été de confier les rênes du chapitre écossais qui lui était rattaché à Jean Mathéus, un négociant étranger qui, à la tête d'un groupe de roturiers porteurs des hauts degrés, menaçait les positions acquises par la noblesse maçonnique. En 1783, l'installation du chapitre avait été, il est vrai, l'occasion pour Louis-Emmanuel Midy d'Andé, la figure de proue de cette noblesse rouennaise, soucieuse de se distinguer dans la pratique des hauts grades, de montrer l'état d'esprit élitaire dans lequel celle-ci se trouvait quelques années avant une crise révolutionnaire qui allait mettre fin à l'histoire de la franc-maçonnerie d'Ancien Régime :

> « Nous [les Écossais] avons toujours pensé que l'ordre maçonnique était composé en trois classes, que les premiers grades [...] étaient destinés [...] pour n'être distribués qu'à la multitude des maçons [...] que les grades suivants, jusque et y compris le Chevalier d'Orient, étaient conférés aux personnes de choix et les derniers à parvenir à ceux de l'élite[65]. »

64. Sur Jean Mathéus et la diffusion du Rite Hérodom de Kilwinning à Rouen, É. Saunier (dir.), *Encyclopédie de la franc-maçonnerie, op. cit.*, article « Mathéus », p. 560-561.

65. BNF, fonds maçonnique, FM²383, discours d'installation de Louis-Emmanuel Midy d'Andé, *Les Chevaliers Réunis*, 9 février 1783.

ANNEXE I

La présence des nobles normands dans les loges

Ville	Loge	Nombre de nobles
Généralité de Caen		207
Bayeux		62
	La Constance	47
	Saint-Charles de Bonne Union	9
	Autres	6
Caen		61
	Ardente Maçonne	5
	Constante Amitié	48
	Thémis	24
	Autres	1
Carentan	Les Cœurs unis	1
Cherbourg	La Fidèle Maçonne	25
Coutances	Les Cœurs Sans Fard	4
Granville	L'Interprète maçonne	6
Trois-Monts	Union Rurale	5
Valognes	Union Militaire	29
Vire	La Victoire	14
Généralité d'Alençon		38
Alençon		27
	Saint-Christophe	13
	Les Cœurs Zélés	22
Bernay	La Parfaite Charité	2
Falaise	Saint-Augustin de la forte union	1
La Ferté-Macé	L'Union	8
Généralité de Rouen		176
Caudebec-en-Caux	Union Cauchoise	2
Dieppe	Les Cœurs Unis	42
Eu	La Parfaite Union	22
Fécamp	La Triple Unité	5
Gournay	La Parfaite Amitié	5

Le Havre		7
	L'Aménité	1
	La Fidélité	6
Les Andelys	La Parfaite Cordialité	7
Pavilly	Raoul	15
Pont-Audemer	La Persévérance	10
Rouen	Les Bons Amis	15
	La Céleste Amitié	26
	La Parfaite Union	14
	Divers	18
Vernon	Saint-Jean de Dieu	4

ANNEXE II

Noblesse maçonnique et vénéralat en Normandie

Ville	Loge	Nobles Vénérables
Généralité de Caen		
Bayeux	La Constance Les Cœurs Unis par Excellence Saint-Charles de Bonne Union Autres	Olivier Léonard de Rampan Marquis de Bricqueville
Caen	Ardente Maçonne Constante Amitié Thémis	Matthieu Jonquet Revel de Bretteville Signard d'Ouffières Revel de Bretteville Letellier de Vauville
Cherbourg	La Fidèle Maçonne	Gigault de Bellefonds
Lisieux	Saint-Philippe de la Concorde	Philippe de Beaumont
Valognes	Union Militaire	Duparc de Barville Hue de Caligny
Vire	La Victoire	Dupont de l'Orgerie

Généralité d'Alençon		
Alençon	Saint-Christophe	Lesueur de Petiville Costard de Bursard
	Les Cœurs zélés	André de Foulogne
Falaise		
La Ferté-Macé	L'Union	Passerat-Montleduc
Généralité de Rouen		
Caudebec	Union Cauchoise	Picquet de la Houssiette
Eu	La Parfaite Union	Charles de Roquigny Philippe de Vadicourt
Les Andelys	La Parfaite Cordialité	Raoul de la Barre
Pont-Audemer	La Persévérance	Dollard Duplessis
Pavilly	Raoul	Leroux d'Esneval
Rouen	Chevaliers Réunis La Céleste Amitié La Parfaite Union Divers	Rondeaux de Montbray Midy d'Andé
Vernon	Saint-Jean de Dieu	Letellier d'Orvillers

Cinquième partie

Noblesse et puissance sociale

Régime nobiliaire en région avancée : essai d'un bilan

Jonathan DEWALD

Cet article ne prétend pas à l'exactitude d'une étude monographique. Il propose plutôt une réflexion sur quelques questions centrales de l'histoire nobiliaire de l'époque moderne, vues à travers l'exemple normand, une série d'hypothèses et non pas des découvertes, des conclusions provisoires plutôt que définitives. Une telle approche peut bien évidemment se discuter, mais me semble justifiée par l'état actuel des études nobiliaires. Il y a trente ans, notre « micro-discipline » disposait de beaucoup de théories et d'assez peu de recherches archivistiques ; aujourd'hui, ce sont plutôt les interprétations globales qui manquent, du moins des interprétations qui rendraient compréhensible la riche collection d'exemples dont on dispose désormais.

Je commencerai par une évidence : la Normandie occupe une place importante dans l'histoire de la noblesse française. C'était la province la plus riche de la France, suffisamment riche pour attirer de très grands seigneurs (comme l'a démontré Stuart Carroll dans le cas des Guise), qui y ont acheté des terres et se sont lancés dans la vie politique locale[1]. Cette richesse légendaire était en partie fonction de la diversité économique de la province. Côté agricole, elle offrait des terres labourables et des prés de hauts rendements et des forêts qui étaient une ressource peu commune pour la grande noblesse. En même temps, par sa position maritime, elle bénéficiait des avantages commerciaux que cette situation promettait pendant une époque de globalisation. Enfin, la province bénéficiait d'un capital humain atypique dans la France d'Ancien Régime : une population dense et parmi les plus lettrées de l'époque, un accès facile aux marchés parisiens, également une ouverture aux influences économiques et culturelles du grand monde, parisien, anglais, et hollandais, entre autres.

Il s'agissait donc d'une province qui générait beaucoup de richesses et qui offrait de grandes possibilités à une classe dominante bien organisée. Et la noblesse normande figurait parmi les mieux organisées de la France. Les travaux de Michel Nassiet ont établi que c'était une noblesse très nombreuse (trois fois plus

1. Stuart CARROLL, « The Norman Power Base of the House of Guise in the Sixteenth Century », *Annales de Normandie*, t. 59, n° 2, 1999, p. 143-165.

nombreuse, en 1700, que la moyenne nationale) et qui jouissait, pour cette raison, d'un très grand poids dans la province[2]. Le parlement provincial et les autres cours souveraines garantissaient un cadre juridique et politique favorable aux intérêts locaux, par exemple, pendant les débats du XVIIIe siècle au sujet de la liberté du commerce des grains[3]. La coutume normande favorisait les intérêts dynastiques, en limitant la part des filles dans les successions et en offrant un *preciput* aux fils aînés des familles seigneuriales[4]. En outre, comme l'a souligné Guy Le Marchand, les communautés paysannes de la province étaient faibles, relativement inaptes à résister aux prétentions nobiliaires; les fonctions qui, ailleurs, revenaient aux conseils villageois restaient, en Normandie, aux mains des juges seigneuriaux[5]. J'insisterai donc sur un deuxième point, presque aussi évident que le premier, globalement, la noblesse normande était assez bien armée pour résister aux grands changements sociaux qu'apportait l'époque moderne.

Or, depuis la Révolution de 1789 elle-même, cette confrontation entre noblesse d'un côté et société modernisatrice de l'autre a occupé le centre de l'historiographie sur la noblesse, en France et, plus généralement, en Europe. Jusqu'aux années 1960, on a surtout insisté sur l'incapacité des nobles traditionnels à s'adapter aux changements économiques et politiques. Les historiens estimaient que, militaires et traditionalistes, les nobles de race s'adaptaient mal à une économie de marché et qu'ils comprenaient tout aussi mal l'État moderne, qui avait de plus en plus besoin de serviteurs disposant d'une formation universitaire. Capitalistes et bureaucrates auraient donc progressivement remplacé seigneurs et guerriers. C'est là la vision proposée par Alexis de Tocqueville quand il soutient que la noblesse n'avait pas su trouver un rôle social qui convenait à la société du XVIIIe siècle; les privilèges nobles ne correspondaient plus à leurs véritables contributions sociales[6]. Une vision comparable, d'un conflit social entre vieille noblesse et serviteurs de l'État « nouveau style », se trouve au cœur de la thèse de Lucien Febvre de 1912; elle se distingue aussi dans *Les caractères originaux* de Marc Bloch, paru en 1933, et dans les travaux d'après-guerre de Roland Mousnier[7].

Aujourd'hui, cette vision de la noblesse ne suffit plus. On sait à présent que la collaboration entre noblesses de robe et d'épée date du XVIe siècle et que la circu-

2. Michel NASSIET, « Les effectifs de la noblesse en France sous l'Ancien Régime », Jaroslaw DUMANOWSKI et Michel FIGEAC (dir.), *Noblesse française et noblesse polonaise. Mémoire, identité, culture, XVIe-XXe siècles*, Pessac, Maison des sciences de l'homme d'Aquitaine, 2006, p. 20-43.
3. Steven KAPLAN, *Bread, politics and political economy in the reign of Louis XV*, 2 vol., La Haye, Martinus Nijhoff, 1976.
4. Jean YVER, « La rédaction officielle de la coutume de Normandie (Rouen 1583). Son esprit », *Annales de Normandie*, t. 36, n° 1, 1986, p. 3-36; Sophie POIREY, « Approches de la noblesse à travers la coutume de Normandie » dans ce volume.
5. Guy Le Marchand parle d'une « communauté paysanne presque inexistante » dans Guy LE MARCHAND, *La Fin du féodalisme dans le pays de Caux : conjoncture économique et démographique et structure sociale dans une région de grande culture, de la crise du XVIIe siècle à la stabilisation de la Révolution, 1640-1795*, Paris, Éd. du Comité des travaux historiques et scientifiques, 1989, p. 55-69.
6. C'est le thème central du Livre II de *L'Ancien Régime et la Révolution*, surtout de son premier chapitre.
7. Voir Jonathan DEWALD, *Lost Worlds : The Emergence of French Social History, 1815-1970*, University Park, Pennsylvania State University Press, 2006, p. 155-182.

lation entre ces deux groupes était fréquente. On sait également (à la suite des travaux de Jean-Marie Constant et de Guy Le Marchand, entre autres) avec quel soin même les nobles les plus traditionnels géraient leurs biens[8]. Bien entendu, la réussite n'était pas assurée, pas plus que dans l'économie contemporaine ; une concurrence féroce caractérisait tous les aspects de la vie moderne et même des gestionnaires très sérieux pouvaient subir des revers. Mais, précisément à cause de la possibilité de connaître des déboires économiques, aucun noble ne pouvait se payer le luxe d'un traditionalisme aveugle. Déjà, en 1975, l'*Histoire de la France rurale,* cette grande somme de la recherche en histoire sociale pour la génération précédente, présentait la seigneurie aristocratique comme la base du développement économique de la France agricole, comme un foyer d'innovation technique, le lieu d'attitudes éclairées sur le plan économique, comme un réservoir de capitaux indispensables à la croissance[9].

Cependant, le sort de la noblesse normande me semble moins heureux que ce qu'on aurait pu prédire, étant donné ses avantages politiques, économiques et culturels. À ce propos, je ne peux présenter que des cas isolés et des hypothèses de travail, mais ces cas, à mon avis, méritent quelque réflexion.

L'exemple de la baronnie de Pont-Saint-Pierre est assez révélateur. Dans ce petit coin de la campagne haut-normande, pas loin de Rouen, la réussite nobiliaire était très visible jusqu'en 1630, avec une domination croissante de la terre ; après cette date, il était plutôt question de disparition progressive. En 1700, il y avait quatre familles de la petite noblesse, établies dans les confins de la baronnie, et le baron lui-même résidait aussi dans le village ; en 1789, on ne comptait plus aucune famille noble. Les barons de Saint-Pierre, qui se vantaient du titre de « premiers barons de la Normandie » et qui possédaient la terre depuis 1408, l'avaient vendue en 1756 : 85 % du prix de vente était allé directement aux créanciers, signe que ce départ n'était pas tout à fait volontaire. Il en va de même en ce qui concerne les possessions des nobles non-résidents dans la baronnie. Pendant les vingt dernières années de l'Ancien Régime, ils ont vendu huit fermes dans les confins de la baronnie et en ont acheté une seule ; les autres catégories sociales ont acheté treize fermes et en ont vendu six[10].

Dans quelle mesure Pont-Saint-Pierre était-il un cas typique ? Les recherches de Michel Nassiet ont établi que le nombre des nobles a diminué partout dans la province, comme ailleurs en France, un processus qui paraît avoir commencé pendant le règne personnel de Louis XIV et qui, en 1789, avait produit une

8. Jean-Marie CONSTANT, « Gestion et revenus d'un grand domaine aux XVIe et XVIIe siècles d'après les comptes de la baronnie d'Auneau », rééd. dans ID., *La Noblesse en liberté, XVIe-XVIIe siècles*, Rennes, Presses universitaires de Rennes, 2004, p. 123-155 ; G. LE MARCHAND, *op. cit.*, p. 42-44.

9. Jean JACQUART, Emmanuel LE ROY LADURIE, Hugues NEVEUX (dir.), *Histoire de la France rurale*, t. 2, *L'Âge classique des paysans, 1340-1789*, Paris, Le Seuil, 1975, p. 431 et *passim* ; pour un autre exemple, François FURET, *Interpreting the French Revolution*, trad. Elborg Forster, Cambridge, Cambridge University Press, 1981, p. 95.

10. Jonathan DEWALD, *Pont-St-Pierre : Lordship, Community, and Capitalism in Early Modern France* Berkeley, Los Angeles, University of California Press, 1987.

diminution totale d'au moins 50 %[11]. C'est là un processus complexe, dont les origines sont en partie psychologiques et culturelles, mais qui ne peuvent pas être entièrement détachées de la situation économique de la noblesse, j'y reviendrai. Des études sur le marché de la terre, menées ailleurs en Normandie, confirment l'exemple de Pont-Saint-Pierre, sur ce plan également. Aux alentours de Camembert, entre 1752 et 1790, les nobles ont vendu 30 % des terres et n'en ont acheté que 7 %. Les marchands ont été les grands gagnants de ces transferts ; ils ont acheté 62,7 % du total, contre 32,6 % des ventes[12]. Dans une étude sur la région de Vassy (Calvados), Étienne Lambert trouve que « la propriété foncière noble est [...] en net recul [...] entre 1760 et 1789 ». Il évalue les pertes nobles à l'équivalent « d'une quinzaine de belles fermes[13] ». Dans une étude sur le département de l'Eure, pendant les mêmes décennies, Bernard Bodinier a évalué les pertes de la noblesse à quelque 10 000 hectares, soit un territoire énorme[14]. Dans tous ces cas, ce n'était pas que des petites propriétés que vendait la noblesse. Au contraire, le second ordre perdait des fermes solides, ces domaines dont la constitution patiente a préoccupé les historiens de la France rurale depuis les travaux de Marc Bloch.

Des signes de difficultés apparaissent également chez la noblesse de robe. Madeleine Foisil a reconstitué, avec le soin qu'on connaît, l'histoire des Bigot de Monville, exemple important parce que les Bigot passaient pour les plus rusés des magistrats normands. En 1665, l'intendant Voysin de la Noiraye a décrit le président Alexandre Bigot, dans son rapport à Colbert, comme « tres-habile homme et tres-puissant dans sa compagnie, y ayant une grande et forte cabale, beaucoup de probité dans les affaires ou luy ou ses amis ne sont point interressez, mais quand il est question de son interrest ou de celuy de ses amis, il ne sçait ce que c'est que de faire justice. C'est le plus puissant homme de la robbe dans le parlement et dans la province par l'appuy fort qu'il donne a ses amis[15] ». Mais, même pendant la vie du président, des signes de malaise se manifestaient ; en 1674, peu avant sa mort, la famille a vendu sa présidence, pour faire face aux dettes. C'était là une décision significative, parce que vendre une présidence à mortier entraînait un changement définitif dans le statut d'une famille : il y avait peu de ces charges et une famille ne pouvait pas compter en trouver une autre sur le marché, ni trouver les sommes importantes qu'un tel achat exigerait[16]. À cette époque, d'après Foisil, la succession des Bigot valait en tout quelque 420 000 livres tournois ; celle de ses descendants, en 1753, moment de l'extinction de la famille, devait se monter à 735 000 livres

11. M. Nassiet, « Les effectifs de la noblesse [...] », *op. cit.*
12. Sébastien Weil, « Le marché foncier à Camembert (1752-1790) », *Annales de Normandie*, t. 51, n° 4, 2001, p. 331-355.
13. Étienne Lambert, « Le marché foncier et la noblesse dans la région de Vassy (Normandie), 1760-1789 », *Histoire et Mesure*, t. 17, n° 1-2, p. 163-199 et 184-185.
14. Bernard Bodinier, « Où en est le patrimoine nobiliaire en Normandie à la veille de la Révolution ? », dans ce volume.
15. Jean-Baptiste Voysin de la Noiraye, *Mémoire sur la généralité de Rouen en 1665*, Edmond Esmonin (éd.), Paris, Hachette, 1913, p. 237.
16. Une idée que je dois à Robert Descimon.

tournois, total impressionnant, bien sûr, mais qui traduisait une perte réelle d'à peu près 6 %, étant donné la baisse de la valeur de la livre tournois en argent[17].

On remarquera également le déclin démographique qui touchait les Bigot et qui se traduisait par cette extinction finale. Il s'agissait d'une extinction en quelque sorte volontaire, dans la mesure où peu des descendants du président Bigot se donnaient la peine de se marier : une seule de ses descendantes, deux parmi les huit mâles[18]. Le célibat de la fin du XVIIe et du XVIIIe siècle avait, on le sait, plusieurs sources : les vocations religieuses, les difficultés croissantes des carrières militaires, une psychologie et une culture de plus en plus individualistes. Mais ce « défaut de reproduction » exprimait sans doute aussi des inquiétudes économiques. Les Bigot n'étaient pas pauvres, bien entendu, mais en limitant leur nombre, ils suivaient une stratégie rationnelle face à des ressources qui n'augmentaient plus, qui avaient plutôt tendance à baisser.

Ici encore, on voudrait compléter cet exemple par des données statistiques, mais pour l'instant nous ne disposons que d'indices approximatifs. Les recherches en cours d'Olivier Chaline sur les parlementaires rouennais semblent montrer que la démographie des Bigot était assez typique du milieu ; O. Chaline décrit un groupe qui se reproduit difficilement et parle d'une « déroute de l'hérédité » parmi les magistrats après 1750[19]. Dans sa thèse de 1967 sur les parlementaires de 1770 à 1789, Paul Robinne donne une appréciation comparable : « Malgré les apparences », écrit-il, « les magistrats ne sont que moyennement fortunés. » Les deux tiers avaient des fortunes qui valaient entre 100 000 et 200 000 livres et ils n'avaient, en général, que trois ou quatre serviteurs[20] Mes propres travaux sur les parlementaires du XVIe siècle ont montré que de telles fortunes étaient déjà assez nombreuses vers 1580, époque où la livre tournois valait plus du double qu'au XVIIIe siècle[21].

On peut mentionner un dernier calcul, tout aussi approximatif. Dans son rapport de 1665, Voysin de la Noiraye nous donne les revenus de treize nobles résidents dans la généralité de Rouen. Au denier vingt-cinq, ces revenus se montent à un capital de 16 millions de livres, ou quelque 30 millions en livres du XVIIIe siècle ; fondé sur le denier trente, une hypothèse sans doute plus réaliste, ce capital serait encore plus grand, plus de 19 millions de livres et quelque 36 millions de livres du XVIIIe siècle. À ce total, il faut ajouter les fortunes inconnues des vingt-trois autres nobles nommés par Voysin comme occupant le même rang dans la société provinciale, mais pour lesquels il ne donne pas de chiffres[22]. On n'a pas de témoignage

17. Alexandre Bigot de Monville, *Mémoires du président Alexandre Bigot de Monville*, Madeleine Foisil (éd.), Paris, A. Pedone, 1976, p. 25-27.
18. *Ibid.*, p. 16 et 19.
19. Olivier Chaline, « Le rôle du parlement de Rouen dans le renouvellement des noblesses normandes (de la fin du XVIe siècle à la Révolution) », dans ce volume.
20. Paul Robinne, « Les magistrats du parlement de Normandie à la fin du XVIIIe siècle (1774-1790) », *École nationale des chartes, positions des thèses…*, Paris, 1967, p. 131-141.
21. Jonathan Dewald, *The Formation of a Provincial Nobility. The Magistrates of the Parlement of Rouen, 1499-1610*, Princeton, Princeton University Press, 1980, p. 122-126 et 323-332.
22. J.-B. Voysin de la Noiraye, *op. cit.*, « Principales maisons nobles de la généralité », p. 72-78.

comparable pour la fin de l'Ancien Régime, mais on peut tout de même poser la question suivante : serait-il possible de trouver, en 1789, un groupe de vingt ou trente nobles provinciaux dont la fortune moyenne s'élèverait à 2 ou 3 millions de livres ? Non pas tant à Rouen, où Marc Bouloiseau a trouvé une fortune nobiliaire totale de 40 millions de livres pour 106 nobles[23]. De tels indices suffisent peut-être pour rendre plausible une hypothèse de travail. Cette noblesse (de robe et autre) ne disposait pas d'une emprise économique sur la province ; elle montrait plutôt des signes d'essoufflement économique.

Une telle hypothèse nous place devant un problème d'interprétation, un problème d'une difficulté particulière pour nous, historiens de l'an 2010. De par notre expérience contemporaine, nous savons que les classes dirigeantes peuvent s'adapter vite et bien aux conditions nouvelles, du moins quand elles tiennent les leviers du pouvoir politique ; elles sont rarement dupes de l'histoire[24]. Et nos recherches historiques ont démontré le sérieux avec lequel la noblesse d'Ancien Régime a géré ses biens. Autrement dit, pour essayer d'expliquer un recul de la noblesse, nous ne pouvons pas faire appel à une mentalité féodale ou à une indifférence supposée aux affaires. Il faut plutôt examiner les défis auxquels les nobles devaient faire face après 1650, défis à la fois politiques et économiques.

Ces défis sont très visibles dans le cas de la noblesse de robe. Déjà à l'époque de la Fronde, les parlementaires rouennais se plaignaient de leur situation économique. À propos d'une réunion à Paris, Bigot notait que « M. le P. P. [Premier Président] continua encor de se plaindre du peu de profit de ses charges sur quoy ie dis que ce nous seroit tousiours avantage d'avoir occasion de servir le Roy que nous n'en eussions aucun profit particulier et que nos charges consistoient plus en honneur qu'en profit[25] ». À ces plaintes, confuses et intéressées, le règne personnel de Louis XIV allait ajouter des pressions bien plus précises. L'historien américain John Hurt a noté les exigences fiscales de Louis XIV et du régent vis-à-vis des parlementaires bretons et parisiens ; les magistrats devaient payer une longue série d'impôts déguisés, sous forme d'emprunts forcés et de paiements pour augmentations de gages, augmentations qui n'ont jamais été payées[26].

Donc des pressions venaient d'en haut, de l'État, mais d'autres s'exerçaient d'en bas, des plaideurs eux-mêmes. Pour des raisons qui restent obscures, l'activité judiciaire diminuait de façon dramatique pendant le dernier siècle de l'Ancien

23. Marc Bouloiseau, *Le séquestre et la vente des biens des émigrés dans le district de Rouen (1792-An X)*, Paris, M. Lavergne, 1937, p. 111 *sq*.

24. Les États Unis des xxe-xxie siècles montrent les avantages dont jouit une telle classe, même dans une société démocratique : entre 1979 et 2005, les revenus des foyers américains les plus riches (1 % du total) ont augmenté d'à peu près 175 % (compte tenu de l'inflation), pendant que les revenus des 60 % les moins bien payés ont augmenté de 20 %. En 1990, les PDG américains gagnaient 107 fois le revenu d'un ouvrier moyen ; aujourd'hui, le rapport est de 300-400 à 1 (sources : http://wikipedia.org/wiki/Income_inequality_in_the_United_States ; http ://www.demos. org/inequality/numbers. cfm).

25. A. Bigot de Monville, *op. cit.*, p. 82.

26. John J. Hurt, *Louis XIV and the Parlements : the Assertion of Royal Authority*, Manchester and New York, Manchester University Press, 2002, p. 67-124.

Régime : au parlement de Bretagne, on assiste à un déclin de 70 % pendant le règne personnel de Louis XIV, au parlement de Paris, de 50 % entre 1680 et 1780, aux Requêtes du Palais de Paris, de plus de 60 % entre 1700 et 1771. Ce « déclin de l'activité judiciaire alors constaté dans tous les tribunaux du royaume » (selon les mots de Michel Antoine) constitue un fait capital dans l'histoire sociale de l'Ancien Régime[27]. Ce phénomène n'a pas d'explication évidente : on aurait plutôt attendu une montée du nombre de procès dans une société à la population croissante, qui s'habituait à l'usage de l'écriture et qui montrait de plus en plus d'individualisme. Mais si les causes de cette baisse de l'activité judiciaire restent obscures, les effets ne le sont pas. Les familles de la noblesse de robe en étaient directement affectées : leurs revenus baissaient, leur puissance sociale et la valeur de leurs offices aussi. La noblesse de robe recevait une part décroissante du produit total de la société; c'était un renversement dramatique des tendances qui avaient prévalu entre 1500 et 1650, époque où de plus en plus de plaideurs affluaient aux tribunaux.

Il existait une pression tout aussi visible sur une des ressources principales de la grande noblesse de la province, les forêts. Ces propriétés appartenaient surtout à de riches nobles et elles étaient hors de portée même des parlementaires[28]. Mais pour les familles qui en possédaient, elles constituaient un apport très important, du fait des conditions des XVIe et XVIIe siècles : une population croissante avait de plus en plus besoin de matériaux de construction et de chauffage. Des années 1550 jusqu'à la fin de l'Ancien Régime, la forêt de la baronnie de Pont-Saint-Pierre n'a jamais apporté moins de la moitié des revenus du domaine; les revenus forestiers étaient presqu'aussi importants dans les grandes seigneuries cauchoises étudiées par Guy Le Marchand[29].

Mais, déjà avant 1600, les forêts normandes montraient les effets écologiques d'une exploitation excessive. Ces effets auraient pu rester sans impact financier sur les propriétaires nobles, tant le bois était précieux, sans l'intervention du gouvernement louis quatorzien, qui n'acceptait plus la dégradation des ressources forestières, même dans des mains privées. Avec son ordonnance de 1669 sur les forêts, Colbert exigeait des comportements nouveaux, en limitant les coupes et en accordant à la

27. Colin KAISER, « The Deflation in the Volume of Litigation at Paris in the Eighteenth Century and the Waning of the Old Judicial Order », *European Studies Review*, X, 1980, p. 309-336; John HURT, « Les offices au parlement de Bretagne sous Louis XIV », *Revue d'histoire moderne et contemporaine*, t. 23, 1976, p. 3-31; Ségolène OUDOT DE DAINVILLE, « Les Requêtes de l'Hôtel (1700-1771) : étude sur une juridiction extraordinaire au XVIIIe siecle », *École nationale des chartes, positions des thèses...*, Paris, 1969, p. 123-134; Michel ANTOINE cité par KAISER, *op. cit.*, n. 6 p. 330. Le même phénomène se trouve dans d'autres sociétés européennes après 1650, voir Richard KAGAN, *Lawsuits and litigants in Castille, 1500-1700*, Chapel Hill, University of North Carolina Press, 1981, p. XXII, 102, 241-242 et *passim*; C. W. BROOKS, « Interpersonal Conflict and Social Tension : Civil Litigation in England, 1640-1830 », *Id.*, *Lawyers, Litigation and English Society Since 1450*, Londres et Rio Grande, Hambledon Press, 1998, p. 27-62.

28. P. ROBINNE, *op. cit.*

29. J. DEWALD, *Pont-St-Pierre [...]*, *op. cit.*, p. 217-228; G. LE MARCHAND, *op. cit.*, p. 19-21. Cf. Jean DUMA, *Les Bourbon-Penthièvre (1678-1793) : une nébuleuse aristocratique au XVIIIe siècle*, Paris, Publications de la Sorbonne, 1995, p. 147-148, qui décrit l'importance des propriétés forestières d'une famille et sa place dans l'économie du XVIIIe siècle.

marine un monopole sur les arbres dont elle pourrait avoir besoin. Dans les années suivantes, des centaines d'autres règlements ajoutaient de nouvelles exigences que les propriétaires privés devaient suivre. Cette réglementation n'a pas toujours été très bien respectée, mais elle avait néanmoins des effets économiques considérables, certains limités à des individus, d'autres plus larges. Entre 1662 et 1677, par exemple, les barons de Pont-Saint-Pierre ont subi une recherche sur les titres de propriété de leur forêt ; pendant le temps de la recherche, les ventes de bois étaient bloquées entièrement, restriction très importante étant donné l'importance de ces ventes dans l'économie totale de la baronnie. Entre 1732 et 1734, est intervenue une réformation plus générale des forêts autour d'Arques, au terme de laquelle une cinquantaine de propriétaires ont dû payer un total de 100 000 livres d'amendes, dont 63 000 acquittés par le seul marquis de La Londe. En outre, cette législation forestière limitait l'usage des forêts par les entreprises industrielles, tels que les verriers et les forges, autres ressources importantes pour beaucoup de nobles[30].

Enfin, il faut considérer les effets sur la noblesse d'une évolution plus générale, celle de la rente foncière elle-même, la base économique pour la plupart de ces nobles terriens. On dispose, pour suivre son évolution, des courbes établies pour d'autres provinces par les pionniers de l'histoire agraire, des courbes qui montrent un apogée de la rente vers 1650, suivie d'une longue baisse, jusqu'au milieu du XVIIIe siècle. Pierre Goubert présente, comme cas paradigmatique, une grande ferme près de Beauvais, cas « qui en résume plusieurs dizaines d'autres ». « Ce vaste et riche domaine, très stable, jamais saccagé, ne retrouve », expose-t-il, « son rendement du temps heureux de Louis XIII qu'après 1763. [...] Les rentiers ont reçu des quantités toujours moindres d'un blé dont le prix baissait, prix d'ailleurs exprimé en une monnaie déclinante ; par surcroît, les fermiers arrivaient rarement à effectuer leurs livraisons en temps utile et traînaient des dettes qui les menèrent parfois jusqu'à l'expulsion[31] ».

Même histoire en Languedoc et en Anjou[32] et, pour la Bretagne, on peut citer l'exemple du duché de Rohan, lequel forme une collection énorme de terres, marchés, juridictions et quelques entreprises industrielles, centrée sur Pontivy et utile pour le panorama chronologique qu'il permet. En grammes d'argent, les revenus du duché ont augmenté vite pendant le premier XVIIe siècle. Un indice fondé, l'an 1585, sur une base 100, montre peu de changement jusqu'à 1620, puis augmente régulièrement, pour atteindre 237 pendant les années 1670 et 1680. Après, c'est l'effondrement. Vers 1730, les revenus sont au niveau du début du XVIIe siècle ; même pendant les années 1750, l'indice n'est qu'à 161. Les conseillers du duc comprenaient bien l'importance du problème et essayaient d'y répondre,

30. J. DEWALD, *Pont-St-Pierre [...], op. cit.*, p. 228 ; Paul Walden BAMFORD, « French Forest Legislation and Administration, 1660-1789 », *Agricultural History*, t. XXIX, n° 3, juillet 1955, p. 97-107.
31. Pierre GOUBERT, « Le "tragique" XVIIe siècle », Ernest LABROUSSE et Fernand BRAUDEL (dir.), *Histoire économique et sociale de la France*, t. 2, Paris, PUF, 1970, p. 338.
32. *Ibid.*, P. GOUBERT, p. 339-341.

en dressant une série de *memoranda* sur des changements possibles du système administratif du duché, y compris un passage au faire valoir direct[33].

Ceci suggère, encore une fois, le sérieux des mentalités économiques de la noblesse française, mais aussi l'importance des problèmes économiques qu'elle affrontait après 1660. Pour les propriétaires ruraux, le renversement de conjoncture était durable et dramatique : au duché de Rohan, en 1750 les revenus étaient 40 % en dessous du niveau de 1660. Pour comprendre cette évolution, les historiens ont surtout fait appel à des explications démographiques : une population qui diminuait avait de moins en moins besoin de produits agricoles et, pour la même raison, la main-d'œuvre devenait plus chère. Cette explication malthusienne s'applique bien à la fin du règne de Louis XIV, mais beaucoup moins bien à la société d'après 1715 : si la population française a vite dépassé son niveau de 1650, ce n'était pas le cas pour les revenus des domaines nobiliaires, qui ne remontèrent qu'après 1760. Il semble que les nobles ont dû faire face à un véritable changement des structures de l'économie agricole.

On peut donc avancer une dernière hypothèse sur les causes profondes du malaise financier de la noblesse dans son rôle de propriétaires terriens, malaise qui a duré jusqu'à la dernière génération de l'Ancien Régime. Pour le moins, nous historiens de la noblesse devons considérer les effets sur les nobles d'un des changements les plus visibles de l'époque, l'efficience croissante des marchés nationaux et internationaux. Cette efficience traduisait des efforts politiques qu'on connaît bien : la construction de routes et de canaux, l'encasernement des militaires et la diminution de leurs violences envers la population civile, la répression du brigandage. Mais les échanges mercantiles bénéficiaient aussi de changements plus larges dans la société. Dans une société où de plus en plus de gens pouvaient lire et qui disposait de journaux imprimés, la circulation des informations s'améliorait, en même temps que celle des biens. L'énorme marché parisien centralisait les échanges et donc les rendait plus efficients. De plus en plus de Français prenaient part à l'économie du marché. Ces changements profonds se manifestaient, par exemple, dans les crises agraires du XVIIIe siècle : ces crises restaient très pénibles, mais l'écart entre prix normaux et prix maximaux diminuait considérablement[34]. Pour les nobles et leurs fermiers, ce désenclavement de l'économie ne créait pas une situation économique forcément favorable. Ils avaient perdu l'atout économique que constituait la vente des vivres en temps de crise de subsistances ; même en temps normal, ils devaient faire face à une concurrence plus intense des producteurs lointains.

---

33. Série de baux et de documents annexes aux archives départementales du Morbihan, 1 Mi 338/4, domaine de Kerguéhennec.
34. Voir l'étude classique de Jean Meuvret, « Les oscillations des prix des céréales aux XVIIe et XVIIIe siècles en Angleterre et dans les pays du Bassin parisien », *Id.*, *Études d'histoire économique, recueil d'articles*, Paris, A. Colin, 1971, p. 113-124 ; perspective générale sur ces changements dans Jan de Vries, *The Economy of Europe in an Age of Crisis, 1600-1750*, Cambridge, Cambridge University Press, 1975.

Tout cela reste au plan des hypothèses et des suggestions, mais deux conclusions paraissent plus solides. Premièrement, les réussites économiques des noblesses normandes étaient moindres que ce que laisse penser une historiographie récente (et surtout anglo-saxonne), à mon avis, trop impressionnée par les facettes modernisatrices de cette noblesse. Il n'est pas nécessaire de faire ressusciter l'idée d'une crise de la noblesse, mais il semble entièrement justifié de parler d'une perte d'élan, de dynamisme économique et social, pendant le « deuxième Ancien Régime » qui commençait avec Louis XIV. Au mieux, il apparaît que la noblesse normande a réussi à conserver, péniblement, ses conquêtes d'avant 1660. D'après les exemples rassemblés ici, il est plus probable qu'elle en a perdu beaucoup et, qu'en 1789, son poids dans la province était considérablement moindre qu'un siècle plus tôt. Deuxième conclusion, cet échec relatif doit nous inciter à une certaine réserve vis-à-vis d'une autre idée centrale de l'historiographie récente, elle aussi surtout anglo-saxonne, celle d'une alliance étroite entre État absolutiste et élites provinciales, telle que l'ont décrite William Beik et James Collins[35]. En Normandie, l'État n'était pas un soutien fidèle et fiable des intérêts nobles. Il fonctionnait plutôt comme un mécanisme par lequel les changements sociaux atteignaient la noblesse et ces changements, dans les pratiques judiciaires, dans l'écologie des forêts, dans le fonctionnement des marchés nationaux et internationaux, étaient souvent nuisibles aux intérêts nobles.

Ils n'étaient pourtant pas néfastes aux intérêts de tous les nobles, car les mêmes forces sociales qui diminuaient la prospérité des nobles normands dirigeaient des ressources aux centres de l'État et de la société, c'est-à-dire à Paris et à la cour. Un âge difficile pour la noblesse provinciale pouvait donc correspondre à un âge d'or pour les très grands nobles, ceux qui bénéficiaient de contacts avec le roi lui-même et avec le pouvoir central. Du moins, c'est ce que suggèrent quelques derniers exemples. Entre 1737 et 1789, selon Jean Duma, la fortune des Bourbon-Penthièvre a presque décuplé, passant de quelque 13 millions de livres à plus de 104 millions : une réussite extraordinaire, inimaginable dans un cadre provincial et directement liée aux bienfaits royaux qui allaient aux fils et petit-fils de Louis XIV[36]. La réussite des Bourbon-Conti était moins éclatante, mais néanmoins solide : leur capital, dont une bonne partie venait directement du roi, est passé de 12 millions, en 1665, à 19 millions, en 1752, et à 29 millions, en 1783, soit une augmentation en monnaie constante de 42 % et de 53 % au XVIIIe siècle[37]. Même un exemple d'échec au sein de la haute noblesse paraît confirmer cette interprétation. Au début du XVIIIe siècle, le duc d'Antin (fils légitime de

35. William Beik, *Absolutism and Society in Seventeenth-Century France. State Power and Provincial Aristocracy in Languedoc*, Cambridge, Cambridge University Press, 1985; James Collins, *Classes, estates and order in early-modern Brittany*, Cambridge, Cambridge University Press, 1994.

36. J. Duma, *op. cit.*, p. 50-52 et 176.

37. François-Charles Mougel, « La fortune des princes de Bourbon-Conty : revenus et gestion, 1655-1791 », *Revue d'histoire moderne et contemporaine*, t. 18, p. 30-49. Même soutien royal pour les princes de Condé, dont 49 % des revenus au début du XVIIIe siècle « proviennent d'une liaison directe avec la Monarchie » :

Madame de Montespan, donc demi-frère du premier Bourbon-Penthièvre) s'est enrichi de façon impressionnante, à la fois par la faveur du roi et par une série d'opérations financières sur la place parisienne ; près de la moitié des revenus du duc venait directement du roi. Tout cela a permis la formation, entre 1690 et 1720, d'une fortune de quelque 4 millions de livres, mais une fortune qui montrait sa fragilité une fois que la faveur du roi a été retirée à la famille : entre 1740 et 1760, elle a presque tout vendu et le dernier duc est mort en 1757 sans alliance[38].

Aux sommets de l'Ancien Régime, une alliance étroite continuait donc à lier pouvoir monarchique et noblesse, mais l'échelle des rapports sociaux avait changé depuis 1650. Si les nobles normands étaient bien placés pour dominer la société provinciale, la centralisation de l'État et de l'économie rendait une telle position de moins en moins importante parce que, désormais, les bénéfices de la domination allaient surtout à Paris. Pour les noblesses normandes, semble-t-il, le fait essentiel était justement d'être restées normandes dans le « nouveau monde » que Louis XIV avait créé.

Daniel Roche, « Fortune et revenus des princes de Condé à l'aube du dix-huitième siècle », *Revue d'histoire moderne et contemporaine*, t. 14, juillet-septembre 1967, p. 217-243, ici p. 242.

38. Sophie Jugie, « Grandeur et décadence d'une famille ducale au XVIIIe siècle : la fortune du duc d'Antin », *Revue d'histoire moderne et contemporaine*, t. 27, juillet-septembre 1990, p. 452-477.

Où en est le patrimoine nobiliaire en Normandie à la veille de la Révolution ?

Bernard Bodinier

La noblesse est traditionnellement considérée comme un grand propriétaire foncier qui ajoute des revenus seigneuriaux à ceux de ses terres. Passons sur le fait qu'alors le droit de propriété tel que nous l'entendons aujourd'hui n'existe pas, que chaque propriétaire d'un fonds n'en a pas la pleine propriété et disposition. Dans les faits, l'idée que l'on est véritablement propriétaire s'est progressivement imposée : on parlera donc de propriété utile et non de propriété éminente. Car c'est bien ce qui m'importe : que possède la noblesse à la veille de la Révolution ?

Pour mesurer la répartition entre les catégories sociales, les historiens ont utilisé différentes sources et proposé des résultats qui ont suscité des critiques. Peut-on ne pas tenir compte du poids des redevances seigneuriales ? La superficie est-elle un bon critère, alors que les terres sont de qualité différente ? Le prix ne serait-il pas une meilleure base d'analyse ? La catégorisation pose aussi problème pour ce qui concerne surtout la bourgeoisie et la paysannerie, moins (encore que) pour la noblesse. Les lacunes de la documentation aidant, bien peu se sont risqués à proposer des chiffres précis. Jean Jacquart et Édouard Gruter[1] sont plus qu'évasifs : « Il serait vain de donner des chiffres globaux de ce que possèdent clercs, nobles, citadins [...]. La noblesse est sans doute au premier rang[2]. » On en reste le plus souvent à des fourchettes qui placent la paysannerie entre 35 et 50 %, la noblesse entre 20 et 25, la bourgeoisie entre 20 et 30 et l'Église – dont la part est régulièrement surestimée – à 10. Gérard Béaur[3] souligne les inégalités qui règnent d'une région à l'autre, mais il ne donne pas les bases de la documentation utilisée par chacun et, curieusement, il ne cite pas l'étude – certes ancienne – de Jean Meyer[4]. Au cours du XVIIIe siècle, toujours selon Gérard Béaur, on aurait assisté à une expropriation paysanne jusqu'en 1750, la deuxième moitié du siècle voyant la paysannerie remonter, alors que la bourgeoi-

1. Serge Bianchi, Michel Biard, Alan Forrest, Édouard Gruter et Jean Jacquart, *La terre et les paysans en France et en Grande-Bretagne du début du XVIIe à la fin du XVIIIe siècle*, Paris, Colin, 1999.
2. *Ibid.*, p. 31.
3. Gérard Béaur, *Histoire agraire de la France au XVIIIe siècle*, Paris, SEDES, 2000, p. 23-24.
4. Jean Meyer, *La noblesse bretonne au XVIIIe siècle*, rééd., Paris, EHESS, 1985, 2 vol.

sie aurait nettement progressé. Et la noblesse ? Jean Meyer estime que celle de Bretagne s'est enrichie pendant cette période, tout en précisant que ce n'est pas seulement à cause de ses revenus fonciers, qui auraient toutefois bénéficié d'une forte hausse des fermages d'une propriété terrienne qui représenterait un tiers du sol en 1789.

Qu'en est-il en Normandie à la même époque ? À défaut de pouvoir utiliser, comme pour l'Église, les procès-verbaux d'adjudication de biens nationaux[5], tous les nobles n'ayant pas émigré, j'aurais pu porter mon attention sur les terriers[6]. J'ai préféré jeter mon dévolu sur deux documents fiscaux : les vingtièmes fonciers et les registres de formalités, particulièrement bien représentés aux archives départementales de l'Eure. Les premiers permettent de dresser un état relatif de la propriété des différentes catégories sociales dans les années 1750-1790, les seconds de mesurer l'évolution de celle-ci, à partir des actes de ventes et d'achats, dans les dernières décennies de l'Ancien Régime. Quelle était donc la part de la noblesse dans la propriété du sol en Normandie orientale à la veille de la Révolution ? Et quelles tendances décelait-on : était-elle en augmentation, en stagnation ou en régression ?

Sources et méthodologie

Les vingtièmes fonciers

Aux prises avec des difficultés financières liées le plus souvent à l'état de guerre, la monarchie française a pris l'habitude de créer des impôts exceptionnels, qu'elle prolonge, supprime ou rétablit selon la conjoncture. C'est le cas du vingtième instauré en 1750, alors que la France est pourtant en paix. Plusieurs autres vingtièmes sont institués par la suite, se cumulant à l'occasion, et ils perdurent finalement jusqu'en décembre 1790[7] où la Constituante reprend l'idée sous la forme de la taxe foncière.

Le vingtième était établi sur le revenu net de tous les biens-fonds[8] de tous les propriétaires, privilégiés inclus donc, sur la base de 5 % du revenu locatif, à partir des déclarations faites par les contribuables et vérifiées par des contrôleurs qui peuvent autoriser des dégrèvements. Il porte également sur les biens commu-

5. Les inventaires des biens séquestrés ne sont guère fiables. Les partages de pré-succession sont plus intéressants, mais ils ne concernent que certaines familles.

6. Sur les terriers dans l'Eure, B. Bodinier, « Seigneurs et propriétaires dans la France moderne, l'exemple des campagnes de l'Eure », G. Usnel, O. Guyotjeannin, J.-M. Moriceau, *Terriers et plans terriers du XIIIe siècle au XVIIIe siècle,* Bibliothèque d'histoire rurale, n° 5, 2002, p. 293-308.

7. L'histoire de cet impôt paraît confuse à beaucoup. Guy Cabourdin et Georges Viard (*Lexique historique de la France d'Ancien Régime,* Paris, Colin, 1978) n'avancent pas exactement les mêmes données qu'Hubert Méthivier (*L'Ancien Régime en France,* Paris, PUF, 1994). Et *L'impôt des campagnes, Fragile fondement de l'État dit moderne (XVe-XVIIIe siècle),* Antoine Follain et Gilbert Larguier (dir.), Colloque de Bercy 2002, Comité pour l'histoire économique et financière de la France, Paris, 2005, l'ignore complètement. Pourtant, Marcel Marion, *Les impôts directs sous l'Ancien Régime, principalement au XVIIIe siècle,* Paris, E. Cornély, 1910, en avait donné une excellente analyse s'appuyant sur les textes régissant cet impôt.

8. Les châteaux ou manoirs, considérés comme « maisons de plaisance », ne sont pas imposés.

naux[9], certains droits seigneuriaux (treizièmes, lods et ventes, champarts, droits de pêche[10]... mais pas les cens) et les autres sources de revenus mobiliers, industriels et commerciaux, ce qui le fait passer pour un impôt impartial. Toutefois, le clergé s'en fait dispenser et les pays d'États s'abonnent.

Les registres de vingtièmes fonciers conservés aux archives de l'Eure semblent bien tenus, même si les minutes sont faites à partir d'enregistrements précédents[11] ou si certaines lignes sont raturées pour tenir compte des changements. Ils donnent une description topographique de la paroisse, fournissent des renseignements sur les activités principales, pas simplement agricoles, les productions, les techniques utilisées (la nécessité de marner tous les trente ans, la rotation des cultures...), des remarques sur les autres impositions, la dîme, l'état des routes, les mesures locales, les seigneuries qui se partagent le finage... Les différentes terres sont classées en plusieurs catégories selon leur produit (en livres pour une acre) qualifié de bon, médiocre ou mauvais. Les prix de la terre varient considérablement d'une région et même d'une paroisse à l'autre : pour la première catégorie (« bon »), cela va de 20 à 50 £ pour une masure, de 6 à 24 pour une acre[12] de labour, de 20 à 80 pour une acre de prairie, de 6 à 18 pour une acre de taillis, soit du simple au double et même parfois beaucoup plus. Les masures et les prairies valent nettement plus que les labours ou les taillis. Les prix oscillent autour de la livre par acre, avec des chiffres plus faibles dans le pays d'Ouche, plus élevés dans le Lieuvin.

Les rôles comportent des indications essentielles : les nom, prénoms, qualité et domicile des propriétaires, la désignation des biens (types d'immeubles, superficie des masures, labours, prairies, bois...), les montants du revenu estimé et de l'imposition. Ces critères sont généralement bien renseignés. Tout au plus peut-on reprocher que, parfois, les biens d'un même propriétaire ne soient pas tous regroupés sous une même cote (les biens de la demoiselle de Gonzeville à Boissey-le-Châtel figurent sous 15 rubriques) ou que certains biens ne soient pas taxés dans une paroisse, car comptés ailleurs. C'est le cas pour le président d'Esneval imposé à Acquigny pour l'ensemble de ses biens sur cette paroisse et celle de Mesnil-Jourdain, mais qui paie à part pour son domaine des Planches.

Constitué en 1790, le département de l'Eure comptait 886 communes, soit pratiquement autant que de paroisses d'avant la Révolution. Et comme les archives départementales ont pratiquement conservé tous les registres de vingtièmes, il s'avérait difficile d'en étudier la totalité. Il a donc fallu faire des choix. Le premier fut d'essayer de couvrir les différentes zones géographiques : Vexin normand, Lieuvin, Roumois, pays d'Ouche, Plaines du Neubourg et de Saint-André, enfin

9. Les habitants de Cahaignes possèdent 48 acres de « mauvais marais » pour lesquelles ils paient un dixième de 194 £. La ville de Gisors est imposée de 355 £ 18 s pour les octrois, écuries et trois travers qu'elle possède.

10. À Écos, les champarts sont estimés 225 £, les lods et ventes 25 £, ce qui donne 25 £ d'impôt (au dixième). À Reuilly, les fiefs de Reuilly et Champagne sont « aux rentes d'un trop modique objet pour mériter d'être imposés ».

11. Ainsi, pour Épaignes, il est précisé que la « minute du rôle (a été) faite à la direction pour 1785 sur l'ancienne minute de 1746 » ; arch. dép. Eure, C 291.

12. Une acre vaut en moyenne 7 440 m^2, un arpent 4 600. 1 acre = 4 vergées = 160 perches.

basses vallées de la Seine, de l'Eure et de l'Iton, soit en tout sept régions aux caractéristiques différentes. Le Vexin normand, la plaine du Neubourg et celle de Saint-André sont des régions essentiellement céréalières, ainsi que, dans une moindre mesure, le Roumois. Le Lieuvin, le pays d'Ouche et les vallées ont une agriculture mixte, avec davantage de prairies. Ensuite, j'ai pris les liasses[13] telles qu'elles venaient, classées par élection et par ordre alphabétique, ce qui donne finalement un semis couvrant l'ensemble du futur département, avec un ensemble plus dense pour le Vexin. Je n'ai pas sélectionné de période chronologique, le plus ancien état datant de 1754 (Saint-Ouen-de-Thouberville), le dernier de 1787 (Poëley), avec une fréquence plus importante autour de 1780. Mais l'espace de 33 ans, pendant lequel ont pu se produire des permutations, ne permet pas de donner une photo de la propriété nobiliaire à un moment précis, ce qu'on peut regretter. Alors que les rôles sont spécifiquement des « vingtièmes » jusqu'en 1771, ils deviennent ensuite des « dixièmes », en fait deux vingtièmes, ce qui n'a posé qu'un problème de division par deux pour en arriver au vingtième. Au total, ce sont 259 paroisses qui sont répertoriées, soit 30 % du département, et chacune des régions délimitées approche ou dépasse la trentaine, le Vexin en comptant le double.

Les registres de formalités

Ces documents, en fait d'enregistrement des transactions (contrôle des actes, centième denier et insinuation au tarif), sont tenus sous l'Ancien Régime par l'administration des domaines et droits domaniaux, pour des raisons de droit et de fiscalité. J'ai choisi trois bureaux : Cormeilles (Lieuvin), Gisors (Vexin normand) et Rugles (pays d'Ouche), qui avaient l'avantage de posséder des tables de vendeurs ou d'acheteurs, ce qui permettait de noter plus facilement les opérations et évitait de parcourir les registres de formalité proprement dits. Les tables des acheteurs[14] donnent par ordre alphabétique et chronologique les nom, prénoms, domicile, profession ou qualité de l'acquéreur, et les mêmes indications pour le vendeur. S'ajoutent la nature de l'acte (achat, fieffe[15], cession, rétrocession, transaction, transport, sentence, racquit, licitation, déclaration, subrogation, retrait, renonciation, accord, remise, échange, succession directe ou collatérale, vente par adjudication, déshérence...), sa date de signature et celle de l'enregistrement, le nom du notaire, la désignation (sommaire) et la localisation du bien, voire sa mouvance seigneuriale, enfin la somme en jeu. Les tables des vendeurs sont plus succinctes,

13. Arch. dép. Eure, C 83, 97, 99, 102, 116, 118, 125 à 127, 129, 132, 139, 142, 146, 227 à 230, 282, 283, 291, 293, 295 à 298, 307 à 315 et 320 à 322.
14. *Ibid.* Cormeilles : tables des vendeurs II C 806 (1761-1767) et 807 (1768-1792). Gisors : tables des vendeurs II C 1185 (1758-1772), 1186 (1771-1779) et 1187 (1779-1792). Rugles : tables des acquéreurs II C 2464 (1749-1769) et 2465 (1769-1781) ; table des vendeurs II C 2461 (1782-an XIII).
15. La fieffe est une vente qui diffère de la cession ordinaire par le fait que le prix en est une rente perpétuelle ou foncière, mais on peut également « franchir », c'est-à-dire rembourser et donc recouvrer la pleine propriété du bien concédé.

avec seulement les nom et prénoms du vendeur et de l'acquéreur, et la référence de renvoi à la table des acheteurs.

Ces registres ne sont pas toujours scrupuleusement informés. Il manque notamment la qualité de nombreux protagonistes et les superficies sont souvent oubliées, ce qui a obligé à baser l'étude sur les prix. Des transactions sont notées longtemps après qu'elles aient eu lieu. Surtout, rien n'obligeant à enregistrer les actes au lieu de situation des biens, certains n'apparaissent pas dans les bureaux précités. On peut à l'occasion les retrouver dans un bureau proche (Lyre pour Rugles, Étrépagny pour Gisors) ou pas du tout si le lieu d'enregistrement est lointain (Rouen, Paris…), à moins qu'ils n'aient fait l'objet d'une transcription. Ainsi, Olympe Félicité de Barbette, veuve successivement des verriers Caqueray du Londel et Levaillant de Valcourt, avait acquis la seigneurie de Tierceville en 1752 devant un notaire de Lyons. Son fils du premier lit en hérite et la vend à son beau-frère Dupérier de Boisfranc devant des notaires de Rouen en 1780. Et le fils des secondes noces cède la seigneurie des Brouillards, également à Tierceville, au même Dupérier de Boisfranc en 1782 devant un notaire de Sérifontaine. Ces transactions ne figurent pas dans les rôles de Gisors dont la paroisse de Tierceville est pourtant très proche, contrairement à la vente de la seigneurie de Bazincourt par le deuxième fils du premier lit, toujours au profit du beau-frère, qui est bien enregistrée à Gisors en 1775. Le fief de Cantiers, à Gisors, est vendu en 1765 par la veuve de Cornet à Lefebvre, conseiller au parlement de Paris, chez un notaire de la capitale mais l'affaire est transcrite dans la table de Gisors.

La plus grande difficulté du dépouillement, en dehors des insuffisances et des doublons, est liée au nombre impressionnant d'actes : 981 pour Cormeilles entre 1761 et 1767, 2 034 pour Gisors entre 1779 et 1790, soit respectivement 140 et 170 actes par an, avec de grandes variations selon les années, phénomène qu'on n'a pas étudié spécifiquement pour cet article. Alors que la noblesse n'est concernée que par 18 actes en tout à Cormeilles, elle l'est par 161 à Gisors. Ces deux situations pourraient faire penser à des comportements différents selon les régions et/ou une accélération des transferts dans les dernières années de l'Ancien Régime.

Qui est noble ?

Un dernier problème, de taille, s'est posé : l'identification de la qualité des protagonistes. Celle-ci est souvent absente, mais les nobles sont presque toujours signalés comme noble ou écuyer (par ec), voire par messire. Et on a pu identifier certains grâce au *Dictionnaire historique de toutes les communes du département de l'Eure*[16] ou avec les listes de nobles siégeant aux assemblées préparatoires aux états généraux[17], mais où de nombreux nobles étaient absents, même pas repré-

16. Anatole Caresme et Louis-Étienne Charpillon, *Dictionnaire historique de toutes les communes du département de l'Eure*, Les Andelys, Delcroix, 1868-1879, 2 vol.
17. Édouard de Magny, *Nobiliaire de Normandie*, Rouen, Lebrument, 1863-1864, 2 vol.

sentés[18]. On peut donc légitimement avoir des doutes sur la qualité de certains. Brisset, anobli seulement en 1784, est présent à l'assemblée aristocratique pour les états généraux, ce qui n'est pas le cas de Levacher de Grandmaison, maître de forges du pays d'Ouche (pourtant qualifié d'écuyer, comme son père, à la naissance de son fils en 1770 et encore en 1785), contrairement à son frère Levacher Perla. Le fils de ce dernier, Levacher de La Verronnerie, est curieusement qualifié du titre d'écuyer, mais en 1824 ! Il n'était pas davantage présent dans la réunion de la noblesse de 1789 et, en 1809, on se contentait de dire qu'il vivait « noblement ». Certains officiers de justice ou finance sont nobles, mais ce n'est pas le cas général. Il est donc parfois difficile de s'y retrouver, d'autant que nombreux sont les nobles du bas de l'échelle, écuyers pour la plupart. Je pense avoir adopté une attitude plutôt restrictive dans ce décompte des nobles et les chiffres avancés plus loin apparaîtront comme un minimum puisque je n'ai pas compté, par exemple, Levacher de Grandmaison.

Nos sources comportent donc des lacunes et des incertitudes. Mais s'appuyant sur un corpus considérable : 259 paroisses, environ 30 000 cotes et près de 600 nobles pour les vingtièmes fonciers, un bon millier d'actes de transfert de propriété concernant la noblesse (sur des dizaines de milliers de lignes dans les tables des registres de formalités), notre étude devrait apporter quelques informations dignes de foi dans une recherche historique jusque-là peu abordée.

La propriété de la noblesse à la fin de l'Ancien Régime

D'après le montant du vingtième

	Nb de paroisses	Nb de cotes	Total 20ᵉ en £	20ᵉ de la noblesse (£)	% 20ᵉ noble	Nb de nobles	Moyenne/ noble en £.s.d.
Vexin normand	68	7 809	36 419	15 266	41,92	150	102/15
Vallées	37	6 070	23 903	7 375	30,85	109	68/13
Pl. Neubourg	34	3 838	16 070	5 173	32,19	57	90/15
Roumois	28	3 533	18 754	5 895	31,42	70	84/4
Leuvin	30	4 446	23 420	6 674	28,49	89	75/—
Pays d'Ouche	32	2 718	9 463	3 432	36,26	84	40/17
Pl. Saint-André	30	1 865	8 149	2 959	36,31	38	77/17
Total	259	30 279	136 178	46 774	34,35	597	78/7

Tableau 1. – *La propriété nobiliaire selon le vingtième payé.*

18. J'ai repéré environ 600 nobles pour les 259 paroisses étudiées (sur 886), soit presque autant qu'en comptent les listes pour les états généraux.

	Nb de paroisses	Nb de nobles[a]	Propriété noblesse (ha)	% propriété noblesse	Prop. moy./ noble (ha)
Vexin normand	60	72	12 669	31.8	176
Vallées	27	53	2 518	13	47,5
Pl. Neubourg	27	39	2 234	15.3	57,3
Roumois	18	48	2 878	24.5	60
Lieuvin	22	54	1 977	13.8	36,6
Pays d'Ouche	22	56	3 355	17.2	59,9
Pl. Saint-André	19	24	1 938	16.8	80,8
Total	195	346	27 569	21	79,7

a. Sans les doubles comptes.

Tableau 2. – *La propriété nobiliaire selon la superficie d'après les vingtièmes.*

Globalement, la noblesse paie plus du tiers des vingtièmes fonciers, ce qui la place en bonne position par rapport à la bourgeoisie et à la paysannerie. Cette propriété est inégalement répartie selon les régions : en Vexin, on frôle les 42 % alors qu'on est assez loin des 30 % dans le Lieuvin. On a donc l'impression que le riche plateau céréalier du Vexin (et, dans une moindre mesure, la Plaine de Saint-André) est une zone favorable à la propriété noble qui est moins répandue dans le bocage du Lieuvin, alors qu'elle est aussi au-dessus de la moyenne dans le pays d'Ouche, pourtant pauvre. Ce niveau élevé de la propriété aristocratique est confirmé par les superficies qui n'étaient malheureusement pas toujours indiquées, ce qui restreint l'échantillon.

Les pourcentages apparaissent nettement moins élevés qu'avec les prix, puisqu'on n'est plus qu'à un cinquième au lieu du tiers. L'explication vient sans doute de la valeur des terres possédées par les aristocrates, et de la présence d'importantes quantités de bois qui pèsent dans les superficies. Les résultats corroborent globalement ceux du tableau précédent, en les amplifiant cependant. Le propriétaire noble apparaît bien mal loti dans le Lieuvin et les vallées. Il est en meilleure position dans le pays d'Ouche où la terre est de médiocre qualité. Surtout, il est particulièrement bien pourvu dans les riches terres céréalières du Vexin.

Le tableau suivant confirme l'importance de la propriété nobiliaire dans de nombreuses paroisses. Elle est toutefois nulle dans 7 % d'entre elles et proche de zéro dans un peu plus du dixième. Mais elle dépasse la moitié du sol dans 69 paroisses, soit plus du quart. Et elle paie plus des quatre cinquièmes de l'impôt dans 12 d'entre elles. À Graveron, on atteint 90,3 %, à Sainte-Opportune-du-Bosc 90,7, le record appartenant à Mesnil-Vicomte, une petite paroisse il est vrai, avec 99,5 % aux mains de Bellemare de Saint-Cyr ! Ce qui vaut pour des nobles se retrouve aussi, plus rarement, chez des non nobles. De Boisenval vient d'acheter le château et 210 acres à La Haye-le-Comte et il y paie 96,3 % de l'impôt.

	Nb paroisses	0	-10	10-20	20-30	30-40	40-50	50-60	60-70	70-80	+80
Vexin normand	68	6	2	4	4	8	17	10	4	9	4
Vallées	37	2	6	1	6	7	9	1	2	2	1
Pl. Neubourg	34	3	5	6	4	1	5	1	3	1	5
Lieuvin	30	1	9	5	4	4	3	2	-	2	-
Roumois	28	2	1	2	6	5	6	4	2	-	-
Pays d'Ouche	32	2	2	2	5	8	5	2	3	2	1
Pl. Saint-André	30	3	3	6	5	8	3	4	1	2	1
Total	259	19	28	20	34	41	48	24	15	18	12

Tableau 3. – *Nombre de paroisses selon le pourcentage du vingtième payé par la propriété nobiliaire.*

Il aurait été souhaitable de confronter l'importance de la propriété nobiliaire à celle des autres catégories sociales, sauf que cela demandait d'importants dépouillements. C'était plus facile pour l'Église dont la propriété représentait environ 7,5 % du futur département de l'Eure, soit 3 à 4 fois moins que celle de la noblesse qui l'emporte dans tous les secteurs géographiques. On pourrait penser que la comparaison entre les deux ordres fasse apparaître des zones respectives de force et de faiblesse, les unes s'opposant aux autres. C'est partiellement vrai, la forte présence de l'un (riche seigneur, abbaye) expliquant la faiblesse de l'autre. Mais on peut également trouver les deux ordres en position favorable (le Vexin) ou défavorable (Les Ventes, Grosbois...). Et il faut faire intervenir d'autres critères, comme la mainmise de la bourgeoisie sur une partie du plateau du Neubourg et du Roumois, par exemple.

Les évaluations précédentes sont à mettre en rapport avec ce que j'affirmais dans ma thèse où, à partir des ventes de biens nationaux et des partages de présuccession, j'estimais la propriété nobiliaire au cinquième, peut-être un peu plus, de la superficie du département. On reste dans les mêmes niveaux, encore que les vingtièmes payés semblent indiquer un pourcentage plus élevé, de l'ordre de 30 % mais on est une à deux décennies plus tôt.

La propriété individuelle des nobles

L'étude des cas individuels peut se faire à partir des vingtièmes payés ou des superficies. Les inégalités sont très grandes entre ceux qui paient des centaines de livres et ceux qui ne versent pratiquement rien (mais qui peuvent avoir des biens ailleurs), entre ceux qui ont des centaines d'acres et ceux qui n'ont qu'une ferme, voire seulement une maison. La plupart des seigneuries appartiennent à des nobles et elles leur rapportent de l'argent, ce que nous avons décidé de ne pas étudier ici.

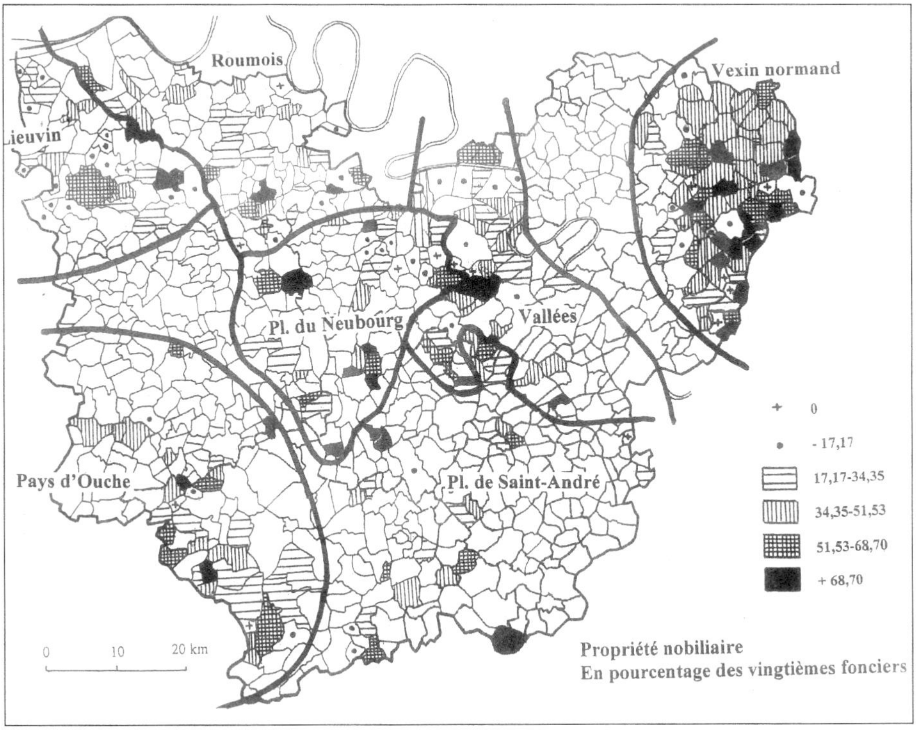

Carte 1. – *Propriété nobiliaire en pourcentage des vingtièmes fonciers.*

En dehors des richissimes ducs de Bouillon et de Penthièvre[19] dont les biens n'entraient pas dans notre échantillon, ils sont plusieurs à payer des centaines de livres de vingtième pour des centaines d'hectares. Les présidents à mortier du parlement de Rouen Leroux d'Esneval (2 589 £ avec ses châteaux d'Acquigny et des Planches), Portail (1 032 £, Le Vaudreuil), Le Cordier de Bigards ou de la Londe (997 £, Montaure) arrivent en tête, devant Jubert de Bouville, fils d'un intendant (918 £, Dangu), le seigneur du Bec-Thomas (860 £), le lieutenant général de Boisdennemets (846 £)... Le marquis de Beuzeville (610 £) possède les forges de Moulin Chapelle à La Houssaye et le comte de Tillières (555 £) celles de Bourth, preuve que l'aristocratie n'est pas que propriétaire terrienne, qu'elle

19. Bouillon et Penthièvre possédaient respectivement 24 600 et 10 400 ha, surtout en bois. Le premier paie 4 195 livres de vingtième pour son domaine de Navarre près d'Évreux, le second 3 910 £ pour ses biens de Vernon et Bizy.

s'intéresse à certaines branches de l'industrie, comme la métallurgie et la verrerie où elle dispose d'ailleurs d'un quasi-monopole en Normandie.

Localement, certains nobles accaparent la majeure partie de la paroisse et ils ne sont souvent possessionnés que dans celle-ci dont ils sont naturellement le seigneur. Lefebvre d'Amécourt, conseiller au parlement de Paris, dispose de 211 ha dans la paroisse du même nom : le château et son parc de 13 acres, une ferme de 210 acres de labour et 58 arpents de pré, plus 40 arpents de bois. Il a vendu récemment une ferme de 144 acres et 34 arpents de bois à Gamaches à son homonyme Lefebvre dit de Gamaches, futur député aux états généraux. La comtesse de Fayel paie 70,4 % des vingtièmes d'Aveny pour un château, une ferme, 100 acres et 226 arpents dont 172 de bois. Cette situation correspond au domaine noble par excellence : château ou manoir (chef-mois de la seigneurie), une ferme (parfois plusieurs), un moulin banal et un bois.

Il arrive cependant qu'ils soient plusieurs dans une même paroisse, à se partager à l'occasion les seigneuries. À Honguemare, Féron de la Heuze paie 31 £ 10 s pour le fief noble du Val Coquin qui ne comprend qu'une ferme de 53 acres. Son voisin Le Boucher, récent acquéreur auprès de la dame de Bernières du fief de Honguemare pour 90 450 £, paie 145 £ pour un château, 3 fermes, une maison et un moulin à vent. À Épaignes, ils sont 20 nobles à verser ensemble 1 248 £, soit 55,8 % de l'impôt. À Équainville, ils sont 7 pour 143 £ 10 s, soit 21,8 %, mais ils ne possèdent que 84,5 ha, soit 12,9 %.

Certains disposent de biens en plusieurs endroits, avec, le plus souvent, un grand domaine. Ainsi, Boisdennemets est possessionné dans sept paroisses : Authevernes (fief du même nom, château et 429 acres), Cahaignes (fiefs de Cahaignes et Senancourt, 270 acres et 27 arpents de bois), Cantiers (fief éponyme, 92 acres et 51 arpents dont 48 de bois), Château-sur-Epte (fiefs de Château et du Plix Aubin, 139 acres et 51,5 arpents dont 8 de bois), Écos (50 acres et 41 arpents de bois), Fours (5 acres) et Thilliers-en-Vexin (2 acres), soit en tout 822 ha. Et on sait[20] qu'il a 550 ha de biens ailleurs, à Bourg-Beaudouin, La Chapelle-Saint-Ouen et Canteloup. La comtesse de Belzunce est propriétaire de 612 ha à Bézu-le-Long, Gamaches, Heudicourt (le centre de ses domaines avec le château) et Saint-Paër.

À l'inverse, des nobles ne possèdent pas grand-chose, une maison (Chanthierry et des Haules à Rugles), quelques acres (la veuve de l'écuyer Picory, 5 acres à Sainte-Opportune-du-Bosc). Dufay ne paie que 40 £ pour une exploitation de 27,5 acres à Montfort. Il arrive même que le seigneur ne possède rien en propre sur l'étendue de son fief pour lequel il ne paie même pas pour ses droits féodaux : le comte de Montenay à Bosroger, le comte de Marle à La Vacherie-sur-Hondouville, le comte de Tillières à Cavoville…

20. D'après le partage de pré-succession de ses biens sous la Révolution.

Une noblesse qui vend ses domaines à la veille de la Révolution ?

Un patrimoine nobiliaire qui se constitue ou se défait

Ce patrimoine peut se construire de diverses façons. En 1780, La Houssaye de Rougemontier possède un château, deux exploitations, les fiefs de Rougemontier et Beauchamp, 75 acres (56 ha). Ce domaine s'est fait à partir de plusieurs provenances : héritage de son frère abbé (les deux fiefs, une ferme et 22 acres), acquisition de sa mère (20 acres), clameur sur huit personnes (une ferme et 32 acres) et retrait (1 acre).

Il aurait également pu pratiquer d'autres transactions : échanges (moyennant argent ou « but à but »), fieffes, rentes (foncières, « hypothèque », en argent ou en nature), baux (à cens, à rente, emphytéotiques, à vie), rétrocessions, licitations… Ces actes sont relativement nombreux (74 à Cormeilles, 103 à Rugles et 197 à Gisors) et ils portent sur des sommes parfois importantes. Certains, les fieffes en particulier (et certaines rentes), ont un rapport direct avec la propriété. Mais elles ne portent à Rugles que sur environ 390 £ (sans les fieffes rentées en nature), ce qui, au denier vingt, ne représente que 7 800 £, ce qui constitue une part certes faible mais non négligeable par rapport aux transactions portant directement sur les biens.

Les aristocrates ne sont pas inertes sur le marché foncier et immobilier. À Gisors, dans les années 1780, le plus actif est Le Tonnelier de Breteuil qui « arrange » son domaine de Dangu acquis en 1781 de Jubert de Bouville pour 1 050 000 £. Entre 1782 et 1790, il vend 27 lots pour 69 092 £ et en cède 3 autres pour 48 £ et des rentes. Il en échange 15 correspondant à une valeur proche de 9 400 £. Il est aussi présent sur le marché acheteur pour 11 lots valant 104 850 £, dont 90 425 £ pour une ferme provenant de l'écuyer Lefebvre de Dampierre. Il est donc plus acheteur que cessionnaire, contrairement à Gabriel Félix Le Forestier (83 166 contre 2 801 £), vendeur impénitent de 1766 à 1789, ce qui ne l'empêche pas de récupérer, en 1787, par le biais d'un renvoi en possession et 20 600 £, une partie de ses biens de Boisnouvel, vendus en 1774. On peut à l'occasion faire de bonnes affaires. La baronnie des Bottereaux, cédée par Mme Dubos de Binanville pour 12 000 £ en 1776 à Mougin, est revendue 19 200 £ en 1781 à Leroux d'Esneval.

Globalement, la noblesse est présente dans 11 % des actes, tant à Rugles qu'à Gisors, mais la valeur des transactions dans lesquelles elle est partie prenante est nettement plus élevée (respectivement 30 et 75 %). Ce qui prouve, d'une part, que les nobles sont impliqués dans des affaires plus chères que la moyenne des autres protagonistes, d'autre part, qu'ils jouent un rôle prépondérant sur le marché et ce d'autant plus que leur propriété est importante et le sol riche : ils sont davantage présents dans le Vexin que dans le pays d'Ouche.

Des transactions déficitaires

La statistique suivante évalue le nombre d'actes dans lesquels est impliqué au moins un noble (deux lorsque la transaction se fait entre deux aristocrates) et non pas le nombre de nobles concernés, le même pouvant se retrouver à plusieurs reprises. L'inégalité globale entre les trois bureaux tient d'abord au nombre des paroisses mais d'autres facteurs (valeur de la terre, plus ou moins grand nombre de nobles, richesse de ces derniers...) interviennent également. Le nombre de nobles impliqués n'est pas proportionnel à celui des paroisses : 150 à Cormeilles, 169 à Gisors, mais il atteint presque le double (304) à Rugles. En valeur, les différences sont également sensibles : un peu moins d'un million de livres à Cormeilles, près d'un et demi à Rugles et presque quatre à Gisors, ce qui reflète à la fois l'étendue de chaque bureau, la valeur de la terre, l'intensité du marché et l'importance du patrimoine des individus.

	Achat		Vente		Bilan		Entre nobles	
	Nb	Valeur	Nb	Valeur	Nb	Valeur	Nb	Valeur
Bureau de Cormeilles – 11 paroisses								
1761-1770	10	91 103	19	130 927	- 9	- 39 824	2	86 900
1771-1780	9	26 325	50	72 339	- 41	- 46 014	0	
1781-1790	7	96 865	55	563 569	- 48	- 466 704	4	96 414
Total	26	214 293	124	766 835	- 98	- 552 542	6	183 314
Bureau de Gisors – 25 paroisses								
1761-1770	15	121 359	14	237 164	+ 1	- 115 805	5	111 014
1771-1780	27	127 560	27	138 295	0	- 10 735	9	85 467
1781-1790	23	1 381 939	63	1 826 467	- 40	- 444 528	5	1 334 293
Total	65	1 630 858	104	2 201 926	- 39	- 571 068	19	1 530 774
Bureau de Rugles – 20 paroisses								
1761-1770	55	224 276	72	306 780	- 17	- 82 504	14	152 950
1771-1780	45	93 170	40	317 635	+ 5	- 224 465	5	30 700
1781-1790	40	271 563	52	235 145	- 12	+ 36 418	4	31 039
Total	140	589 009	164	859 560	- 24	- 270 551	23	214 689

Tableau 4. – *Nombre d'actes avec présence d'un noble et valeur des transactions.*

Sur les trois décennies, on note des résultats quelque peu contradictoires d'un bureau à l'autre. D'abord peu nombreux à Cormeilles (29 entre 1761 et 1770), les nobles sont deux fois plus les deux décennies suivantes, mais les sommes en jeu ne suivent pas, la période centrale étant médiocre, alors que la dernière voit une progression très nette. À Gisors, ils sont de plus en plus nombreux à être concernés, mais les valeurs sont légèrement inférieures la deuxième décennie par rapport à la première, alors que la troisième explose littéralement, à cause, il est vrai, de l'importante vente/achat du domaine de Dangu (1 050 000 £). La situation est plus calme sur la durée à Rugles où les trois périodes s'équilibrent presque, avec un léger creux pour celle du milieu, et cela bien que le nombre d'actes ait fléchi.

Constate-t-on une évolution de la valeur des actes sur les trois périodes et les trois bureaux ?

	Cormeilles		Gisors		Rugles	
	Achat	Vente	Achat	Vente	Achat	Vente
1761-1770	9110	6891	8091	16940	4078	4261
1771-1780	2925	1446	4724	5122	2070	7941
1781-1790	13838	10247	60084	28992	6789	4522
Total[a]	8242	6184	25090	21172	4207	5241
Sans Dangu			9076	11184		

a. La moyenne n'est pas mathématiquement celle des trois chiffres précédents, le nombre d'actes variant d'une décennie à l'autre.

Tableau 5. – *Valeur moyenne des actes à l'achat et à la vente (en livres).*

Je n'ai pas d'explication fiable sur la différence entre les valeurs – variables dans le temps et l'espace – à l'achat et à la vente. On note une tendance à l'augmentation de la valeur de l'acte et que la décennie 1771-1780 était visiblement une période difficile, la valeur d'une transaction étant nettement inférieure, sauf à la vente à Rugles. Les valeurs des actes sont nettement plus faibles dans le pays d'Ouche.

On a la confirmation que les transactions qui impliquent les nobles sont nettement plus onéreuses que celles des roturiers. Passons sur le domaine de Dangu mais d'autres actes portent sur des sommes considérables. Le Parisien Delépine, seigneur de Grainville à Neaufles, vend son fief et 238 arpents pour 120 400 £ au prêtre Osmont en 1789. En 1775, les frères de Bernières abandonnent pour 112 000 £ leur terre de Glos à Hoyau qui la rétrocède très vite au maître de forges Levacher de Grandmaison, acquéreur en 1776 et 1779 pour 56 000 et 4 500 £ de biens cédés par Gorgeu de Girancourt qui les avait achetés aux Bernières. Levacher revend le tout à l'écuyer de Malherbe en 1785 pour 184 000 £, faisant donc une bonne opération (l'ensemble lui était revenu 172 500 £). Mais, la plupart du temps, les transactions portent sur un domaine valant quelques dizaines de milliers de livres.

Il convient maintenant de faire un bilan. Globalement, la noblesse est perdante, dans les trois bureaux et en permanence, sauf à trois reprises pour le nombre d'actes : + 1 et 0 à Gisors en 1761-1770 et 1771-1780, et + 5 à Rugles en 1771-1780 ; et, une fois seulement, en valeur : 36 418 £ à Rugles en 1781-1790. Le bilan est nettement négatif tant en actes (25, 39 et 98 selon les bureaux) qu'en valeur (au-dessus de 270 000 £ à Rugles, plus du double et du demi-million à Cormeilles et Gisors). C'est dire si la noblesse sort affaiblie des opérations, d'autant qu'on constate une tendance à l'accélération de cette situation, sauf à Gisors. Mais à Cormeilles, le déficit est 10 fois supérieur dans la dernière décennie à ce qu'il était dans les précédentes. Et toutes les régions, pauvres ou riches, sont touchées.

Les nobles sont contraints de céder de nombreux lots aux autres catégories sociales. Le chevalier caennais de Padoue abandonne à Schrader pour 60 000 £ de biens à Cormeilles en 1783. Brancas, marquis de Silly, vend à des roturiers pour 75 108 £ en 1787, 13 172 et 34 000 £ l'année suivante. Lecousturier d'Armenonville cède, en 1768, pour 22 845 £ de terres à Noyers et Vesly, et en 1770 pour 79 000 £, le tout à Fleury qui devient le seigneur de la Ruelle. L'écuyer parisien Bernard abandonne au fabricant lovérien Paysant Delafosse les rotures de ses fiefs de Boisgauthier et Grimonval à Civières pour 77 500 £ en 1786 (il a cédé en même temps les fiefs au baron de Forval pour 20 000 £). En 1763, Louis Lemaréchal dépense 29 250 £ pour obtenir un domaine de M. de Sommaire à Juignettes.

Les nobles sauvegardent certaines de leurs propriétés qui restent dans les rangs de l'aristocratie. Au total, 48 transactions se font entre eux pour 1 928 777 £ sur 6 262 311, soit 30,8 %. Le domaine de Dangu, le plus important, ne leur échappe pas. Le comte parisien de Goyon vend en 1768 ses fiefs de Mallot et Heudreville à Bonneville pour 84 000 £ à Duquesney des Londes qui récupérera pour 50 000 £ la seigneurie d'Holandon à Bonneville des mains de Leroux d'Esneval qui l'avait acquise par licitation et pour 18 000 £ en 1785 du conseiller d'État d'Aguessau.

Enfin, il arrive aussi que les aristocrates se portent acquéreurs aux dépens de roturiers. Duquesney des Londes leur achète à plusieurs reprises : 274 £ à Saint-Pierre en 1765, 624 £ à Bois-Hellain en 1768, 252 £ à Bonneville en 1769, 120 £ à Bonneville en 1773, 424 £ à Bonneville en 1780, 300 £ à Saint-Léger en 1784. Jean Charles Thirel de Siglas acquiert quatre parcelles pour 805 £ à Épaignes en 1764, pour 10 820 £ au même lieu en 1772, 2 100 £ en 1776 toujours à Épaignes où il a aussi échangé pour 200 £ en 1768 et 3 031 £ en 1773. Mais le bilan est déficitaire, puisqu'il vend davantage : 5 lots pour 5 152 £ en 1772, 4 lots pour 7 395 £ en 1773 et 4 300 £ en 1778. D'une façon générale, les acquisitions aristocratiques sont peu nombreuses et ne portent souvent que sur des sommes faibles. La plus importante, à Rugles, est l'acquisition par Gilain de Cernay d'un domaine de 30 666 £ au détriment de Duval. Les autres sont inférieures à 20 000 £.

La noblesse subit des pertes sérieuses dans les dernières décennies de l'Ancien Régime. Elle abandonne des biens valant près de 1 400 000 £ pour les trois bureaux cités. Or, il y en avait plus d'une cinquantaine dans le futur département, ce qui, si ces chiffres se vérifiaient ailleurs, représenterait plus de 20 millions de livres, et l'équivalent de quelques dizaines de milliers d'hectares[21]. Le patrimoine de la noblesse est donc sérieusement entamé, tout en restant important, de l'ordre de 125 000 ha au début de la Révolution, soit entre un cinquième et un quart de la région, mais c'était plus de 30 % quelques décennies plus tôt.

Cette chute se fait au profit de la paysannerie, qui doit généralement se contenter de petits lots, et de la bourgeoisie, à l'image de ce qui se passe à Vesly. Les Lefebvre y disposaient déjà, avec leurs alliés Vinot, d'importantes superficies, comme le révèle le terrier de 1778[22] : Michel Lefebvre, conseiller du roi et receveur de la terre de Noyers (187 ha), son frère, Lefèvre Lozerais, receveur du prieuré de Vesly et seigneur du fief du Taillis acquis du comte de Mauny (216 ha) et qui achètera la seigneurie des Thilliers pour 90 100 £ en 1785 ; la femme de celui-ci, née Vinot (125 ha) et ses frères (203 ha) ; auxquels on peut ajouter Fleury, acquéreur de la seigneurie de la Ruelle du noble d'Armenonville (135 ha). À eux cinq, ils possèdent plus de la moitié du sol de cette grande et riche paroisse du Vexin.

Pour mieux mesurer l'état de fortune de la noblesse, il faudrait également tenir compte d'un niveau d'endettement élevé. Pour l'ensemble des pré-successions étudiées dans l'Eure[23], le passif de l'aristocratie équivalait à neuf millions de livres, soit près de 28 % de la valeur de l'actif global et traduisait une situation financière critique. Jean François Le Vaillant de Rebais est assassiné en 1774 dans la campagne des Bottereaux. Sa situation financière est alors qualifiée de « désastreuse ». Il possédait pourtant en 1770 encore un peu plus de 100 acres, dont 60 de bois, et payait un vingtième de 28 £ 18 s, ce qui n'est pas beaucoup. Et il avait dû vendre plusieurs biens. L'homme d'affaires du marquis de Conaco, qui vient d'hériter de sa belle-mère, dit que « le propriétaire ne pourrait trouver à vendre ces fonds (le château de Bézu-la-Forêt et le domaine qui l'entoure), ainsi que ceux de l'article suivant tant par rapport au mauvais terrain de ces fonds que par rapport au château et autres bâtiments qui sont en totale décadence[24] ». Sont-ce des cas fréquents ? Beaucoup ne sont-ils pas amenés pour faire face à leurs échéances à vendre leur patrimoine ? Il semble que certains, et pas seulement les écuyers, aient même beaucoup ou tout cédé. Et ce n'est pas la Révolution, qui confisque et vend les biens des émigrés, surtout nobles, qui va arranger leurs affaires.

21. Un hectare vaut en moyenne quelques centaines de livres, de 200 à 1 000 selon les régions.
22. Arch. dép. Eure, H 1051.
23. Bernard Bodinier, *Les biens nationaux dans le département de l'Eure de 1789 à 1827*, thèse, Paris I, 1988, vol. 1, p. 226.
24. Arch. dép. Eure, C 222.

Noblesse normande ou noblesse française ? La noblesse de Rouen face à la crise des états généraux (1788-1789)

Laurent LEMARCHAND

La noblesse française à la fin du XVIIIe siècle est-elle prête à accepter un ordre social et politique nouveau, un ordre dont elle ne constituerait plus qu'une catégorie de propriétaires fonciers généralement aisés parmi d'autres, sans prérogative particulière par rapport aux promoteurs des activités en voie de développement rapide et à la richesse montante au Siècle des Lumières (banque, grand commerce, industrie machiniste) ?

Dans les années 1970, la « théorie des élites » inclinait à répondre plutôt positivement à cette question. Depuis lors, l'étude des cahiers de doléances du second ordre, déjà entreprise dès la fin du XIXe siècle, s'est étendue. Toutefois, pour appréhender l'opinion des nobles, la source n'est pas entièrement probante, car on sait que l'abstentionnisme aux assemblées électorales fut souvent important. Néanmoins, ces textes généralement longs fournissent nombre d'indications, surtout si on les replace dans une continuité pluriséculaire[1]. Parmi d'autres, en 1985, une historienne russe, L. Pimenova, a ainsi analysé 165 cahiers répartis sur l'ensemble du royaume et a mis en valeur la diversité des prises de position énoncées[2]. Elle les classa en quatre catégories :

– 28 conservateurs insistent sur les privilèges nobles, en particulier en matière fiscale.

– 17 seulement, au contraire, sont très « libéraux », proches en fait des thèses du Tiers.

– 96 mêlent le conservatisme (avec le vote par ordre aux états, etc.) et le réformisme (notamment la contestation de l'absolutisme) ; mais le conservatisme les domine.

1. Guy CHAUSSINAND-NOGARET, *La noblesse au XVIIIe siècle. De la féodalité aux Lumières*, Paris, Hachette, 1976.
2. Ludmila PIMENOVA, « Le modernisme dans l'idéologie de la noblesse en 1789 », *La Révolution française et les processus de socialisation de l'homme moderne*, actes du colloque de Rouen de 1988, Paris, Éd. Messidor, 1989.

– 27 sont plus équilibrés enfin, tirant davantage sur le réformisme que les précédents.

Les événements survenus lors de l'assemblée du deuxième ordre du bailliage de Rouen du 16 au 27 avril 1789 confirment la désunion de la noblesse puisque, fait rare, il s'y produit une scission ouverte et publique entre ses membres (environ 300 participants ou représentés). C. Mazauric et O. Chaline[3] ont retracé cet épisode : une forte minorité (de 106 voix devenues finalement 111) refusa alors de suivre la majorité (140 voix) et finit par publier un texte court différent du cahier officiel rédigé par les majoritaires : ils s'y prononcèrent, en effet, clairement pour l'égalité fiscale.

Cet incident pose deux questions :

– S'agit-il de deux orientations fondamentalement différentes ou bien la divergence est-elle d'opportunité, plus tactique que stratégique ?

– Comment expliquer une telle querelle interne à l'ordre ? Y a-t-il ici des conditions économiques et sociales propres à la région ou s'agit-il d'un simple aléa du déroulement du débat politique en fonction des personnalités aux prises ? Y a-t-il aussi une différence de niveau socio-économique entre les membres de chaque camp ?

Finalement, la classification entre conservateurs et réformistes ou libéraux rend-t-elle bien compte de l'événement ?

La puissance de la noblesse à Rouen

Elle est inhérente au caractère de la ville de Rouen en tant que capitale administrative de la province de Normandie et chef-lieu de la généralité de Rouen, centre d'une région parmi les plus riches et les plus modernes du royaume.

Le rôle particulier du parlement

Rouen abrite un parlement parmi les mieux enracinés dans sa province puisqu'il est issu de l'ancien « Échiquier médiéval » de Normandie.

Comportant 120 magistrats et au total plus de 200 charges, il est dans son recrutement essentiellement nobiliaire : P. Robinne a établi que, vers 1774, 73 % des conseillers sont des nobles héréditaires et le reste détient la noblesse graduelle. Ils sont généralement riches : ainsi, plus de 100 familles possèdent une fortune allant de 100 à 250 000 livres (avec un revenu de 12 000 livres) ; une vingtaine dépasse les 250 000 livres ; trois comptabilisent plus de un million de livres, le président Bailleul approchant même les trois millions, Bigot de Sassetot atteignant les 1,8 million. Font figure de « pauvres » relatifs quelques conseillers à la fortune

3. Claude Mazauric, « La politique de la noblesse à Rouen », *Jacobinisme et Révolution. Autour du bicentenaire de quatre-vingt-neuf*, Paris, Éd. sociales, 1984 ; Olivier Chaline, *Godart de Belbeuf. Le parlement, le roi et les Normands*, Luneray, Bertout, 1996.

inférieure à 5 000 livres et ne disposant que de un à deux domestiques[4]. D'après le registre de capitation de Rouen (ville) de 1789, plus de la moitié des conseillers repérés paient plus de 100 livres quand le maximum de la liste monte à 270 livres et le minimum à 10. De la sorte, le parlement domine par sa richesse la noblesse locale et passe devant la bourgeoisie.

Le rôle du parlement est d'autant plus grand que, les états provinciaux ayant disparu depuis 1655, il tend naturellement à se présenter comme représentant des Normands. Par ailleurs, il sait utiliser les moyens de communication de son époque. Par exemple, il fait imprimer et diffuser, par affichage en ville ou en les envoyant aux juridictions de son ressort, le texte de ses lettres et remontrances au roi. Il inspire des libelles et pamphlets rédigés par des procureurs, des avocats ou même des conseillers. Même les lits de justice tenus avec déploiement de soldats autour du Palais lui assurent une publicité involontaire. Il est d'ailleurs connu pour avoir été, au XVIIIe siècle, parmi les plus opposés à la monarchie absolutiste : de 1753 à 1788, il subit douze lits de justice auxquels la Cour réplique par lettres inscrivant que les lois non précédées d'un libre enregistrement sont sans valeur[5].

Le parlement se veut parler, entre autres, au nom de la noblesse, se faisant le défenseur de ses intérêts dont il dresse à plusieurs reprises un tableau à la fois glorieux et pitoyable. C'est le cas de la remontrance du 10 mai 1760, qui déclare : « La noblesse, ce rempart de l'État, ce fier appui du trône, destinée à le soutenir contre les ennemis du dehors, fatiguée par un service ingrat, tourmentée de ses biens alors même qu'elle verse son sang pour la patrie, se soutient difficilement elle-même contre la multitude des ennemis bursaux qui la persécutent[6]. » Il se fait aussi le champion du caractère militaire supposé du deuxième ordre et le défenseur des patrimoines aristocratiques, allant même jusqu'à prétendre que les nobles s'appauvrissent alors que la rente foncière et la rente féodale dans la région connaissent une hausse importante. La remontrance du 6 août 1778 dénonce ainsi « l'augmentation apparente des biens fonds de ses sujets. Nous disons apparente parce que ce n'est point le 1/10 des revenus effectifs qu'on demande aux propriétaires, mais on exige d'eux sur la part qu'il leur reste de leurs biens 1/10 de la totalité, quoiqu'une grande partie des revenus soit réellement absorbée pour les finances de votre Majesté[7] ». Aussi, le parlement est-il populaire dans la noblesse régionale : en octobre 1772, un manifeste protestant contre les atteintes portées à la Cour par le « coup d'état » Maupéou est signé par plus de 300 nobles de la province. En avril 1789 encore, l'intendant Maussion écrit que la majorité de la noblesse du bailliage particulier de Rouen est entraînée par le parlement ; le 21, il constate que les membres du parlement sont majoritaires dans la commission de

4. P. Robinne, *Les magistrats du parlement de Normandie à la fin du XVIIIe siècle*, 2 vol. dactyl., Rouen 1967.
5. Guy Lemarchand, « La conception de la monarchie du parlement de Rouen à la fin du XVIIIe siècle », Roger Bourderon (dir.), *Saint-Denis ou le jugement dernier des rois*, actes du colloque de février 1989, La Garenne-Colombes, 1992.
6. Archives départementales de Seine-Maritime (76), 1B 278.
7. AD 76, 1B 293.

douze membres chargés de rédiger le texte du grand bailliage de Rouen. Deux des quatre députés de la noblesse envoyés aux états généraux pour la ville de Rouen sont alors des conseillers du parlement. Cela confirme que la querelle noblesse d'épée-noblesse de robe est dépassée depuis la fin du XVIIe siècle[8].

L'assemblée provinciale de Haute-Normandie

Créée par la réforme de Necker en juin 1787 et fonctionnant de novembre 1787 à fin 1789, elle couvre la généralité de Rouen. Au niveau inférieur, apparaissent une douzaine d'assemblées de départements, qui recoupent les élections.

L'assemblée provinciale comprend une moitié de membres nommés par le roi, l'autre moitié étant cooptée. Elle applique les principes du doublement du Tiers (avec la moitié des membres, les deux autres quarts pour la noblesse et le clergé) et du vote par tête. Elle dispose de faibles pouvoirs, essentiellement administratifs. Elle est effectivement très modérée.

La noblesse y est prépondérante : la présidence de l'assemblée provinciale revient à l'archevêque de Rouen, de grande noblesse; celle des départements à des nobles titrés; dans la commission intermédiaire de la Province siègent quatre membres, dont deux nobles.

Elle sert aussi de lieu de contacts avec la bourgeoisie aisée, qu'il s'agisse de négociants, comme de Fontenay, ou d'hommes de loi, tel Thouret. Elle semble touchée par un libéralisme pratique : elle marque de l'intérêt pour les travaux publics, la réforme fiscale (mais sans parler d'égalité devant l'impôt), le secours et la répression de la mendicité, le démarrage des nouvelles municipalités rurales[9]. On y dénote la présence du marquis d'Herbouville, futur leader « libéral » et membre de la commission intermédiaire.

Mais son existence recèle déjà en germe la division de la noblesse. Le parlement, qui n'a pas trop traîné pour enregistrer sa création en août 1787, l'a cependant assortie de deux réserves : respecter la *Charte aux Normands*; convoquer les états provinciaux. En novembre 1788, il s'élève contre leur existence même en fait : ces assemblées provinciales brisent l'unité administrative de la Normandie et agissent sans concertation.

La place de la noblesse dans les institutions culturelles

Comme ailleurs et même bien davantage, la noblesse participe au mouvement d'activité et d'échange intellectuel croissant qui porte les Lumières. Sa présence dans les instances intellectuelles nouvelles est particulièrement marquée.

8. Les intermariages entre les deux groupes sont nombreux comme le prouvent les généalogies du parlement. Les bases de patrimoine sont communes : environ les deux tiers des patrimoines des conseillers parlementaires relèvent de la propriété foncière et des seigneuries.
9. A. FRILEUX, *Recherche biographique sur Ch. J. T. marquis d'Herbouville*, université de Rouen, maîtrise 1991.

Donnons-en deux exemples : l'Académie royale des belles lettres et arts de Rouen et la franc-maçonnerie. Créée en 1740, l'académie connaît une forte participation nobiliaire : sur environ 100 membres recrutés de 1757 à 1793, la noblesse titrée, de service et militaire fournit 7 personnes, les officiers de justice et de finances (souvent nobles) 23, les roturiers 48 et le clergé 16[10]. Comme toute ville importante, Rouen compte, à la fin du XVIIIe siècle, de nombreuses loges franc-maçonnes : 14 loges, totalisant 647 adhérents. On trouve des nobles dans presque toutes et certaines (au moins trois d'entre elles) sont à prédominance noble. Les fréquentent aussi bien la noblesse d'épée, comme le marquis de Mortemart, les membres du parlement assez nombreux, comme Bigot de Sommesnil, les nobles proches de la bourgeoisie, comme Midy d'André, versé dans le négoce[11].

Une bourgeoisie puissante et entreprenante

Deuxième acteur local, une bourgeoisie opulente quoiqu'en deçà de la couche supérieure de l'aristocratie, une bourgeoisie nombreuse et rompue au débat politique.

Sa base économique

Rouen demeure, à la fin du XVIIIe siècle, l'une des grandes places économiques du royaume. Elle compte 75 000 habitants en 1780, ce qui la situe comme la quatrième ou cinquième ville du royaume. Elle compte toujours sur le plan du trafic maritime : elle est dépassée par les ports océaniques et surtout par la montée du Havre mais, en quantité absolue, son tonnage continue à croître. Surtout, elle reste le grand centre financier d'assurance et de banque, Le Havre demeurant même dans sa dépendance. Elle est un centre de production industrielle (avec l'imprimerie, la tannerie, la toilerie, etc.) et d'innovation (avec la faïencerie, la cotonnade, l'indiennerie).

Il en résulte un enrichissement dont témoigne le relevé de la cotisation patriotique levée en 1790-1791 pour le district de Rouen, déjà utilisé par C. Mazauric : parmi ceux acquittant une cotisation allant de la cote moyenne jusqu'à son quadruple, on trouve 54 roturiers, mais aussi, ce qui confirme ce qui a déjà été avancé, 47 nobles et 3 clercs. En reprenant ces listes, on voit que, sur 235 contribuables payant entre la cote moyenne et le double, 160 sont liés à l'activité économique directement (négociants, merciers, marchand, etc.). Les chiffres absolus d'imposition sont peut-être plus éloquents encore pour les 292 résidant à Rouen :

– Les taxés à plus de 5 000 livres et jusqu'au maximum de 24 000 livres (Bermonville, président de la chambre des comptes, Herbouville venant ensuite

10. A. S. LECOINTRE, *L'expression du régionalisme normand au XVIIIe siècle*, maîtrise 1986, université de Rouen.
11. Éric SAUNIER, *Révolution et sociabilité en Normandie au tournant des XVIIIe et XIXe siècles : 6 000 francs-maçons de 1740 à 1830*, Rennes, Presses universitaires de Rennes, 1999 ; cf. également sa maîtrise, plus détaillée sur le cas rouennais, *Id.*, *Les francs-maçons rouennais et la Révolution (1789-1799)*, maîtrise 1985, université de Rouen.

avec 20 000), sont 32, dont 25 nobles ; mais certains des bourgeois roturiers repérés ainsi semblent avoir également payé ailleurs pour des biens situés hors de la ville, ce qui montre une mauvaise application de la loi du 19 septembre 1789.

– Par contre, dans la tranche des 1 000 à 1 999 livres, les roturiers prédominent très largement ; mais alors il est difficile de saisir l'origine sociale des contribuables, car les dénominations et indications professionnelles sont beaucoup plus floues.

On repère ainsi, au-dessous de la grande bourgeoisie, une couche importante de bourgeoisie moyenne.

La place de la bourgeoisie dans la municipalité de Rouen

Si la mairie revient traditionnellement à la noblesse et même à celle d'ancienne souche et titrée (en 1788-1789 au comte Radepont, chevalier de l'ordre de Saint-Louis, ancien capitaine de cavalerie), les six échevins sont choisis selon un système compliqué, dont les électeurs sont en grosse majorité non nobles et les élus marchands nombreux[12]. En 1788-1789, quatre échevins sont roturiers, dont probablement trois « marchands », un est récemment anobli et négociant (Barthélemy Le Coulteux de Canteleu, banquier, premier échevin et futur administrateur de la banque de France).

À la différence d'origine sociale, jouant entre la majorité du corps municipal et les autorités de la province résidant dans la ville (cours souveraines, gouverneur du Vieux-Palais), s'ajoute un conflit de hiérarchie administrative avec le parlement : celui-ci détient, dans sa juridiction, l'ordre public et les approvisionnements de la ville et il a la prééminence officielle sur la municipalité, ce qui se traduit par des querelles discrètement menées par la ville sur des questions ponctuelles ou en manifestant une attitude d'autonomie peu révérencieuse. Ainsi, en janvier 1788, le Conseil marque son opposition à l'arrêt de la Cour du mois précédent qui décide une augmentation des droits sur le transbordeur de la Bouille au bénéfice du seigneur (le marquis d'Étampes). En octobre, il envoie deux de ses membres réclamer auprès du roi le rétablissement des états provinciaux, sans consulter le parlement[13], alors que celui-ci présente la même requête depuis 1772 et encore le 5 mai 1788.

Pour soutenir au moins indirectement sa cause, la ville bénéficie du principal journal de la province, édité à Rouen même, le *Journal de Normandie*, créé en 1785. Ainsi, il informe sur la première assemblée de notables et la formation de l'assemblée provinciale. Puis, après huit mois de silence sur les sujets politiques dus, selon É. Wauters[14], à l'hostilité de son directeur à l'égard du parlement alors mis en valeur dans la lutte contre le despotisme ministériel par le « coup d'état »

12. Sophie Deck, « Les municipalités de Haute-Normandie, Rouen », *Annales de Normandie*, 1962, 2.
13. Archives communales Rouen A40, Délibérations.
14. Éric Wauters, *Une presse de province pendant la Révolution française : journaux et journalistes normands, 1785-1800*, Paris, Éd. du CTHS, 1993.

de Lamoignon, le journal évoque à nouveau des événements nationaux en reproduisant les brochures et déclarations du camp patriote, en particulier celles venues de Normandie (telles celles de Thouret). Les lettres de lecteurs montrent que cette feuille est lue, dès 1785-1787, par nombre de nobles et d'officiers, à côté des bourgeois. En 1789, elle s'intéresse beaucoup à la préparation des états généraux, relayant de la sorte les aspirations et attentes montantes de son public.

L'action politique du corps de ville

Le corps de ville a pris position, tôt et fortement, sur la grande question de la forme des états généraux. Dès novembre 1788, il adhère à un mémoire rédigé en fait par le premier échevin, Le Coulteux de Canteleu, et l'avocat Thouret, au titre significatif : « Mémoire aux maires et échevins de la ville de Rouen comme représentants et défenseurs naturels du tiers état et identifiés à cet ordre. » Ce texte aurait été élaboré avec « les communautés, corporations et citoyens particuliers de l'ordre du Tiers ». Il contredit brièvement les positions du parlement contre le doublement du Tiers, énoncées quelques jours avant : il préconise le vote par tête et demande avec quelque insolence la « régénération » de la magistrature.

À partir de là, s'engage de la part de l'Hôtel de ville une véritable campagne d'opinion à laquelle le parlement, trop sûr de son prestige et des entrées qu'il a auprès du gouvernement, ne réplique que de loin en loin :

– Le parlement, début décembre, écrit au roi pour s'élever contre les idées de doublement du Tiers et de suppression du privilège fiscal. Le roi répond en fait sans se prononcer.

– La municipalité, en décembre, envoie à Versailles deux échevins pour soutenir la demande de doublement du Tiers[15] et elle adresse sa délibération du 30 novembre à 36 localités normandes et 24 extérieures.

– Le 24 janvier, sont émises 89 lettres patentes de convocation du Tiers avec son doublement.

– En février, Thouret fait paraître ses deux brochures : « Avis aux bons Normands » et « Suite de l'Avis aux bons Normands », aussitôt reproduites partiellement par le *Journal de Normandie* (14, 25 février). Le *Journal* normand publie, en outre, une série de déclarations d'autorités diverses favorables à l'égalité fiscale puis au vote par tête.

– Le 28 janvier 1789, le discours de la rentrée parlementaire est prononcé (par le deuxième avocat et le premier président de la cour civile). Le 11 février, a lieu la délibération du Tiers de Dijon. Le 18 mars, intervient l'avis du duc d'Orléans. Enfin, le 28 avril, est publié le discours du lieutenant général du bailliage de Rouen, prononcé le 1er avril.

En même temps, paraît, dès décembre 1788, un pamphlet contre le parlement. Il sera suivi d'au moins deux autres, en janvier-mai 1789.

15. ACR A40, 6 janvier 1789.

Le procureur général de Belbeuf envoie aux juridictions inférieures l'arrêt d'enregistrement de la convocation des états généraux avec les réserves de la Cour sur la forme de l'assemblée future.

En mars, le corps de la ville pousse l'offensive : le 26, il nomme une commission de 11 membres (8 négociants, 3 avocats dont Thouret) afin de rédiger un projet de cahier du Tiers de Rouen. Le 29, le texte est adopté.

En avril, le texte est adopté par les 80 députés du Tiers du grand bailliage, élus eux-mêmes par les 134 membres des assemblées de ville. Selon C. Mazauric, cette assemblée du grand bailliage est composée de 10 à 20 nobles (dont une partie des membres du corps de ville), auxquels s'ajoutent 15 petits officiers et hommes de loi, 11 membres professionnels intellectuels ; mais le négoce et la finance y forment le groupe le plus nombreux (avec 30 membres). Dans les 80 du grand bailliage, le négoce prédomine nettement avec 53 membres, face à 26 officiers et hommes de loi. On le voit, Thouret et ses amis de la municipalité ont réussi à briser le front des dépendants des cours souveraines, particulièrement les plus prestigieux : les avocats du parlement, en majorité encore pour la Cour, mais 3 de leurs 4 députés à l'assemblée de la ville rallient la cause de la municipalité.

Depuis la fin de 1788, grâce à sa fonction d'avocat de la ville et sa qualité d'avocat au parlement, Thouret a été le principal chef de manœuvre du camp patriote. Ses deux brochures de février inspirent le cahier du tiers état du bailliage de Rouen. Récemment, G. Hurpin[16] a jugé ces textes « habilement composés » mais « empreints d'une facture qui frôle la platitude » et O. Chaline les a estimés sans « originalité ni profondeur de pensée[17] », des appréciations justifiées par le contenu effectivement limité de ces opuscules. Néanmoins, cette pauvreté apparente d'inspiration ne serait-elle pas volontaire ? En effet, ils présentent le programme de l'action des états généraux selon l'auteur et selon l'essentiel des souhaits du courant réformateur national : rédiger une constitution établissant un contrôle des représentants de la nation sur les finances et les lois, soulager la population de la surcharge fiscale, donner plus d'efficacité à l'administration et la justice, enfin rétablir les états provinciaux. Mais il vise aussi à rassurer les privilégiés : la réforme n'est pas la remise en cause de tout l'ordre socio-politique et les questions du régime féodal et des biens du clergé ne sont pas évoquées. Mieux, Thouret se déclare en faveur du maintien des distinctions d'ordre et de la concorde entre eux. Comme le remarque É. Wauters[18], on se situe dans la ligne de Mousnier à l'assemblée provinciale du Dauphiné de l'été 1787. En fait, c'est bien ce genre de compromis entre la noblesse et le Tiers que propose l'avocat : certes, la première y perdra ce que le Tiers veut abolir – la justice privée, la vénalité des offices, le privilège fiscal, soit un ensemble non négligeable – mais elle y gagnera la paix sociale. Le « Cahier du Tiers du bailliage de Rouen » précise fortement que

16. Gérard Hurpin, « Thouret et le premier vote des Normands », Philippe Priol (éd.), *À l'origine des départements, hommage à Jacques-Guillaume Thouret, 1746-1794*, Rouen, conseil général, 1990, p. 53-63.
17. O. Chaline, *op. cit.*, p. 482.
18. É. Wauters, *op. cit.*

les états généraux règleront seuls, pour l'avenir, leur forme et leur composition, « la proportion des députés entre les ordres » et « la forme [...] de compter les voix » (article 21), ce qui évite d'inscrire directement le doublement du Tiers et le vote par tête. Il veut l'égalité d'accès aux charges et l'égalité des peines criminelles et vide même de son contenu le droit d'enregistrer des cours souveraines, qui seront désormais constituées de magistrats élus par les états provinciaux, tandis que ceux-ci verront leurs droits de police administrative abrogés. Mais quelques satisfactions sont données à la vieille aristocratie : il est prévu de limiter les effectifs de la noblesse en supprimant l'anoblissement lié aux charges vénales, en n'autorisant l'anoblissement que par lettres royales et après un long service dans une place pendant vingt ans. S'il est question d'une réforme de la procédure judiciaire, il n'est pas fait mention des justices seigneuriales.

Il faut remarquer également que le menu peuple des artisans, boutiquiers et petits laboureurs est absent de ces textes : si 28 articles sur 95 sont consacrés à l'économie, il n'est question que de suppression des barrières à la libre initiative, tout en maintenant le protectionnisme douanier et le régime de l'Exclusif colonial (articles 57 à 84) ; les catégories populaires n'apparaissent qu'au travers de la critique – partagée par les négociants – du traité de commerce franco-anglais, de la protestation contre le dégât des pigeons et des garennes et de la revendication d'avoir un fusil à la campagne. En réalité, Thouret et ses amis avaient réussi à neutraliser les corporations de la ville : elles ne fournirent que 48 des 134 membres de l'assemblée de ville (et en comptant même les métiers non artisanaux) et 6 des 80 de l'assemblée de bailliage. Cette volonté de minorer le « populaire » et l'invocation fréquente du droit de propriété, aussi bien dans l'« Avis aux bons Normands » que dans le « Cahier [...] du bailliage », devaient également rassurer les privilégiés. La physiocratie partielle en action que proposent les réformes économiques ne devait pas non plus effaroucher une bonne partie d'entre eux.

Diversité et unité de la noblesse

Évidemment, pas plus à Rouen qu'ailleurs, la noblesse du baillage (de même que celle de la Normandie entière) n'est homogène ; et la grande ville, lieu d'enrichissements rapides et de circulation intense de l'information, contribue certainement à accroître la diversité, davantage que dans une cité moyenne, comme Douai ou Pau qui abritent également des cours de justice en grande partie nobiliaires.

La fortune comme facteur expliquant la différence entre les deux groupes nobles

On s'est naturellement posé la question de savoir si les prises de position divergentes des deux groupes de nobles ne résultaient pas d'une différence de niveau économique entre eux, en reprenant les dépouillements de C. Mazauric sur les listes de la contribution patriotique et ceux d'O. Chaline sur les chiffres de fortune qu'on peut connaître. Or, il ne paraît pas qu'il y ait de différence sensible de richesse entre les membres des deux groupes de nobles du bailliage, en opposition en avril 1789.

Malheureusement, nous n'avons pas la liste nominative des 140 majoritaires. Les quelques patronymes que nous saisissons, quand nous les connaissons par ailleurs, sont ceux de familles aisées à très riches. Quant aux 106 minoritaires, nous n'avons pu repérer que 41 noms au total dans les documents de la contribution de 1790-1792 et dans les registres de la capitation de 1788 et 1789 de la série C des archives départementales de la Seine-Maritime : pour la capitation de 1788 (9 noms), les cotes s'échelonnent de 19 livres tournois à 234 ; pour la capitation de 1789 (8 noms), de 3 à 390 livres, 7 dépassant 100 livres ; pour les cotes patriotiques (30 noms), la fourchette est de 180 à 20 000 livres, 22 dépassant plus de 1 000 livres (dont le maire de Rouen, Radepont, avec 3 600 livres, le premier président de la chambre des comptes, Le Coulteux de Maugis, avec 9 135 livres) et 7 plus de 5 000 livres, avec des personnages également réputés, tels Bailleul, président au parlement (15 000 livres) ou Le Bègue de Germiny (8 000 livres).

On peut donc dire que, de ce côté, l'aisance et la richesse l'emportent probablement, ce qui pour autant n'infirme pas l'équivalent éventuel pour le camp adverse[19].

Différences et ressemblances entre les déclarations produites en avril

On s'est beaucoup focalisé sur les oppositions entre ces textes et elles sont réelles.

En ce qui concerne la forme, le cahier majoritaire apparaît long : il comporte 67 articles répartis en six parties ; il traite systématiquement, comme la plupart des autres cahiers de noblesse, les grandes questions d'actualité et pose la liste des questions que devraient aborder les états généraux (les principes de la constitution future, la constitution de la province de Normandie, les impôts, mais aussi l'économie, avec la cherté des grains ou les privilèges des grands liés au commerce, les affaires militaires, le clergé, etc.). Au contraire, la déclaration des 106 est très courte (une à deux pages) et ne comporte que deux thèmes brièvement traités, les

19. Remarquons aussi que, si en certaines provinces, comme la Provence, des divisions naissent au sein de la noblesse, non pas tant par rapport à la question de la richesse, mais parce que cette dernière révèle bien souvent des conflits entre possédants de fiefs ou non-possédants, il n'a encore jamais été trouvé de trace d'une telle opposition en Normandie, sans doute à cause de la coutume particulière.

distinctions de la noblesse et, surtout, le privilège fiscal. On ne peut donc opposer les deux textes termes à termes et voir, dans le deuxième, une prise de position contredisant radicalement le premier.

Sur le fond, il existe bien une différence sur une question essentielle de l'actualité : le maintien par les 140 de l'exemption fiscale du second ordre ; l'égalité de tous les citoyens devant l'impôt pour les 106. Elle a marqué l'historiographie des XIXe-XXe siècles pour qualifier les nobles de conservateurs ou de libéraux et insister sur les divisions par ailleurs réelles, de cette noblesse. Mais il y a aussi une ressemblance entre les deux mouvances :

– Les 106 écrivent dès la première ligne que « les distinctions des rangs sont indispensables dans tout État monarchique ». Ils écartent le privilège fiscal parce que « les distinctions inhérentes à la noblesse résident dans une tout autre base que les privilèges pécuniaires » et prétendent « ne réserver [à la noblesse] que les droits sacrés de cette propriété et les honneurs, prérogatives et distinctions essentiellement inhérentes à la noblesse ». Il n'est donc pas question de sacrifier autre chose en plus du privilège fiscal. Le texte fait silence sur les deux grandes autres questions de l'heure : le doublement du Tiers ; le vote par tête.

– Les 140 présentent une vision assez détaillée et traditionnelle du statut de noblesse avec une volonté manifeste de rétablir l'égalité entre les membres de l'ordre et de porter aide aux gentilshommes de maigre ressource en matière d'instruction et d'engagement aux armées : il s'agit d'établir des maisons d'éducation pour les nobles dans la province et un corps de cadets-gentilshommes, de réformer l'édit de Ségur et d'accéder aux emplois militaires par l'ancienneté, de donner la croix de Saint Louis en fonction du service comme soldat puis officier. Contre les prétentions des bourgeois, on prévoit de maintenir le droit de franc-fief, dont le Tiers de la ville réclame l'abolition, de limiter l'anoblissement par charge à la noblesse personnelle et de n'accorder la noblesse héréditaire qu'au prix d'un long service reconnu par les états provinciaux. En fait, ces revendications vont dans le même sens que le souhait général des 106 de maintenir les distinctions de rangs, les 140 poussant le raisonnement jusqu'à son terme en déclarant explicitement « que la nation est divisée en 3 ordres mutuellement libres, tellement distincts et indépendants que l'un ne peut être assujetti par les délibérations de l'autre », ce qui débouche sur la réclamation du vote par ordre. Et les deux groupes se rejoignent complètement en sacralisant la propriété, les 106 parlant des « droits sacrés de cette propriété », les 140 voulant que le droit de propriété soit « inviolable » (art. 15).

Comparaison des cahiers de noblesse des différents bailliages de Normandie[20]

Là encore, s'expriment des différences entre les diverses circonscriptions, c'est-à-dire les six grands bailliages de la province. La plus nette et la plus importante porte sur l'abandon de l'exemption devant l'impôt, accepté à Évreux et en pays de Caux, refusé ailleurs. Position originale : à Coutances, on admet de « faire tous les sacrifices pécuniaires (pour les besoins de l'État), mais sans être assujetti à la taille contraire aux droits et franchises de la noblesse ». Sur des questions autres abordées de façon épisodique, il est possible de discerner une pointe contre l'aristocratie de cour avec l'exigence de diminution des pensions (Rouen) ou au moins de publication de leur liste (Alençon) ou l'abolition des apanages (Caux). Ailleurs, c'est la bourgeoisie d'affaires qu'on vise avec la demande d'un impôt sur les « capitalistes » (Évreux) et une déclamation contre l'« agiotage » des actions (que d'ailleurs ne dédaignent pas certains nobles aussi – Évreux). À Alençon, on porte le souci des signes distinctifs de noblesse jusqu'au droit pour les épouses et filles de nobles de porter les croix, cordons ou écharpes de leurs maris et pères. À l'inverse, se dessine une timide ouverture sociale à Rouen avec les demandes de nouvelle publication de l'édit de 1680, autorisant le commerce de gros sans dérogeance, et d'encouragement à l'entrée de la noblesse dans la marine de commerce. On perçoit aussi un écho des revendications bourgeoises avec les souhaits d'abrogation des privilèges exclusifs économiques (Rouen), de baisser l'intérêt de l'argent (Caen). Et il peut s'exprimer un effet de l'humanitarisme ambiant dans la demande d'interdire les châtiments par coups de plat de sabre dans l'armée (Caen).

Néanmoins, quelques doléances largement partagées révèlent une idéologie de base unissant les rangs de l'ordre à travers la province. Contre l'absolutisme monarchique, on trouve partout et sans originalité :

– La demande d'une constitution avec la périodicité des états généraux, le vote de l'impôt, la liberté personnelle jusqu'à l'*habeas corpus* et la liberté de la presse.

– La décentralisation et le régionalisme avec le retour des états provinciaux munis de larges pouvoirs, ici la Charte aux Normands.

– L'attachement aux parlements (débarrassés du droit d'évocation du roi) mais avec des attributions limitées.

– L'attachement à la coutume provinciale, qui distingue succession roturière et succession noble, tout en admettant une révision de la législation civile et, s'il y avait réforme de la coutume, elle serait faite par une commission de magistrats des cours souveraines (Caen).

– Le vote par ordre, le cahier d'Alençon allant jusqu'à laisser planer un doute sur le maintien dans l'avenir du doublement du Tiers.

20. Les cahiers de la noblesse ont été publiés dans Célestin Hippeau, *Le gouvernement de Normandie aux XVII*e *et XVIII*e *siècles* (recueil de documents), Rouen, 9 vol., 1863-1869. Pour le bailliage de Coutances, Maurice Lantier (éd.), *Doléances pour la Manche. 1789 : les cahiers de doléances du bailliage de Cotentin*, Saint-Lô, 1989.

– L'attachement à la propriété, ce qui semble inclure les droits féodaux, les cahiers d'Évreux et de Caux précisant le maintien des droits honorifiques attachés à ses fiefs, celui de Coutances indiquant que les ordres doivent être « distincts et séparés ».

En résulte ce qu'on a vu pour Rouen : la nécessité des distinctions entre les ordres. Le conservatisme l'emporte sur le mouvement mais le mouvement n'est pas totalement absent.

Parmi les 18 députés élus aux états généraux, on retrouve l'image d'une composition traditionnelle de l'ordre : 3 membres du parlement, 14 titrés, au moins 5 militaires.

Enfin, la correspondance reçue par le gouverneur montre que les débats à l'intérieur de l'ordre s'engagèrent dès octobre 1788 dans une grande partie de la province, un certain nombre des gentilshommes prenant alors parti contre le doublement du Tiers avant que le gouvernement ne tranche la question. En avril 1789 sur le privilège fiscal, il y eut aussi des discussions assez vives, même là où l'abandon fut décidé.

Une attitude nobiliaire plutôt que normande

On en revient à la question initiale : pourquoi cette scission dans la noblesse de Rouen ? Est-elle exceptionnelle ? On a constaté qu'elle a localement subi la pression d'une bourgeoisie particulièrement dynamique. Mais s'y ajoute une deuxième pression, s'exerçant aussi sur la bourgeoisie : celle des catégories populaires, liée en partie à la double crise économique bien connue qui frappe particulièrement cette ville et ses campagnes environnantes d'économie moderne : la crise de subsistances 1788-1789, classique ; la crise industrielle due à l'application du traité Eden à partir de l'été 1787, aggravée par le début dans la région d'activité des « mécaniques anglaises » des cotonnades. En découlent du chômage et de la cherté, ainsi qu'une vague d'émeutes fin 1788, qui redoublent à partir du 15 février 1789 en Haute-Normandie et dans la région de Caen. Tout ceci déclenche de l'inquiétude dans une partie de la noblesse : les cahiers de Rouen et d'Évreux demandent l'adoption de mesures luttant contre la cherté des grains ; certains envisagent de manière floue d'accorder des concessions aux ruraux : à Caen, on demande un règlement pour les dîmes ; les cahiers d'Évreux réclament un règlement délimitant le droit de chasse.

Outre cette agitation qui vise l'accaparement et, derrière lui, les possédants, une deuxième forme de pression populaire s'exerce, une forme légale provenant des débats et de la rédaction des cahiers de doléances des corporations urbaines artisanales les plus nombreuses réunies avant l'assemblée de ville et l'assemblée de la noblesse. Elles entendent restreindre ou arrêter les exportations de blé (ainsi les tanneurs ou les cordiers de Rouen, les tailleurs allant jusqu'à demander la fixation du prix du pain), elles posent des revendications politiques, et même l'abolition de la vénalité des charges (les savetiers) ou le vote par tête (les toiliers).

Cette double pression, issue à la fois des paysans et du petit peuple des villes, peut provoquer deux réactions contraires dans la noblesse : soit un raidissement conservateur pour ne pas être emporté par la « démagogie » (le mot commence à apparaître) en faisant des concessions ; soit, au contraire, lâcher sur un point sensible pour maintenir le reste. La bourgeoisie se trouve devant un problème tactique du même genre : elle peut chercher à s'appuyer sur des catégories populaires pour faire céder les privilégiés, mais au risque aussi de tomber dans la « démagogie », ou proposer un compromis à la noblesse en restreignant ses propres revendications pour contenir la pression populaire, ainsi pour Thouret et le corps de ville de Rouen.

Ainsi, la pièce se joue à trois acteurs et non à deux. Le 29 avril 1789, à la suite des opérations électorales, paraît la brochure *La mort du tiers état ou plaintes que présentent au roi les bourgeois de Rouen au nom des malheureux de toute la province de Normandie.* Ce texte est rédigé effectivement par des bourgeois alarmés par la situation difficile du « populaire » et la prise en compte, insuffisante selon eux, des revendications et des besoins des pauvres par les autorités et le cahier du tiers état (qui a écarté nombre de ces demandes). Au Havre et dans le Vexin Normand, sont encore imprimées des requêtes sur ce thème, adressées à Necker considéré comme ami des humbles[21]. Par conséquent, les étiquettes de « conservateur » et de « libéral », appliquées à une lecture au premier degré des cahiers sans se référer au contexte local, paraissent quelque peu réductrices.

Il apparaît nécessaire, certes, d'évaluer les prises de positions du moment par rapport aux principes défendus par les acteurs sur une durée moyenne de décennies, mais également de tenir compte des rapports des acteurs les uns par rapport aux autres, ici nos trois acteurs, et d'appréhender le lien dialectique entre eux dans la situation. En dépit des différences dans les textes d'un lieu à l'autre, voire des oppositions sur une question importante en fait et en retentissement symbolique comme l'égalité devant l'impôt, s'exprime une certaine unité idéologique de la noblesse, une unité entre les 140 et les 106, ou avec les privilégiés d'Alençon à Évreux. Même ceux qui semblent les plus libéraux s'accrochent à une bonne partie du statut de la noblesse et tous préconisent un certain nombre de réformes. Se dégage de l'ensemble ce qu'on pourrait appeler sans originalité un conservatisme libéral, constitué :

– D'un programme de libéralisme politique contre l'absolutisme monarchique, de la périodicité des états généraux à l'abolition des lettres de cachet.

– D'un programme de rigueur financière rassurante pour tous les possédants avec une légère teinte de libéralisme économique.

– Du refus de toute démocratisation allant jusqu'à inclure dans le débat courant ceux qui ne sont pas des propriétaires aisés.

– Et du maintien de la structure hiérarchique de la société.

21. C. Hippeau, *op. cit.*

Dans les mois qui suivent ces assemblées électorales d'avril, tout va être rapidement et assez nettement tranché au plan national comme au plan local. À Rouen, survient en quelques jours la défaite de la noblesse la plus conservatrice avec le recul brutal du parlement : entre le 17 et 23 juillet 1789, il perd la tutelle sur le corps de ville, lequel avec son « comité de sûreté », son « comité des subsistances » et son « comité permanent » prend en main l'ordre public et les approvisionnements[22]. Se réalise également la formation d'une alliance de fait entre la noblesse des 106 et la bourgeoisie avec la reconnaissance, le 25 juillet, des « volontaires patriotes » commandés par d'Herbouville qui prête serment à l'Hôtel de Ville. De façon significative, Rouen ne connaît pas de « révolution municipale » au sens de renversement de la municipalité d'Ancien Régime. Elle reste en place. Aussitôt formé, le bataillon des volontaires patriotes est lancé contre les manifestants de rue et « pillards ». Le compromis Thouret fonctionne. Toutefois, l'irruption du « populaire », avec les troubles précipités à partir du 19, a fortement contribué à la réalisation de ce programme. On retrouvera, chez les Monarchiens de Mousnier, des traits assez semblables mêlant réforme politique limitée et maintien de la société.

Mais l'amplification de l'intervention des ruraux et du peuple des villes devenant une sans-culotterie rend, entre juillet et octobre 1789, ce programme déjà caduc.

22. ACR A40.

Au XIXᵉ siècle, une noblesse régénérée ?

Étienne Paisnel

La noblesse normande (comprise dans les cinq départements actuels), en tant que représentation locale d'une domination aristocratique, subit autant les événements révolutionnaires que ses voisines. Alors que le système monarchique s'effondre, nous envisageons le passage de la structuration de la société en ordres, sous l'Ancien Régime, à celle de la société libérale, plus lâche qui repose sur les groupes socio-professionnels, malgré de fréquents non-dits. Les adjonctions d'une noblesse d'Empire, puis de nouveaux membres conduisent à transformer le groupe nobiliaire par des recompositions successives, du fait des déchirements, des mutilations et des adjonctions qu'il a pu connaître durant le quart de siècle de révolutions. Dans ces conditions, l'analyse ne peut plus porter sur l'ordre nobiliaire comme globalité, mais elle doit s'attacher à ceux qui, à partir de leur naissance, partagent une conception et des valeurs qu'ils estiment être propres à la noblesse, quand bien même celle-ci tend à se fondre dans les groupes sociaux. Or, la catégorie nobiliaire se définit aussi par sa démographie et par la quasi-absence d'intégration de membres nouveaux.

Toutefois, la différence des conditions matérielles menace le groupe nobiliaire d'éclatement à cause d'un accroissement des écarts sociaux entre ses membres et donc d'une dilution de ses valeurs. Or, on peut émettre l'hypothèse d'une résistance de la noblesse aux processus d'intégration sociale qui se produisent sous l'égide de la bourgeoise au XIXᵉ siècle. Pour cela, il apparaît nécessaire de s'intéresser aux marqueurs sociaux qui définissent le groupe nobiliaire, dans ses comportements démographiques, dans ses ressorts économiques, par sa participation politique et ses contributions culturelles.

Nouvelle donne démographique

Les recherches démographiques font apparaître une même tendance à l'extinction de la noblesse française à la fin de l'ancien régime. Ainsi, Michel Nassiet montre que les effectifs de la noblesse bretonne se réduisent de moitié entre 1480 et 1700[1]. Pour le XIXe siècle, les effectifs nobles varient, et les estimations les évaluent entre 30 000 à 400 000 personnes[2]. Au point qu'en 1936, Marc Bloch estime à 4 000 le nombre de familles subsistantes[3].

Dans notre étude de la noblesse normande, nous considérons les patronymes[4]. Pour effectuer un bilan et dégager une tendance à la fin de l'Ancien Régime, nous avons porté notre attention sur le *Nobiliaire de Normandie*, constitué en 1670, recensant 2 203 patronymes[5]. Puis sur le *Catalogue des Gentilshommes* rédigé en 1789, regroupant 1 549 patronymes[6]. Ce qui représente une baisse de 30 % du nombre de patronymes.

En analysant plus finement ces corpus, c'est-à-dire en prenant compte des anoblissements qui ont eu lieu entre les deux dates, nous constatons que 1 735 patronymes recensés en 1670 ne le sont plus en 1789. Nous devons alors considérer que 80 % des patronymes nobles disparaissent dans le dernier siècle de l'Ancien Régime. Dans ces conditions, la survie de la noblesse au XIXe est difficile à concevoir, étant donné qu'il n'y aura plus d'anoblissements. Pourtant, la noblesse normande est encore forte de 1 549 lignages en 1789 car 1 081 patronymes apparaissent entre 1670 et 1789.

Nobiliaire de Normandie	Effectifs	2 203
Familles éteintes	- 1 735	
Nouvelles familles		+ 1 081
Catalogue des gentilshommes		1 549

Tableau 1. – Du *Nobiliaire* au *Catalogue des Gentilshommes.*

Lorsque surviennent les événements révolutionnaires, la situation démographique de la noblesse normande est instable. Paradoxalement, la Révolution française favorise l'émergence et la structuration du groupe social, puisque la dérogeance a pu, pour certains, maintenir la noblesse dans une situation de soumission aux revenus du sol, la conduisant à la ruine ou à l'obligation d'aban-

1. Michel NASSIET, *Noblesse et pauvreté. La petite noblesse en Bretagne. XVe-XVIIIe siècles*, Rennes, Société d'histoire et d'archéologie de Bretagne, 1993, p. 235 *sq*. M. Nassiet constate une réduction de 49 % des effectifs en ce qui concerne la noblesse, mais sa « plèbe nobiliaire » est plus durement concernée, avec une réduction de 54 %.
2. Guy CHAUSSINAND-NOGARET, « La noblesse au XVIIIe siècle, De la féodalité aux Lumières », Paris, 1976, p. 48 ; R. DAUVERGNE, « le problème du nombre des nobles en France au XVIIIe siècle », *Sur la population française au XVIIIe et XIXe siècles*, p. 110.
3. Marc BLOCH, « Les noblesses », *Annales d'Histoire Économique et Sociale,* Paris, t. 8, n° 39, 1936, p. 238-242.
4. Nos données ne permettent pas actuellement de chiffrer efficacement les lignages. Cet aspect est l'objet de nos travaux en cours.
5. Nicolas Viton DE SAINT-ALLAIS, *Nobiliaire de Normandie publié d'après CHEVILLARD, sur les recherches de M. de CHAMILLARD et des autres intendants de cette province, revu et corrigé et augmenté par M. de Saint-Allais,* Caen, chez l'auteur, 1815.
6. Édouard de MAGNY, « Catalogue des gentilshommes de Normandie ayant pris part aux consultations concernant les états généraux en 1789 », *Nobiliaire de Normandie,* Paris, Lainé et Havard, 1863 et 1864, vol. 2, p. 151-198.

donner son statut. Après l'abolition de la noblesse héréditaire, la dérogeance ne peut plus entraver le développement démographique de la noblesse. De plus les régimes qui se succèdent au XIXe siècle créeront de nouveaux nobles.

En ce qui concerne ces additions ponctuelles, nous disposons d'un chiffrage précis[7]. Les anoblis impériaux apportent une contribution modeste à l'ensemble des effectifs de la noblesse française à cause de leur taux d'extinction supérieur au reste du groupe et du fait qu'un quart d'entre eux est issu de familles déjà nobles. Napoléon Ier créera 3 263 titrés dont quelques cas normands : le duc Lebrun, les comtes Laplace et Mollien, les barons Hurel, Turreau de Linières, Le Nourry... Soit, en tout, 73 nouveaux noms[8].

La Restauration sera le régime qui pourvoira le mieux la noblesse normande en nouveaux membres. Entre 1814 et 1830, 91 patronymes seront agrégés à la noblesse subsistante. Encore faut-il ôter, comme pour la noblesse impériale, les familles confirmées ou réintégrées, tels les Beuzelin, refusés à l'enquête de 1670 et encore en procès en 1789[9]. Les régimes suivants n'auront aucune influence sur les effectifs nobles. En effet, Louis-Philippe anoblit deux familles, Napoléon III, une seule. L'anoblissement est avant tout un outil politique, il n'a pas pour objet de soutenir la démographie du groupe.

À partir de 1789, il n'y a donc plus de réduction d'effectifs autre que l'extinction des lignages. En 1911, Henri de Woelmont de Brumagne a publié le résultat de ses recherches sur la noblesse normande[10]. À cette date, il répertorie 806 patronymes nobles demeurant en Normandie tendant à montrer que le mouvement d'extinction se poursuit. Ainsi, près de la moitié des patronymes subsistants ont disparu entre 1789 et 1911. Notons cependant, que ces extinctions sont moins nombreuses que celles constatées sur la période 1670-1789, intervalle de temps analogue à 1789-1911. Compte tenu des effectifs restants, la part de ces extinctions devient plus préoccupante.

Pour déterminer finement l'évolution de la présence noble en Normandie, nous avons préféré employer la liste des familles éteintes, annexe de la publication d'Henri de Woelmont de Brumagne, dont la qualité est généralement reconnue. Cette liste recense 415 références correspondant à la période 1789-1911. Nous pouvons dès lors suivre l'évolution du nombre des familles nobles en Normandie de la Révolution à la veille de la Première Guerre mondiale.

7. Régis VALETTE,, *Catalogue de la noblesse française,* Paris, Robert Laffont, 2002, p. 336-337.
8. Jean TULARD, *Napoléon Ier et la noblesse d'Empire,* Paris, Tallandier, 2003, p. 111.
9. A[rchives] D[épartementales] de l'Eure, Série F, liasse 2 F 3200.
10. Henri WOELMONT de BRUMAGNE (Baron de), « Essai de Nomenclature des familles nobles subsistantes en Normandie », *Bulletin de la Société Historique de Lisieux,* n° 27, 1930, 145 p.

Sources :	Effectifs	Soit
Nobiliaire de 1670	2 203	0
Catalogue de 1789	1 549	- 654

Liste d'extinction du baron de Woelmont de Brumagne

1830	1 518	- 31
1850	1 476	- 42
1870	1 389	- 87

Tableau 2. – *Évolution des patronymes nobles Normands de 1670 à 1910.*

Nous observons une différence entre les valeurs annoncées par Henri de Woelmont de Brumagne, ses 806 patronymes issus de sa nomenclature des familles subsistantes, et la liste d'extinction qu'il fournit en annexe. La noblesse normande apparaît plus forte de 371 familles. Cet écart est dû à l'impossibilité de maîtriser précisément ces données humaines. Au même titre que de nombreuses familles ne sont pas recensées dans le nobiliaire de l'Association de la Noblesse Française, les travaux d'Henri de Woelmont de Brumagne ne peuvent tenir compte des familles qui ne souhaitent pas être listées.

Il est intéressant de mettre en relation l'évolution du nombre de patronymes nobles et celle de la population normande.

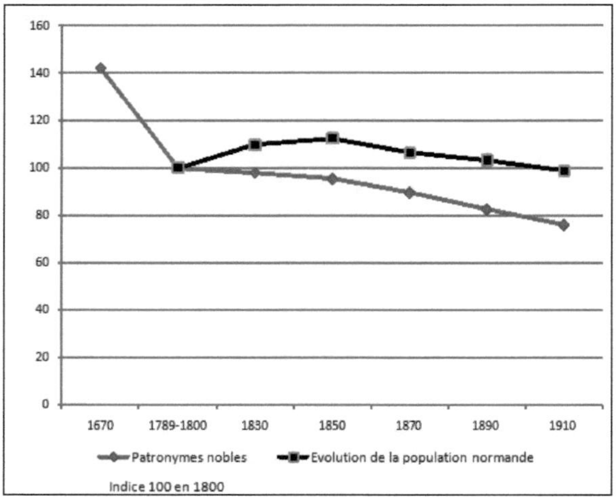

Graphique 1. – *Évolution des populations nobles et non nobles en Normandie.*

Cette représentation graphique nous permet de constater que l'évolution globale du nombre de patronymes nobles suit une tendance relativement similaire à celle du reste de la population avec une légère antériorité[11]. Dans ces conditions, nous devons, pour mieux comprendre l'évolution démographique de la noblesse normande, prendre en compte les taux de fécondité.

Pour ce faire, nous avons eu recours aux données individuelles. À partir des listes de candidats aux postes de conseiller général, nous avons pu constituer une base de données relativement fine car ces dossiers font mention de la situation familiale, et du nombre d'enfants vivants[12]. Nous avons alors constitué un corpus de 224 noms qui nous permet d'établir le tableau suivant.

	Nombre d'enfants											
Période de naissance	0	1	2	3	4	5	6	7	8	9	10	occurrences
de 1710 à 1720		1	2									3
de 1720 à 1730		1										1
de 1730 à 1740		1	2			1				1	1	6
de 1740 à 1750	3	4	1	2		3						13
de 1750 à 1760	5	5	5	5	3	2	1					26
de 1760 à 1770	4	11	15	6	1		1					38
de 1770 à 1780	10	5	16	10	2							43
de 1780 à 1790	10	8	12	9	3		2					45
De 1790 à 1800		2	4			1	1					8
De 1800 à 1810	3	5		2	1							11
de 1810 à 1820	3		1	1	1							6
de 1820 à 1830	1	2			1	2						6
de 1830 à 1840		1	1	1								4
de 1840 à 1850		1	2	1								4
de 1850 à 1860					1							1
de 1860 à 1870	1	2										3
de 1870 à 1880				1								1
de 1880 à 1890				1		1						2
de 1900 à 1910							1					1
de 1910 à 1920		1		1								2
Somme des cas	40	50	61	40	13	10	6		2	1	1	224

Tableau 3. – *La fécondité des familles nobles.*

11. Ce graphique restitue une tendance. Nos travaux en cours ont pour objectif de chiffrer l'évolution de la population noble en termes d'individus. Les résultats de cette comparaison en seront affinés. Nous achevons un doctorat en histoire contemporaine, portant sur « La noblesse en Normandie au XIXe siècle. L'exemple du Calvados et de l'Eure de la fin de l'Ancien Régime aux débuts de la Troisième République ».
12. Nous ne disposons aujourd'hui que des liasses 2 M 71, 2 M 72, 2 M 73, 2 M 74 des archives départementales de l'Eure. Nous y avons adjoint des indices démographiques et généalogiques issus des fonds privés des archives départementales. Ce tableau est construit à partir d'informations destinées à mettre en valeur l'influence politique de la noblesse normande. Nous l'employons, car ces résultats nous semblaient pertinents. Afin d'améliorer cette vision, nos travaux se poursuivent.

Les principales données se retrouvent concentrées entre les décennies 1740 et 1830 : nos réflexions s'articuleront sur celles-ci, car les périodes antérieures ou postérieures ne contiennent pas encore suffisamment d'éléments. Nous constatons à la lecture de ce tableau que la majeure partie des familles nucléaires nobles normandes se composent de 0 à 3 enfants. La noblesse normande tend à anticiper les comportements démographiques de la société française.

Remarquons, cependant, que le nombre de nobles sans descendance est plus élevé parmi les individus nés au moment de la Révolution française. Nous avons donc la matérialisation de l'impact des événements révolutionnaire sur le corps social : une réduction du potentiel démographique de la noblesse normande sans pour autant la mettre en danger. La Révolution française implique une réduction des effectifs nobles, non pas à cause de la guillotine, mais par une réduction sensible des naissances.

Période de naissance	Taux de fécondité
1750	1,82
1760	1,74
1770	2,02
1780	2,63
1790	1,36
1800	1,50
1810	2,67
1820	3,50
Moyenne	2,16

Tableau 4. – *Nombre moyen d'enfants au sein de la noblesse, selon la période de naissance.*

En recentrant cette observation, nous pouvons observer l'apparition de classes d'âges moins nombreuses. Mais en réaction, d'autres classes d'âges seront plus dynamiques. Notons un gain sensible en natalité dès la mise en place du régime impérial, alors que la génération née en 1760, adulte en 1785, est particulièrement touchée par la réduction des naissances avant même le déclenchement de la Révolution. Les troubles révolutionnaires et les changements de régime ont favorisé l'augmentation des naissances au sein de la noblesse normande.

Néanmoins, la descendance théorique de la noblesse normande, telle que nous la simulons, est très inférieure à celle mise en évidence par Jean-Pierre Bardet pour les grands notables qui ont, à Rouen, une descendance de 2,71 enfants par couple[13]. Ces valeurs légèrement supérieures sont imputables au fait que la noblesse n'est pas étudiée seule, mais intégrée au reste des notables.

13. Jean-Pierre Bardet, *Rouen aux XVIIe et XVIIIe siècles. Les mutations d'un espace social,* Paris, Sedes, 1983, p. 312.

D'après notre première analyse, la noblesse normande résiste particulièrement bien à l'érosion de ses effectifs au début de notre période. Elle se régénère grâce à l'abolition de la dérogeance et grâce à sa forte natalité plus que par l'adjonction de nouveaux membres. Le comportement démographique de la noblesse normande est en avance sur celui du reste de la société française. Nous pouvons alors nous inquiéter des effets de cette avance sur d'autres aspects de la vie quotidienne.

Ressorts économiques

Il est certain que la prééminence économique de la noblesse normande se base sur la possession du sol, ce qu'Étienne Lambert a mis en valeur par l'évolution de ce patrimoine[14].

Nous savons aussi combien les troubles révolutionnaires seront dommageables pour cette puissance foncière, ce que les travaux de Marc Bouloiseau et Bernard Bodinier ont largement démontré[15].

Cependant, la supposée redistribution des sols ne se réalise pas. En effet, les plus grandes familles de la noblesse normande parviennent, en général, à contrevenir aux effets de ces ventes forcées. Ce sont, par exemple, les héritiers de Gerville qui obtiennent une restitution[16]. Certains ont même réalisé leurs biens afin de s'exiler dans de meilleures conditions, tel le marquis Louis François de Chambray[17].

Les divorces et séparations de corps permettent à d'autres familles, comme les Harcourt-Beuvron[18], de protéger efficacement leurs propriétés. Une partie de la noblesse normande est capable de racheter ses biens vendus. Prenons par exemple l'attitude de Louise Marie Hue de Mathan, qui rachète le jour même une partie de ses biens[19]. Elle en profite pour restructurer ses domaines. Cette même famille Hue de Mathan est capable de racheter une autre partie de ses biens avant 1808[20]. De même, nous pouvons penser à la famille Hélix d'Acqueville qui a pu racheter ses biens le 9 fructidor An VII, à peine deux jours après la vente publique.

Nous avons dépouillé la liste des demandes en indemnité du Calvados[21]. Sur 583 demandes, le total des restitutions dans le Calvados atteint la somme de

14. Étienne Lambert, « Le marché foncier et la noblesse dans la région de Vassy – Normandie, 1760-1789 », *Histoire et Mesures*, XVII, n° 1/2, 2005.
15. Marc Bouloiseau, *Le séquestre et la vente des biens des émigrés dans le district de Rouen (1792-An X)*, Paris, Lavergne, 1937 ; Bernard Bodinier, « La noblesse et les biens nationaux dans le département de l'Eure », *Révolution et mouvements révolutionnaires en Normandie*, actes du XXIVe congrès des Sociétés historiques et archéologiques de Normandie, tenu au Havre du 24 au 29 octobre 1989, Recueil de l'Association des amis du vieux Havre, n° spécial 1990, p. 69-81.
16. AD Eure, Série F, liasse 2 F 3434.
17. AD Eure, Série J, liasse 1 J 335.
18. AD Eure, Série F, liasse 2 F 3471.
19. AD Calvados, Série Q, liasse 1 Q 1.017.
20. AD Calvados, Série Q, liasse 1Q 274.
21. Les lois du 25 juillet 1793, et du 25 brumaire an III organisent le séquestre et la vente des biens des Français émigrés hors du territoire national. À partir de la loi du 27 avril 1825, les émigrés ayant eu à subir ces ventes peuvent obtenir réparation. Après constitution de dossiers, l'indemnisation accordée est équivalente à la valeur à la vente, et non estimée à celle des biens en 1789 ou en 1825, ce qui réduit son montant. L'État entendait verser à ces émigrés une rente pour un milliard de capital, d'où le surnom de « Milliard des

21 834 181,55 francs[22]. Ce chiffre peut sembler paradoxal, mais en fait, l'émigré désirant entrer en possession de son indemnité doit accepter les dettes que l'État avait lui-même pris en charge lors de la saisie et des ventes de ces biens. Si la dette calvadosienne est si importante, c'est en raison de la présence parmi les indemnisés normands de Louis Philippe, duc d'Orléans. Celui-ci fait une demande de restitution pour 1 148 970 francs, mais son père, Louis Philippe Joseph a laissé une dette de 42 106 182,48 de francs. En général, lorsque l'indemnité se révèle n'être qu'une dette, le réclamant abandonne sa requête. Nous avons deux contre-exemples, le cas du duc d'Orléans, futur Louis Philippe, et la duchesse de Montmorency-Luxembourg. L'acceptation de ces dettes tend à prouver que la noblesse possessionnée en Normandie dispose encore d'un capital foncier extrêmement important.

Nous avons alors extrait de notre liste toutes les demandes qui ne concernent pas la noblesse et qui n'ont pas abouti. Il reste alors 390 demandes, pour un total de 20 615 279,47 francs. Ce qui représente une moyenne d'indemnisation de 52 859,70 francs par famille. Dans les faits, 70 % des indemnisés ne perçoivent que 24 % de la somme totale versée par l'État. Ce qui nous permet d'affirmer que, globalement, les émigrés du Calvados n'étaient pas uniquement grands propriétaires. De fait, la mesure de l'écart entre les grandes familles et le reste de la noblesse apparaît bien moins aisée.

En ne conservant que les références liées à de réelles indemnisations, le tableau réalisé ci-dessous (p. 341) illustre la répartition des sommes versées aux émigrés.

Notons le cas de Louise Henriette de Nitray, légataire de Robert Gosselin de Manneville, indemnisée de 602 158,93 francs, ce qui est le plus gros montant versé dans le Calvados. Elle est suivie de près par François Pierre Auguste de Siresme et Louis Pierre Duval de Lescaude, disposant de plus de 500 000 francs restitués. Précisons que le salaire annuel moyen à Évreux en 1852 s'élève à 571 francs et 79 centimes[23].

La noblesse du Calvados représente la fraction la plus riche de la population concernée par l'indemnisation. Le plus riche des non-nobles indemnisé, François Auguste Salomon Roussel, a reçu 25 426 francs. La plupart des autres non-nobles perçoivent des sommes comprises entre 150 et 3 000 francs Néanmoins, certains nobles touchent de très faibles indemnisations. Cette indemnisation dresse un tableau en négatif de la fortune foncière de la noblesse telle qu'elle existait avant 1789. La plupart des grands propriétaires sont concernés par l'émigration, ce qui nous place dans l'impossibilité de connaître l'état des fortunes des familles essentiellement tournées vers la magistrature et le négoce[24].

émigrés » donné par les Républicains à cette manœuvre de pacification rurale. Par cette loi, il est mis un terme définitif à la « Terreur Blanche » en écartant l'idée d'une restitution pure et simple des biens vendus comme biens nationaux.

22. AD Calvados, Série Q, liasse 1 Q 399.
23. AD Eure, Série M, liasse M 1246.
24. Il apparaît que la plupart des parlementaires nobles du XVIIIe siècle étaient issus de grandes familles terriennes et, malgré les incitations, la noblesse n'avait pas semblé pas s'intéresser massivement à l'aventure maritime.

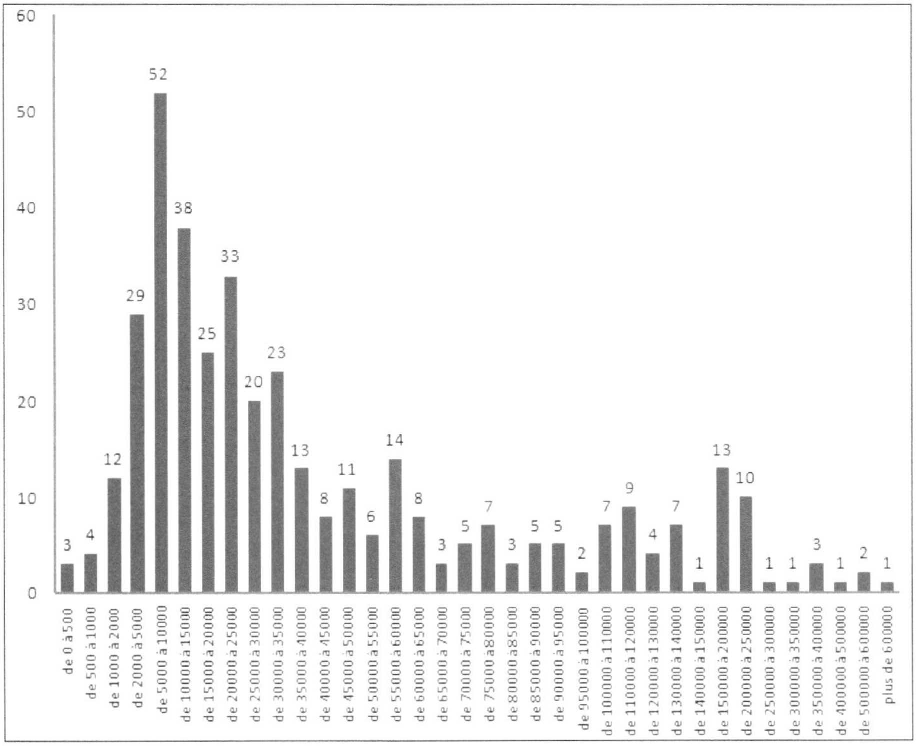

Graphique 2. – *Les indemnisations de 1825 dans le Calvados.*

Néanmoins, grâce aux restitutions du « milliard des émigrés », la noblesse française en général et la noblesse du Calvados en particulier disposent de rentrées d'argent plus que nécessaires. Épuisées financièrement par l'exil, les familles nobles de province voient dans l'indemnité leur seul moyen de survie. Pour beaucoup, à cause des emprunts contractés pour survivre hors de France, le « milliard des émigrés » ne signifie pas nécessairement le retour à la richesse. Lorsqu'un émigré réclame ses biens vendus, il doit accepter en retour la valeur que l'État en a obtenue lors de la mise en vente des biens[25]. Marcel Ragon estime que certains biens nationaux sont vendus près de quarante fois en dessous de leur valeur réelle[26]. Il s'ensuit que les sommes versées en 1825 sont inférieures aux préjudices subis.

Les séquestres et ventes de biens nationaux déstabilisent donc une partie non négligeable de la noblesse normande. Certaines familles sont littéralement ruinées. Ainsi Charles Félice Ducôté est contraint de vendre son domaine de Brécourt[27]. De

25. Ceci sans oublier que l'État a pu payer les dettes de certains de ces émigrés. Ces versements étant alors déduits de l'indemnisation.
26. Marcel Ragon, *La législation sur les émigrés-1789-1825*, thèse de doctorat de sciences politiques, Paris, Arthur Rousseau, 1904, p. 84-85.
27. *Ibid.*

même, les Duchapelet sortent ruinés d'une révolution qu'ils ont passée aux côtés des princes en exil[28]. Mais, ces déchéances économiques ne sont pas homogènes ni généralisées. En effet, si les Duchapelet du département de l'Eure sont ruinés, leurs cousins, du Chapelet de Maillebois conservent un revenu non négligeable[29].

La situation foncière de la noblesse est liée à l'héritage de l'Ancien Régime et aux contraintes mises en place par la Révolution, mais aussi à la volonté de remembrement agricole. Certaines familles, comme les Clermont-Tonnerre, parviennent ainsi à améliorer leurs exploitations[30], alors que d'autres, comme les Crucius de la Croix, contraints de vendre leur domaine de Cocherel en 1856, connaissent une aggravation sensible de leur situation[31]. Certaines familles préféreront vendre certaines portions de domaine plutôt que d'investir dans la modernité. Ces ventes amoindrissent progressivement des domaines soumis aux nouvelles règles de successions et de partages. La noblesse normande ne doit donc pas être comprise comme un ensemble homogène et la situation foncière de la noblesse est particulièrement diverse au cours du XIXe siècle.

Si la place de la propriété foncière au sein des patrimoines de la noblesse normande varie selon les familles, elle varie aussi selon les périodes. Nous constatons que la noblesse normande sait s'investir dans l'essor industriel et commercial normand dès avant la chute de la monarchie.

Nous disposons de grands noms dans le domaine de la proto-industrie, dont le marquis Lacour de Balleroy et Richard Lucas de Néhou, les verreries de la Glacerie et la mine de Littry constituant des initiatives proto-industrielles importantes. Mais, même dans la gestion courante de ces installations, la noblesse normande sait aussi se montrer cohérente et efficace. Ainsi, lorsque Jacques François Léonard de Matignon, comte de Thorigny, prince de Monaco, met la forge de Danvou à ferme, les efforts des anciens gérants sont mis en avant[32]. Nous pouvons aussi évoquer le cas du comte Charles du Mesnil du Buisson. En 1780 il loue les forges de Varennes et d'Halouze, près de Domfront au marquis de Flers. Sa réussite est suffisante pour qu'il soit en mesure d'armer à ses frais un navire pour son fils au cours de la Révolution. Par ces exemples c'est l'incurie supposée de la noblesse qui est infirmée. La noblesse normande ne cherche pas uniquement les placements rapides, elle sait investir pour accroître ses revenus.

Les travaux de Guy Richard ont démontré l'influence de la noblesse dans le développement de l'industrie lourde dans l'Eure[33]. C'est pourquoi il nous semble inutile de revenir sur les éléments qui montrent la domination de celle-ci sur les forges. Noblesse et industrie lourde sont liées depuis longtemps. Au point qu'au cours du XIXe siècle nous pouvons considérer ces activités comme traditionnelles.

28. AD Eure, Série J, liasse 1 J 15.
29. AD Eure, Série F, liasse 2 F 3335.
30. M. Ragon, *ibid.*
31. AD Eure, Série J, liasse 1 J 205.
32. AN de Monaco, Série L, liasse L10.
33. Guy Richard, « Les nobles métallurgistes de l'Eure, 1789-1850 », *Communication au Congrès des Sociétés savantes,* Poitiers, 1962; AD Eure, Série F, liasse 4 F 164.

En 1813, la fille de Marie Harel épouse un des héritiers de la famille Paynel[34]. Son investissement lui permet de créer une entreprise industrielle. L'installation produit 3 000 fromages par jour. De même, l'établissement est chauffé afin de permettre un meilleur développement des ferments. Si les Paynel sont les initiateurs de cet essor, ils sont rapidement suivis par le marquis de Cussy[35].

Nous voyons donc une partie sensible de la noblesse normande abandonner ses activités uniquement terriennes au profit de diverses activités industrielles et commerciales.

La noblesse normande peut aussi envisager des projets industriels plus ambitieux. Il faut noter l'importante participation de la noblesse française dans la constitution des compagnies de chemins de fer. Par exemple, en 1856, la compagnie de chemin de fer de Paris à Cherbourg est présidée par le comte de Chasseloup-Laubat, son vice-président est le vicomte d'Azy et le chef d'exploitation, M. de la Peyrière. Le rôle précurseur du comte de Breteuil dans le développement de cette ligne est manifeste : allié à un certain Letellier, le comte fonde en 1845 la première compagnie de chemin de fer[36]. Puis, le duc Aimé Marie Gaspard de Clermont-Tonnerre, ami du comte de Chasseloup-Laubat, et son fils le comte Louis Aimé Gaspard agiront en faveur de l'installation de la ligne de Paris à Cherbourg passant par le cœur du département de l'Eure. Par ailleurs la personnalité de l'ancien ministre de la guerre (de 1824 à 1828) semble avoir efficacement ébranlé les convictions de Napoléon III qui, en décembre 1852, accorde le tracé par Évreux[37].

Le duc Louis Napoléon Suchet d'Albufera, membre du conseil général de l'Eure, est aussi le propriétaire d'une petite compagnie de chemin de fer. Il usera de sa place pour obtenir le tracé qui lui convient le mieux. Ces deux situations montrent que ces développements économiques et industriels intéressent particulièrement la noblesse normande.

Le développement des marchés de valeurs accentue les écarts entre les différentes strates économiques de la noblesse normande. Parmi les familles qui ont profité des rentes liées au « milliard des émigrés », certaines profiteront des rentes sans modifier leurs comportements, d'autres s'impliqueront plus massivement dans les nouveaux marchés. Pour étayer ces affirmations, nous devons nous référer le plus souvent aux documents privés des familles. C'est ainsi que nous avons appris que le duc Aimé Marie Gaspard de Clermont-Tonnerre était un grand investisseur dans les chemins de fer, et qu'il avait tenté d'influencer dans ses choix le

34. Jules Morière, *De l'industrie fromagère dans le département du Calvados : son importance en 1877*, Caen, F. Le Blanc-Hardel, 1877.
35. La famille de Cussy est par ailleurs bénéficiaire de la loi dite du « milliard des émigrés ».
36. Étienne Paisnel, « La marche des chemins de fer dans l'Eure au XIXe siècle », *Connaissance de l'Eure*, n° 144 et 145, juillet et octobre 2007, Évreux.
37. AD Eure, série E, liasse 2903; Gaspard de Clermont-Tonnerre, *Essai sur les chemins de fer*, 1852, p. 23-24. Les conseils municipaux de Cherbourg et d'Évreux remercieront personnellement le duc de Clermont-Tonnerre.

marquis Lacour de Balleroy[38]. Il avait aussi contacté le comte de Breteuil, ainsi que messieurs Rothschild et Stokes[39].

Ces éléments tendent à montrer que la noblesse participe à l'économie normande essentiellement aux postes de direction ou comme investisseurs. Cependant, établir ce constat équivaut à considérer l'aristocratie comme représentant exclusif de la noblesse. Si certaines familles parmi les plus illustres se maintiennent à des fonctions ou des activités lucratives, la plupart des membres de la noblesse normande doivent intégrer le tissu économique local.

Au cours de notre période, les activités traditionnelles s'effacent au profit d'un éventail de plus en plus important de professions. Nous pouvons obtenir un instantané de cette situation grâce à la liste des commerçants et industriels de Vire[40]. Sur les 836 noms, la noblesse représente 6,2 %. Une part très importante si nous acceptons comme juste la proportion moyenne de 2 % de nobles au sein de la population du Calvados.

Activités	Ensemble des professionnels du secteur	Nombre de nobles dans chaque profession
Artisans	236	10
Banquiers	22	2
Commerçants	319	19
Métiers d'hygiène	4	0
Industriels	238	15
Propriétaires	17	6
Total	838	52

Tableau 5. – *Place de la noblesse dans l'économie viroise à la fin du XIXe siècle.*

À Vire, la noblesse s'implique essentiellement dans les fonctions industrielles et commerciales, deux activités qui regroupent près de la moitié des effectifs. Mais elle représente chaque fois une part tout à fait mineure des effectifs généraux des professionnels locaux, à l'exception de la mention « Propriétaire » qui demeure un qualificatif que la noblesse apprécie de porter. Notons qu'elle n'est plus majoritaire dans ce domaine.

Nous pouvons aussi détailler ces professions où s'intègrent les membres de la noblesse.

38. AD Eure, série E, liasse 2909-ter.
39. Lettre à M. SÉNAC, 28 février 1851, AD Eure, E 2903.
40. « Les industriels, propriétaires et commerçants de l'arrondissement virois », *Annuaire virois*, Vire, 1865, p. 140-274.

Professions	Nombre de cas
Filateurs	6
Principaux propriétaires	6
Fabricant d'étoffes de coton	5
Epicier	3
Assureur	2
Marchands de bois	2
Débitants de boissons	2
Dépôt de coton	2
Rouennerie	2
Fabricant de chandelle	2
Horticulteur	2
Sculpteur	1
Chapelier	1
Pâtissier et confiseur	1
Fabricant de cardes	1
Fabricant de papier	1
Corroyeurs, tanneurs et mégisserie	1
Fabricant d'huile	1
Architecte	1
Pharmacien	1
Marchand de charbon	1
Restaurateur	1
Fabricant de damassés	1
Roulage	1
Négociants en coutils	1
Vins et eaux de vie	1
Nouveautés	1
Papeterie	1
Maître d'hôtel	1

Tableau 6. – *Les professions de la noblesse viroise en 1865.*

Les métiers liés à la filature demeurent des professions très recherchées par la noblesse, ce qui la conforte dans sa place d'élite industrielle locale. Pas moins de 18 nobles travaillent dans la production des dérivés du coton. Un seul, cependant, les vend. L'intérêt de cette source est surtout de montrer que la noblesse s'intègre à des rangs moins élevés de l'économie locale.

L'essor progressif de certaines familles ne saurait masquer les diversités déjà évoquées. Aussi nombreuses sont celles qui refusent de modifier leurs habitudes. Nous avons le cas de familles continuant à percevoir leurs revenus agricoles en nature en 1911.

Après la Révolution, les grandes lignes du partage des sols n'évoluent guère. Les grandes familles aristocratiques maintiennent globalement leur domination sur le foncier. L'enjeu du XIXe siècle sera de moderniser les grands domaines. Certaines ne pourront pas le réaliser, aggravant alors le morcellement de propriétés soumises aux partages des successions. Cependant, nous voyons surtout apparaître une nouvelle catégorie de nobles. De plus en plus de familles ne sont plus liées au sol et s'intègrent à l'économie moderne : aucune activité n'est délaissée par cette noblesse modernisée. Elle se concentre dans les activités industrielles et commerciales les plus gratifiantes. Cependant certaines familles déclassées sont contraintes à des activités traditionnellement moins valorisées. La noblesse est, au demeurant, mieux représentée dans ces activités modernes qu'elle ne l'est réellement dans la société normande.

Nous avons remarqué aussi que les familles les plus aisées sont des acteurs importants des investissements modernes, la mention de valeurs mobilières devenant plus fréquente dans les dossiers privés, les successions et les mariages. D'autres encore s'investissent personnellement dans le développement économique de la région. En cela, la noblesse normande est régénérée, car elle s'intègre à l'économie sans pour autant perdre ses repères. C'est d'ailleurs ce positionnement particulier que nous sommes amenés à envisager dans la sphère du politique.

Renouveau politique

Le *Catalogue des Gentilshommes* nous montre l'attente de la noblesse normande en matière de responsabilités. En effet, face à une réduction du nombre de patronymes, nous voyons que la noblesse normande a recours à la diversification des branches. Elle maintient ainsi, artificiellement[41], les effectifs au moment de la Révolution, elle est alors fictivement aussi puissante qu'en 1670. C'est un argument de poids contre un tiers état plus nombreux.

Au XIXe siècle, la noblesse se réapproprie l'espace politique. L'apogée de son influence se plaçant en 1824 avec 58 % des députés[42], cette influence nationale se trouvant confortée par des résultats locaux très favorables.

Les travaux d'André-Jean Tudesq portant sur la proportion de nobles au sein des conseils généraux de 1840[43] donnent une fourchette de présence variant de 25 à 30 %. Nous avons voulu connaître le positionnement de la Normandie par rapport à ces recherches en relevant les noms des conseillers généraux du dépar-

41. Les membres du second ordre en s'appuyant sur des différences patronymiques très libres intègrent plus de membres. Ainsi, pères et fils, et membres d'une fratrie prennent l'habitude d'employer des dénominations différentes, donnant l'image factice d'une grande quantité de familles.

42. Jean BECARUD, « La noblesse dans les chambres sous la monarchie censitaire », *Revue internationale d'histoire politique et constitutionnelle*, juillet-septembre 1953, p. 189 *sq*.

43. André-Jean TUDESQ, « Les survivances de l'Ancien Régime : la noblesse dans la société française de la première moitié du XIXe siècle. », dans Ernest LABROUSSE, Daniel ROCHE (dir.), *Ordres et classes*, Paris-La Haye, Mouton, 1973, p. 203.

tement de l'Eure de 1805 à 1895, et ceux des conseillers du Calvados de 1830 à 1895.

Nous avons listé 760 noms, dont 332 nobles, dans le département de l'Eure. Puis, 395 noms, dont 161 nobles, dans le département du Calvados. Ce qui représente une moyenne de postes tenus par la noblesse de 43,68 % des conseillers sur toute la période dans l'Eure. Et, une moyenne de 40,75 % des postes de conseillers dans le Calvados sur la période 1830-1895. Ce qui constitue une domination politique extrêmement remarquable pour un groupe représentant environ 2 % de la population totale. En ce qui concerne l'année 1840 relevée par André-Jean Tudesq, nous obtenons une présence noble à hauteur de 30 % dans le Calvados et de 37,14 % dans l'Eure. Des résultats concordants avec les autres départements français.

Nous produisons ici un graphique de comparaison entre ces deux départements.

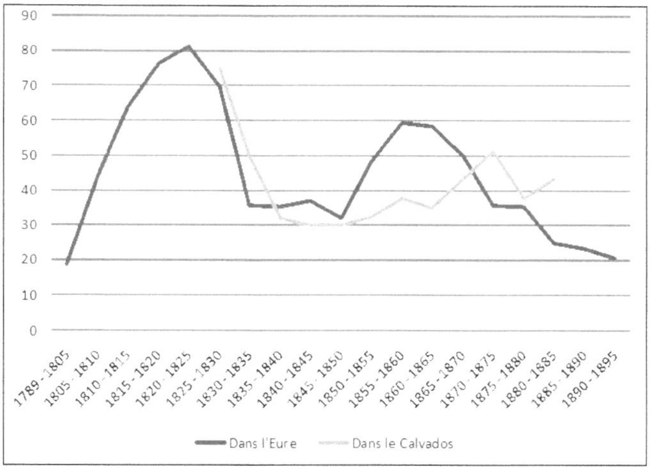

Graphique 3. – *Parts comparées des nobles au sein des conseils généraux.*

Nous observons des tendances relativement similaires entre les deux départements. La fin du règne de Charles X est particulièrement favorable à la noblesse. Par réaction, sa place après la révolution de 1830 se réduit nettement. Au travers de cette représentation, nous visualisons nettement la force du légitimisme dans le Calvados. Cette position politique de la noblesse dans le Calvados reporte à la seconde moitié du règne de Napoléon III son adhésion au nouveau régime. Notons que ce choix favorise la noblesse du Calvados dont la régression de l'influence politique est moins abrupte après 1870. Notons aussi l'importance des systèmes électoraux. Le suffrage censitaire se durcissant sous les règnes de Louis XVIII et Charles X, la relative ouverture de Louis-Philippe provoque le repli d'une noblesse inférieure en nombre. Néanmoins, les élections au suffrage universel de 1848 permettent à la noblesse de l'Eure de reprendre sa place au sein des instances locales.

Nous avons voulu mettre en parallèle l'ensemble des fonctions politiques du Calvados. Nous pouvons ainsi analyser les interactions entre chacune d'entre elles.

Nous avons relevé les noms des députés du Calvados sur la période allant de 1830 à 1890. Sur 69 élus, 25 sont nobles. Puis nous avons repris les noms des élus aux postes de maires de chef-lieu d'arrondissement dans le Calvados au cours du XIXe siècle. Sur un total de 919 élus, la noblesse représente 19,8 % de l'ensemble des postes d'élus, avec, 25,65 % des postes de maires tenus par la noblesse et 13,67 % des postes d'adjoints. La noblesse du Calvados manifeste une nette prédilection pour les postes de premier plan. Ce qui permet aussi d'affirmer que la présence d'un maire noble ne conditionne en rien la présence d'une équipe essentiellement composée de nobles. La noblesse n'envisage pas la fonction politique comme la manifestation d'un phénomène de caste. Bien au contraire, la noblesse apparaît particulièrement ouverte.

Après avoir récolé l'ensemble des noms des maires de chef-lieu de canton, adjoints, conseillers généraux et députés du Calvados sur la période allant de 1800 à 1895, nous constituons une base de données forte de 1 383 références, dont 371 nobles.

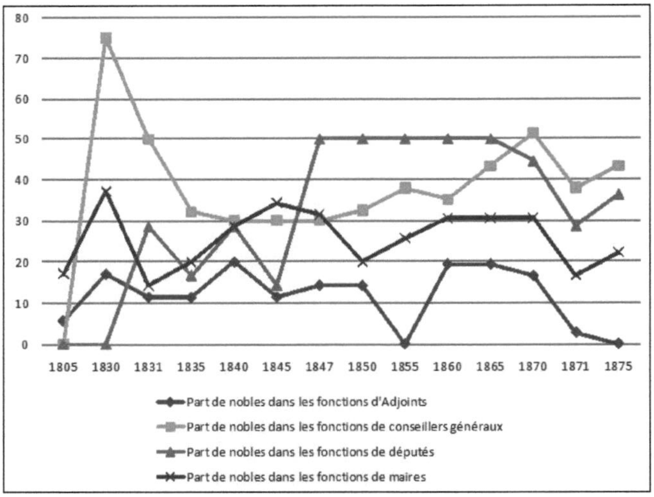

Graphique 4. – *Évolution de la présence noble selon les fonctions politiques.*

À la lecture de ce graphique, nous constatons qu'il n'existe pas de corrélations entre les différentes fonctions politiques. La réussite de la noblesse dans l'une d'elles ne conditionne pas la réussite dans les autres domaines. Les postes de maires et d'adjoints sont, néanmoins, liés même si les courbes ne se juxtaposent pas exactement. Il s'agit ici des maires et adjoints des chefs-lieux de canton. Les communes rurales sont alors aussi bien représentées que les zones urbaines. Il n'existe pas de caractéristique qui puisse déterminer qu'un adjoint appartienne ou non à la noblesse. De ce fait nous estimons qu'il s'agit chaque fois d'un choix individuel et non d'une démarche coordonnée.

La Révolution de juillet 1830 préfigure systématiquement la régression de l'influence politique de la noblesse dans le département. Mais alors que les postes de maires sont rapidement reconquis, ceux de conseillers généraux sont assez longuement abandonnés. Le département du Calvados dispose visiblement d'une noblesse particulièrement sensible au discours légitimiste. Après le départ de Charles X, la noblesse du département ne reprendra jamais plus une place aussi importante. Les modifications des modes de scrutins ne peuvent pas seules expliquer cette régression. D'ailleurs, après le renouvellement des générations des années 1850, la noblesse commence à reprendre une place prépondérante. Nous pouvons évoquer les cas d'Aimé Marie Gaspard de Clermont-Tonnerre ou Henri Lefèbvre de Vatimesnil, tous deux ministres légitimistes isolés après 1830. D'ailleurs, Gaspard Louis Aimé de Clermont-Tonnerre, fils du précédent, sera conseiller général de 1852 à 1870.

Il reste que la période allant de 1830 à 1852 ne présente pas de réelle tendance générale. Nous observons un pic de représentation de la noblesse dans les mairies et à la députation en 1840. Cependant, les adjoints nobles seront ensuite bien moins nombreux, et la noblesse doit attendre 1848 pour prendre une position dominante à la députation. La moitié des postes seront tenus par la noblesse durant le Second Empire. L'ensemble des fonctions connaît un accroissement de la présence noble. Il s'agit d'une progression de la noblesse. Nous constatons de ce fait une légère méfiance de la noblesse à l'encontre de Napoléon III. De plus, le régime impérial n'est pas si favorable à l'aristocratie. La place de la noblesse au sein des fonctions politiques a déjà atteint son apogée dans les périodes précédentes[44]. Ce qui peut expliquer que la chute de Napoléon III éloigne peu les anciens élus. Quoique fortement présente dans le paysage politique, la noblesse n'est probablement plus ressentie comme étouffante pour les autres corps politiques. Le renouvellement des générations accroît sensiblement ce sentiment.

Notons que la sur-représentation de la noblesse, à hauteur d'un tiers des élus pour 2 % de la population, est essentiellement le fruit de la politique générale. En effet, le suffrage censitaire et la cooptation au sein des collèges électoraux favorisent la noblesse. Nous pouvons considérer que, sur le plan politique, la noblesse a beaucoup plus gagné de la Révolution de 1789 qu'elle n'a perdu.

Cette prépondérance se maintient sur l'ensemble de la période, alors que des écueils apparaissent au moment des révolutions. Mais, la noblesse normande retrouve une partie de ses positions politiques une fois la situation stabilisée.

44. À l'exception de la députation.

La grande difficulté politique de la noblesse n'est pas liée à des facteurs extérieurs. Nous voyons que la noblesse est, en général, bien accueillie par les électeurs. Cependant, elle connaît des divergences internes, entre légitimistes et orléanistes, bien plus contraignantes que les suffrages. Ce qui revient à mettre en évidence la diffraction de la structure sociale de la noblesse dès le début du XIXe siècle. Loin d'être un corps social homogène, la noblesse normande est diverse. La noblesse se retrouve dans la diversité des partis, n'hésitant pas, par ailleurs, à s'opposer à elle-même. Ces dissensions conduisent alors à s'intéresser au positionnement intellectuel de la noblesse au cours du XIXe siècle.

Positionnement intellectuel

La place de la noblesse au sein des activités et expressions culturelles est multiple. Nous porterons notre attention sur la matérialisation de l'influence de la noblesse au sein du renouveau intellectuel normand, et français.

L'une des grandes révolutions intellectuelles du XIXe siècle est, sans nul doute, le développement des sociétés savantes. Leurs existences ne sont pas toujours liées à notre période. Cependant, c'est entre 1808 et 1900 que les sociétés savantes ont la plus grande audience et le plus large recrutement. Elles sont souvent comprises par la noblesse normande comme étant un moyen de pallier son inaction politique après 1830. La force du parti légitimiste dans le département du Calvados favorise l'éclosion de ces sociétés.

Nous avons repris l'ensemble des listes de membres résidents et membres correspondants de la Société des antiquaires de Normandie, créée par Arcisse de Caumont. Ce qui représente pour la période 1821-1871, 6 824 références. Ces références correspondent à l'ensemble des personnes appartenant à la Société au cours d'une année donnée. Ainsi, un membre demeurant actif une dizaine d'années sera mentionné autant de fois. De cet ensemble, nous devons signaler qu'il n'existe en réalité que 938 membres, ce qui correspond au nombre d'individus qui se sont succédé au sein de la Société. Pour visualiser la place de la noblesse au cours de la période, nous reprenons l'ensemble des 6 824 références.

Nous pouvons comparer la part de la noblesse, le nombre de nobles inscrits avec le nombre de membres tout au long de la période. Nous prenons pour base de nos courbes indicielles l'année 1825.

Nous voyons grâce à ce graphique que la noblesse n'est en réalité jamais majoritaire dans la Société, à l'exception de 1825, année de sa création. La Société regroupait 117 membres en 1825 pour 468 en 1871. Malgré une croissance importante du nombre de membres inscrits annuellement, la part de la noblesse ne régresse que très lentement. Celle-ci représentait 58 % des membres inscrits en 1825, et encore 34 % en 1872. Le recrutement de la noblesse connaît d'ailleurs la même évolution que le reste de la population.

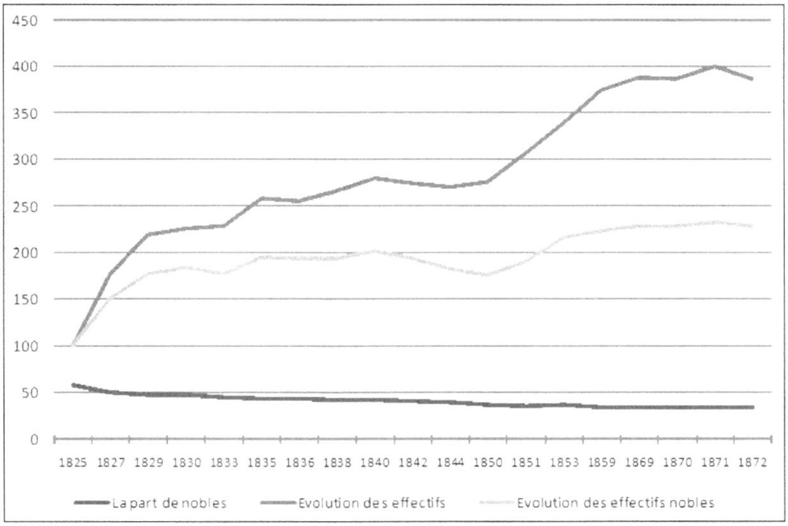

Graphique 5. – *La noblesse membre de la Société des antiquaires.*

Pour mesurer l'impact des phénomènes politiques au sein de la Société des antiquaires, nous avons reconstitué la liste des membres en fonction de la date de leur première inscription.

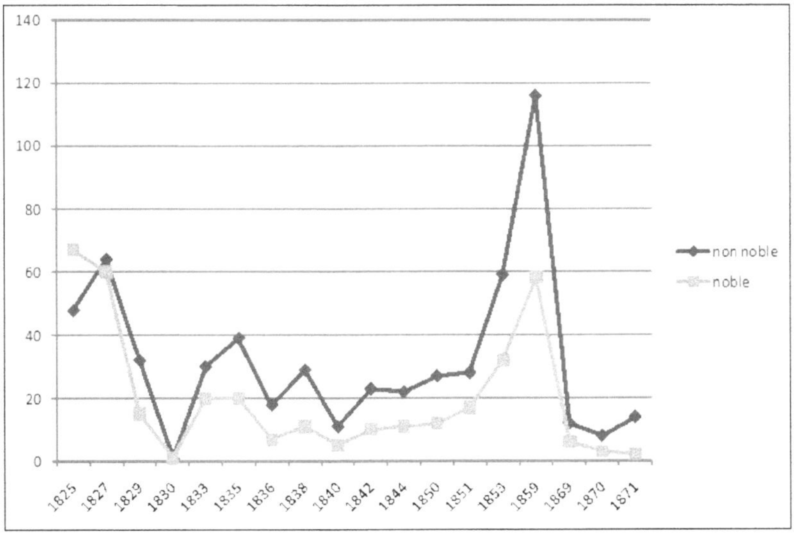

Graphique 6. – *Répartition des nouvelles inscriptions.*

De cette manière, nous observons effectivement un regain notable d'inscriptions pour la Société après 1830. Il est important de noter que la noblesse n'est pas la seule à rejoindre Arcisse de Caumont. Nous confirmons l'hypothèse d'un département profondément légitimiste. Après un certain engouement, les inscriptions à la Société se réduisent massivement. La pérennité de celle-ci étant due à l'intégration massive de légitimistes dès 1831. Enfin, nous voyons que le réel essor de la société a lieu au moment de la mise en place du Second Empire. Ce qui correspond à un renouvellement générationnel, auquel nous pouvons associer la désignation d'un nouveau personnel politique, de nouveaux préfets, de nouveaux fonctionnaires : ce qui explique la réduction importante après 1870. Nous voyons donc à travers ces listes que la Société des antiquaires est principalement composée des forces conservatrices. La noblesse y tient une place tout à fait conséquente.

La participation de la noblesse normande à la création littéraire, tant comme auteurs que comme sujets, n'est pas sans objet. Dans une période de reconstruction du mythe nobiliaire, le contenu des articles publiés par la noblesse et de ceux publiés à son propos nous renseigne sur l'état d'avancement de la construction de l'image idéalisée de la noblesse normande. Pour mieux comprendre ce positionnement, nous faisons appel aux articles de la Société des antiquaires de Normandie. Nous avons constitué une base de données regroupant l'ensemble des articles publiés dans la Société des antiquaires de sa création à 1880.

Type de communication	Non nobles	nobles	Nombre articles
Histoire et patrimoine antique	85	8	113
Histoire médiévale	50	2	72
Théologie et hist. relig.	27	0	47
Histoire de la noblesse	18	6	34
Histoire moderne	14	2	26
Biographie	5	8	13
Art	20	5	25
Œuvre littéraire	14	5	19
Mémoire	1	2	3
Sc. et tech. modernes	5	2	7
Description géologique		1	1
Médecine	2	1	3
Sc. de la banque	1		1
Description géographique	1		1
Sc. politiques	2		2
Guide et souvenir de voyage	1		1
Répartition	246	122	368

Tableau 7. – *Les articles de la Société des antiquaires de Normandie.*

Le classement des types de publications est sensiblement le même pour la noblesse que pour le reste des auteurs, à l'exception des mémoires et biographies, plus traditionnels pour la noblesse, de l'art et des œuvres littéraires. La poésie et le romantisme ne sont pas des formes d'expression que la noblesse souhaite développer. En ce qui concerne les grands domaines de la culture du XIXe siècle, l'élite intellectuelle de la noblesse tient à jouer son rôle savant. Notons que la noblesse écrit moins sur elle-même que ne le font les auteurs non-nobles. Ce qui démontre que la noblesse du XIXe est remarquablement ouverte à toutes les formes de la culture.

Au-delà de cette contribution à l'essor des sciences et de la culture, la noblesse participe au développement des loisirs. Le château devenant le domaine du privé et de l'intime, apparaît la nécessité de constituer d'autres espaces de sociabilité.

À partir de 1860, le Second Empire parvient à imposer un nouveau schéma de cour. L'expression de cette nouvelle coterie prenant alors place dans les stations balnéaires. Il est bon d'y être vu et les codes s'imposent. Ainsi, toilettes, villas et hôtels de luxe connaissent l'apogée de leur développement. La noblesse normande n'y est pas absente.

À son origine, le casino est avant tout une salle de spectacle assez traditionnelle. À la fin de notre période ce sont des espaces de restauration, des salons de lecture, des fumoirs, parfois des salles d'armes et des gymnases qui lui sont adjoints. Ces ensembles permettent la constitution de réseaux aristocratiques, politiques ou financiers. Nous voyons par exemple le duc de Clermont-Tonnerre louer, avec MM. de Castellane et de Nicolaï, une salle du casino de Deauville pour y jouer au baccara.

L'installation des hippodromes et le développement de la sociabilité des courses est un authentique produit de la volonté de la noblesse normande. En effet, c'est à Ephrem Houël du Hamel, directeur des haras, que nous devons l'introduction des courses en Normandie. Avec le soutien de Pierre-Aimé Lair, d'Arcisse de Caumont[45], et de M. du Pont, directeur du dépôt d'étalons de Saint-Lô. Rapidement, l'administration cherbourgeoise soutien la création de l'hippodrome. En 1837, la première course a lieu à Caen, l'année suivante à Saint-Lô.

L'implication de la noblesse dans la création des hippodromes conditionne la participation des autres membres du groupe aux festivités qui s'y associent. Les courses, en raison même de leur naissance, restent longtemps attachées à un mode de représentation très aristocratique. C'est un endroit où il faut être vu.

Nous observons donc au cours du XIXe siècle une évidente ouverture de la noblesse à la culture. Elle participe activement au développement des recherches intellectuelles et techniques en Normandie et en France. Nous avons pu observer la place de la noblesse dans les sociétés savantes et les sujets qu'elle développe. Nous remarquions l'absence de sectarisme. Cependant, dans le même temps, une frange de la noblesse se ferme au reste de la population. L'essor des stations balnéaires, des casinos, des champs de courses, crée une séparation entre la fortune et l'aisance. L'aristocratie s'éloigne du reste de la population attirant ensuite à elle la plupart des représentants de la noblesse normande. Néanmoins, la situation financière de

45. Éphrem Houël du Hamel, *Traité des courses au trot,* Paris, Ch Tomera, 1864 [2e édition, revue et augmentée].

la noblesse ne permet pas d'affirmer que l'ensemble du groupe adhère à ces phénomènes. La civilisation des loisirs se limite donc à certaines parties de la noblesse. Ce qui revient à mettre à nouveau en évidence la diversité de la noblesse.

Nous avons noté qu'après une diminution très sensible du nombre de familles nobles, leur évolution sera très similaire à celle de la population normande. Le nombre moyen d'enfants par femme restant à peine suffisant pour permettre un renouvellement normal des générations. Cependant nous comprenons pourquoi elle est encore présente aujourd'hui.

Les événements révolutionnaires ont moins déstabilisé les grands domaines nobles que l'absence de modernisation. De ce fait, une frange de la noblesse normande abandonne les activités traditionnellement liées à la propriété foncière. Ce qui nous permet de remarquer que la noblesse normande sait intégrer l'ensemble des secteurs de l'économie moderne, parfois avec une avance notable. Au cours du XIXe siècle la diversité des conditions financières au sein de la noblesse s'accentue.

Lorsque nous observons sa présence politique, nous voyons qu'elle est très nettement surreprésentée dans l'ensemble des fonctions. Quoiqu'il apparaisse des écueils et des replis, la présence noble se maintient autour du tiers des élus locaux et nationaux. Le département du Calvados connaît un engagement dans le parti légitimiste bien plus présent que le département de l'Eure, ce qui conditionne l'influence de la noblesse dans la politique locale. Mais ceci revêt un autre aspect, d'ordre culturel et intellectuel, tout aussi important. C'est en raison de sa vocation légitimiste que le département du Calvados fournit une part non négligeable du personnel de l'Association Normande et de la Société des antiquaires de Normandie.

Nous avons pu constater l'ouverture de la noblesse à l'ensemble des composantes de la culture et de la recherche intellectuelle. Aucun domaine n'est abandonné par les savants de la noblesse normande. De plus, nous avons pu relever que la noblesse n'est pas la première à écrire sur elle-même.

Par ailleurs, elle participe activement au développement de la civilisation des loisirs. D'abord, comme héritage de l'Ancien Régime, la noblesse s'investit dans ses domaines. Puis, elle s'installe ostensiblement dans des lieux consacrés à la sociabilité des élites financières. Chaque famille de la noblesse normande est consciente de la nécessité d'y paraître pour se maintenir dans le groupe. Cependant, la diversité des situations financières crée des décalages. La noblesse ne se reflète plus dans le comportement de l'aristocratie. Si la noblesse existe aujourd'hui encore, c'est grâce à son adaptation aux nouveaux modes de comportements. Elle connut, avant le reste de la société, sa mutation démographique, stabilisant de fait ses effectifs. Elle profite pleinement d'une nouvelle visibilité politique et doit sa survie à l'acceptation de ses dissemblances. Nous la retrouvons à tous les niveaux de l'économie, de la culture, dans chaque parti politique. Au-delà de ses diversités, la noblesse maintient son unité par un ensemble de valeurs communes.

Conclusions
Perspectives de recherches sur l'histoire des noblesses normandes

Ariane Boltanski

L'avantage d'un ouvrage portant sur l'histoire régionale d'un groupe social, ici le second ordre en Normandie, tient sans doute largement à sa dimension comparative et ce en dépit de la contradiction qui semble dominer *a priori* cette affirmation. Or, les travaux présentés dans ce volume s'appuient largement sur le comparatisme, dont Marc Bloch et Lucien Febvre soulignaient déjà toute l'importance. Il s'agit donc de mettre en évidence, tout à la fois, la mise en place d'agencements nobiliaires particuliers à la Normandie d'Ancien Régime, en suggérant l'existence de noblesses régionales qui cohabitent dans le royaume de France, et de montrer le dialogue avec d'autres dispositifs provinciaux, ainsi qu'avec les éléments constitutifs de l'identité noble en général ou, du moins, pour ces derniers, ceux que l'on peut supposer tels au regard des avancées multiples de l'historiographie dans ce domaine (voir en particulier dans ce volume l'intervention de Laurent Bourquin sur ce sujet) [1]. La synthèse que nous avons pu ébaucher des résultats actuels de la recherche sur les noblesses en Normandie s'inscrit dans cette double démarche. De ce fait, elle permet de souligner les échanges entre différents modèles d'ordonnancement nobiliaire, au titre de pratiques sociales distinctives, mais sans que le fait sociologique soit dissocié de l'étude des représentations et de leur effectivité dans la société française du XVIe au XVIIIe siècle. Cette perspective comparative a été menée selon plusieurs axes que l'on peut énumérer ici.

Différentes contributions rappellent d'abord la nécessité impérative d'une pesée numérique de la noblesse et d'une mesure des densités nobiliaires, un domaine où la spécificité normande apparaît de manière évidente. Les recherches menées ainsi par Jean-Marie Constant et par Michel Nassiet mettent en évidence l'existence, en Normandie, d'une noblesse particulièrement nombreuse et, surtout, de densités nobiliaires extrêmement fortes au regard de celles mesurées dans d'autres provinces

1. Dans ce volume, Laurent Bourquin, « La noblesse française à l'époque moderne : historiographie et état de la question ».

aux mêmes périodes. James Wood[2] signalait déjà, pour l'élection de Bayeux à la fin du XVIIe siècle, une densité nobiliaire de 252 feux nobles pour 1 000 km^2. Jean-Marie Constant évoque, par exemple, le cas de la baronnie de Mesle-sur-Sarthe avec une densité de 230 lignages nobles pour 1000 km^2 au XVIIe siècle (en se fondant sur l'enquête de 1667) et il suggère l'existence d'une densité moyenne de l'ordre de 250 lignages pour 1 000 km^2 pour la généralité d'Alençon, soit trois fois plus qu'en Anjou, douze à treize fois plus qu'en Limousin[3]. John Dickinson signale également la présence d'une noblesse nombreuse pour le vaste bailliage de Falaise, sur la période 1685-1755[4]. Michel Nassiet a eu l'occasion de dresser une évolution des densités nobiliaires sur l'ensemble du royaume. Il constate qu'au XVIIIe siècle, à partir des rôles de capitation en particulier, « les noblesses de Normandie et de Bretagne étaient en France les plus nombreuses, et dans cet ordre » : la noblesse normande présente une densité de 0,89 au km^2 vers 1700 (puis 0,55 au km^2 vers 1785), la noblesse bretonne de 0,46 au km^2 vers 1700 (0,42 vers 1785), contre 0,41 pour la densité nobiliaire mesurée à l'échelle du royaume (0,26 vers 1785)[5]. Mais cette supériorité des densités nobiliaires, normande et bretonne, était déjà établie de longue date et pouvait être notée dans le dernier tiers du XVe siècle à partir de l'analyse des rôles du ban et de l'arrière-ban[6]. Au cours de l'Ancien Régime, le XVIe siècle serait tout particulièrement marqué par une croissance des effectifs nobles. Cette croissance pourrait atteindre les 135 % dans l'élection de Bayeux alors qu'en Beauce la noblesse n'augmentait que de 14 puis 12 % sur le siècle[7]. Dans le Calvados, comme le signale Étienne Paisnel, l'évolution va ensuite dans le sens d'une diminution, avec une perte de plus de 650 familles entre 1670 et 1789[8]. On estime plus généralement que la baisse des effectifs de la noblesse a été importante pendant le XVIIIe siècle, mais cela pas de façon uniforme à l'échelle de la France et elle aurait été particulièrement sensible en Normandie[9].

2. James B. Wood, *The Nobility of the Élection of Bayeux (1463-1666). Continuity through Change,* Princeton, Princeton University Press, 1980.
3. Voir, dans cet ouvrage, Jean-Marie Constant, « Les structures sociales et les cultures politiques de la noblesse normande sont-elles originales ? L'exemple de la généralité d'Alençon au XVIIe siècle ». Voir aussi, notamment, *Id.*, « Une voie nouvelle pour connaître le nombre des nobles aux XVIe et XVIIe siècles : les notions de "densité et d'espace" nobiliaires », *La France d'Ancien Régime. Études réunies en l'honneur de Pierre Goubert*, Paris-Toulouse, Société de démographie historique-Privat, 1984.
4. John A. Dickinson, « L'utilisation de la justice par la noblesse : le bailliage de Falaise, 1685-1755 ».
5. Michel Nassiet, « Les structures sociales des noblesses normande et bretonne à l'époque moderne ».
6. *Ibid.* Également, Michel Nassiet, « La noblesse en France au XVIe siècle d'après l'arrière-ban », *Revue d'histoire moderne et* contemporaine, t. 46, n° 1, janvier-mars 1999, p. 86-116, en particulier ici p. 111-112 : vers 1470, dans l'est de la Normandie, M. Nassiet peut comptabiliser 0,09 chef de famille feudataire par km^2, contre 0,05 en moyenne pour le royaume. La Bretagne perd des effectifs nobles au XVIe siècle, tout au contraire de la Normandie. En 1552, dans le bailliage de Caen, on compte 0,20 chef de famille feudataire au km^2 et, à la fin du XVIIe siècle, on trouve des densités nobiliaires proches en Bretagne et en Normandie, au terme, cependant, de deux évolutions divergentes.
7. J.-M. Constant, « Les structures sociales et les cultures politiques de la noblesse normande sont-elles originales ? [...] », *op. cit.*
8. Étienne Paisnel, « Au XIXe siècle, une noblesse régénérée ».
9. Laurent Bourquin, *La noblesse dans la France moderne, XVIe-XVIIIe siècles*, Paris, Belin, 2002, p. 96. Michel Nassiet, « Le problème des effectifs de la noblesse dans la France du XVIIIe siècle », *Association des historiens modernistes des universités, Bulletin* n° 18, 1995, p. 97-121.

Reste la question, ouverte et non résolue, de l'explication de la spécificité normande dans ce domaine : pourquoi une noblesse si nombreuse et des densités nobiliaires si fortes ? Différentes hypothèses ont pu être avancées à ce propos par les auteurs dont les contributions sont réunies dans cet ouvrage. La coutume de Normandie entraîne des distinctions fortes avec les pratiques juridiques et, en premier lieu, successorales prévalant dans d'autres configurations nobiliaires provinciales ; mais elle peut également favoriser le maintien d'effectifs nobles importants. Comme pour le partage noble ailleurs, elle se caractérise par le même souci de la protection du patrimoine, ainsi que l'a souligné Sophie Poirey, un souci qui, dans ce cas, semble indistinct aux roturiers et aux nobles[10]. Pourtant, la coutume ne fonctionne pas comme une machine à appauvrir les cadets et, de ce fait, à renforcer les processus d'extinction des lignages, en condamnant finalement les plus pauvres à la roture. Au-delà du préciput accordé à l'aîné, c'est-à-dire un avantage que le testateur donne à un des héritiers (ici l'aîné), la coutume prévoit, en effet, l'égalité du partage et protège d'autant mieux les cadets qu'ils jouissent du droit de loti, donc du partage par lots. En outre, même si le père n'est pas tenu à doter ses filles, il se doit de les établir avec un mari idoine, ce qui, de fait, conduit le plus souvent à verser des dots nécessaires pour éviter la mésalliance. Certes, la protection apportée ainsi aux cadets permettrait peut-être davantage d'éviter leur dérogeance que de les amener à un véritable établissement. D'autres éléments de réponse peuvent être avancés : la recherche de l'exemption fiscale dans une province caractérisée par le niveau inouï de sa fiscalité conduirait à l'expansion numérique du second ordre, d'après Antoine Follain. Et la possibilité de déroger et d'être inscrit provisoirement sur le rôle de taille (en conservant l'éventualité d'en être retiré plus tard), à condition de négocier sa contribution avec la communauté d'habitants, favoriserait le maintien des nobles appauvris au sein du groupe, selon des modalités proches alors, pour Michel Nassiet, de la « noblesse dormante » bretonne[11].

Un second axe au sein des réflexions développées dans cet ouvrage concerne le constat d'une hétérogénéité nobiliaire manifeste ; ce constat serait sans doute également valable, cette fois, pour bien d'autres situations provinciales mais il permet également de distinguer des caractéristiques propres aux noblesses de Normandie.

Il convient d'abord de souligner la diversité des noblesses normandes pour ce qui concerne, notamment, leur fortune et, plus largement, leurs assises socio-économiques. Michel Nassiet souligne l'existence d'une forte proportion de petite noblesse et même de plèbe nobiliaire, ce qui constitue un élément commun à la Normandie et à la Bretagne et peut apparaître, notamment, comme une consé-

10. Sophie Poirey, « Approches juridiques de la noblesse dans la coutume de Normandie ». Le problème de la coutume dans son rapport à l'importance du nombre des nobles est également soulevé par Michel Nassiet dans sa contribution, ce dernier évoquant, en outre, plusieurs hypothèses à propos de la question de l'explication des forts effectifs nobiliaires.

11. Antoine Follain, « Le noble : un problème de taille en Normandie aux xvie et xviie siècles ». M. Nassiet, « Les structures sociales des noblesses normande et bretonne [...] », *op. cit.*

quence de l'importance des densités nobiliaires. Avec la moyenne noblesse, les distinctions sont nettes en termes de revenu, sans parler des écarts considérables avec ceux de l'aristocratie. Ainsi le revenu moyen des terres nobles était de 80 livres dans le bailliage de Caen en 1552, de 112 livres dans celui d'Évreux en 1562 ; ceci permet de situer le sieur de Gouberville (avec environ 180 livres de revenu pour ses deux terres nobles) au bas de la moyenne noblesse, soulignant l'écart avec les revenus des plus grandes familles, comme les Guise dont les ressources s'élevaient à environ 65 000 livres en 1542, les Nevers qui percevaient un peu plus de 115 000 livres en 1551 ou Anne de Montmorency qui touchait entre 125 000 et 150 000 livres par an en 1560-1564[12]. Olivier Tréhet a eu l'occasion d'évoquer le problème que constituait, dans la première moitié du XVIIe siècle, l'obligation de l'équipement, les « armes, chevaux et équipages », pour le départ des nobles pauvres du Cotentin aux armées[13]. Étienne Paisnel remarque encore, pour les ayants droit à l'indemnisation de 1825, la forte présence, dans le Calvados, de la noblesse petite et moyenne[14]. Bernard Bodinier a également constaté qu'il existait bien, à la veille de la Révolution, dans le sud ouest de l'Eure, des « petits nobles écuyers » qui ne possédaient presque rien[15].

La diversité des noblesses normandes est forte, par ailleurs, en matière d'activité, plus particulièrement dans les formes d'engagement au service du roi. La Normandie se distingue, de ce point de vue, par la faible part des familles nobles qui établissent, au XVIe siècle, un fils dans l'armée, comme le soulignent Michel Nassiet[16] et Jean-Marie Constant. Ainsi, le bailliage de Caen fait apparaître une proportion de 3 % de nobles engagés dans le service armé du roi, en 1552, l'élection de Bayeux de 13 % en 1587, quand les bailliages d'Étampes, en 1544, et de Chartres, en 1587, atteignent respectivement 20 et 26 %[17]. Mais les effectifs des nobles aux armées ont visiblement tendance à croître fortement à partir de la guerre de Trente ans, ainsi pour les nobles du Cotentin, comme le montre Olivier Tréhet : le rôle de 1640 constitué en réaction à la révolte des nu-pieds permet d'estimer leur proportion à 25 % et même peut-être au tiers, en raison d'une visible sous évaluation[18].

Le constat de cette hétérogénéité nobiliaire pose un problème clef pour la compréhension du second ordre, celui de l'écartèlement entre les représentations

12. *Ibid.*, « Les structures sociales des noblesses normande et bretonne [...] ». M. NASSIET, « La noblesse en France au XVIe siècle d'après l'arrière-ban », *op. cit.*, p. 108-109. Aussi, sur les revenus de ces membres de l'aristocratie, Denis CROUZET, « Recherches sur la crise de l'aristocratie en France au XVIe siècle. Les dettes de la maison de Nevers », *Histoire, Économie et Société*, 1982, n° 1, p. 7-50, ici p. 16; Ariane BOLTANSKI, *Les ducs de Nevers et l'État royal. Genèse d'un compromis (v. 1550-v. 1600)*, Genève, Droz, 2006, p. 136 ; Mark GREENGRASS, « Property and Politics in sixteenth-century France : the landed fortune of constable Anne de Montmorency », *French History*, t. 2, 1988, p. 371-388, en particulier p. 373-377.
13. Olivier TRÉHET, « La noblesse du Cotentin aux armées sous les règnes de Louis XIII et Louis XIV ».
14. É. PAISNEL, *op. cit.*
15. Bernard BODINIER, « Où en est le patrimoine nobiliaire en Normandie à la veille de la Révolution ? »
16. M. NASSIET, « Les structures sociales des noblesses normande et bretonne [...] », *op. cit.*
17. J.-M. CONSTANT, « Les structures sociales et les cultures politiques de la noblesse normande sont-elles originales ? [...] », *op. cit.*
18. Olivier TRÉHET, *op. cit.*

et les pratiques, entre l'unité idéelle, si souvent proclamée par la noblesse, et sa diversité réelle[19]. Il engage à s'interroger sur la capacité des représentations et des conceptions de la noblesse à transcender ses disparités, par exemple à propos de sa vocation au service des armes, laquelle est présentée comme la valeur première de l'ordre en dépit de l'absence d'engagement effectif sans doute du plus grand nombre des nobles (en particulier quand on considère la place de la robe dans l'ensemble nobiliaire). Il invite aussi à se pencher sur les tensions intra-nobiliaires. Et, pourtant, sur ce dernier plan, on y reviendra, les contributions présentées dans ce volume insistent davantage sur le poids idéologique des convergences au delà de positions différentes, par exemple dans le cas des oppositions internes à la noblesse rouennaise au moment de la crise des états généraux examinées par Laurent Lemarchand[20].

L'examen de la question de l'engagement politique et confessionnel de la noblesse normande au sein des grands conflits qui parcourent l'histoire nationale conduit d'abord à souligner l'importance des adhésions nobiliaires au protestantisme. Isabelle Le Touzé a pu estimer la proportion de nobles à rejoindre la Réforme, dans les années 1550-1560, entre 20 %, dans le bocage occidental de Basse-Normandie, et 40 %, dans la partie orientale de cette région ; elle insiste, dans la contribution ici présentée, sur le poids de la noblesse protestante dans cet espace, comme la grande capacité d'un chef tel que Montgomery à regrouper autour de sa personne une noblesse réformée nombreuse[21]. Ces chiffres avoisinent ceux déjà donnés par James Wood, soit 40 % pour l'élection de Bayeux, alors qu'en Limousin, à la même date (1568), seulement vingt et un lignages protestants sont dénombrés par Michel Cassan, soit 13 % de la noblesse provinciale et qu'en Beauce, la densité de nobles réformés s'établit à 26 %, dans la seconde moitié du XVIe siècle[22]. À l'instar de Michel Cassan pour le Limousin, on pourrait se demander s'il serait possible d'identifier des espaces au sein de la province, plus localisés, dans lesquels les lignages protestants auraient tendance à se concentrer. Jean-Marie Constant mentionnait une situation comparable pour la Beauce, la grande majorité des lignages protestants se trouvant dans deux zones de part et d'autre de la route Paris-Orléans en bordure du Gâtinais et dans la partie beauceronne du Dunois où la proportion de gentilshommes réformés approche les 40 %[23]. Cette noblesse

19. Sur ce point, cf. également Robert DESCIMON, « Chercher de nouvelles voies pour interpréter les phénomènes nobiliaires dans la France moderne. La noblesse, "essence" ou rapport social ? », *Revue d'histoire moderne et contemporaine*, 1999, t. 46, n° 1, p. 5-21.

20. Laurent LEMARCHAND, « Noblesse normande ou noblesse française ? La noblesse de Rouen face à la crise des états généraux, 1788-1789 ».

21. Isabelle LE TOUZÉ, « La noblesse bas-normande face à un choix : Montgomery ou Matignon (1560-1574) ».

22. J.-M. CONSTANT, « Les structures sociales et les cultures politiques de la noblesse normande sont-elles originales ? [...] », *op. cit.* Aussi, *Id.*, *La Noblesse en liberté, XVIe-XVIIe siècles*, Rennes, Presses universitaires de Rennes, 2004, p. 193. J. B. WOOD, *op. cit.*, p. 161. Michel CASSAN, *Le temps des guerres de Religion. Le cas du Limousin (vers 1530-vers 1630)*, Publisud, 1996, p. 94.

23. *Ibid.*, « Les structures sociales et les cultures politiques de la noblesse normande sont-elles originales ? [...] », *op. cit.* ; *Id.*, *Noblesse en liberté, XVIe-XVIIe siècles*, *op. cit.*, p. 193. Sur l'adhésion de cette noblesse de Beauce

protestante participe activement à l'organisation d'une « minorité agissante » dans les années 1560. Mais le rôle d'entraînement manifeste qu'elle exerce excède le militantisme et les combats des premiers temps. Comme l'indique Luc Daireaux, la noblesse protestante normande et, plus particulièrement, la noblesse rurale a contribué durablement à la structuration du culte réformé, après sa légalisation en 1598[24]. Dans quelle mesure alors cette noblesse, certes déjà parfois habituée à protéger les églises paroissiales voisines de ses demeures, n'a-t-elle pas été incitée à adhérer à la Réforme par cette structure ecclésiale décentralisée et le rôle renforcé qu'elle conférait au seigneur ? Au temps de la révocation et lors de la période suivante, cette noblesse protestante apparaît considérablement affaiblie, ainsi dans la généralité d'Alençon, étudiée par Didier Boisson, où, en 1682, une enquête de l'intendant dénombrait soixante-cinq familles nobles sur neuf-cent-quarante-trois familles protestantes[25]. Elle s'y maintient, cependant, contrairement à d'autre cas, comme l'espace du colloque réformé de Berry où, ainsi que Didier Boisson a pu l'expliquer par ailleurs, il n'y a plus de nobles protestants après 1685, soit que ces derniers aient pris la route du Refuge, soit qu'ils soient convertis, certainement de façon sincère. Dans la généralité d'Alençon, une toute petite minorité de familles, dont les Frotté constitue l'exemple le plus frappant, continue à professer et, certainement, à exercer un culte désormais totalement privé, sans se joindre aux assemblées publiques clandestines, tout en subissant une partie des persécutions, en particulier des enlèvements d'enfants[26].

Outre la prégnance protestante, la noblesse normande se distingue, au temps des guerres de Religion, d'après Jean-Marie Constant, comme plus royaliste que ligueuse, à la différence d'autres provinces de l'Ouest, la Bretagne et l'Anjou[27]. Nicolas Le Roux nous rappelle qu'une partie des nobles du pays, en particulier dans la Haute-Normandie, va adhérer à la Sainte-Union mais il confirme les conclusions de Jean-Marie Constant sur la modération de l'engagement de la noblesse normande dans le mouvement ligueur[28]. Pourtant, on connaît l'importance de certains réseaux nobiliaires acquis aux rangs catholiques, en particulier du fait de la forte implantation des Guise et des Lorrains dans la province[29]. On

au protestantisme, également : *Id., Nobles et paysans en Beauce aux XVIe et XVIIe siècles*, Université de Lille 3, Service de reproduction des thèses, 1981, notamment p. 322-335.

24. Luc Daireaux, « Noblesse et protestantisme en Normandie au XVIIe siècle : autour des cultes de fief ».

25. Didier Boisson, « Noblesse et protestantisme dans la généralité d'Alençon au XVIIIe siècle : la résistance d'une minorité sociale et religieuse » : l'auteur souligne que les totaux que l'on peut effectuer sont un peu supérieurs, mais la proportion de familles nobles sur l'ensemble des familles réformées dénombrées reste en gros la même (environ 6,8 %).

26. *Ibid.* Également, Didier Boisson, *Les protestants de l'ancien colloque du Berry de la révocation de l'Édit de Nantes à la fin de l'Ancien Régime (1679-1789), ou l'inégale résistance de minorités religieuses*, Paris, H. Champion, 2000.

27. J.-M. Constant, « Les structures sociales et les cultures politiques de la noblesse normande sont-elles originales ? [...] », *op. cit.*

28. Nicolas Le Roux, « Pouvoir royal, noblesse et autorité locale. La Normandie au temps des guerres de Religion ».

29. Cf. Stuart Carroll, *Noble Power during the French Wars of Religion. The Guise Affinity and the Catholic Cause in Normandy*, Cambridge, Cambridge University Press, 1998. Et, pour certains aspects, Philip Benedict, *Rouen During the Wars of Religion*, Cambridge, Cambridge University Press, 1981.

peut peut-être se demander, de plus, si le prisme des notices de l'ordre de Saint-Michel n'exerce pas, en la matière, une influence en partie déformante[30]. Si les royaux l'emportent parmi les nobles, les stratégies adoptées par le pouvoir monarchique, sous le règne d'Henri III, semblent d'ordre à favoriser la « décomposition partielle des cadres locaux de l'autorité », avec l'introduction de membres de la haute noblesse largement étrangers à la province, qui ne disposent pas des appuis suffisants parmi les gentilshommes normands, introduction dont on pourrait penser qu'elle contribuerait plutôt à saper l'action de la noblesse seconde, identifiable notamment à travers le rôle de certains des lieutenants généraux. Pourtant, le contrôle de la province, pour l'un et l'autre camp, comme l'indique Nicolas Le Roux, repose toujours sur l'action des familles nobles locales[31].

L'engagement contestataire de la noblesse normande serait plus fort, d'après Jean-Marie Constant, au temps de la Fronde et lors de la révolte de 1658-1659, pour des motivations politiques certes ambiguës, qui tiennent peut-être davantage à la défense du statut nobiliaire, des prérogatives identitaires – plus l'attachement traditionnel au gouverneur, le duc de Longueville – qu'à un éventuel refus de l'absolutisme[32].

Enfin, une dernière thématique a trait à la question des frontières du groupe et des rapports socio-politiques qu'il entretient avec les autres catégories sociales. Sur ce plan, l'ouverture de la noblesse normande apparaît sensible, d'abord par sa capacité à intégrer des nouveaux venus. Un problème central, à cet égard, est celui de l'anoblissement, de ses structures, de ses modalités, de ses rythmes et de leur évolution dans le temps. Plusieurs des contributions réunies dans cet ouvrage permettent de constater l'importance du renouvellement nobiliaire, plus précisément peut-être le poids de ce renouvellement comme facteur clef du maintien de la domination de la noblesse, puisqu'il semble inhérent aux modalités mêmes de la reproduction sociale du second ordre. La place de la noblesse ancienne ne doit, cependant, pas être minorée, au parlement de Rouen par exemple, dans le cas étudié par Olivier Chaline. Et, même lorsque la robe parlementaire attire des nouveaux venus, ces derniers sont bien souvent issus des rangs de la noblesse, un point que Jonathan Dewald soulignait déjà dans ses recherches sur les parlementaires à Rouen au XVIe siècle[33]. En matière d'anoblissement, il est possible d'identi-

30. La recherche statistique réalisée par Jean-Marie Constant sur les chevaliers de l'ordre de Saint-Michel concerne les nobles titrés. On peut se demander, notamment, si les résultats seraient les mêmes si la noblesse était considérée plus généralement. Sur des questionnements comparables, voir Antoine PACAULT, « Grands seigneurs de cour et gentilshommes provinciaux en Bretagne entre 1550 et 1650 », dans Jean KERHERVÉ (dir.), *Noblesse de Bretagne du Moyen Âge à nos jours*, Rennes, PUR-ICB, 1999, en particulier p. 179-180. Les notices de l'ordre constituent, quoi qu'il en soit, un outil remarquable, permettant en particulier de disposer d'un corpus relativement homogène et d'informations nombreuses quand les sources font si souvent défaut.

31. *Ibid.*, N. LE ROUX, « Pouvoir royal, noblesse et autorité locale [...] », *op. cit.*

32. J.-M. CONSTANT, « Les structures sociales et les cultures politiques de la noblesse normande sont-elles originales ? [...] », *op. cit.*

33. Olivier CHALINE, « Le parlement de Rouen et le renouvellement des noblesses normandes, XVIIe et XVIIIe siècles ». Et Jonathan DEWALD, *The Formation of a Provincial Nobility. The Magistrates of the Parlement of Rouen, 1499-1610*, Princeton, Princeton University Press, 1980.

fier un différentiel normand, le poids de la preuve écrite, en particulier l'utilisation précoce, au regard des pratiques de la noblesse du royaume, des lettres d'anoblissement, ainsi que l'avait souligné Jean-Richard Bloch[34] et que le confirment les recherches actuelles. La Normandie contraste ainsi nettement, par exemple, avec la Beauce où l'agrégation taisible est essentielle, du moins jusqu'à la rupture marquée par les enquêtes de noblesse datant du règne personnel de Louis XIV[35]. Par le traitement réservé aux capitaines corsaires pour lesquels la noblesse semble hors d'atteinte, comme l'a montré Michel Aumont[36], le cas normand ne paraît pas, en revanche, se dissocier du modèle général, la noblesse étant définie désormais par le seul fait du Prince, qui veut que la prouesse guerrière ne constitue plus un critère suffisant d'anoblissement; la noblesse devient alors accessible uniquement par la reconnaissance monarchique des services rendus à l'État, des services que rendent plutôt les armateurs en l'occurrence par leurs investissements financiers. De ce point de vue, le service de l'État peut passer par l'exercice d'une charge militaire, même si elle est achetée, ainsi pour les nobles du Cotentin engagés dans l'armée, étudiés par Olivier Tréhet[37]. L'examen mené par Olivier Chaline de la noblesse parlementaire, plus largement de celle des cours souveraines en Normandie aux XVIIe et XVIIIe siècles, signale encore la capacité du groupe à se renouveler. L'ouverture du Palais est alors sensible, ce qui permet l'anoblissement sur les deux siècles d'une centaine de familles, l'arrêt de 1677, qui interdit les charges aux non-nobles, n'étant qu'une « barrière mobile ». Mais ce renouvellement dépasse la question de l'anoblissement, puisque le Palais accueille une proportion forte de nouveaux venus pris au sein de la noblesse. L'importance de cette mobilité apparaît aussi alors comme un défi à la cohésion du groupe parlementaire rouennais; à partir des années 1750, il est possible d'y déceler une « déroute de l'hérédité », une crise, certes partielle, de la reproduction, signalant notamment une diminution de l'attrait pour cette forme d'office[38].

La noblesse serait ouverte encore dans ses agencements culturels, dans sa capacité à renouveler ses modèles en puisant à de nouvelles sources et, comme le souligne Laurent Bourquin[39], dans son aptitude à transmettre, à exercer une fonction de médiation en direction des autres catégories sociales. Ainsi, à Bayeux au XVIIIe siècle, la noblesse urbaine a intégré, comme l'explique Christiane Huet, les critiques et les réflexions des Lumières, tout en les passant au crible de ses idéaux antérieurs[40]. L'hôtel aristocratique urbain serait comme une métaphore de cette capacité à la fois d'assimilation culturelle et de transformation dynamique,

34. Jean-Richard Bloch, *L'anoblissement en France au temps de François Ier : essai d'une définition de la condition juridique et sociale de la noblesse au début du XVIe siècle*, Genève Mégariotis, Paris, H. Champion, 1978, p. 163-164.
35. J.-M. Constant, « Les structures sociales et les cultures politiques de la noblesse normande sont-elles originales ? [...] », *op. cit.*
36. Michel Aumont, « La guerre de course, un tremplin vers la noblesse au XVIIIe siècle ? ».
37. O. Tréhet, *op. cit.*
38. O. Chaline, « Le parlement de Rouen et le renouvellement des noblesses normandes [...] », *op. cit.*
39. L. Bourquin, *op. cit.*
40. Christiane Huet, « Noblesse et urbanisme au XVIIIe siècle : l'exemple de Bayeux ».

puisque, derrière la façade ordonnancée à la nouvelle mode, peut subsister la construction antérieure. Les parrainages des lignages nobles en Normandie, étudiés par Étienne Lambert[41], témoignent d'une ouverture, mais minoritaire sur le tiers état, ouverture qui se réalise au sein d'une relation toujours socialement hiérarchique, comme le suggère l'impossibilité d'associer en tant que parrain et marraine, une personne noble et l'autre roturière, surtout de petite extraction. Pour l'essentiel, l'étude des parrainages souligne le maintien des structures lignagères que l'on pourrait qualifier de traditionnelles et montre ainsi la pérennité d'une société à maisons[42].

Pourtant, l'ouverture de la noblesse est sans doute seulement relative et elle n'empêche pas, en tout cas, le maintien, voire le renforcement, au XVIIIe siècle, d'une « culture de la distinction ». Certes, celle-ci n'est pas toujours patente, ainsi dans l'analyse du système prénominal menée par Jean-Pierre Lethuillier, puisque les registres culturels mobilisés par les nobles normands diffèrent peu de ceux utilisés par le reste de la population à l'intérieur de la province et qu'il est possible de souligner la prédominance d'un système provincial normand, davantage qu'une spécificité noble[43]. Il existe pourtant bien une pratique de la distinction, sensible dans d'autres domaines. Daniel Roche, tout en évoquant l'existence d'un « compromis académique » assis sur la mobilité sociale et la convergence des notabilités, montrait bien, par exemple dans *Les Républicains des Lettres,* comment ce compromis venait se briser sur le privilège, lequel constituait « une ligne d'achoppement infranchissable entre les deux ordres[44] ». Antoine Follain rappelle, à propos des relations des nobles et des communautés d'habitants, l'existence de cette barrière, en soulignant le poids de l'exemption fiscale[45]. Dans les dernières décennies de l'Ancien Régime, les stratégies de la noblesse au sein de la maçonnerie normande se font toujours plus élitaires, comme l'explique Éric Saunier. Elles visent à assurer à cette noblesse la mainmise sur les hauts grades et les mères-loges et ces comportements soulignent encore la place de la culture de la distinction[46]. Laurent Lemarchand remarque, à l'occasion de la crise qui précède la réunion des états généraux et divise la noblesse rouennaise, l'existence d'un accord sur le fond, par delà des rivalités internes, pour maintenir la noblesse avec ses signes discriminants, en évitant la confusion des rangs[47].

41. Étienne LAMBERT, « Compères, commères : transmissions familiales et comportements sociaux au travers du parrainage des enfants de la noblesse bas-normande au XVIIIe siècle ».
42. Voir à ce propos, Claude LEVI-STRAUSS, « Histoire et ethnologie », *Annales ESC*, 1983, n° 6, p. 1224 : la maison « est une personne morale détentrice de biens matériels et immatériels et qui se perpétue en transmettant son nom, sa fortune et ses titres en ligne directe ou fictive, tenue pour légitime à la seule condition que cette continuité puisse s'exprimer dans le langage de la parenté ou de l'alliance et, le plus souvent, les deux ensembles ».
43. Jean-Pierre LETHUILLIER, « Les prénoms de la noblesse bas-normande (XVIIe et XVIIIe siècle) ».
44. Daniel ROCHE, *Les Républicains des lettres*, Paris, Fayard, 1988.
45. A. FOLLAIN, *op. cit.*
46. Éric SAUNIER, « Les noblesses normandes et la franc-maçonnerie : diversité des cultures et culture de la distinction au XVIIIe siècle ».
47. Laurent LEMARCHAND, « Noblesse normande ou noblesse française ? La noblesse de Rouen face à la crise des états généraux 1788-1789 ».

Pour achever ce panorama, il convient d'insister sur une constatation plus générale que le cas des nobles en Normandie et largement opérée par l'historiographie contemporaine : l'existence d'une domination de la noblesse, sensible pendant tout l'Ancien Régime quel que soit l'angle considéré (politique, culturel, socio-économique), et l'importance des stratégies déployées par le second ordre pour se maintenir dans sa situation de prééminence, certes parfois au prix de difficiles adaptations. Cette constatation est valide, il est vrai, à l'échelle de l'ordre tout entier et non, toujours, à celle des individus et des familles. De ce point de vue, la divergence est encore manifeste entre la réalité et la représentation récurrente d'une crise, mieux d'un déclin de la noblesse, qui semble relever avant tout de la construction d'une idéologie collective. Il convient, cependant, de s'interroger sur l'évolution de cette situation à la veille de la Révolution, voire bien plus tôt dans le cours de l'Ancien Régime, comme incitent à le faire plusieurs des contributions ici réunies. Ainsi, Bernard Bodinier, tout en soulignant l'importance de certains patrimoines nobiliaires dans le département de l'Eure, évoque l'étendue des pertes réalisées par la noblesse peu avant la Révolution et démontre qu'elle n'est pas en position de force pour affronter les événements révolutionnaires[48]. Jonathan Dewald tranche, de manière nettement plus radicale sur ce point, avec les acquis de l'historiographie récente. Il insiste, en effet, sur l'existence de réussites économiques amoindries pour les noblesses normandes à partir des années 1660, ce qui autorise, selon lui, à parler d'une perte d'élan pendant le « deuxième Ancien Régime » et cela en relation étroite avec les transformations de l'appareil d'État et, évidemment pour partie seulement, des modes d'administration des provinces[49].

48. B. Bodinier, *op. cit.*
49. Jonathan Dewald, « Régime nobiliaire en région avancée : essai d'un bilan ».

Les auteurs

Michel Aumont	Docteur en histoire, université de Caen Basse-Normandie, CRHQ – UMR CNRS 6583
Bernard Bodinier	Professeur émérite, université de Rouen
Didier Boisson	Professeur, université d'Angers, CERHIO – UMR CNRS 6258
Ariane Boltanski	Maître de conférence, université de Rennes 2, CERHIO – UMR CNRS 6258
Laurent Bourquin	Professeur, université du Maine, CERHIO – UMR CNRS 6258
Olivier Chaline	Professeur, université de Paris IV-Sorbonne, Centre d'histoire de l'Europe centrale – JE 24 99
Jean-Marie Constant	Professeur émérite, université du Maine, CERHIO – UMR CNRS 6258
Luc Daireaux	Docteur en histoire, CERHIO – UMR CNRS 6258
Jonathan Dewald	Professeur, université de Buffalo (États-Unis)
John A. Dickinson	Professeur, université de Montréal (Canada)
Antoine Follain	Professeur, université de Strasbourg
Christiane Huet	Docteur en histoire, université de Caen Basse-Normandie, CRHQ – UMR CNRS 6583
Alain Hugon	Professeur, université de Caen Basse-Normandie, CRHQ – UMR CNRS 6583
Étienne Lambert	Docteur en histoire, université de Caen Basse-Normandie, CRHQ – UMR CNRS 6583
Nicolas Le Roux	Professeur, université de Lyon 2, Laboratoire de recherche historique Rhône-Alpes – UMR CNRS 5190
Isabelle Le Touzé	Doctorante en histoire, CERHIO – UMR CNRS 6258

Laurent LEMARCHAND	Maître de conférences, université de Rouen, GHRIS
Jean-Pierre LETHUILLIER	Maître de conférences, université de Rennes 2, CERHIO – UMR CNRS 6258
Michel NASSIET	Professeur, université d'Angers, CERHIO – UMR CNRS 6258, Institut universitaire de France
Étienne PAISNEL	Doctorant en histoire, université de Caen Basse-Normandie, CRHQ – UMR CNRS 6583
Sophie POIREY	Maître de conférences, université de Caen Basse-Normandie, Centre d'études normand sur la théorie et la régulation de l'État, EA CNRS 4252
Éric SAUNIER	Maître de conférences, université du Havre, CIRTAI – UMR CNRS 6228
Olivier TRÉHET	Agrégé d'histoire, lycée de Valognes

Comité scientifique

Index onomastique

C

D

E

F

G

M

N

V

W

Y

Index topographique

C

M

N

O

P

CERISY

Le Centre culturel international de Cerisy organise, chaque année, de juin à septembre, dans le cadre accueillant d'un château construit au début du XVIIe siècle, monument historique, des colloques réunissant artistes, chercheurs, enseignants, étudiants, mais aussi un vaste public intéressé par les échanges culturels.

Une longue tradition culturelle

- Entre 1910 et 1939, Paul Desjardins organise à l'abbaye de Pontigny les célèbres **décades**, qui réunissent d'éminentes personnalités pour débattre de thèmes artistiques, littéraires, sociaux, politiques.
- En 1952, Anne Heurgon-Desjardins, remettant le château en état, crée le **Centre culturel de Cerisy** et poursuit, en lui donnant sa marque personnelle, l'œuvre de son père.
- De 1977 à 2006, ses filles, Catherine Peyrou et Edith Heurgon, ont repris le flambeau et donné une nouvelle ampleur aux activités.
- Aujourd'hui, après la disparition de Catherine Peyrou, Cerisy continue sous la direction d'Edith Heurgon, grâce à l'action de Jacques Peyrou accompagné de ses enfants, avec le concours de toute l'équipe du Centre.

Un même projet original

- Accueillir dans un cadre prestigieux, éloigné des agitations urbaines, pendant une période assez longue, des personnes qu'anime un même attrait pour les échanges, afin que se nouent, dans la réflexion commune, des liens durables.
- Les propriétaires, qui assurent aussi la direction du **Centre**, mettent gracieusement les lieux à la disposition de l'**Association des amis de Pontigny-Cerisy**, sans but lucratif et reconnue d'utilité publique, dont le Conseil d'Administration est présidé par Jacques Vistel, conseiller d'État.

Une régulière action soutenue

- Le **Centre Culturel** a organisé près de **500 colloques** abordant aussi bien les œuvres et la pensée d'autrefois que les mouvements intellectuels et les pratiques artistiques d'aujourd'hui, avec le concours de personnalités éminentes. Ces colloques ont donné lieu, chez divers éditeurs, à près de **350 ouvrages**.
- Le **Centre national du livre** assure une aide continue pour l'organisation et l'édition des colloques. Les **collectivités territoriales** (Conseil Régional de Basse Normandie, Conseil Général de la Manche, Communauté de Communes de Cerisy), ainsi que la **Direction régionale des Affaires culturelles**, apportent leur soutien au fonctionnement du Centre, qui organise en outre. dans le cadre de sa **coopération** avec l'**université de Caen** au moins deux rencontres annuelles sur des thèmes concernant directement la Normandie.

Renseignements : CCIC, 27 rue de Boulainvilliers, F – 75016 Paris.
Paris, tél. : 01 45 20 42 03, le vendredi a.m. ; Cerisy, tél. : 02 33 46 91 66, fax. : 02 33 46 11 39.
Internet : www.ccic-cerisy.asso.fr ; courriel : info.cerisy@ccic-cerisy.asso.fr

Colloques de Cerisy

Choix de publications

- *Aménagement du territoire : changement de temps, changement d'espace,* PUC 2007.
- *L'Angleterre et la Normandie au Moyen Âge,* CRAHM – Caen, 2003.
- *L'Architecture normande au Moyen Âge,* PU Caen/Corlet, 1997 (rééd. 2001).
- *L'Architecture normande de la Renaissance,* PU Caen/Corlet, 2003.
- *La tapisserie de Bayeux, l'art de broder l'Histoire,* PU Caen, 2004.
- *Bretons et Normands au Moyen Âge,* PU Rennes, 2008.
- *Communiquer/transmettre (autour de Régis Debray),* Gallimard, 2001.
- *Le Cotentin au temps du sire de Gouberville, Revue de la Manche,* 1986.
- *Images de la contestation du pouvoir dans le monde normand,* PU Caen, 2007.
- *Léopold Delisle,* Archives départementales de la Manche, 2007.
- *Guillaume de Digulleville,* PU Rennes, 2008.
- *Distinction et supériorité sociale en Normandie et ailleurs,* CRAHM – Caen, 2010.
- *Les Évêques normands du xie siècle,* PU Caen, 1995.
- *Les Fondations scandinaves en Occident,* CRAHM – Caen, 2005.
- *Frédéric II et l'héritage normand d'Italie méridionale,* PU Caen, 2000.
- *Les Italiens en Normandie, Annales de Normandie,* n° 29, 2000.
- *Logique de l'espace, esprit des lieux,* Belin, 2000.
- *Manuscrits et enluminures dans le monde normand,* PU Caen, 1999 (rééd. 2005).
- *Jean-François Millet (au-delà de l'*Angelus*),* Éditions J. P. de Monza, 2002.
- *La Normandie et l'Angleterre au Moyen Âge,* CRAHM, Caen, 2003.
- *Normandie constitutionnelle. Un berceau des droits civiques ?,* Economica, 2007.
- *La Normandie dans l'économie européenne (xiie-xviie siècles),* CRAHM – Caen, 2010.
- *Les Normands en Méditerranée,* PU Caen, 1994 (rééd. 2004).
- *Réforme et Contre Réforme en Normandie, Revue de la Manche,* 1982.
- *Les Saints dans la Normandie médiévale,* PU Caen, 2000.
- *Culte et pèlerinages à Saint-Michel,* École française de Rome, 2004.
- *Sciences en campagne. Regards croisés, passés et à venir,* L'Aube, 2009.
- *Les sentiments et le politique,* L'Harmattan, 2007.
- *SIECLE, 100 ans de rencontres intellectuelles (Pontigny, Cerisy),* IMEC, 2005.
- *Le symbolique et le social (autour de P. Bourdieu),* université de Liège, 2005.
- *Témoignage et écriture de l'histoire,* L'Harmattan, 2003.
- *Alexis de Tocqueville (1805-1859), La revue Tocqueville,* vol. xxvii n° 2, 2006.
- *Les villes normandes au Moyen-Âge,* PU Caen, 2006.

Table des matières

Cinquième partie

NOBLESSE ET PUISSANCE SOCIALE